暮らしの革命
戦後農村の生活改善事業と新生活運動

Senichi TANAKA
田中宣一＝編著

農文協

はじめに

第二次世界大戦後のわが国では、物質的精神的あらゆる面で疲弊した状態から生活を早く立て直そうとして、生活改善とか新生活という運動が熱心に提唱され、実行に移されていた。その二本柱として、当時の農林省が推進した生活改善普及事業と新生活運動協会が主導した新生活運動があった。

本書は、生活改善普及事業と新生活運動を中心に保健所や公民館の活動などをも視野におさめながら、昭和二十・三十年代の「官」側の運動の論理や内容、方法を問い、同時に「民」側、すなわち対象となった地域（とくに農村部）や団体による受容の実態をみようとするものである。このような問題は「官」側の立場を問うだけでは、何も明らかにしたことにはならない。疲弊しているとみなされていたとはいえ、「民」側には長年にわたって独自の生活形態や論理が形成され伝承されていたのであるから、無視や反発をも含めてそこでの受容のあり方が十分に問われなければならないのである。またその背景に、多くの熱心な人びとの力があったことも記憶されなければならない。

台所・風呂場をはじめとする住環境が改変されたり、栄養や衛生思想が根づいたり、結婚や産育のかたちが変わったりしたほか、人びとの生活に対する意識改革や家庭での女性の地位向上がはかられるなど、その結果は現代の生活にもおよんでいる。まさに、暮らしの革命と呼ぶべき運動だったのである。こうした生活改善普及事業や新生活運動の研究は、過去の事実の検証にとどまるものでは決してなく、現代生活考究に大きくつながるものをもっているのである。

本書は、民俗学の研究者と農林省の生活改善普及事業を対象とする研究者との、平成十六年から二十一年にかけての合計二〇回におよぶ共同研究の成果である。研究会の発起人は、小島孝夫・富田祥之亮・増田昭子・山崎祐子の諸氏と田中であり、参加者は合計三〇名ほどに達した。

全体は、四章からなる。

第一章では、生活改善普及事業と新生活運動など、中央において「官」が考えていたそれぞれの改善の全体像を述べ、その前史にふれた。

第二章には、生活改善普及事業に片寄ってはしまったが、現地においてこれらの推進にあたった人びとの側からみた運動の実態をまとめた。

第三章は、現地においてどのように実践されたかの記録と分析である。内容は食生活と住生活関係が多くなったが、今後さまざまな事実にもとづく研究が活発になされることを期待したい。

第四章は、生活改善普及事業や新生活運動の個々の問題と、地域というものの再確認とか再生とがどのように関連していたのかを分析しようとしたものである。

研究はまだ緒についたばかりである。読者の皆様には忌憚のないご批正をお願いするとともに、これを契機に問題の重要性が広く認識されて研究が進展することを願ってやまない。

最後になったが、貴重な研究成果をお寄せくださった執筆者各位、および研究会にてご発表いただいたりご意見をくださった方々に、編者として心より感謝申しあげる。また、出版事情の厳しいなか出版を快諾いただいた農文協と編集を担当くださった甲斐良治氏に心よりお礼申しあげる。

この研究には、平成二十一年度、成城大学民俗学研究所から研究助成を受けた。

平成二十三年一月

田中　宣一

暮らしの革命――戦後農村の生活改善事業と新生活運動　目次

第一章　生活改善事業と新生活運動

一、生活改善諸活動について

田中　宣一

1、問題の所在

本書における生活改善活動とは、物心両面における国民生活の改善を意図推進しようとする政府および政府関係機関の施策と、それに啓発された自治体および地域や家々、さらには諸団体が、自らの生活の改善向上をめざす創意と努力である、と定義する。いわゆる「官」側の企画・働きかけとともに、その対象となる「民」側の意思・工夫・実行をも含んだ活動ということである。

国民生活の改善向上は、政府にとっては考えるべき内政の最重要課題だといってよい。もちろん多くの人びとにとっても望ましいことなので、近代以降、そのときどきの状況に応じてさまざまな方法で試みられてきた。それらのうち本書では、戦前の旧弊と非合理的生活を正すとともに、敗戦の疲弊と混乱から立ち直ろうとして取り組んだ昭和二十年・三十年代の活動を中心に考察し、それ以後の現代にまでおよぶ影響や、戦前の動向にも言及する。

昭和二十年代から三十年代前半にかけての具体的活動としては、昭和二十三年成立の農業改良助長法を受けて、農林省内の生活改善課が推進した生活改善普及事業（本書においては生活改善事業とすることが多い）や、昭和三十年設立の新生活運動協会が推し進めた新生活運動がある。この二つと不即不離の関係にはあったが別のものとして、厚生省は保健所をとおして、乳幼児の健全な生育を推進し地域住民に栄養への関心と衛生思想の定着をはかろうとしていたし、文部省は新たに設けられた公民館の社会教育活動の一環として、民主的生活の啓蒙や生活簡素化などを訴えつづけていた。当時の社会状況がそうさせたのであろうが、昭和二十年・三十年代は生活改善が強く意識され、活発に展開された時期であった。

本書においては、右のような生活改善普及事業と新生活運動を中心に、保健所の活動や公民館活動、ならびに地域や諸団体のもろもろの幅広い活動を、生活改善諸活動と総括する。そのうえで、それらの活動が具体的に何を改善し、いかに推進しようとしていたのかを考察する。

縦割り行政のゆえであろうか、「官」の側では農林省にしろ新生活運動協会にしろ、それぞれ独自の立場から改善を計画し推進したが、対象としたのは、言うまでもないことであるが同じ国民であった。農山漁村部においても都市部においても、住民と一体になって改善向上をはかろうとしていたのである。したがって生活改善諸活動の研究は、「官」側の目的や論理、方法のみを検討するのでは十分と言えない、「民」側が現実生活を直視して「官」の掲げるそれぞれの改善理想をいかに自らのなかに取り込んで、どのように地域あるいは諸団体独自の活動を展開しようとしたのかが、問われなければならないのである。その場合、彼ら「民」の側には、長年にわたって積み上げてきた伝承生活が厳然として存在し、それぞれ独自の生活論理が形成されていたことを軽視してはならない。生活改善諸活動を民俗学の問題として考えようとする理由が、ここにあるのである。

政府の施策には、地域の長年の伝承生活にいわば手を突っ込んで掻きまわそうとするかのような面もみられたから、それに対して無視をよそおったり反発したり、あるいは受容を表明していてもそれが面従腹背的受容だったところも存在したであろう。このようなさまざまな「民」側の対応を視野に入れ、その結果として地域の生活がどのように改変改善されていったのか、あるいは強固に変わりにくかったものは何かというようなことを、実地調査にもとづいて検討することが本書の大きな課題である。

生活改善諸活動の結果は、現今の社会にもさまざまなかたちで影響をおよぼしており、生活改善諸活動の研究は過去の事実の検証にとどまるものではなく、現代社会考究につながるのだということを強調しておきたい。

2、生活改善諸活動の前史

生活改善ということがわが国において最初に大きく叫ばれたのは、大正時代中期である。ヨーロッパにおける第一次大戦後の生活の合理化簡素化運動の影響を受け、大正九年に、文部省の外郭団体として財団法人生活改善同盟会が設立されたころである。ただ確かに、生活改善がひとつの合い言葉のように用いられはじめたのはこのときであったが、国民生活の改善に向けての努力は、官民あげてさらに以前からなされていた(1)。

江戸時代はいかがだったであろうか。農民の衣食住生活の細部にまでおよんだ領主の各種制限令は、奢侈を戒める点では後世の生活改善と一脈通じるものがないわけではなかった。しかし、あくまでも貢租の安定的確保をもくろんだ一方的な命令であり、人びとの生活向上を願ってなされたものとは言いがたいので、生活改善諸活動の前史に含めることはできないであろう。二宮尊徳の報徳社運動は、生活の改善についても、明治時代後期にずいぶん推賞されることになる目的と方法を含んでいたとはいえ、あくまでも生産性の向上に力点がおかれたもので、生活全般の改善としてはいかがだったであろうか。

生活改善活動は、やはり明治時代に入ってからのものだといえよう。明治十四年、政府は、東京浅草東本願寺に全国から篤農家を集めて農談会を催した(2)。生産性の向上を目的に、民間に伝承蓄積されている農業技術を聴取するための会ではあったが、これを契機として各地で盛んに農談会が開かれ、そういう会合では生活改善についても議論されるようになった。最初のうちは政府の圧倒的な主導によるものだったが、秋田の老農・石川理紀之助は明治二十一年から婦人の会を催して食生活や衣類の改良、児童教育の啓蒙に努めたというし、同二十三年には群馬県の船津伝次平が炊飯法の研究から、具体例を示してかまど改良を提案したとされている。当時の茨城県久慈郡高倉村では高倉風紀改良会が結成され、貯蓄の増進や婚姻葬送儀礼経費の節減に努めたという(3)。このように、地域主体の動きも芽生えはじめていたのである。

「戊申詔書」の内容に象徴される明治末期の政府主導の地方改良運動にも、勤倹貯蓄や風俗改良が奨励されており(4)、のちの生活改善に沿う目標が掲げられていた。それを受けて各地では、具体的に婚礼や葬礼の簡素化が話し合われたらしく、地域の申合わせとか規約として書面化されて現在に残されている例も少なくない。しかし筆者の民俗調査の経験によれば、当時それらがどれほど実行に移されたのかには疑問が残る。政府の主導に対して、地域では規約を作成することによって一応形を整えただけというのが大方の実態だったのではないだろうか。地域特有の慣行を背景にもつ風俗の改良という多分に精神面の改善実行には、多くの困難が横たわっていたに違いない。しかし心あるリーダーたちに、地域に対する客観的認識の目を開かせ生活の現状への問題意識を喚起したと思われ、これはこれで一定の意義ある運動であったと思われる。

大正時代には生活上の物的改善は各地で少しずつ進められたようである。たとえば、大正二年に愛知県の常滑で農民の手によって簡易水道が設置されたことや、翌三年に島根県八束郡熊野村で婦人たちが頼母子講を組織して台所改善を実施したことなどがあったとされる。[5] 福岡県築上郡黒土村においても、頼母子講の方法で婦人会が先頭にたって台所改善を実施し、ほかの団体にも働きかけて厩舎・便所・風呂場などの改良、下水溝の清潔化、衣服の改良などをも行なったという。[6] 政府側の動きとしては、大正四年に内務省衛生局に保健衛生調査会が設置されて、全国農村の保健衛生状態の調査を実施して行政に反映させようとしたことや、同九年に農林省農務局が肥料改良の目的からモミガラかまどを奨励したことなどがある。[7]

大正時代には、生活改善諸活動のひとつの前史というべき民力涵養運動が、内務省主導によって展開された。民力涵養運動については、第一章の四において岩本通弥が詳しく論じているのでそちらをご覧いただくとして、その一環として大正九年には、先に述べたように文部省の外郭団体として財団法人生活改善同盟会が設立された。[8] 生活改善同盟会は、会議や寄合いがなかなか定刻にはじまらず、当時の日本人が時間にルーズであったり時間の無駄づかいに無頓着であるのを正そうとして、時の記念日（六月十日）を制定したことで知られている。時間励行のほかにも、ヨーロッパにおける生活の合理化簡素化運動にならい、衣食住の改善や諸儀礼の簡素化などを呼びかけた。旅行慣行や旅館の改善、旅館での茶代廃止なども提案していたのである。

しかしこれは、住宅を例にとれば、「庭園は築山泉水式を改めて子供本位の芝生の庭にすること」「子供部屋は椅子式にすること」などのいわゆる文化住宅をめざす式の生活改善で、第一次大戦後の西洋の改革思想を輸入した観念的といってもよい内容であった[9]。大都市部住宅では実行に移されることもあったが[10]、当時のわが国全体の実情とはかけ離れた運動だったといえよう。そのため柳田國男らから痛烈な批判を受けてしまった[11]。また、この運動に関与した今和次郎も、「一部有識者階層だけのものにとどまった」とか「わが国の生活様式をいかにすべきか、という課題はこのように国際的に出発した生活改善の動きでは解決でき」なかったと率直に反省せざるを得なかったのである[12]。しかしながら、今和次郎が同時に述べているように、「在来の生活と住居とにひそんでいた病弱な点を十分に指摘し」[13]、生活改善の機運を醸成したという評価もまた可能であろう。

昭和初期には農林省が、世界大恐慌の影響を受けた農村の疲弊を救済するために、農山漁村経済更生運動を発足させた。この運動は、都市部においては失業問題の緩和であり農村部では食糧増産を至上命令とし生産力を高めるというように、いずれも経済力向上を第一の目標とする運動ではあったが、目標のなかには住宅面や保健衛生面を含めたあらゆる生活の改善も企図されていたのである。ただそれらの実効については、たとえば更生運動そのものが計画倒れに終わった地域が少なくなかったと評する見解があり[14]、なかなか難しかったようである。とはいえ、これらの運動において生活改善の必要性もつねに意識されていたということには、注目しておいてよいであろう。とくに更生運動において自力更生が唱えられたことは、局面を異にするとはいえ、戦後の生活改善諸活動がいずれも人びと自らが発想し実行する力を重んじようとした方法に、どこかで継承されていったのではないであろうか。

このようななか昭和十年代半ばになると、大政翼賛会による国民運動が展開される。大政翼賛会の運動は日中戦争や第二次大戦下での戦意高揚をめざす政治・思想中心の国民運動であって、今まで述べてきたような運動とは目的もスケールも異なる運動であったが、わずかながら生活改善に結びつくものももっていた。衣食住の問題以外では、虚礼の廃止を謳っていたのがそれである[15]。具体的には年末年始の宴会の自粛ないし廃止、正月飾りの簡素化などである。これらが真に国民生活の向上を願って謳われたものかについては当時の社会情勢に鑑みて疑問があるとはいえ、戦後の新生活運動においても重要視されるような事柄も含んでいたのであった。

以上のように、生活改善諸活動の前史に含めてよいかと思われる動きをたどってみると、その内容は、台所改良・住宅改良をはじめとする衣食住や保健衛生など、実生活卑近の問題の改善を企図した運動と、勤倹貯蓄・生活簡素化・良風善行の奨励など、多分に精神面に訴える運動とに大別できよう。両者はもちろん補完関係にあった。いずれも一朝一夕に解決可能な事柄でないために、その効果は十分に目に見えるようにあがったとは言いがたい。また、圧倒的に政府主導の運動ではあった。しかし長い間には、生活改善が必要であるとの意識を人びとに植えつけてもいったことであろう。

そして戦後を迎えることになる。

3、昭和二十年・三十年代の生活改善諸活動

第二次大戦後の生活改善諸活動にはすでに述べたように、生活改善普及事業、新生活運動をはじめ、保健所の活動、公民館の活動などがある。活動内容においては戦前と類似する点も少なくないが、活動の目的や推進母体の性格は一変し、戦後の民主主義を強く意識したものになっている。以下にそれらを概述するが、さらに生活改善普及事業については富田祥之亮が、新生活運動ついては筆者が後節において詳述する。

（1）生活改善普及事業

昭和二十三年八月施行の農業改良助長法の趣旨を受けて、農林省内に農業改良局が設けられ、そのなかに生活改善課が設置された（現在は廃されている）。昭和二十年・三十年代の農林省主導の生活改善はここを中心に推進されたのである。

農業改良助長法は、連合国軍総司令部（ＧＨＱ）天然資源局の強い意向によって施行された法律である。[16] 当時は食糧増産が緊急の課題であったために、同法にもとづいて農業技術の向上や経営の合理化をめざす農業改良普及事業が行なわれることになったのであるが、同時にそれと両輪をなすように、消費の合理的な調整法を模索したり健康を守り農家生活を豊かにしようとして、生活改善普及事業も実行されることになったのである。従来の家族労働力を結集していた農家農民間では、経済力が向上すれば必然的に生活はよくなると考え、生活は農業経営に従属するものと考えられがちであったが、ここに、農民個々人の健康や農家の消費生活の工夫そのものを独立した問題ととらえる思想が、育つことになったのである。農林省内のこのような初期の思想については、本書の片倉論文（第一章の五）に述べられている。

それでは、生活改善普及事業は具体的にはどのような改善をめざしていたのであろうか。当初、生活改善課内に住生活・食生活・衣生活・家庭管理・保健育児・調査という六つの係が置かれていたことからもわかるとおり、衣食住の改善や家計のやりくり、家庭内で女性の地位向上、家族の健康とりわけ乳幼児の健全な発育向上などが目ざされていたのである。

生活改善普及事業は、世論の喚起を主目的とする単なる運動ではなく、農山漁村民に生活の改善に必要な知識や技術を指導普及し、農山漁村民（とくに女性）自らが問題を発見して実行できるようにすることが目的の事業だと位置づけられていた。そのため、当初から指導普及を担当する生活改良普及員が置かれた。そして、事業の成果があがるか否かは普及員の力量と熱意によるところが大であると考えられ、資格試験を実施して各都道府県単位で優れた普及員の採用に努めたのである。

これら生活改良普及員は、地域住民とじかに接する第一線において、巡回指導や、講習会・座談会・研究会などでの指導啓発、および生活改善グループの育成に努めた。事業が、そのときどきの問題を農山漁村民自らが認識し、合理的思考にもとづいて自主的に改善できるよう指導するものであったため、住民主体の生活改善実行グループの結成と育成にはとくに力が注がれたのである。

昭和二十四年度にはすでに全国でグループ数二六一〇、グループ員数一六万一五〇三人を数え、年を追って増えていったのである。[17] これら「民」側のグループによって、昭和二十八年以来全国規模の実績発表会が毎年開催されるとともに、昭和三十九年には生活改善実行グループ全国連絡研究会も結成された。[18] また、事業を側面から援助するために、昭和三十二年には生活改善関係者を糾合した社団法人農山漁家生活改善研究会が設立され、翌年にはこの研究会の事業として、生活改善技術館が建設されている。[19] このような地域における普及員や改善グループの具体的活動については、本書の諸藤論文（第二章の三）や有馬論文（第二章の一）に述べられている。

昭和三十年代前半までに、多くの生活改良普及員や生活改善グループ員によって実績があがったと評価された内容には、[20] かまどの改良、台所・給水設備の改良、風呂の改良、保存食や粉食（めん類）の工夫普及、小家畜（山羊など）の飼育、共同製パン所や季節保育所の設置、農繁期共同炊事の実施、改良作業衣の着用、蝿・蚊の共同駆除などが上位を占めている。これらからわかるように、事業には栄養や衛生面の改善充実とともに、台所の改良や季節保育所の設置などを奨励して、女性（とくに嫁）を重労働から解放させようとの意図が大きく働いていたのである。同時に、農山漁村民（とくに女性たち）に現実を直視し改善をはかろうとする意識を根づかせようとしたのであった。これら活動の具体例については、本書の坪郷論文・吉井論文（第三章の一、二）などに詳しい。

今述べたことのいくつかは戦前においても試みられていたが、なかなか実効のあがらなかった事柄である。戦後においては、生活改善普及事業によって徐々に効果をあげていったが、その結果として、良きにつけ悪しきにつけ長年農山漁村部に蓄積されてきた伝承生活は、大きく改変を迫られることになったのである。

改善が相当の実績をあげはじめる昭和四十年代に入ると、従来のような合理性追求一辺倒ではない新たな考えが台頭し、手づくり製品の良さの見直しとか、個々の家の問題から地域全体の生活環境の改善などへと事業の内容が変化していった[21]。さらには農薬の問題、若者の離村や農家の後継者問題、高齢者の健康や生きがいの問題など、現在にもつながるさまざまな事柄が取り上げられるようになったのである。平成に入るころからは、自給の社会化の流れのなかで各地に農産物の直売所が設けられるようにもなった。

なお、このような農林省の事業と並行して、農協においても生活改善の事業が進められていったことをつけ加えておく。

（2）新生活運動

新生活運動は、農山漁村民都市住民を問わず、広く全国民を対象にした運動であった。

昭和二十二年六月二十日、片山哲内閣は発足するとすぐに「新日本建設国民運動要領」を閣議決定し、困窮と精神の荒廃のなかにあった戦後の国民に対して、新生活運動の提唱をした。掲げた目標は勤労意欲の高揚、友愛協力の発揮、自立精神の養成、社会正義の実現、合理的・民主的な生活慣習の確立、芸術・宗教およびスポーツの重視、平和運動の推進というものであった。しかし、片山内閣はその九か月足らず後に総辞職に追い込まれたため、運動を具体化するまでには至らなかったのである[22]。政府レベルで頓挫したとはいえ、各地ではその必要性が痛感されていたため、提唱を受けて各都道府県には関係団体が次々に組織され、新生活運動は全国に浸透することになった。地域社会のみならず企業にも受容され、昭和二十九年には財界四団体を中心に「新生活運動の会」が結成されたりもしたのである[23]。また、読売新聞社では、昭和二十六年以降「新生活モデル団体・地区の表彰」を行なうとともに日刊紙『新生活』まで発行して[24]、この運動を側面から支えた。地方自治体や民間のこのような動きが逆に中央政府を刺激し、政府は再びこの運動に熱意をみせはじめたのである。

昭和二十九年十二月の発足あたって新生活運動の実践を公約した鳩山一郎内閣は、昭和三十年八月に超党派的に各界代表を招いて新生活運動の推進を依頼した。要請に応じるかたちで同年九月三十日には新生活運動協会が設立され、運動が全国的に展開されるようになったのである。そこでは、運動の目標を「国民が自らの創意と良識により、物心両面にわたって、日常生活をより民主的、合理的、文化的に高めることをめざして行う」ものとし、新生活運動協会は、目標の達成に向けて各種集会の開催、講師の斡旋・派遣、調査研究および資料の作成配布、広報活動、表彰、協力団体と行政機関との連絡強調などの事業を行なう機関である、と規定された[25]。

生活改善普及事業が、農山漁村民自らに問題発見を促し自主的改善意識の涵養と実行力の養成に力を注ごうとしたように、新生活運動の場合にも、新生活運動協会は、各地域や職場での自主的運動を盛り上げる役に徹しようとした。しかし、生活改良普及員のような直接の担い手をもたなかったために、地域の自治組織や職場に推進団体の結成を促すとともに、地域婦人団体連絡協議会や日本青年団協議会、全国社会福祉協議会など既成の諸団体や公民館に対して、活動のひとつとして新生活運動を取り上げるよう働きかけた。そして新生活運動協会は、それらと共催したりそれらに事業を委託したりして、新生活運動を普及拡大しようとしたのである。

運動の主たる実践課題は、生活慣行（行事）の合理化、環境衛生の改善、食生活の改善、家庭経済の合理化、生活の共同化・合理化、公衆道徳の高揚、因習打破、環境の浄化、経営の合理化、時間の尊重・励行、貯蓄の奨励、家庭生活の民主化、家族計画というようなものであった[26]。生活慣行の合理化とは冠婚葬祭の簡素化を意味し、因習打破とは虚礼廃止や迷信追放のことで、衣食住の改善のような日々の物質的実生活に直結する事柄というよりも、精神面の改善をめざそうとしていたことがわかる。生活改善普及事業にもまして地域の伝承生活にかかわろうとしたのであった。なお、民俗学はこの運動に従来それほど関心をもってこなかったが（関心が薄かったのは日本史学など、ほかの学問分野においても言えることだが）、その後の民俗変化の大きな要因となったこの運動には、もっと注意をはらうべきであろう。

新生活運動は一定の成果をあげるとともに、わが国の経済的発展にともなって運動の内容も変わっていった。昭和四十年前後からは、高度経済成長に誘引されるかたちで出稼ぎの問題や、農山村の嫁不足にともなう後継者問題の解消、美しい国土づくり、新しい町・村づくり、明るい職場づくりなどに目標が移るようになり、ついに昭和五十七年三月末でもって新生活運動の看板をはずし、新生活運動協会は、財団法人あしたの日本を創る協会と名称を改めたのである。

(3) 保健所の活動

保健衛生面を中心に生活の改善をはかろうとしたのが厚生省で、保健所や各自治体が直接にその活動にあたった[27]。

厚生省が設置されたのは昭和十三年のことで、内務省の衛生局や社会局などが厚生省として独立したのである。保健所の初期の活動は、それまで内務省で進めていた結核や寄生虫病、乳幼児や妊産婦の死亡、国民の栄養状態の不良などの解消に向けた指導や、赤十字・済生会病院その他の機関による各地への巡回指導、相談所設置などの実績を、継承発展させたものであった。それらの基礎には、徐々に育ちつつあった地域社会における助産婦（戦前は「産婆規則」にもとづき産婆と呼んでいた）や保健婦の、地道な活動の積み上げがあったのである。

戦後、保健所活動が高揚するのは、全面改正された「保健所法」が昭和二十三年一月に施行されてからである。そして結核対策や伝染病の予防、母子保健、栄養改善・食品衛生、公衆衛生上の諸問題などを独自の活動として展開させるとともに、生活様式や環境が旧来のままではそれらの解決もおぼつかないとして、積極的に生活改善にかかわることになったのである。

生活改善普及事業が熱心に指導した農山漁村部の栄養改善や保健・育児は、これら保健所の活動と競合ないしは補完関係にあるものであり、新生活運動が盛んに唱えた蠅や蚊のいない環境の実現も、保健所活動と目的を同じくしていた。中央ではそれぞれ独立した活動として発信（あるいは指導）していたかもしれないが、対象とされた地域では発信者の相違にはとらわれず（あるいは相違を知らず）、結局は同じものとして受容する傾向にあったのである。

（4）公民館の活動

公民館は、昭和二十四年制定の「社会教育法」にもとづいて設置された社会教育施設である。公民館の設置と公民館活動は、戦後早くに第一回総選挙の啓蒙や戦後民主主義の普及を目的として、文部省が、昭和二十年から翌年にかけて公民教育・公民啓発を積極的に推進しはじめたなかで構想がまとまっていった、わが国独自の施設と活動であると評価されている。

したがって、「社会教育法」制定以前から多くの地域において、戦前からの隣保館・旧青年学校校舎等を拠点として、地域の生産、町村自治、生活福祉などにかかわる多彩な活動が展開されはじめていたのである。その一端は本書の山崎祐子論文（第四章の六）でも明らかにされているが、それらの施設を活用した戦前からの地域の活動が公民館活動に与えた影響は大きい。

初期の活動内容は、後の公民館活動のように教育文化活動に限定されるものではなく、衛生活動、乳幼児検診、共同浴場、共同炊事、公民館結婚式、保育活動など、生活福祉に関するものも多かった。また、地域支配者層の政治的利害から距離を保ったところで、冠婚葬祭の簡素化や、公民啓発の一環としての地域住民の生活解放（いわゆる封建的人間関係からの解放）、地域民主化運動にもかかわるところがあった。これらは新生活運動の目標とも一致する点が多く、公民館は新生活運動の担い手としても期待されていたのである。(28)

以上を要約しておくと、戦前の生活改善関係の活動には、各家各地域の保健衛生面の改善や、生活改善同盟会が主張した合理的文化的生活への指向というようなことも見受けられたが、国家資本貯蓄を主目的にした勤倹貯蓄の奨励であったり、そのための無駄排除の合唱、良風善行の奨励という面が少なくなかったように思われる。方法的には政府からの押しつけ指導的色彩が強く、地域の実情に合わない部分もあり計画倒れに終わったものが多かったと言える。とはいえ、人びとのあいだに、自らの生活を客観視するいくらかの意識は芽生えたかと思われる。

戦後の生活改善諸活動は、個々の住民の生活や地域そのものの改善意識の向上を大目的にし、そのために中央においては地域社会や諸団体の自主的活動を指導育成し補佐する方法をとり、その役に徹しようとしたのである。戦後の二大潮流は、主として衣食住・保健衛生の改善や農村婦人の重労働からの解放を強く推進した生活改善普及事業と、主として公衆道徳心の高揚や冠婚葬祭の簡素化、虚礼の廃止・迷信の追放、家族計画等を強く訴えた新生活運動だと言うことができる。二つの活動は究極の目的は同じであるが、前者はどちらかというと物的改善に力点をおいており、保健所活動もこれと似ていた。それに対し後者は慣習面意識面の改善を企図し、公民館活動と結びつく点が多かった。いずれも昭和三十年代まではわが国の大部分を占め何かにつけ遅れているとみなされていた農山漁村の生活改善を重視してはいたが、新生活運動や保健所活動、公民館活動は、広く都市部をもカバーするものであった。

このような生活改善活動の研究は、政府および政府諸機関の施策を検討することなく進めることはできない。同時にまた、その対象者である各地域・各家々、諸団体の受容の実態を見ることなくしては、生活改善活動を明らかにしたことには到底ならない。ここに、この問題に民俗学がかかわろうとする理由がある。本書においてはその両面から昭和二十年代・三十年代の生活改善活動に迫り、現在のわれわれの生活にも多大の影響をおよぼしているこの運動について、考えることを目的にしている。

以下本章では、第二章以下の個別問題の前提として、戦後生活改善諸活動の二大潮流ともいうべき生活改善普及事業と新生活運動、その前史のひとつとしての大正時代の民力涵養運動、および農林省の初期の生活改善普及事業を牽引した山本松代の思想について、いくらか詳しくみていきたい。

［註］

（1）本節の「2、生活改善諸活動の前史」「3、昭和二十年・三十年代の生活改善諸活動」は、拙稿「生活改善諸活動と民俗の変化」（成城大学民俗学研究所編『昭和期山村の民俗変化』名著出版、平成二年所収）によるところが大きい。

（2）その内容については「農談会日誌（明治十四年三月）」（『日本農業発達史』1、中央公論社、昭和五十三年所収）参照。
（3）『普及事業の四十年』協同農業普及事業四十周年記念会編刊、昭和六十三年、一三ページ
（4）たとえば、「忠実業ニ服シ勤倹産ヲ治メ惟レ義醇厚俗ヲ成シ華ヲ去リ実ニ就キ荒怠相誡メ自彊息マサルヘシ」などの文言。
（5）註（3）に同じ。
（6）『普及事業十年』農業改良普及事業十周年記念事業協賛会編刊、昭和三十三年、一三ページ
（7）註（3）に同じ。
（8）財団法人生活改善同盟会については、平出裕子「『時の記念日』の創設」（『日本歴史』七二五号、平成二十年）に詳しい。
（9）『住居論』（『今和次郎集』（4）ドメス出版、昭和四十六年、一〇〇ページ
（10）それらの実効については、たとえば、反町周子「雑誌『住宅』から見た大正・昭和初期〈戦前〉における台所の変遷に関する一考察――日本式近代的台所の成立過程について」（『生活文化史』二四号、平成五年）、内田青蔵「わが国戦前期の住宅専門会社『あめりか屋』の手掛けた電化住宅――わが国戦前期の家庭電化に関する一考察」（『生活文化史』四九号、平成十八年）などで検討されている。
（11）柳田國男「昔風と当世風」（『木綿以前の事』『定本柳田國男集』14所収）など。
（12）『家政論』（『今和次郎集』（6）ドメス出版　昭和四十六年、四六八ページ。および前掲註（9）同書、一〇二ページ
（13）註（9）同書、一〇二ページ
（14）猪俣津南雄『窮乏の農村』（岩波文庫）一〇五―一二九ページは、その一端を物語っている。
（15）『大政翼賛会史』四一〇―四一二ページ、『大政翼賛運動資料集成・2』（柏書房、平成元年）七一六―七二四ページ、『大政翼賛』昭和十七年十二月九日号など。
（16）農林省編『農林行政史』6、昭和四十七年、一〇三五―一〇三九ページ
（17）農山漁家生活改善研究会『農山漁家生活改善実績発表大会のうつりかわり　第一回〜三〇回』昭和五十七年

(18) これは略称を「グ全研」とし、情報交換と横のつながりを強化するために機関誌『灯』を発刊した。
(19)『社団法人農山漁家生活改善研究会20年のあゆみ』同研究会編刊、昭和五十四年
(20) 前掲註(6)同書、二一四ページ
(21) 農蚕園芸局生活改善課『生活改善普及事業のあらまし』昭和六十三年、一七ページ。また、前掲註(17)同書の発表題目からもそのことがわかる。
(22)『新生活運動協会廿五年の歩み』財団法人新生活運動協会、昭和五十七年、三ページおよび二二〇―二二一ページ
(23) 前掲註(22)同書、四ページおよび二二五―二二八ページ
(24)『読売新聞』朝刊、昭和二十六年十一月二十三日号
(25)「財団法人新生活運動協会寄付行為」〔前掲註(22)同書、所収〕
(26) 新生活運動協会の「昭和三三年度事業報告」(「あしたの日本を創る協会」所蔵)による。関係文書の披見と内容補足説明について協会の高橋物次氏のお世話になった。記してお礼申しあげます。
(27) 保健所活動については、厚生省編刊『厚生省五十年史』および、小栗史郎ほか執筆『保健婦の歩みと公衆衛生の歴史』(医学書院、昭和六十年)、木下二亮ほか執筆『母子保健概論(第二版)』(医学書院、昭和五十六年)、恩賜財団母子愛育会編刊『母子愛育会五十年史』(昭和六十三年)による。
(28) 横山宏・小林文人編著『公民館史資料集成』エイデル研究所、昭和六十一年、四―七ページ、一五ページ

二、農山漁村における「生活改善」とは何だったのか

——戦後初期に開始された農林省生活改善活動

富田祥之亮

農林省[1]の生活改善普及事業は、昭和二十三年発足した農業改良普及事業の二つの柱の一つとして位置づけられている。その根拠法律は「農業改良助長法」である。平成二十三年の時点では、生活改善普及事業は、農業改良助長法の目的に現在でも、農業改良普及事業と並存している重要事項である。[2]しかしながら、現状の普及指導員制度[3]において生活改善担当者は存在しない。[4]農業改良と生活改良の明確な区分がなくなったのは、平成十四（二〇〇二）年度である。普及事業においては、生活改善の役割は終わったものとなっている。

生活改善普及事業とそのもとで実施されてきた生活改善活動（以降、「生活改善」という）は、振り返ってみると農山漁村の女性の地位を確実に高めた[5]ばかりではなく、地産地消という農産物の流通方法を大きく変える基盤となった農産物直売所をつくりだし、それと同時に都市とは異なる暮らし方の視点を明確にし、これまでとは明らかに異なる農山漁村の農家生活のみならず農山漁村地域社会のありようを変えるなど大きな役割を果たした。評価されるのは、活動の結果ばかりではない。人びとを育て、問題を発見し、自主的に解決していく実行力のある活動を持続させ、現在の農山漁村の地域振興に大きな影響力を保持し、育てられた女性たちの活動は、継承され、地域で独自の活動が持続していることも大きな特徴である。生活改善を促すアプローチ方法は、国内ばかりではなく発展途上国と

いわれる国々の農山漁村の村落開発にも応用され、現在でも大きな成果をあげつづけている[6]。

生活改善の大きな成果がもたらされはじめてきたのは、昭和の末期になってからであり、農山漁村女性の地位向上の明らかな姿が見えだしたころで、結果的に見れば、長期に持続してきた活動の成果であり、官と民が強い連携を築き、それを基盤に、生まれたものといえる。さらに生活改善事業は、わずかな予算措置で実施され、あわせて現在の政策課題を先取りした社会事象となっている。

これまでの「生活改善」を改善の方向という視点からまとめると、次の三つの時期に大きく分けられる。

①第一期　昭和二十三年から昭和四十年ころまで。生活改善事業がGHQの指示のもと農業改良普及事業の一環として開始された。戦後の疲弊した農山漁村の生活を物的側面と民主的・近代的・合理的・科学的といった考え方の変革をめざすもので、都市的・欧米的な生活様式をめざし、「変えなくてはならない」活動として位置づけられていた。

②第二期　昭和四十年から昭和期の終わりまで。高度経済成長期、その終焉にいたる時期で、終戦直後の目的、目標が大きく見直され、地域や文化にまでその視野を拡大した。これまでの「農林漁家」という生活改善の対象が「農山漁村」という地域社会を視野に、「農家生活改善」から「農村生活改善」とその名称も変わった。また、「変えなくてはならない」対象から「暮らしの中から学ばなくてはならない」対象へと大きく変わった[7]。

③第三期　平成以降。これまでの生活改善活動の成果が広く明らかになり、とくに農山漁村女性の地位が目に見えて向上した。生活改善実行グループがつくりだした農産物直売所が全国にひろがり、ここを通じて農産加工などの経済活動が展開し、地域社会に確固とした活動となり、社会化した。この活動から多くの女性起業家が生まれ[8]、さらに女性の枠を超えて共同

参画の地域社会基盤の形成と生活環境の視点も加えて農産物直売所は「地産地消」の基盤を形成し、農山漁村の地域活性化に多く貢献しだした。

「生活改善」が開始され、その膨大な経験からつむぎだされたものは、農山漁村地域の資源と環境をベースにした都市とは異なる生活のありようであり、近代的、合理的な生活様式へ導く先が、必ずしも都市的生活様式ではないことが示された。求めた農山漁村のよりよい暮らしが都市的生活様式一辺倒の変容ではないことに「生活改善」を動かしてきた農山漁村の女性たち、生活改良普及員は気がついたのである。都市的生活様式と比べるから、農山漁村は遅れている、格差があると思ってしまう。都市とは異なる農山漁村の生活様式があると考えることにより、都市とは異なる暮らし方に価値があることを明確につかんだのである[9]。

本稿の扱う課題は、「生活改善」が、初期の段階で「変えなくてはならない」暮らしを改善する過程で、どのようにして生活改善活動の骨格ができあがるか、後代の生活改善活動を支える基本的な要素は何なのかを明らかにすることである。

1、生活改善普及事業

(1) その発足

終戦直後の農山漁村の疲弊は著しく、かつ国民に食料供給体制を確立しなくてはならない状況下で昭和二十三年に「農業改良助長法」が施行された。この制度は、米国の農業技術改良普及制度[10]をもとにつくられた制度で、農業技術改良普及だけではなく、農業の特質である農と暮らしの一体的な状況に対処するために、農家生活の改良・改善を目的とする生活改善普及事業というものが含まれていた。

昭和二十三年七月に「農業改良助長法」（法律一六五号）が制定される。農業改良普及事業は、国と都道府県による協同普及事業という性格をもっている。つまり、国が活動を促す補助金を都道府県に交付し、都道府県はこれを実施するための専任職員を設置することにより、実施される。この目的は、「能率的な農法の発達、農業生産の増大及び農民生活の改善を図るため、農業に関する科学技術の発達及びその成果の有効なる普及」にある。

具体的な普及活動の目的は、単なる農業技術、生活技術の普及にあるのではなく、その過程において「考える農民」を創出することにおかれていた。この特徴は、農山漁村に居住する人びとが、農業と生活が密接にかかわることから農民生活の改善が対等に設定されている点である。

（2）民主化、近代化の過程と生活改善

終戦直後の民主化は、軍国主義をつくりだした封建的な全体主義を解体し、民主的、近代的な日本社会をどのようにつくりだすかを意味し、農業改良普及事業には具体的な農業技術と生活技術を普及、広める過程で、単なる思想教育ではなく、新しい人格をつくりだす意図が含まれていた。長い戦時下で疲弊した農山漁村の生産、生活基盤をつくりだすことに目を向けさせ、こうした活動の過程で科学的な思考や民主的な意思決定の方法を身につけていくことがその目的であったのである。これは「普及事業は教育であり、教育は人間を作ることである」[11]という一文に集約される《コラム１》「普及活動の社会的意義」参照）。これは、小倉が指摘するように、農業改良「普及事業に限らず、農地改革にしても、戦後の農業政策は自主的な農民を作ることが目的となっている」という表現にうかがうことができる。そして、これを説明する諸概念は、第二次世界大戦中、急速に米国で発展した「文化とパー

《コラム１》普及活動の社会的意義

普及活動の目標は変化、最も抽象的に表現すれば、普及事業の目標は農家生活に変化を齎すことです。農家生活に意図的、計画的に指導を行い、のぞましい変化を齎してその向上に資することが目標です。改良普及員の活動や生活改善施設の展示などは目標に奉仕する手段であって、農家生活の変化を促進する見地から選択し構成しなければなりません。

普及事業の追求する変化の内容は、農家施策或いは広く行政一般のうちで、普及事業が担当し遂行する分野の性格によって決まってくるわけですが、農業施策は農業生産力の増進と農民の地位向上、換言すれば労働の生産性の向上と農民の人間としての尊厳性の確立を指向するとされております。（小倉『農民指導の理論』128-139ページ）これを農家の生活に即して言えば、生活の改善、近代化と人間関係の民主化ということになります。生活改善の普及事業は、改良普及員の直接的指導によって、農家生活技術の改善と考える農民の育成を図り、これによって農業施策の全体目標に寄与しようとするものであります。このことは「普及活動の手引き」に“生活をよりよくすることと考える農民を育てることが生活改善普及事業の目的”といわれている通りです。（以下略）

農林省振興局生活改善課『普及活動の基礎』昭和32年８月、６−７ページ

《コラム２》生活の技術とか慣習とかいうものは文化の範疇

ところで生活技術とか慣習とかいうものはいわゆる文化の範疇に属し、その変化は文化変動の一態様であります。従って普及事業の指向する農家生活の変化も文化変動の大きな流れに推移してゆくわけです。普及員の指導も一要素となる各種の動因が農家生活に働きかけて、促進或いは阻止の要因として作用し、その拮抗優劣によって変化の方向と速度が定まります。この文化変動の機構を知ることは普及活動を社会生活の大きな流れの中で位置づける上で参考になるでしょう。

文化——ここでいう文化は、道徳、慣習、法律、科学、技術、交通手段、集団の構成員としての人間によって学習されるもので、文化生活、文化人というような価値的なものを表すものではない。文化はその構成要素から見て非物質的文化と物質的文化にわけられることがある。前者に属するものは、言語、宗教、芸術科学、慣習、法律、制度などであり、後者に属するものは、道具、機械、建物、交通機関などである。このような文化的諸要素は、生産関係によって特色づけられる。

農林省振興局生活改善課『普及活動の基礎』昭和32年８月、７ページ

ソナリティ」の諸概念と、社会学、文化人類学、社会心理学、といった行動科学といわれる諸分野である。「教育は人間を作る」という考え方を小倉武一は、「権威主義的」ならびに「民主主義的」な「パースナリティ」という言葉で説明していく。「社会的性格」「社会集団」「文化的なずれ」「ワークショップ」「プロゼクト（プロジェクト）」等々の行動科学用語が多用されている。

米国でつくりだされた概念が生活改良普及員の研修に怒涛のように流れ込んでいる。昭和三十二年の生活改良普及員研修で用いられるテキストに、生活の技術とか慣習とかいうものは文化の範疇という内容で説明されていることも興味深い（《コラム２》参照）。

（３）農業改良普及員、生活改良普及員の設置

昭和二十三年に農業改良助長法が成立し、都道府県には農業技術普及委員会が設置された。これは、「農業改良普及事業の実施に当り、広く各方面特に農民の意向を反映せしめるため、知事の諮問機関として、農民代表が過半数を占め、その他、農業教育者、学識経験者からなる都道府県農業技術普及委員会が設置され　各都道府県における事業全般の計画、予算、地区の区分、職員の任免等の重要事項につき調査審議に当」る組織である。[12]併行して、農業普及技術員の資格試験が都道府県で実施され、受験者数九八九二人、合格者数七五六九人である。農業普及職員とは、企画職員、専門技術員、改良普及員（農業改良普及員、生活改良普及員）をさす。昭和二十四年十二月の改良普及員数は、全国で七〇七四人、うち生活改良普及員は二六二人であり、構成比は三・七％にすぎない。都道府県別に配置人員が多い道県は、熊本県が二〇人、北海道一九人、鹿児島県一六人、千葉県一五人となっている。構成比が高い県は、神奈川県が一二・七％、熊本県が一一・八％であとは一〇％未満である。このほかに生活改善担当専門技術員は全国で九名である。[13]

生活改良普及員は、主に家政、教育、保健衛生を専攻してきた者が都道府県が実施する資格試験[14]を通じて採用された。農業や農家生活についての知識や経験のないものも多くあったという。

(4) 初期の生活改善活動[15]と生活改善実行グループ

農林省が終戦直後、米国の農業技術普及制度の一環として導入した生活改良普及事業で育てられた生活改善実行クループは、政策実現のための受け皿である。明らかにこれは官の主導による制度である。一定の政策実現を目的とした住民の暮らしそのものを変革するためのものであった。別項で扱うように、生活改善実行グループが、既存の婦人会などの組織を母体として形成されたものではなく、若い生活改良普及員が活動で主に接触してきた「若妻」「若嫁」という世代を主に対象にし組織形成されたことからも、その性格がうかがえる。そして初期の生活改善活動は、教科書どおりに述べれば、軍国主義に走った封建的な基盤が旧来の地主小作関係にあり、農地解放により、経済的、社会的基盤を変革する一方で生活改善は、近代的、民主的な生活様式に変革し、合理的、科学的な判断のもとで暮らし方の変容を求めたものとして位置づけられている。

しかしながら、生活改善活動は、終戦直後のほかの多くの運動が教条的な民主化や近代化がその活動において強調されることが多く見かけられたにもかかわらず、「生活改善」の事例研究においては、ほとんど見出すことはできないことに注意すべきである。同じ時期に文部省が主導する迷信を追放するための調査[16]を参考にしたなどの影響は見られない。後述するように「生活改善」では、こうした観念的な改善ではない方法を用いるのである。この文部省による調査結果(『生活慣習と迷信』)の公表については、時のGHQ(占領軍総司令部)が、公表を差し控えるように達しがあったとされ、占領下では公表されなかった経緯が語れている。この経緯については、歴史的な考察が必要であるが、こうした成果が、直接、「生活改善」に影響を与えている状況は、「生活改善」の調査研究から見出すことができない。

(5) 生活改善活動における課題の設定方法と具体的な活動内容

生活改善活動の課題設定方法は、生活改良普及員が、実際に農家女性にあたり、調査することから得られている。昭和二十四年度協同農業普及事業年次報告に、「生活改良普及員がその普及活動に取上げた問題」が整理されている（表1-2-1 (1)(2)(3)参照）。

調査にあたり、設定された大枠は、

(ア) 衣生活に関するもの（一五項目）
(イ) 食生活に関するもの（一七項目）
(ウ) 住生活に関するもの（一八項目）
(エ) 家庭管理に関するもの（一四項目）
(オ) 保健衛生に関するもの（一七項目）

の五部門に分かれ、八〇件の課題が整理されている。これらの課題は、実際の農家生活で改善すべき課題を国レベルで整理したものである。これは、実際の生活改善普及活動から直接得られた課題であり、「あるべき姿」を設定して課題を列挙したものではないことに注目すべきである。そして整理された課題から指導指針がつくられていった。

(ア) 衣生活

衣生活で取り上げた課題は一五項目で、①作業着（一三四件）、②家庭着（二三件）、③子供服（二一件）、④下着（三〇件）、⑤その他の衣類（二四件）、⑥つくろい（一三件）、⑦洗濯（四二件）、⑧手

表1-2-1　生活改良普及員がその普及活動に取り上げた問題（1）

問題種別		左の問題をとりあげた生活改良普及員数										備考
		九州	四国	中国	東海近畿	北陸	東山	関東	東北	北海道	計	
生活改良普及員数		37	18	15	27	16	9	57	22	15	216	
衣生活に関するもの	作業着	23	8	8	17	14	7	34	14	9	134	
	家庭着	4	1			2		12	2	2	23	
	子供服	4	2		2	2	1	9		1	21	
	下着	1	3	1	3		2	17	1	2	30	
	その他衣類	2	1	3	3	5		5	2	3	24	
	つくろい	2	1			2		7	1		13	
	洗濯	5	5		6	3	3	15	3	2	42	関東で共同洗濯2件
	手入保存一般	5		2	2	4	1	6	5	3	28	
	更生	4		1	4	1	2	11	5		28	
	染色	3			5	1	3	4	3		19	
	裁縫一般	9			6	1	1	13		1	31	
	衣生活設計	15	8	4	11	6	6	19	11	6	86	衣料自給、整理経営、二重生活の廃止等
	結婚衣装		2	7	10	2	2	11	2		36	
	被服知識一般					2		3	2		7	
	其の他	2	2	2			1	5	1		13	
食生活に関するもの	常備食品	13	4	1	2			20	3		43	
	農繁期食	6	1	3	7	8	5	14	5	7	56	
	壜詰諸法							4			4	
	漬物	1	1				2		1		5	
	その他加工	3	3	2	6		4	11		1	30	
	貯蔵		1		2	2		2			7	※合計値4と表記
	粉食	15	3		8		3	21	2	5	57	
	一般調理法	18	7	8	14	7	7	31	10	3	105	※合計値104と表記
	特殊調理法	5	2	1	1	2		28	7	2	48	※合計値59と表記
	栄養一般	28	1	4	8	5	4	38	15	9	112	育児食、離乳期食、妊産婦食、病人おやつ等
	食品の自給計画	4	3	6	7	2	2	12	5	6	47	
	食生活一般	8	12	9	6	6	7	9	6	2	65	
	献立表		2	2	2	7	2	3	3	1	22	
	共同炊事				1		2	3			6	
	冬期の栄養									2	2	
	学校給食					2					2	
	その他	2	1	1	1	2	1	3	1	1	13	

(2)

問題種別		左の問題をとりあげた生活改良普及員数										備考
		九州	四国	中国	東海近畿	北陸	東山	関東	東北	北海道	計	
住生活に関するもの	台所改善	26	13	11	18	16	9	48	19	11	171	
	かまど改善	20	13	6	6		7	36	11		99	
	ながし改善	2					2	6	2	1	13	
	下水改善	1	1		1					1	4	
	井戸改善	2	1		3	1	1	7	2	1	18	※合計値13と表記
	寝間改善			1	6	6		4	10	4	31	
	茶の間・いま改善					3	2		1	2	8	
	押入利用改善	4		3		3	1	3	1		15	
	便所の改善	11	5	6	8	8		11	4	4	57	
	風呂場の改善		1	1			1	7	3	1	14	
	どまの改善利用							1			1	
	作業場畜舎	2			1		2	2	3		10	
	保温採煖設備						4			9	13	
	住み方	15	3	1	10	1	3	12	1	2	48	
	住生活一般	1	4	5	9	7	2	12	4	5	49	
	大工左官の教育		1								1	
	通風、採光、換気	4	1	2	3	4	2	6	3	5	30	
	その他	3		5				1	1	1	11	
家庭管理に関するもの	家計簿その他記帳	17	5	4	12	6	6	18	6	7	81	
	予定（計画）生活	6			8	5	2	5	2	4	32	
	生活時間	7	3	3	2	2	1	12	8	3	41	
	労働	5	5	3	5	5	1	14	4	1	43	労働軽減、協力分担、休養、公休日等
	経済生活	6	3	1	4	3	2	7	4	4	34	
	家族関係	5	1	4	4	2		7	5	3	31	
	家庭生活の民主化	7	3	3	7	4	1	13	1	2	41	結婚、虚礼、迷信その他
	教育子供の躾	3		5	3	2	1	3	1	2	20	託児所を含む
	リクリエーション		1				2	1			4	
	生活の協同化			2				1	1		4	
	副業	1	1	2	2	1		4			11	
	管理一般	2	2		5	1		4		2	16	
	整理整頓	4	1				1	2		1	9	
	その他	3		2	4					1	10	

(3)

	問題種別	左の問題をとりあげた生活改良普及員数										備考
		九州	四国	中国	東海近畿	北陸	東山	関東	東北	北海道	計	
保健衛生に関するもの	寄生虫	22	4	7	13	8	2	37	8	3	104	
	有害虫防除	2	1		1		2	7	3	3	19	
	日光消毒	9	4		9	4	1	5	4	5	41	
	妊産婦の保健	3	1	2		1		11	4	2	24	産室を含む
	環境整理	7	3	3	1	5	4		1	1	25	
	消毒殺虫剤/常備薬	2					1	6	1	1	11	
	食前の手洗い 身体の清潔	3		1	8	1	4	3		1	21	
	掃除	5			2	1	2	6	1	1	18	
	病気の予防	4		1	2		1	11	4	4	27	
	性病	1			1	3		2			7	
	結核	3		1		2		4	3	4	17	
	産児制限	1	4	1	8	2	1	7		1	25	
	育児	4	2	2	4	1	4	14	1	7	39	
	看護法	2	1		1			7		2	13	救急処置を含む
	クル病									5	5	
	保健衛生一般	8	6	4	4	4	1	23	6	6	62	
	その他	6	2	2	2	2		3	1		18	

資料：農林省「昭和24年度協同農業普及事業年次報告」より。

入保存一般（二八件）、⑨更生（二八件）、⑩染色（一九件）、⑪裁縫一般（三一件）、⑫衣生活設計（八六件）、⑬結婚衣装（三六件）、⑭被服知識一般（七件）、⑮其の他（一三件）となっている。①作業着に関する課題が最も多く、農作業時に動きやすく、農薬飛散や日焼けなどから守る作業着の検討へと発展していく。つづいて⑫衣生活設計が多く、これは、衣料の自給、整理経営、和洋の二重生活の廃止といった事項で備考に書き加えられている。既製品はなく、家庭内で作りだすこと、衣服の保管、つくろいなどの更生、計画的に進めることの重要性などが扱われる。また、⑬結婚衣装に関する課題が三六件とあがっており、結婚式の簡素化、公民館婚礼などの問題に発展したと推測される。

（イ）食生活

食生活に関しては一六項目があり、①

常備食品（四三件）、②農繁期食（五六件）、③壜詰諸法（四件）、④漬物（五件）、⑤その他加工（三〇件）、⑥貯蔵（七件）、⑦粉食（五七件）、⑧一般調理法（一〇五件）、⑨特殊調理法（四八件）、⑩栄養一般（一一二件）、⑪食品の自給計画（四七件）、⑫食生活一般（六五件）、⑬献立表（一二件）、⑭共同炊事（六件）、⑮冬期の栄養（二件）、⑯学校給食（二件）、⑰その他（一三件）である。⑩栄養一般と⑧一般調理法が多い。粉食というのは、穀類の粉を用いた麺、そば、パンなどの食事をさす。食生活改善は、最も人気があり、後の自給用野菜生産、農産加工へと展開する。

（ウ）住生活

住生活に関するものは、一八項目で、①台所改善（一七一件）、②かまど改善（九九件）、③ながし改善（一三件）、④下水改善（四件）、⑤井戸改善（一八件）、⑥寝間改善（三一件）、⑦茶の間・いまの改善（八件）、⑧押入利用改善（一五件）、⑨便所の改善（五七件）、⑩風呂場の改善（一四件）、⑪土間の改善利用（一件）、⑫作業場畜舎（一〇件）、⑬保温採煖設備（一三件）、⑭住み方（四八件）、⑮住生活一般（四九件）、⑯大工左官の教育（一件）、⑰通風、採光、換気（三〇件）、⑱その他（一一件）である。

かまどのある台所改善が一七一件と最も多く、次いでかまどそのものの改善となる。生活改善というと「かまど改善」が代名詞のように呼ばれたが、昭和二十四年時点で、すでに課題として登場し、関東、九州が地域としては多いことが表1-2-1を見るとわかる。

（エ）家庭生活

家計簿記帳に代表される家庭生活では、一四項目があり、①家計簿その他記帳（八一件）、②予定（計画）生活（三二件）、③生活時間（四一件）、④労働（四三件）、⑤経済生活（三四件）、⑥家族関係（三一件）、⑦家庭生活の民主化（四一件）、⑧教育子供の躾（二〇件）、⑨リクリエーション（四件）、

⑩生活の協同化（四件）、⑪副業（一一件）、⑫管理一般（一六件）、⑬整理整頓（九件）、⑭その他（一〇件）である。このなかで④労働の内容は、労働軽減、協力分担、休養、公休日等の問題を扱っている。また、⑦家庭生活の民主化の具体的な内容は、結婚、虚礼、迷信、などであり、冠婚葬祭の簡素化、習俗変容とかかわりが推測される。農業以外の収入を得る方途として副業なども課題としてあがっているのも注目される。③生活時間と並んで多いのが⑦家庭生活の民主化で当時の活動記録では、嫁姑問題が多く扱われている。

（オ）保健衛生

保健衛生に関する活動では、一七項目ある。①寄生虫（一〇四件）、②有害虫防除（一九件）、③日光消毒（四一件）、④妊産婦の保健（二四件）、⑤環境整理（二五件）、⑥消毒殺虫剤／常備薬（一一件）、⑦食前の手洗い・身体の清潔（二一件）、⑧掃除（一八件）、⑨病気の予防（二七件）、⑩性病（七件）、⑪結核（一七件）、⑫産児制限（二五件）、⑬育児（三九件）、⑭看護法（一三件）、⑮クル病（五件）、⑯保健衛生一般（六二件）、⑰その他（一八件）となっている。保健所の活動と重複する項目が多く、保健婦と連携しながらの活動が多いことが知られる。終戦直後の状況で、①寄生虫や⑫産児制限、⑩性病も活動のなかで取り上げられていった。この保健衛生に関する活動は、保健所活動との重複もあり、時代を経るにしたがって、生活改善活動の主要項目に残るものは少なかった。しかし、初期の生活改善活動では大いなる関心事であった。

初期の生活改善活動項目は、生活改良普及員が主に家政、教育、保健衛生などの分野から採用され、衣、食、住、家庭管理を主分野にしていることから、それを軸に、整理されている。ただし、保健衛生の分野も重視され、栄養士、保健婦の資格等も採用の基準となっている。初期の生活改善の分野は、

「農家の生活改善」であり、家庭生活が対象である。

家庭生活を対象にして生活技術として解決できる項目が中心でありながらも、慣習の見直し、社会制度の活用なども取り込まれていたことにも注意しておく必要がある。

2、生活改良普及員のアプローチ方法

農業改良普及事業が開始された初期の生活改善活動は、どのようなアプローチが具体的に行なわれたのだろうか。その活動の一端が読み取れる資料が昭和二十四年度協同農業普及事業年次報告にある。活動事例として各都道府県が報告したもの（表1-2-3 (1) (2) 参照）をまとめている。

内容は次のとおりである。
①生活改良普及員が講習会、講演会、座談会等を主催し又は参加した回数と人数
②普及員が指導の対象として連続して働きかけている受け入れ組織数
先にも見たように昭和二十四年度十二月現在の生活改良普及員は、全国で二六二人であり、都道府県によっては一名をようやく配置できたところもあった。二十四年度の普及員資格試験での学歴別受験者数及び合格者を見てみると、全国で八六四名が資格試験を受験し、六六八名が合格している。合格者の学歴は、大学・高専卒業者が五〇・七%、中学校卒業後三か年以上の経験者では、四一・五%、小学校卒業後六か年以上の経験者は七・八%ととなっている（表1-2-2、参照）。この後、増員がつづくが、生活改善を実施する生活改良普及員の数は、農業改良普及員が同年度で六八一一二人であり[17]、決して多くなく活動についても十分な人員がそろっていたわけではない。最も多いときでも、全国で昭和四十一、四十二年度二三五〇人が配置されたにすぎない。

表1-2-2　昭和24年度改良普及員資格試験受験者・合格者（生活改良普及員）

	受験者	合格者	合格率	合格者の構成比
大学・高専卒業者	406	339	83.5%	50.7%
中学校卒業後三ヵ年以上の経験者	379	277	73.1%	41.5%
小学校卒業後六ヵ年以上の経験者	79	52	65.8%	7.8%
合計	864	668	77.3%	100.0%

資料：農林省「昭和24年度協同農業普及事業年次報告」より。

（1）かまど改善と暮らし方の変化

こうした生活改良普及員が少ないなかで、生活改善の普及は、「濃密指導地域」[18]を設定し、そこをモデルとして周辺に普及をしていく方法がとられた。実際にどのように実施されたのか、昭和三十三年に農業改良普及事業十周年記念事業の一環として『普及活動の記録』が刊行されているので、そのなかから活動の内容を見てみる[19]。

昭和二十五年から三十年にかけて兵庫県の北部、但馬地域の中心、豊岡市管内で実施されたかまど改善のプロセスである。

かまど改善の課題が決まるまで

兵庫県豊岡市内の四三戸の集落は、副業であった柳行李産業[20]の衰退で生計の立直しが必要だったことから、昭和二十五年に濃密指導地域に指定され、生活改善活動が実施された。まず、生活改善の課題を見出すために、アンケートによる衣・食・住の項目をたてた「実態調査」が昭和二十五年十二月に実施された。調査対象者は、四三戸、三七四人である。実態調査の目的は「調査結果を座談会のテーマにして、農家の要求度を知り、また、わたしの能力において援助できるかどうかの判断も加えて、問題を見出すこと」であった（傍点筆者）。そのときの調査項目は、表1-2-4に整理した。

アンケートの項目編成において保健衛生の項目が多く、被調査者は、どうしても保健衛生に関するものを重視する傾向になるのであるが、「農家の要求度（ニーズ）」を知り、そこから課題を見きわめようとしている。この結

表１-２-３　生活改良普及員のアプローチ方法（1）

府県名	(1) 生活改良普及員が講習会、講演会、座談会等を主催し又は参加した回数とそれに参加した農民				(2) 普及員が指導の対象として連続して働きかけている受入組織数				
	主催した会合		参加した会合		組織に働きかけている普及員数	前からあった組織に働きかけているもの		新たに指導の対象として出来たもの	
	回数	人数	回数	人数		グループ数	構成員	グループ数	構成員
北海道	386	11,988	251	14,549	15	70	977	72	2,094
青森	282	12,705	114	5,687	4	50	1,066	6	634
岩手	7	156	64	4,330	0	0	0	0	0
宮城	198	94,096	359	13,493	5	48	1,518	16	426
秋田	77	4,300	13	4,305	1	0	0	14	435
山形	2	70,000	116	7,880	0	0	0	0	0
福島	316	4,735	379	4,051	2	91	4,662	7	156
茨城	96	4,430	125	6,755	5	23	459	4	56
栃木	56	1,323	145	6,524	2	36	1,950	2	123
群馬	293	19,548	500	32,206	6	176	5,937	19	443
埼玉	516	16,372	304	18,245	10	277	13,829	98	1,615
千葉	413	24,069	924	43,145	11	140	18,832	201	5,158
東京	243	37,009	37	1,649	0	0	0	4	120
神奈川	262	12,403	184	9,327	8	8	265	12	233
新潟	4	167	213	20,037	3	24	293	12	387
富山	124	7,677	131	8,908	5	85	3,598	11	308
石川	251	14,222	44	1,968	2	9	270	1	42
福井	58	8,420	159	8,537	1	1	50	10	440
山梨	72	4,615	99	4,850	2	0	0	3	270
長野	207	7,884	352	22,794	4	92	6,758	20	847
岐阜	120	10,746	33	650	0	0	0	0	0
静岡	42	1,703	13	600	0	0	0	0	0
愛知	0	0	0	0	0	0	0	0	0
三重	281	53,880	306	34,606	3	69	4,235	54	1,231
滋賀	131	8,581	370	16,356	5	51	14,873	21	755
京都	92	4,720	90	3,924	1	34	680	4	60
大阪	14	890	83	3,414	1	0	0	7	850
兵庫	0	0	0	0	0	0	0	0	0
奈良	134	3,935	200	8,790	3	41	601	34	720
和歌山	49	101,925	55	4,246	2	0	0	43	578
鳥取	0	0	12	660	0	0	0	0	0
島根	9	415	3	222	1	0	0	1	6
岡山	275	14,604	78	16,963	4	0	0	59	780
広島	75	27,310	9	3,340	0	0	0	0	0
山口	34	1,976	45	3,937	3	38	2,610	1	25
徳島	11	590	3	150	0	0	0	0	0

(2)

<table>
<tr><th rowspan="3">府県名</th><th colspan="4">(1) 生活改良普及員が講習会、講演会、座談会等を主催し又は参加した回数とそれに参加した農民</th><th colspan="5">(2) 普及員が指導の対象として連続して働きかけている受入組織数</th></tr>
<tr><th colspan="2">主催した会合</th><th colspan="2">参加した会合</th><th rowspan="2">組織に働きかけている普及員数</th><th colspan="2">前からあった組織に働きかけているもの</th><th colspan="2">新たに指導の対象として出来たもの</th></tr>
<tr><th>回数</th><th>人数</th><th>回数</th><th>人数</th><th>グループ数</th><th>構成員</th><th>グループ数</th><th>構成員</th></tr>
<tr><td>香川</td><td>335</td><td>89,156</td><td>76</td><td>6,659</td><td>5</td><td>6</td><td>417</td><td>18</td><td>460</td></tr>
<tr><td>愛媛</td><td>125</td><td>10,546</td><td>54</td><td>4,969</td><td>2</td><td>80</td><td>1,345</td><td>3</td><td>208</td></tr>
<tr><td>高知</td><td>276</td><td>67,538</td><td>41</td><td>32,197</td><td>4</td><td>17</td><td>3,610</td><td>15</td><td>463</td></tr>
<tr><td>福岡</td><td>25</td><td>1,187</td><td>79</td><td>4,465</td><td>0</td><td>0</td><td>0</td><td>0</td><td>0</td></tr>
<tr><td>佐賀</td><td>37</td><td>92,300</td><td>21</td><td>4,320</td><td>1</td><td>2</td><td>34</td><td>2</td><td>45</td></tr>
<tr><td>長崎</td><td>14</td><td>504</td><td>102</td><td>18,376</td><td>2</td><td>40</td><td>1,076</td><td>2</td><td>40</td></tr>
<tr><td>熊本</td><td>709</td><td>75,005</td><td>407</td><td>26,015</td><td>9</td><td>62</td><td>32,888</td><td>63</td><td>1,355</td></tr>
<tr><td>大分</td><td>54</td><td>202,830</td><td>91</td><td>57,175</td><td>0</td><td>0</td><td>0</td><td>0</td><td>0</td></tr>
<tr><td>宮崎</td><td>358</td><td>9,308</td><td>166</td><td>44,985</td><td>4</td><td>0</td><td>0</td><td>52</td><td>1,179</td></tr>
<tr><td>鹿児島</td><td>134</td><td>9,598</td><td>204</td><td>39,287</td><td>8</td><td>128</td><td>6,700</td><td>21</td><td>628</td></tr>
<tr><td>計</td><td>7,197</td><td>1,145,366</td><td>7,054</td><td>575,546</td><td>144</td><td>1,698</td><td>129,533</td><td>912</td><td>23,170</td></tr>
</table>

資料：農林省「昭和24年度協同農業普及事業年次報告」より。
註：合計値は、一致していない項目がある。

表1-2-4　課題を設定するための実態調査項目

衣生活について	洗たくの頻度、作業衣の所持数、作業衣の種類（和式か洋式か）、洗たくをするときの姿勢（立ってするのか、座ってするのか）、布団干しの頻度
食生活について	魚肉類の摂食状況、牛乳・山羊乳及び卵の生産、飲用及び食用状況、食用油の摂取状況
住生活について	台所の設備（流し、調理台、食器棚、蠅入らずの有無）、かまどの種類・煙突の有無、井戸及び用水の使用状況（流水、湧水、水道、井戸）、井戸と台所の距離、便所の構造（改良式、在来のもの）
保健衛生について	病人発生時の頼る人（医師、保健婦、祈祷師）、お産前後の休養日数（休まぬ、10日以内、20日以内、1ヶ月以内1ヶ月以上）、便壷について（明るい、暗い、完全閉、不完全閉）、便所の掃除頻度、便壷の虫の有無、便壷の虫が外に出るか、便壷の殺虫剤散布、蠅蚊の有無、手洗い水の状態（吊式手洗水、石つぼ、水道）、手洗水の更新頻度

資料：岸本うめ、昭和33年10月、「かまど改善による暮らし方の変化過程について」農業改良普及事業十周年記念事業協賛会『普及活動の記録』から引用者が整理。

果から課題が拡散していて住民が納得して共通の課題とすることが困難であることが判明した。また、この結果をみて普及員は、「わたしの能力」に応じた課題ではないと判断しているのも興味深い。

　課題設定をさらにつめるためにもう一度、アンケートを実施する。得られた項目は、回虫が原因らしい腹痛患者多いこと、検便をしたことがない人（一〇〇％）、産後の休養不足、母乳の出が悪いこと、台所の不便さ、かまどの問題、身体の変調の愁訴、便所・納戸の暗さ、かまど燃料の現金購入などであり、問題をさらに明確化している。

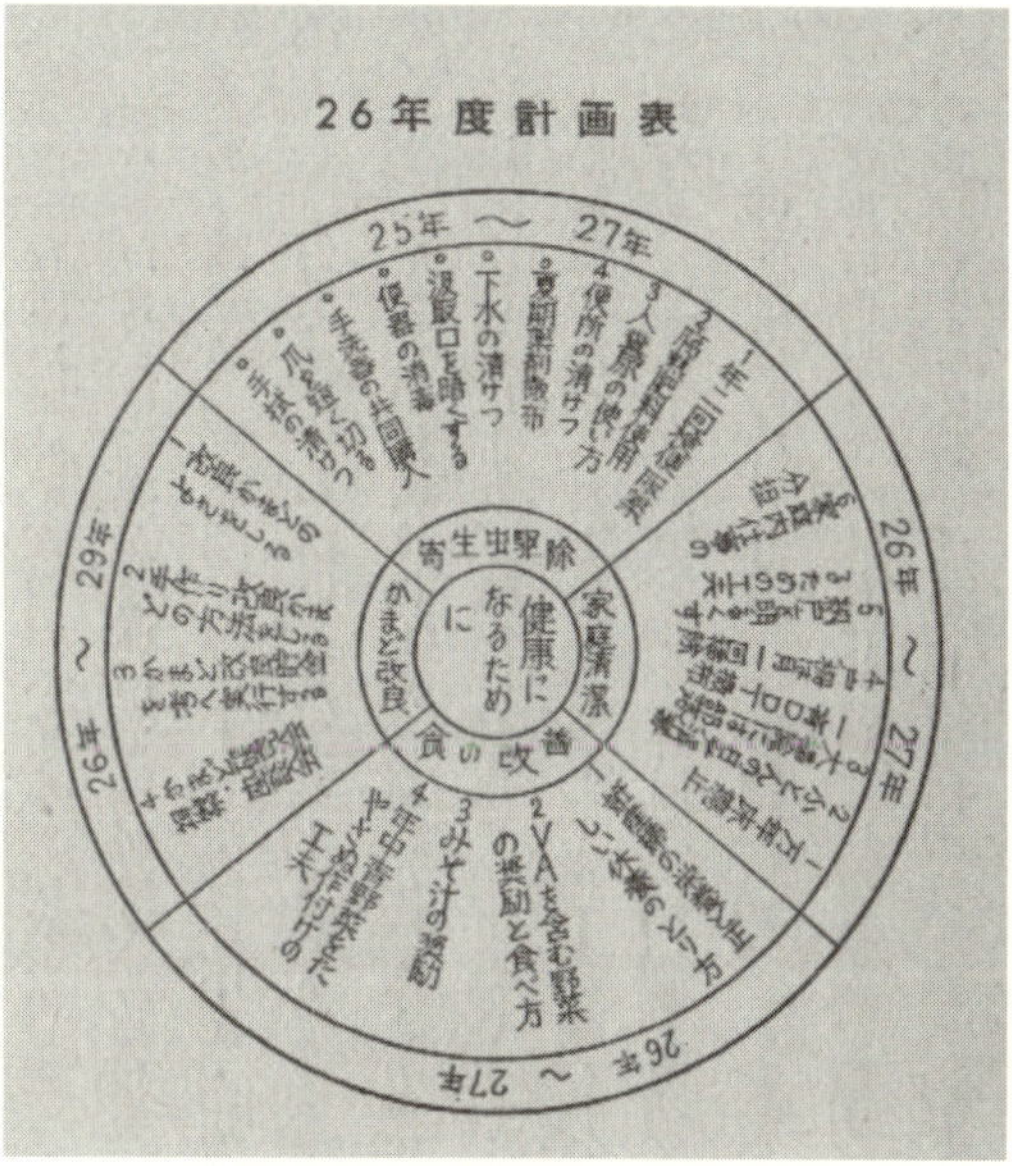

図1-2-1　昭和26年度計画表

資料：表1-2-4に同じ。

　以上の結果から「農民は健康になりたいという強い希望を持っていることがわかりました。しかし経費のかかることはあとまわしにし、最少の経費でできることから手をつけたいという希望」を得て、二十六年に計画表を作成している（図1-2-1、参照）。

　計画表は、図を見てもわかるように円で示され、四つの課題に大きく整理されている。これを整理したものが表1-2-5である。

　農家の生活改善の年間計画をつくると同時に普及員自らの目標も設定

表1-2-5　昭和26年度生活改善の年間計画表（整理）

年	課題	活動
25年～27年	寄生虫駆除	1 年2回検便服薬 2 腐熟肥料使用 3 人糞尿の使い方 4 便所の清けつ 　○夏期薬剤散布 　○下水の清けつ 　○汲取口を暗くする 　○便器の消毒 　○手洗器の共同購入 　○爪を短く切る 　○手拭の清けつ
26年～27年	家庭清潔	1 万年床廃止 2 ふとんの日光消毒 3 大掃除には部落一斉 DDT 散布 4 戸棚は月1回掃除 5 納戸を明るくするための工夫 6 家庭内の仕事の分担
26年～27年	食の改善	1 妊産婦の栄養と正しい休養のとり方 2 VA*を含む野菜の奨励と食べ方 3 みそ汁の奨励 4 年中青野菜をたやさぬ作付けの工夫
26年～29年	かまど改良	1 改良かまどのよさをしる 2 手作り改良かまどの方法をしる 3 かまど改良貯金を考え実行する 4 かまど研究会視察、座談会

*VA：ビタミンA

している。

①会合が面白くなり出席がよくなる

②出席時間が守れるようになる

③誰もが発言できるようになる

④会の仕事に積極的に参加する

普及員の独自の目標は、参加する住民が強く関心をもつ課題に育て上げること、会合を通じて、出席時間や発言の機会など一定のルールをつくりだし、共有化することをめざしていることがわかる。

（2）農民が考える「生活改善」

計画をしたからといって計画が共有化されないかぎり、活動はスムーズには展開しない。その第一点を普及員は次のように述べる。当時の社会一般の強い風潮として「生活改善は冠婚葬祭の簡素化なり」と考えている人がほとんど全部であったため、「迷信の打破」「冠婚葬祭の大きな不合理による費用の節約」を考え、これらを実行することがいちばんの改善の早道だとし、この生活改良普及員の実行計画は手ぬるいと批判されている。「生活改善」という言葉は、明治時代後期に、節倹令などの言葉から置き換えられた新しい用語である[21]。こうした意識が住民にあるのは、この時代の新聞やつくられた風潮が影響していたと思われる。

普及員は、住民のこうした動きを論破するために次のような活動を組んだ。

まず、部落に「生活改善推進委員会」を設け、戸主側から七名、婦人側から七名、青年団より一名を委員として選び、定例日を設け、夜に研究会を開催した。そのときに県の生活改善係に助言を求め、「冠婚葬祭の問題は農民自身で考えるようにし、普及員は援助の程度とし、あくまで目標を忘れないように」という指示を得ている。この住民による「冠婚葬祭の簡素化」の検討は一年間つづいたが、冠婚葬祭の問題だけでの話題はほとんどなくなり、しかも四三戸の部落では、冠婚葬祭は一年に一〜二件しかない状態で、関心も薄れてしまった。冠婚葬祭の問題は実行の段階になるとあらゆる生活問題が絡み合っているために実行しにくく、委員会もほかの農民から非難の声が出るようになり、会合さえもできなくなっている。このことから普及員は、冠婚葬祭の問題を改善するまでに、まだまだ衣・食・住に対する考え方を変えなければ到底できないという結論に至っている。

（3）かまど改善に向けての意欲が高まる

冠婚葬祭の内容を検討するうちに、生活改善をする意識が阻害され、委員会メンバーが意欲を失ってきた。一方で、普及員は、台所改善を希望する農家をまわり、家族員と話し合う場をつくって活動をつづけていた。また、会合でも幻灯会[22]等で堅苦しい雰囲気も一掃するように努力をするなどした結果、さまざまな場面で、かまど改善の問題が浮上してきた。業者が新しいかまどを売るために訪問販売が訪れるようになったり、工夫した農家がより安く燃料を手に入れはじめたりした事例が出てきた。こうした情報が積み重なるうちに、かまどへの関心が大きくなっていった。

そうした時期に、年間燃料消費量調査を豊岡市の各地区から一〇戸を対象に実施し、詳細な結果を得た。この結果では改良かまどを使用している農家は、一五〇～二〇〇貫匁ほど消費量が少ないデータを得ている。さらに、改良した家の実態を見学して、まず三戸が自作のかまどを互いに研究しながら作りだした。しかし、燃料消費量は少なくなったが、体裁が悪いなどの反省点が出た。問題は、かまど改善に要する費用の問題となった。普及員は、改善貯金を考え出した。これは、燃料（薪）を共同購入して安く手に入れ、その分を貯金するという方法である。かまどを改善したい人たちが自然に集まり、男も女も一八人が真剣に話し合い、二年後にメンバーの三分の二がかまどを改善した。

しかし批判も多く出た。批判を列挙すると次のようになる。

①普及員は、かまどを改良すると、一年間に燃料代が三〇〇〇円～六〇〇〇円浮くといったが、浮いたようには思えず、まとまった改善資金を支出したことが苦痛だ。

②かまどの前で暖をとることができなくなり冬季は、改良かまどでは寒くて困る（老人の声）。

③燃料づくりの手間は半分の一五～一六日でよくなったが、燃料を小さく切るのに手間がかかる（共同購入しない人の声）。

④余熱が使え、よく燃えるので、炊事時間が短縮されたが、それだけ農事に多く使われて改善が苦痛だ。

多くは若い主婦の訴えであり、改善の影に喜ばぬ人がいることに普及員は気がついた。そこで改良かまどを導入した農家、在来のかまどを使用している農家の燃料調査を実施している。調査の方法は、在来かまど、三和かまど、剣山かまど、蒸しかまど、手づくりかまどなど、各三戸ずつ選び、二升の飯を焚くのに要した燃料消費量を一週間計って調査するものである。各農家がそれぞれ調べ、用意されたカードに記入し持ち寄り検討をした結果、以下のようにまとめられた。

①同じ改良かまどでも焚く人により二〜三〇〇匁の開きがある（老人が使うと多く使う）。

②焚口蓋の使い方によって消費量に変化がある（マキの長短にもよる）。

③余熱利用の使い方によって変化がある。

④マキの大小によって消費量に変化がある。

⑤風呂の焚口も少し改良すれば、両方で燃料代がいままでの三分の一でよくなり、年間燃料消費量が六〇〇貫〜七〇〇貫でよくなり、一戸平均五〇〇〇円は楽に浮いている。

この調査の結果、一日でも早く改良しなくては、損をするという考え方に変わり、在来かまどの家八戸がグループ員の協力で設置場所、採光など設計検討、砂、レンガを共同運搬して調査後、一か月で全戸が改良した。

普及活動において性急に答えを押しつけるのではないことが「考える農民」をつくる方法として重要視されていたことがわかる。多くの批判や疑問を対等に拾い上げ、頭ごなしに否定をするのではなく、一つひとつ試験や調査で解決していき、その結果を住民と共有しているのである。大きな教訓である。

（4）どのように改善されたか

昭和二十六年から三十二年までの七年間に生活改善によってどのように暮らしが変化したのか、普及員はまとめている（表1-2-6）。現在、発展途上国を中心に実施されている住民参加型村落開発で

表1-2-6　昭和26年から昭和32年までの七年間の改善過程

項目	昭和26年	昭和32年実績
回虫駆除	保卵者　86%	保卵者　18%
生野菜用肥料の使い方	人糞尿100%	金肥又は腐熟肥料　100%
抵抗力増進のためVA*の補給	偏食60%	偏食11%
年間油の摂取量	1戸平均2～3升	1戸平均7升～2斗
かまど改良	5%	100%
台所改良	3%	80%　実用的な改良
天日タンク	0	30%
蚊・蠅の発生度	100%	20%　29年より一斉散布
動物蛋白の摂取量	40%	70%（1日平均の標準量）
下水溝の設置	0%	5年計画で第1期完了、第2期実施中（全戸）
1戸10羽養鶏	4%	副業研究グループ　12名
家族会議	0	7名、32年度より実施
家計簿記帳	2%	財布は硝子張りを目標

*VA：ビタミンA

は、現在やっとこの内容が実施されはじめたのであり、日本の生活改善は、それよりも五〇年早く、こうした方法を実施してきた。その先駆性に驚くばかりである。

こうした表を作成するのは並大抵なことではない。活動開始前に生活の状態を記録しておく調査、いわゆるベースライン調査が必要であり、それを実施している。重要なことは、回虫駆除からはじまり、栄養改善、かまど改良を経て台所改善、下水溝の設置、家族会議、家計簿記帳など農家の生活の多くの部分に展開している。生活改善とは、このようにひとつの改善の事象だけでは、とらえることができない活動である。こうした展開からより大きな課題へと展開方向を保持して、持続的な活動が生みだされていることが、理解できる。

3、農林省の生活改善とは何であったのか

農林省が推進してきた「生活改善」は、農山漁村の暮らしの向上に生活様式の変更と主に女性の生き方を、自ら考え、自らを変えてゆくという方法を用いてより良い姿に導いてきた事業である。一種の教育的方法により行

なわれてきたと言えるが、観念的な思想教育ではなく、具体的な眼前の課題・問題をひとつずつ取り上げ、自らできることから着手し、より大きな課題・問題に導いていった。その結果、農山漁村と都市の暮らしの違いを明確にし、地産地消などの基盤を形成したのである。

この根本には、農山漁村で暮らす人びとは暮らしの卓越した一定以上の技術を獲得していった状況が存在する。つねに暮らしを向上させていくための基本的な技術を習得することで多様な課題・問題を解決してきた。分業化されることが、あたかも進歩であるような都市的な生活とは明らかに異なる個々人の技なのである。都市における市場経済にただ依存しているだけでは、農山漁村での自らの暮らしの向上ができないことも生活改善の活動のなかで自明の理となり、暮らしのなかからアイデアや技術、必要な財をも自ら創出できる体質が生まれた。農山漁村では、人びとの生存を維持する食生活自体をみても、都市における貨幣で何でも手に入れられる状況ではないこと自体、農山漁村の女性や高齢者が必死になって維持してきた家庭菜園の維持の状況から推察される。こうした農業は、遅れた技術、商品とならない農産物というレッテルを貼られ、農業政策上では無視されてきた[23]。都市生活を対象とする商品経済では、十分に農山漁村の生活向上が困難であるために自ら生活を改善する必然性があったのである。こうした暮らしの向上をめざし、貯えてきた技術や技が地産地消の時代の新しい起業とも結びついている。こうした基本的な事項が生活改善初期に明治、大正とつづいてきた旧来の生活改善とは異なるアプローチができあがったのである。

（1）生活改良普及員の果たした役割

生活改善を指導し、導いてきたのは、生活改良普及員である。農山漁村の生活、社会、経済状況、農業生産状況など区々に異なり、構成員によっても考え方、価値判断が異なるなかで共通するのは、衣・食・住という生活技術であり、それを武器に切り込んでいくことで大きな成果を生みだした。このため、普及員は、かまど改善の項で述べたように、衣・食・住の技術情報を入手すると同時に、それを短期間で習得し、わかりやすく説明する材料を作成し、話し合える材料をつくりだしてきた。住民から出される疑問や考え方の違いに対して、根気よく住民とともに試験や調査を実施して、データを作成して説得するという合理的な方法を用いて成果をメンバーとともに共有した。衣・食・住の技術は、多くの資金を必要とせず、自らの工夫、相互の試行錯誤の結果の情報の共有化により、きわめて速く実行に移すことができる利点があり、課題・問題をもつ人びとに早く伝わり、問題解決に導くことができた。こうした利点から濃密指導地域での結果は、いち早く他地域に伝わり、広く普及していった。生活改良普及員が、めざしたのは、単なる衣・食・住の生活技術の普及ではない。普及員がよく使う言葉に「衣・食・住の技術は、飴玉」という表現がある。生活技術の改善を通じて、よりよい暮らしをつくりだすために、さらなる大きな課題を改善するために住民と普及員が肩を並べて相互に向上していくこと、そして、その活動を持続していくこと、こうして、女性の地位向上や私的な生活農林業を社会化してもうひとつの農業の存在をアピールし、農的暮らしの姿をわかりやすく提示することができたのである。

こうした価値観の相違は、住民のなかだけでなく、農業改良普及員、農協などの考え方とも対立した。生活改善実行グループが、自らの家庭菜園でつくった農産物を当初は、朝市・直売所で販売しようとしたときに、地元の商店街や農協などと大きく対立し、普及員は、市議会などに参考人として呼ばれ、議場で総攻撃さえ受けた例もある。それが今では、地産地消として農山漁村地域を抱える地域にはなくてはならない、活性化や起業化の基盤となったのである。

(2) 生活改善実行グループ

戦後復興期に生まれた農林省の生活改善は、GHQにより押しつけられて実施した単なる行政指導型の施策ではなかった。農山漁村の地域性に即して課題を住民とともに拾い上げて、それを一つひとつ解決する過程で、女性の力と自信を育んできた。戦後直後の施策の受け皿として若妻、若嫁という家庭内で課題・問題を抱えていた比較的若い年齢層が普及の対象となった。生活改良普及員がこうした世代と同じ世代であったことからもその効果は大きかった。既存の婦人会などが姑の活動の場であり、こうした組織よりも、この年齢層の女性たちを新たにグループとして育成していった。

衣・食・住の新たな情報や技術は、家庭内で大きな効果をもたらした。かまど改善のように家庭内の意思決定が必要な活動は、夫からはじまり、姑、舅へとコミュニケーションの輪が広がる経緯をつくりだした。食生活の変化は、子どもたちの栄養改善や新しい食事の形態の変化が多くの家庭で歓迎された。嫁いできて友人などのネットワークがほとんどなかった若い女性たちを結びつけ、共通の衣・食・住の問題をもとにその結びつきを大きくした。こうした女性たちが核となり、持続的な活動が開始され、その後の活動の基盤をつくりだしていった。当初は、集落を中心に組織され、自治組織の下部組織として認められるグループも出てくるようになった。

のちに、このグループは、「生活改善実行グループ」「生活改善研究グループ」となって全国組織も生まれた。生活改善活動の経験を共有する組織となっていった。[24]

(3) 官の役割

農林省の生活改善課では、生活改良普及員が活動しやすいように全国からの情報を集め、時機に応じての普及員研修を展開していく。ほかの行政とは異なり、生活改良普及員からあがってくる下からの報告を判断して、その対応を研修というかたちで共有化をはかっていった。

活動がしやすいように理論武装を整えることも大きな役割であった。国レベルの当時の資料からは、家政学、栄養学、住居学はもとより、米国の行動科学を中心に心理学、社会学、教育学など、広い範囲の学際的な考え方や方法論が研修の際に紹介されている。また、保健衛生や栄養指導など厚生省の所掌にかかわる活動との調整や保健婦等との連携を生みだすなどの体制をつくりだした。こうした活動から農業者の特有な病気、のちに、農夫症と病名がつけられた一連の症候群を協力した医師たちとともに明らかにし、その改善に多く貢献すると同時に農村医療という分野を明確にしたことも生活改善の活動の大きな成果である。(25)

(4) 終戦直後の農林省生活改善

終戦後、米国占領政策の一環として導入された農林省の生活改善活動は、農山漁村で戦前から行なわれてきた冠婚葬祭の簡素化などの生活改善とは、大きく異なった活動である。明治後期からわが国でも生活改善という活動が行なわれてきた。それまでも農山漁村では、「節倹令」などの呼称で少ない金銭をできるだけ無駄のないように使用する規則であったもので、米国の行動科学などの成果を応用したこれまでに経験してきたわが国の村落における生活改善の活動とは異なるものであった。同じ生活改善という名称であったために、農山漁村住民は、従来のものと混同し、現在でも民俗学調査でも混同して用いている例がある。冠婚葬祭の簡素化は、直接習俗、そのものを変えようとする方法であり、それに比して農林省の「生活改善」は、冠婚葬祭の簡素化という方法を主要な手段としては採用しなかった。人びとの暮らしから生じた習俗を直接、変更する手段を採用していないことは、ルース・ベネディクトの著した『菊と刀』など、米国で発達した人類学の成果、文化相対主義の考え方が、

ＧＨＱの占領政策の基本にあったと推察されるが、これにはなお、資料などの検討が必要であろう。

農林省の生活改善では、一九七〇年代ごろから、その活動の論理基盤として、民俗学や文化人類学の中堅研究者が参加することになるが、その態度は、むしろ、農山漁村の暮らしを的確に把握をして、そのなかから農山漁村の暮らしの将来を見つめようとした姿勢だろう。農山漁村の伝統食のあり方や女性のライフヒストリー収集など、女性の地位向上や地域文化を尊重する考え方などが、大きな成果を生みだした。生活改良普及員が食生活改善と同時に、伝統食に関する資料や調理技術を手にし、それをもとに料理講習へと展開し、一方で、日本的食文化の評価が高まったこともこの生活改善活動の成果であった。この方法は、発展途上国への村落開発の有効な手段として用いられているが、決して、米国の農業技術普及の方法を模倣したものでもない。わが国の農山漁村の人びとの暮らしを向上するために、生活改良普及員とその指導を受けた生活改善実行グループ員とが相互に肩を並べた協力と努力が、活動の成果を生みだしたのであり、基本的な方法論は、初期のころにほぼ確立した、といってよい。この活動が、後世おいてさらなる評価が与えられることを期待する。

〔註〕

（１）農林水産省の名称は、昭和五十三年に改称され，それ以前は農林省と称していた。現在の状況を説明するときに用いる。本稿では、主に「農林省」の用語を用いている。

（２）平成十六年五月二十六日改正の法律、五十三号「農業改良助長法」の第一条、目的には、以下のように記されている。

この法律は、農業者が農業経営及び農村生活に関する有益かつ実用的な知識を得、これを普及交換することができるようにするため、農業に関する試験研究及び普及事業を助長し、もつて能率的で環境と調和のとれた農法の発達、効率的かつ安定的な農業経営の育成及び地域の特性に即した農業の振興を図り、あわせて農村生活の改善に資

することを目的とする。（傍点、引用者）
（3）普及員は、平成十七年度に、普及指導員というこれまでの普及員を指導する専門技術員のレベルに格上げされ、都道府県での資格認定から、国家認定（国家試験）制度に変更された。これにともない専門技術員の資格はなくなった。
（4）都道府県によっては、生活改善担当を設置しているところもある。
（5）農山漁村女性の地位向上に果たした生活改善活動の役割はきわめて大きい。この点については、天野寛子らの研究で整理されているので本稿では扱わない。天野寛子『戦後日本の女性農業者の地位―男女平等の生活文化の創造へ―』（ドメス出版、平成十三年）参照。
（6）国際協力事業団（現、国際協力機構）の農山漁村を対象とした村落開発計画において、日本の経験をいかした協力方法の一つとして「生活改善」が位置づけられている。フィリピンをはじめとして、マレーシア、カンボジア、セネガルなどで大きな成果をあげている。
（7）この考え方の変化については、富田祥之亮「概説・変貌する農村―農村の生活と社会の変化」富田編集・解説『現代のエスプリ二〇三、変貌する農村―生活・文化と農業経営―』（至文堂、昭和五十九年）参照。
（8）富田祥之亮「むらの生活革命―暮らしの都市化」、新谷尚紀・岩本通弥編『都市の暮らしの民俗学1　都市とふるさと』（吉川弘文館、平成十八年）参照。
（9）（8）と同じ。
（10）米国の農業技術普及制度は、わが国の普及事業が、農林省の管轄下、都道府県の農業改良普及主務部署に配置されているのに対し、州立大学に所属する。農業技術の試験研究についても州立大学が果たす役割は大きく、普及員の地位も州立大学の教官と人事交流があり、このため、コミュニティ開発の専門家などが育っている。また、生活改善に相当する家政学を専攻する普及員も設置されている。こうした制度は、当初は、米国の制度が踏襲され、日本の独自のものではなく、米国がかかわったフィリピン、ケニア等に生活改善活動が見られるが、名称は家政担当である。
（11）小倉武一「農民と社会」『昭和二七年度生活改善専門技術員中央研修會記録』（農林省農業改良局生活改善課）
（12）昭和二十三年度農林省協同農業普及事業年次報告

(13)（10）に同じ。

(14) 農業改良普及員という名称は、平成十六年の農業改良助長法の改正で「普及指導員」という名称に変更され、これまで都道府県が実施していた資格試験は、国が実施するようになった。

(15) 農山漁村における生活改善活動は、「生活改善運動」としてとらえる考え方もある。本稿では、生活改善事業が一貫して運動ではないことを強調している立場を尊重して「活動」の用語を用いる。住民の視点からすれば、大きな運動であるが、生活改善の施策として運動を起こすことが目的ではないことが強調されている。これは、生活改善が、自らの暮らしを自主的な考え方で、自らの手で改善することであり、一定の価値基準に誘導するものではないことに起因する重要な視点である。

(16) 迷信調査協議会編『生活慣習と迷信』（技報堂、昭和三十年）によれば、この調査会は、昭和二十二年に文部省の科学教育局で開始され、八年間実施された調査（「国民慣習調査」）で、調査会委員には、大学研究者、図書館長、それに農林省農業改良局研究企画官により構成された。このメンバーに民俗学評議委員で、毎日新聞社員であった今野園輔が加わっている。この目的は以下の文に要約される。「迷信・俗信といわれるものには、過去の時代からの残存文化が多い。それだけ、それ等は社会生活の中に、抜き難い根を深くおろしている。それ等の中には情趣豊かなものもある。日本人の文化的伝統を辿る場合に、貴重な資料となるものもある。しかしまた、現代の生活水準から見れば、益は少なく、害のみ多いものも少なくない。これ等が、日本の社会の近代を妨げる強いブレーキになっていることは、疑いを入れない。そこで迷信打破の叫びが、いたるところで聞こえることにもなるのである」。

(17) 昭和二十四年度農林省協同農業普及事業年次報告

(18) 濃密指導地域というのは、全国に配置された生活改良普及員の数が非常に少ないために、担当地域で協力的な集落等を選定し、集中的に活動を実施した。そのモデル地域の変化を周辺集落の住民が、モデル活動を応用していくことを期待した。事実、かまど改善は、またたくまに全国に普及していった。普及員は、こうした濃密指導地域以外の住民に情報の提供や講習会などを実施し支援した。

(19) 岸本うめ「かまど改善による暮らし方の変化過程について」『普及活動の記録』（農業改良普及事業十周年記念事業協賛会、昭和三十三年十月）

(20) 但馬の豊岡地域では、農業だけでは生活ができず、幕藩体制の時代から農家の副業が各種実施されてきた。かつて柳行李は、衣類や布団などを収納するコリヤナギの枝の皮を除いて乾燥させたものを麻糸で編んで作ったもの。この生産方式は独特で地域の複数の農家が生産工程で分業し、生産した。この方法は、現在、豊岡市の主産業、かばん生産に応用され、現在では、全国一の生産シェアを占めている。
(21) 註(8)、一〇七-一一四ページ
(22) 初期の農業改良普及の活動では、幻灯(スライド)がよく使われ、農林省協同農業普及事業年次報告の各年度の報告にその予算が大きく割かれている。また、普及用の映画、『緑の自転車』も昭和二十四年に制作された。
(23) 農林水産省の試験研究機関で扱われてきた技術は、稲作生産を中心とする労働力を削減するための機械化、科学化などが中心であり、食の安全が強調されても、その中心となる有機栽培技術の試験研究は、ほとんど実施されていない。ましてや農山漁村の人びとの生活を向上するための家庭菜園の試験研究は一切行なわれていない。農山漁村の女性・高齢者は、この種の農業を維持してきたが、筆者は、この農業を「生活農林業」として商品生産上の、都市に供給されるための農業生産と同等の価値があることをかねてより主張してきた。これについては富田祥之亮「生活農林業の成立と市《いち》—生活改善活動の現代的意義—」『農村生活総合研究』八(農村生活総合研究センター、平成七年)参照のこと。
(24) 生活改善実行グループは、現在では、「全国生活研究グループ連絡協議会」という名称の全国組織をもっている。その事務は、社団法人　農山漁村女性・生活活動支援協会が実施している。
(25) 富田祥之亮「矢口光子と生活改善—日本の経験を活かす農村開発手法」(『アジ研　ワールド・トレンド』第一二九号所収、平成十八年)参照。

三、新生活運動と新生活運動協会

田中　宣一

1、新生活運動の提唱

新生活運動を推進した「新生活運動協会」（以下、「協会」とすることがある）は、鳩山一郎内閣当時の昭和三十年九月に設立され、翌三十一年三月末に財団法人の認可を受けた。社会教育審議会長から文部大臣への答申（昭和三十年三月十八日）を受けて設立されたためか、初年度（昭和三十年度）の活動は文部省が支援し、財団法人となった第二年度（昭和三十一年度）以降は、所管が当時の総理府に移った。そして昭和五十七年三月まで活動をつづけ、新たな問題への対応をはかるべく、同年四月からは「財団法人・あしたの日本を創る協会」と名称変更をしたのである。[1]

新生活運動は、昭和三十年に唐突に提唱されたわけではない。その前段階として、昭和二十二年に片山哲内閣が提唱した「新日本建設国民運動」がある。昭和二十二年当時の日本は敗戦の痛手がまったく癒えておらず、生産力が低くインフレーションや社会秩序の混乱などが重なり、復興には遠い状態だった。そういうなか六月一日に発足した片山内閣は、片山首相が就任早々、国民に向けて祖国再建のために今しばらく耐乏生活を甘受するよう訴えかけたり、各界の代表者を招いて経済緊急対策案を提示して協力を要請するなど、国民総意の結集を呼びかけた。その一方で森戸文相や笹森復員庁総裁が中心になって「新日本建設国民運動要領」をまとめ、六月二十日に閣議決定した。[2] これにもとづいて新日本建設国民運動が展開されることになったのである。

新日本建設国民運動要領では、勤労意欲の高揚、友愛協力の発揮、自立精神の養成、社会正義の実現、合理的・民主的な生活慣習の確立、芸術・宗教およびスポーツの重視、平和運動の推進という、七目標の実行が提唱された。そして五番目の合理的・民主的な生活慣習の確立については、「生活のむだをはぶき、ぜいたくを慎しみ、常に合理的に考え、能率的に処理する生活態度を養うとともに、封建的な風習を取り除いて、明るく快く健康な民主的生活慣習をうち立てるように衣食住の全面にわたって国民生活に工夫と改善を行うこと」[3]と、述べられたのである。民主的などという当時流行の言葉が早速加えられているとはいえ、勤労を尊び、無駄・贅沢を慎み、陋習《ろうしゅう》を排除し、衣食住生活に工夫・改善をほどこすなど、内容はとくに目新しいことではなく、近代以降しばしば唱えられてきた勤倹貯蓄、衣食住生活の改善、良風善行の励行などである。しかし当時の社会状況を鑑みるに、実に切実なことがらだったのである。

ところが、混乱をきわめる社会情勢と脆弱な政権基盤のため、片山内閣はこの運動について特別な成果をあげえないまま、翌二十三年二月に総辞職してしまったのである。八か月余の短命内閣であった。

しかし新日本建設国民運動が提唱した内容は、混乱する戦後社会の復興への有力な指針と受けとられ、中央での挫折にもかかわらず、この運動への支持機運は地方において澎湃《ほうはい》と湧き起ったのである。神奈川県では、県議会において「新生活運動に関する意見書」を全員の賛成で議決し、昭和二十二年十月に新生活運動の準備協議会を発足させるとともに、県と市町村別に協議会を設置し運動展開の具体的方法を話し合った。大分県でも、昭和二十三年五月に各種団体の代表が集まって新生活県民運動推進協議会を結成し、推進事項を決定した[4]。まもなく多くの都道府県において同種の団体が結成されたのであり、結成にいたらなくても、社会教育の立場から新生活の運動に取り組んだのであった。また、日本鋼管川崎製鉄所をはじめ、企業にもこの運動は取り入れられていったのである[5]。

かくして昭和三十年の新生活運動協会設立以前において、新生活運動というものは、生活の改善を提唱する運動として人びとの間に浸透しはじめたのである。

浸透にあたってはマスコミの影響も大きかった。とくに読売新聞社が昭和二十六年に「新生活モデル団体・地区の表彰」を開始し、中央省庁や地方自治体もこれにさまざまなかたちで関与したことが、各地での新生活の機運を盛り上げたといえよう。同社は昭和二十七年から『読売・新生活』というタブロイド判八ページの新聞を月一回発行し、新生活の運動をさらに喚起したのである。筆者がこの新聞を通読するに、取り上げられている内容は台所の改善や働きやすい作業着の工夫、栄養改善、育児や婦人の余暇利用などが多く、読者には、主として農山漁村の婦人が想定されていたように思われる。これらの内容は、農林省の生活改善普及事業が熱心に取り組んでいた問題でもあった。このへんに、推進する側としては新生活運動といい生活改善普及事業といっても、対象相手も内容も相当に重複していた事情がうかがえるのである。

片山内閣の総辞職によって政府の活動が頓挫したとはいえ、今度はこのような各地各方面の活動が中央に影響を与え、昭和二十九年末に誕生した鳩山一郎内閣が新生活運動を公約のひとつに掲げていたため、再び全国レベルでの本格的な活動体制がとられるようになったのである。

2、新生活運動協会の設立

昭和二十九年十二月六日、吉田茂内閣の大達文部大臣から社会教育審議会にあて、当時の社会情勢のなか社会教育や青少年教育はいかにあるべきかについて諮問がなされた。諮問は七項からなるが、その第四項目において「社会教育の立場から新生活運動をいかに展開してゆくべきか」と問われたのである。それに対する答申は、鳩山内閣に代わって三か月ほど経った昭和三十年三月十八日になされた[6]。

答申のうち、第四項目の諮問に対して強調されていることをまとめると、次のようである。

・運動は自発的自主的であることが必要で、他からの規制や干渉があってはならないこと。
・画一的模倣的でなく、各地域や職場の実情に合った内容が望ましいこと。
・参加者同士が十分に話し合って目標と計画を立て、協力して遂行すべきこと。
・衣食住などの生活様式を改善していく場合でも、単なる外面上の改善にとどまらず、生活意識の向上にまでもっていくものでありたいこと。

要するに、各地域・職場が自らの実情をよく見極め、自主的に具体的目標を設定し、改善の意欲をもって協力推進するような運動にすべきだというのである。生活改善普及事業が農山漁村民間に自主的な改善意識を育てようとしたのと、方針と方法においては同じである。近代以降第二次大戦終了までの類似の運動が、政府の方針を全国画一的に推進しようとしたのとは方法的に明らかに異なっていた。民主主義の風潮のなか、戦前の方法の反省を生かそうとしたものと思われる。ただ、生活改善普及事業には第一線において活動をする多くの生活改良普及員が置かれたが、新生活運動にはそのような人的措置はとられなかった。そのかわり答申の最後に、社会教育審議会としての次のような決議を附したのであった。

（前略）この運動が効果的にすすめられる為には、特に民間団体と官庁、また官庁相互間の連絡調整が円滑に行われねばならない。この為の適当な連絡調整機関の設置またはその組織の整備が早急になされるよう要望する。

新生活運動協会は、この付帯決議にしたがって設立されたのである。

答申を受けたあとの政府の動きは精力的だった。五月には、運動推進のために各界代表を招き団体創設を要請した。[7]七月には文部大臣が「国民的新生活運動の構想」を発表し、[8]八月十二日には、まず隗より始めよというわけか官庁における新生活運動が閣議決定され、内閣に「官庁新生活運動連絡会議」（議長は内閣官房副長官）が設置された。そして八月二十二日に、各界の関係者が出席し首相官邸において第一回新生活運動についての会議が開催されたのである（会議の座長を務めた前田多門が初代の新生活運動協会の会長に就任）。九月三十日には第二回新生活運動についての会議がもたれ、ここで新生活運動協会の設立が決定したのであった。設立趣旨書[9]には、当然のことながら社会教育審議会の答申の趣旨が十分に盛り込まれ、ここに新生活運動の方針と政府側の推進母体設立が確定したのである。

新生活運動協会では十月七日に第一回理事会を開催し、前田多門理事を会長に選び、その後何回かの理事会において運動の具体的目標を定め、実践項目、事業計画、予算などを決定していった。そして十一月二十九・三十の両日、第一回新生活運動全国協議会が開催され、運動がスタートしたのである。[10]

初年度にあたる昭和三十年度は半か年間に満たなかったが、活動は意欲的で、「昭和三十年度新生活運動協会実施事業報告書」を見るかぎり、その後の運動の基礎はもうこの半か年間に固められたといってよいだろう。事業の内容については次項に譲るが、ただ一つだけ述べておくと、昭和三十一年一月からタブロイド判八ページの機関紙『新生活通信』（月刊）が毎月十二万部ずつ発行され、全国の多くの団体・個人へ配布されたことは、この運動の普及の点で注目すべきことであった。これによって各地域では他の地域・団体の活動を知ることが可能になり、運動の横の連帯が可能になったといえよう。

3、新生活運動協会の活動

ここでは、新生活運動協会の活動をとおして新生活運動の全体像を見通すことにしたい。用いる主たる資料は協会の各年度の事業報告書と決算書であり、対象とする期間は、新生活運動初期の昭和三十年度から三十五年度までである[11]。

新生活運動協会の活動内容を筆者なりに類別すると、次のように大きくは四つ、いくらか細かく分けると八つになる。

Ⅰ．諸会議（内部の理事会・評議会は除く）

（1）都道府県の関係者との協議会・連絡会など

（2）専門委員会

Ⅱ．啓蒙活動

（3）講習会・研修会

（4）講師の派遣

（5）広報
（6）表彰
Ⅲ．（7）調査活動
Ⅳ．（8）共催事業・委託事業

右の類別にしたがって年度ごとの活動内容をまとめたのが、表1-3-1「新生活運動協会の初期の活動」である。これによって年度ごとの活動の全体像と、活動内容の年度間の比較がおわかりいただけると思う。次には、この表1-3-1を敷衍しながら活動の全体像をみていこう。

（1）都道府県との協議会・連絡会など

毎年開催されている会議は、都道府県の新生活運動協議会代表二名と協会役職員などが出席する新生活運動全国協議会、および都道府県の協議会長会、運動に関係する中央省庁間の連絡会、関係団体・報道関係者との協議会の、四つである。

前二者では、各都道府県の要望を聞き、その年度の運動の方針や推進方法について協議している。後二者の省庁間連絡や関係団体・報道関係者との協議会では、昭和三十一年度の場合、環境衛生（蚊と蝿の撲滅）について厚生省と、公明選挙について公明選挙連盟と、有害な出版物・映画等について会社協・日青協・全国知事会・全国町村会・全国小学校長会など二十数団体と、それぞれ協議懇談している。自民党婦人局、言論関係代表者、地方新聞編集者、NHK関係者、婦人家庭雑誌編集者、大阪放送関係者ともそれぞれ会合をもっている。

このほか、都道府県の事務局長など事務担当者との会議ももっていたが、昭和三十二年までの事業報告にしか現れていないのは、それ以降、事務連絡が軌道に乗りはじめたために必要がなくなったたか

事項＼年度	昭和33年	昭和34年	昭和35年
(1)協議会・連絡会議	新生活運動全国協議会 全国各協議会長会 省庁連絡会 関係団体・報道関係者との協議会 アジア大会道義高揚運動協議会 公衆道徳高揚運動ブロック協議会 旅の新生活運動中央打合せ会	新生活運動全国協議会 全国各協議会長会 省庁連絡会 関係団体・報道関係者との協議会 地方運動推進対策ブロック協議会	新生活運動全国協議会 全国各協議会長会 省庁連絡会 関係団体・報道関係者との協議会 地方運動推進対策ブロック協議会 大都市運動推進協議会
(2)専門委員会	調査専門委 食生活専門委 企業体対策専門委 広報活動専門委	企業体対策委 広報専門委 総合企画委 地域活動対策委 社会道徳対策委	企業体対策委 地域活動対策委 都市対策委 表彰対策委
(3)講習会・研修会	中央指導者研修会 ブロック別指導者研修会	中央指導者研修会 企業体研修会	中央指導者研修会
(4)講師派遣	159件	138件	112件
(5)広報活動	機関誌『新生活通信』発行 小学生用壁新聞発行 公民館用壁新聞発行 書籍発行（6点） リーフレット発行（3点） ポスター作成（2点） 映像資料作成配布等（3点） 放送の活用 関係団体等の作成資料買上げ頒布	機関誌『新生活通信』発行 小学生用壁新聞発行 公民館用壁新聞発行 書籍発行（3点） リーフレット発行（5点） ポスター作成（1点） 映像資料作成配布等（2点） 放送の活用 関係団体等の作成資料買上げ頒布	機関誌『新生活通信』発行 小学生用壁新聞発行 公民館用壁新聞発行 書籍発行（4点） リーフレット発行（2点） ポスター作成（1点） 放送の活用 関係団体等の作成資料買上げ頒布 壁新聞『職場の新生活』発行

表1-3-1　新生活運動協会の初期の活動

事項＼年度	昭和30年	昭和31年	昭和32年
(1) 協議会・連絡会議	新生活運動全国協議会 一部都県との連絡協議会 省庁連絡会 関係団体・報道関係者との会合	新生活運動全国協議会 全国各協議会事務担当者会 省庁連絡会 関係団体・報道関係者との協議会 全国青少年代表者会議	新生活運動全国協議会 全国各協議会長・参与会 全国各協議会事務局長会 省庁連絡会 関係団体・報道関係者との協議会
(2) 専門委員会		調査関係委 迷信因習旧暦関係委 食生活関係委 映画スライド関係委	調査専門委 食生活専門委 企業体対策専門委
(3) 講習会・研修会		講演会 指導者中央研修会 中国地区5県総合研修会	中央指導者研修会 ブロック別研修会 都市指導者研修会
(4) 講師派遣	約100件	217件	137件
(5) 広報活動	機関誌『新生活通信』発行 『小学生の新生活』発行 書籍発行（6点） リーフレット発行（1点） ポスター作成（1点） 映像・録音資料作成（2点） 放送の活用	機関誌『新生活通信』発行 『小学生の新生活』発行 書籍発行（4点） リーフレット発行（1点） ポスター作成（6点） 映像・録音資料作成（3点） 放送・ニュース映画の活用 関係団体等の作成資料買上げ頒布	機関誌『新生活通信』発行 『小学生の新生活』発行 書籍発行（3点） リーフレット発行（2点） ポスター作成（3点） 放送・ニュース映画の活用 関係団体等の作成資料買上げ頒布 「財畜増強」懸垂幕作成 『同友会通信』発行

年度／事項	昭和33年	昭和34年	昭和35年
(6)調査活動	新生活運動関係世論調査 実践地区現地実態調査 地域課題基本調査	新生活運動関係世論調査 実践地区現地実態調査	新生活運動関係世論調査 実践地区現地実態調査 指定地区の実情等 アンケート調査
(7)表彰関係	全国優良実践地区	全国優良実践地区	全国優良実践地区
(8)共催・委託等の事業	共催（13件） 中央団体へ委託（10件） 地方団体へ委託（多数） 道義高揚ブロック研修会 （6ブロック） 企業体ブロック研修会 （8ブロック） 大都市展示会（2都府委託） 調査（8県委託） 特別広報活動（東京都委託） 清掃籠の設置（全都府県委託）	共催（13件） 中央団体へ委託（12件） 地方団体へ委託（多数） 地方展示・発表会 （18府県委託） 大都市展示会（3市委託） 清掃籠の設置（32道県委託） 公衆道徳高揚運動 （国鉄などと共済）	中央団体との共催（17件） 地方団体との共催（約15件） 中央団体へ委託（11件） 地方団体へ委託（多数） 大都市展示会 （3道県委託） 大都市特別対策 （東京23区委託） 大都市特別対策 （7大都市委託） 公衆道徳高揚運動 （国鉄などと共催）
その他			新生活運動国民大会 （協会発足5周年記念）

らであろうか。昭和三十一年に、一五歳から一八歳までの代表者による第四回全国青少年代表者会議（青少年の声をきく会）を、中央青少年問題協議会・都道府県青少年問題協議会と共催しているが、これも三十一年度だけだったようである。

（2）専門委員会

専門委員会の設置状況から、当該年度前後の協会としての最大関心事がどのようなものであったかが推測できる。昭和三十一年度に迷信因習旧暦関係の専門委が設けられているが、迷信等の打破

年度＼事項	昭和30年	昭和31年	昭和32年
(6)調査活動	新生活運動関係世論調査 地域実態調査 炭鉱地帯青少年問題調査	新生活運動関係世論調査 意識調査（東京都内） 実践地区現地実態調査 狐持ち調査 関係団体の組織調査	新生活運動関係世論調査 全国の運動状況調査
(7)表彰関係	 「全国新生活モデル町村」 （読売新聞社主催） 4H協会実績発表会優秀者 家の光協会主催表彰者	全国優良実践地区 「全国新生活モデル町村」 （読売新聞社主催） 全国優良高校生徒会 新生活運動関係映画・スライド優秀作 放送「生活記録」人選作 全国農村青少年クラブ実績発表会優秀者	全国優良実践地区 「新生活モデル地区」 （読売新聞社主催） 全国農村青少年クラブ
(8)共催・委託等の事業	映画製作の委嘱・賛助（2件） 中央団体へ委託（15件） 地方団体へ委託（約50件）	共催（17件） 協賛（9件） 中央団体へ委託（26件） 地方団体へ委託（多数）	共催（6件） 中央団体へ委託（16件） 地方団体へ委託（多数） 公衆道徳高揚運動 （国鉄などと共催）
その他		児童憲章制定5周年記念大会	

註：1．新生活運動協会の理事会・評議員会に提出承認された各年度の「事業報告書」もしくは「事業概要書」（いずれも、「あしたの日本を創る協会」所蔵）をもとに作成。

2．事項の分類は筆者。事項の表記は原資料を尊重したが、筆者において省略あるいは年度間の統一をはかったものもある。

や旧暦の廃止（新暦への一本化）は、新生活運動の初期に大きな関心が向けられていた事柄であった。三十二年以降には企業対策や都市対策の専門委員会が次々に設置され、運動の目が次第に都市や企業内の諸問題にも向けられるようになっていったことがわかる。

（3） 講習会・研修会

啓蒙活動のひとつとして、昭和三十一年度には主要六か都市にて講演会が開催されている。講師陣としては、笹森順造・永井亨・前田多門・松村謙三ら初期の新生活運動を企画推進した人びとが派遣されている。事業報告書でみるかぎり協会主催の講演会はこの年だけであった。

研修会には中央指導者研修会とブロック研修会があり、昭和三十一年度以降毎年、ほぼ同じ形式で開催されている。

中央指導者研修会は、各都道府県の中核を担う活動家二名（合計一〇〇名弱）を集めての三泊四日の宿泊研修である。昭和三十一年六月の第一回研修会の日程を見ると、「日本社会の構造と病根」（講師・磯村英一）、「日本農業の諸問題」（田中長茂）、「科学の話」（藤岡由夫）、「新生活運動の意義と課題」（前田多門）、「人口問題と新生活運動」（永井亨）、「婦人の使命と課題」（谷野せつ）、「国際情勢と日本の立場」（島田巽）という講義のほか、分科会での討議、レクリエーションなどが組まれている。研修会は、問題意識の育成のほか、参加者同士が相互に刺激し合い自らの地域の運動を他の地域の運動と比較し見つめなおすよい機会になったかと思われる。

ブロック研修会は北海道・東北とか近畿というように都道府県をいくつかまとめて行なう研修会で、期間は一泊二日と短く、情報交換の意味合いの強い会だったかと思われる。

このほか、昭和三十二年度には都市指導者研修会、昭和三十四年度には企業体新生活運動研修会が開かれ、新生活運動が大都市の生活をも視野に入れたり、企業内の生活面の改善にも大きな関心をもっていたことがわかる。

（4）講師派遣

各都道府県や郡市町村の新生活関係の協議会も、独自に講習会・研修会を開催していた。講師派遣とはそれらの会合への講師派遣であるが、新潟県中越地方新生活協議会とか徳島県新生活推進大会などという地域全体の会合とともに、昭和三十年度の場合、日本経営士会の新生活座談会、山梨県青年産業振興の集い、炭鉱鉱山家族計画講習会（田川市・大牟田市）、香川県料理講習会のようなさまざまな個別問題の会合へも、協会から講師が派遣されている。経営の合理化・家族計画・食生活改善というような、運動のいわば各論に相当する諸問題の会合へのテコ入れであった。

講師としては、前田多門・永井亨・山高しげりなど協会の理事や各界の専門家があてられ、民俗学関係者でいうと今和次郎や宮本常一が派遣されていた。

（5）広報

ここでは、普及啓蒙に向けての新聞・書籍等の発行やポスター作成、放送・映画などの活用についてみておきたい。

昭和三十一年一月号を創刊号として、毎月一回、タブロイド判八ページの機関誌『新生活通信』を発行し、全国の関係機関・団体のほか、希望する個人にも配布しつづけた。創刊号の十二万部から出発して、ピークの昭和三十四年度には二十七万部にも達した。後で少し検討を加えるが、『新生活通信』を読んでいると、協会が意図した当時の運動全体の雰囲気が伝わってくる。小学生用の新聞、公民館用の新聞も発行し、全国の小学校と公民館に配布して掲示を依頼している。昭和三十五年度からは壁新聞『職場の新生活』や、『企業体（職域）新生活運動の手引』などの書籍も刊行し、全国の企業体に直送するようになった。

書籍としては、新書判の「新生活シリーズ」を毎年度数点刊行して関係機関に配布している。このほか、運動が定着しはじめたと思われる昭和三十三年度より、「新生活運動中央表彰優良地区実績集」シリーズが毎年一冊ずつ編集刊行されている。同集の事例は要点のみの紹介であったが、別に編集刊行された「新生活現地報告」シリーズは、新聞社の論説委員などが現地に派遣されて調査し実感した内容を十分に言述したものであり、事例数には限りがあるが、当時の地域の実情を把握するのに貴重な資料となっている。

ポスターも毎年作成して関係機関に掲示を依頼している。この運動が訴えようとしていた内容を理解するうえで興味深いので、左に内容を紹介しておこう。

旅のエチケット（三十年度）　中元贈答の自粛　虚礼廃止　職場の新生活　旅の新生活運動　時の記念日（以上、三十一年度）　時間尊重　中元贈答自粛　年末年始自粛（年末年始の虚礼自粛）（以上、三十二年度）　旅の新生活運動（三十四年度）　環境美化（花いっぱい運動を主題にして）（三十五年度）

このほか、短編映画やスライドなども作成して関係機関や学校へ貸出している。放送やニュース映画の活用については、「昭和三十一年度事業概要」（一一ページ）を引用し、具体的な内容を知る手がかりにしておきたい。

年内を通じては、文部省企画による「朝の教養」番組に参加して、毎週土曜日午前十五分間ずつそれぞれのテーマによって全国民間放送局三十三局を通じて放送を実施している。また参議院選挙に際しては、七月七日・八日の両日、東京有線放送より、東京都下、一一四一のマイクを通じて公明選挙の推進を訴える放送を行なったほか、「毎日ニュース」のなかに公明選挙を主題とする場面を挿入して、七月一日より八日まで、全国封切館において一斉に上映した。

(6) 表彰

各都道府県の新生活運動協議会から推薦された実践地区を、昭和三十一年以降、その年度の優良地区として表彰している。表彰は運動を励ますとともにひとつのモデルを示す目的をもっており、その伝達の際審査委員代表の磯村英一は、表彰の語を避けて推奨という表現をとった[12]。磯村が述べている表彰の語を避けた理由を筆者なりに要約すれば、新生活運動は自律的な運動であって本来は評価になじまないものであること、協会は地域や団体に対する上意下達的な指導機関ではないことの二点である。努力を励まし実践をとおして相互に学び合おうということで、表彰の語を慎重に避けながら審査の結果は出されたのであった。しかしそれを公表した書物には、「新生活運動中央表彰優良地区実績集」という副題がつけられていたのである。表彰ということについて審査委員と協会の思惑に微妙なずれのあったことがわかる。

右とは別に、読売新聞社主催の「全国新生活モデル町村（団体）」に選定された地域に対しては、昭和三十二年度まで協会賞を授与し、日本四Ｈ協会主催の「全国農村青少年クラブ実績発表大会」にも、昭和三十二年度まで賞状・賞品を贈っている。

(7) 調査活動

運動はどのような運動でも絶えず自己省察しつつ先へ進むことが必要である。そのため協会では、新生活運動関係の世論調査と、新生活運動を実践している地区の現地実態調査をつづけていた。

世論調査は昭和三十一年度以降、毎年度末に中央調査会に委託して行なった。それによると、運動がだいぶ浸透したかと思われる昭和三十四年度には、新生活運動という言葉を聞いたことがあるという人が約七五％に上り、自らの地域においてすでに運動の動きがあると答えた人も約三〇％に上っている。その三〇％の人びとが運動内容としてあげたベスト3は、蚊や蝿の撲滅など環境衛生の改善、食生活の改善、冠婚葬祭の合理化であった。[13] 広い意味での健康衛生上の改善と、虚礼の廃止ということになるであろう。

現地実態調査の結果は、先に広報の項でふれた「新生活現地報告」シリーズのなかに、主として昭和三十一年度の実態が報告されている。

このほかに地域の現状把握のため、昭和三十年度に福島県内郷市およびその周辺において「炭鉱地帯の青少年問題の発足過程調査」、三十一年度には島根県において「狐もちの調査」が行なわれている。

(8) 共催事業・委託事業

農林省の生活改良普及事業が全国に多数の生活改良普及員を配置して推進したのに対し、新生活運動の場合には、新生活運動協会を、啓蒙宣伝活動を行なったり意欲的な地域や団体の支援と連絡調整のための機関であると位置づけたために、運動推進のための直属の手足（人員）をもたなかった。そのため地域や各種の団体が行なう運動のうち新生活運動として有益だと評価するものに対して、共催ないし委託のかたちで支援をするという方法をとったのである。したがって運動を知るには、どのような活動を有益だと考えて共催や委託をしていたのかをみる必要がある。

表1-3-2で明らかなように協会の予算の過半は、このような共催・委託の事業費だったのである。

共催・委託事業の内容を知ることはまた、どのような地域や団体を手足として新生活運動を展開しようとしていたかを知ることでもある。

（ア）共催事業　共催事業は全国民を対象とする中央の各種団体との共催事業が主である。主たる事業内容を年度別に列挙し、括弧内に共催相手の団体名を示しておこう。順序は、原則として「事業報告書」に記載されているとおりとする。ただ、初年度のみすべてを記し、煩瑣になるため次年度以降は決まりきった大会や会議・集会については適宜省略する。

■昭和三十一年度■

世界保健デー記念大会（日本国際連合協会）　全国児童福祉大会（厚生省、全国社会福祉協議会）精神薄弱児作品展示会（全国精神薄弱児育成会）　時の記念日行事（東京時計眼鏡小売商組合）BBS全国大会（日本BBS連盟）　全国青少年代表者会議（中央及び各都道府県青少年問題協議会）　新生活運動指導者講習会（大日本女子教育会）　新しい衣生活のつどい（東京都、日本化学繊維協会）　新生活運動推進研修会・全国青年産業振興会（日本青年団協議会）　食生活文化展覧会（日本食生活協会）　新生活運動研究協議会（山梨生活をよくする会）　私達の栄養展（東京都、東京都栄養士会）　全国公民館大会（全国公民館連絡協議会）　全国社会福祉事業大会（全国社会福祉協議会）　新生活運動指導者講習会（日本ユースホステル協会）　全国更生保護大会（法務省、全国保護司連盟）

なお、協賛事業については割愛する（以下の年度についても同じ）。

■昭和三十二年度■

時の記念日行事（日本経済新聞社、時を守る会、東京都新生活運動協議会）　働くものの「衣生活のつどい」と講演会（大阪府新生活運動連絡協議会、日本化学繊維協会）　食生活改善講習会

（全国食生活改善協会、農林省）　「年末年始」の広報車宣伝活動（東京都新生活運動協議会、主婦連合会、地婦連）　新生活運動全国母子家庭指導者研修会（全国未亡人団体協議会）　新生活の工夫展（生活科学化協会他各中央団体）など。

■昭和三十三年度■

ＩＯＣ総会アジア競技大会開催都民大会（東京都自治振興会）　アジア競技大会清掃活動（善行会、ボーイスカウト連盟）　朝の教養「生活の記録」表彰（ラジオ東北東京支社）　新生活運動研修会（友愛青年同志会）　純潔教育指導者講習会（矯風会）　全国高校弁論大会（日本国際連合協会）　財蓄と新生活全国婦人大会（財蓄増強中央委員会）など。

■昭和三十四年度■

新生活運動指導者研修会（東北農家研究所）　全国師友会夏期指導者講習会（全国師友会）　全国婦人民生委員児童委員代表者研究協議会（全国社会福祉協議会）　東北地方台所会議・全国台所会議（栄養改善普及会）　食生活改善講習会（全国食生活改善協会）　公衆道徳高揚実践活動（ボーイスカウト日本連盟）　街をきれいにする実践活動（善行会）など。

■昭和三十五年度■

全国婦人民生委員児童委員代表研究協議会（全国社会福祉協議会）　全国台所会議（栄養改善普及会）　全国農村青少年クラブ幹部中央研修会（日本四Ｈ協会）　新生活と貯蓄「全国婦人の集い」（貯蓄増強中央委員会）　消費者ゼミナールなど（主婦連）　全国農村青年指導者錬成会（日本健青会）　全国青年研究集会（日本青年団協議会）　むだをなくす運動（善行会）など。

このほか、この年度には青少年奉仕研修や優良地区記録映画作成ななど、地方の関係団体との共催事業が一五件ほどみられる。

以上によって、協会がさまざまな団体の活動と共催するかたちで、新生活運動を育成展開させようとしていたことがわかる。運動の大きな担い手であった婦人団体や青年団体の大会および研修会への支援が目につくが、食生活や衣生活の改善、母子家庭の問題、美化運動や公衆道徳高揚など、個別具体的問題を話し合う会合にも無関心ではなかったのである

（イ）委託事業　委託事業は、中央団体のほか、地方の団体への委託が多い。年度別に中央団体への委託事業を記し、つづいて地方団体への委託を記すが、煩瑣になるので中央団体の場合には初年度以外は大会・会議・集会は適宜省略し、地方団体への委託は数が多いので、代表例のみ紹介することにする。括弧内は委託する団体名である。

■昭和三十年度■

［中央団体］　食生活改善展示会（食生活改善協会）　家族計画と新生活展（生活科学化協会）　国産愛用新生活展示会（国産愛用推進協議会）　全国青年問題研究集会・全国青年産業振興研究集会（日本青年団協議会）　新生活運動研究会（全国公民館連絡協議会）　公共施設清浄化運動（交通道徳協会）　新生活指導幹部講習会（人口問題研究会）「蚊とはえ」をなくす運動（保健衛生協会）　指導者講習会（全国未亡人団体協議会）　リーフレット作成（日本国際連合協会）　研修会（全国社会福祉協議会）　巡回講演会（修養団）　事故災害防止運動（日本学校保健会）

［地方団体］　組織整備協議会（北海道）　冠婚葬祭モデル団体育成（新潟）　指導者講習会（兵庫）　結婚改善発表会（山口）　農村実態調査（佐賀）など。

■昭和三十一年度■

［中央団体］　新生活指導者講習会・新生活運動家族計画実地指導員（人口問題研究会）「新生活運動と青年活動」の資料作成（日本青年団協議会）　全産業レクリエーション夏期幹部指導者講習

会・同全国ブロック講習会（全産業レクリエーション協会）　暮しの移動展（生活科学化協会）母子家庭指導者研修会（全国未亡人団体協議会）　蚊とはえ（蚊と蝿の表記は資料のまま。以下同じ）をなくする運動の実績報告資料作成・カとハエをなくする運動研究発表会（保健衛生協会）婦人指導者講習会・明るい暮しの生活展（主婦連）　蚊とはえのいない運動資料作成（日本環境衛生協会）　国産愛用運動パンフレット作成（国産愛用推進協議会）　食生活改善講習会（栄養改善普及会）　六大都市における食生活改善講習会（全国食生活改善協会）など。別に、ポスター・スライド等の作成六件。

［地方団体］　各都道府県の新生活運動協会に対象地区の選定を一任しており、この年度の数は確認できないが、委託内容と団体は多種かつ多数にのぼったと思われる。

■昭和三十二年度■

［中央団体］　工場・事業場関係者の新生活指導幹部講習会（人口問題研究会）　公民館における青少年教育についての研修会（全国公民館連絡協議会）　国産品信用度向上展（国産愛用推進協議会）集団住宅群の新生活移動展（生活科学化協会）など。別に、日本四Ｈ協会、交通道徳協会、日本労働文化協会、炭鉱鉱山文化協会、売春対策国民協議会、日本青年団協議会に対し、ポスターなどの作成を委託。

［地方団体］　各都道府県の新生活運動協議会が選定した指定地区に、さまざまな事業を委託する。指定地区は全国で五〇〇を超える。

■昭和三十三年度■

［中央団体］　「明るい主婦の生活展」と講習会（主婦連）　食生活指導者講習会（栄養改善普及会）鉱山用壁新聞の作成（炭鉱鉱山文化協会）　職場の実践事例集の作成（日本労働文化協会）　実践

実例集の作成（日本青年団体協議会）など。

［地方団体］　各都府県の新生活運動協議会が選定した指定地区（約六〇〇）に対して、各地区が取組もうとしているさまざまな事業を委託したほか、各協議会に対して、道義高揚ブロック研修会の開催、企業体ブロック研修会の開催、大都市展示会の開催、実態調査、清掃籠の設置を委託する。このうち実態調査は、たとえば群馬県に「生活合理化と贈答」、静岡県に「冠婚葬祭」、島根県に「新生活運動を阻害する因習迷信」、広島県に「中小都市における新生活運動」、山口県に「予算生活確立運動に関する実態調査」などを委託している。

■昭和三十四年度■

［中央団体］　時と生活展・花いっぱい移動展・新しい農家改善移動展資料（生活科学化協会）　働く青少年キャンプ指導者講習会・明るい社会建設指導者講習会（修養団）　旅の新生活ポスター（交通道徳協会）　企業体向け壁新聞（日本労働文化協会）　企業体壁新聞（炭鉱鉱山文化協会）　新生活運動全国母子家庭指導者研修会（全国未亡人団体協議会）　新生活運動企業内普及協議会（東京都工場団体連合会）など。

［地方団体］　各都道府県の新生活運動協議会が選定した指定地区（約九〇〇に増加）に事業を委託したほか、各協議会に対して、地方展示・発表会、大都市展示会、指定地区の実践状況調査、公衆道徳高揚運動（八月と十二月に各一週間）などを委託した。

■昭和三十五年度■

［中央団体］　花いっぱい移動展（日本花いっぱい協会）　「共同の村の記録」作成（全国愛農会）　有線放送資料（全国農事研究推進協議会）　ポスター作成配布（交通道徳協会）　「新生活こよみ」作成（生活科学化協会）　パンフレット「職場における新生活運動のすすめ方」作成（日本労働文

化協会）　炭鉱鉱山向け壁新聞（炭鉱鉱山文化協会）　「国旗の正しい扱い方」作成（ボーイスカウト日本連盟）

［地方団体］　各都道府県の新生活運動協議会が選定した指定地区（約九〇〇）に事業を委託したほか、各協議会に対して、展示・発表会の開催、指定地区の実践状況調査、東京二十三区および七大都市に対する運動の特別推進、地方の企業体への働きかけ、公衆道徳高揚運動（「旅の新生活運動」として八月と十二月に各一週間）などを委託している。

以上であるが、委託事業も中央団体への場合には、講習会・研修会や展示会の開催、各種資料作成というような事業が多い。婦人の諸団体や青年諸団体への委託が多いが、公民館活動や、栄養・食品・保健衛生関係、冠婚葬祭改善などの啓蒙活動にも十分に目を向けている。家族計画や売春対策についても関係団体に委託し推進している。国産品愛用や炭鉱鉱山生活関係事業とは、いたずらな舶来品尊重を戒めて国内産業を活性化させたり、炭鉱労働者の生活環境改善を目的としていた。このような委託事業によって協会は、日本のまだ貧しい時代において、公徳心確立や実生活の改善に向け幅広い運動を展開しようとしていたことがわかるのである。

企業体幹部指導者講習会や企業内の新生活運動なども委託事業に含められ、新生活運動は、大都市部をも含む広い地域や職場団体を対象とした国民運動であろうとしていたことを示している。

なお、昭和三十一年度以降、国鉄や交通道徳協会と協力して「旅の新生活運動」を実施したり、昭和三十三年度に関係団体と協力して「アジア大会道義高揚運動」を展開し「アジア大会会場周辺清掃活動関係者懇談会」を開催している。当時、国民のマナー・エチケットが問題になっていたこととして記憶されてよい内容であろう。

このように協会は、中央諸団体のさまざまな共催事業や委託事業にかかわっていたが、委託事業の

表1-3-2　新生活運動協会年度別支出

（単位：円）

<table>
<tr><th colspan="2">科目＼年度</th><th>昭和30年</th><th>昭和31年</th><th>昭和32年</th><th>昭和33年</th><th>昭和34年</th><th>昭和35年</th></tr>
<tr><td colspan="2">全支出額</td><td>36,674,718</td><td>91,127,171</td><td>58,247,151</td><td>77,540,496</td><td>97,773,253</td><td>115,320,309</td></tr>
<tr><td colspan="2">事務所費</td><td>4,495,856</td><td>15,069,201</td><td>14,110,136</td><td>12,752,906</td><td>16,187,784</td><td>18,394,914</td></tr>
<tr><td colspan="2">直接事業費</td><td>18,376,030</td><td>30,673,784</td><td>17,424,413</td><td>17,346,107</td><td>28,453,346</td><td>32,453,408</td></tr>
<tr><td rowspan="7">内訳</td><td>会議・研修会等</td><td>1,847,794</td><td>7,725,906</td><td>4,189,829</td><td>4,374,899</td><td>4,671,517</td><td>4,567,563</td></tr>
<tr><td>講師派遣</td><td>542,670</td><td>2,568,188</td><td>1,832,744</td><td>1,716,410</td><td>1,625,965</td><td>1,432,926</td></tr>
<tr><td>広報</td><td>13,610,942</td><td>14,558,412</td><td>9,515,438</td><td>9,470,174</td><td>18,520,091</td><td>18,888,881</td></tr>
<tr><td>調査</td><td>2,244,288</td><td>4,649,384</td><td>1,566,802</td><td>1,466,364</td><td>1,664,592</td><td>1,629,420</td></tr>
<tr><td>表彰</td><td>130,336</td><td>1,171,894</td><td>319,600</td><td>318,260</td><td>512,243</td><td>603,190</td></tr>
<tr><td>その他</td><td></td><td></td><td></td><td></td><td>1,458,938</td><td>5,331,428</td></tr>
<tr><td colspan="2">共催・委託事業費</td><td>9,572,800</td><td>45,149,646</td><td>26,712,602</td><td>44,441,483</td><td>53,132,123</td><td>64,471,987</td></tr>
<tr><td rowspan="3"></td><td>共催</td><td></td><td>1,000,000</td><td>1,000,000</td><td>1,474,800</td><td>1,500,000</td><td>3,350,000</td></tr>
<tr><td>中央団体委託</td><td></td><td rowspan="2">44,149,646</td><td rowspan="2">25,712,602</td><td>1,498,846</td><td>1,370,253</td><td>1,500,000</td></tr>
<tr><td>地方団体委託</td><td></td><td>41,467,837</td><td>50,261,870</td><td>59,621,987</td></tr>
<tr><td colspan="2">その他</td><td>4,230,032</td><td>234,540</td><td></td><td></td><td></td><td></td></tr>
</table>

註：各年度の理事会・評議員会に提出承認された「決算報告書」（「あしたの日本を創る協会」所蔵）より作成。

場合には、何といっても地域の事業への支援が多かった。件数にして毎年度五〇〇から一〇〇〇、会計規模にして毎年度支出の五〇％以上にのぼっていたのである。しかし、それら地方の事業の具体的内容は協会の事業報告からは、残念ながらよく見えてこない。各都道府県の新生活運動協議会を通して委託がなされ膨大な件数にのぼるため、現在となってはその全体像をとらえることは困難かと思われる。ただ、実践地区の代表例を掲げた毎年の「実績集」のほか、「新生活現地報告」シリーズの分析や機関紙『新生活通信』などの記事を追うことによって、おおよその傾向は理解できる。次節においては、『新生活通信』を資料としてその作業を行ないたい。

（9）会計について

その前に、右のような活動を支えてい

た新生活運動協会の会計についてふれておく。

初年度の収入は文部省の社会教育特別助成費から五〇〇〇万円が支出され（実際の歳出決算額は約三六六七万円）、昭和三十一年度から所管が総理府に移ると、そこから新生活運動助成費として毎年一億円内外が支出されていた。それ以外の収入は寥々たる額だった。

表1-3-2に年度別の支出状況をまとめておく。ごく大雑把に述べるならば、約二〇%が事務所費用、約三〇%が啓蒙活動や調査という直接事業費、約五〇%が共催・委託事業費だった。共催・委託事業費のうち、地方への委託事業費が群を抜いて多かった。

このような支出状況からみても、新生活運動協会は、省庁間の調整をしつつ全国民に向けて新生活運動を啓蒙するとともに、講習会や研修会を開催して運動の芽を育てたりしていた。そして実践面は、事業費の支援をとおして地域や職場の団体に委ねていたことがわかるのである。

4、運動の内容と地域の反応

本項では　協会が取り組もうとしていたもう少し具体的な内容について整理しておきたい。ただ、地域の個別的実践については第二章以下において検討されるので、全般的に展開された内容をみる。[14]

昭和三十年十一月末に開催された全国新生活運動協議会において、関係団体や都道府県の代表によって考えられていた運動の個別問題を筆者なりに類別すると、おおよそ次のようになる。

A　公衆道徳の高揚　助けあい運動　健全娯楽の振興

B　冠婚葬祭の簡素化　むだの排除　貯蓄と家計の合理化　時間励行

C　生活行事・慣習の改善　迷信因習の打破

D　衣食住の改善　保健衛生の改善　蚊とハエをなくす運動
E　家族計画
相互に関連しあっていることだが、このように類別することによって初期の運動目標の全体像が見えてくる。

まずAは、人間としての道義の問題で、ここから、戦後の荒廃した人心の安定化や青少年の健全育成へ向けての意欲を見てとることができる。

Bは、生活の簡素化合理化の啓蒙で、要するに無駄排除の呼びかけである。家計の合理化や貯蓄の励行、時間の励行も同じ趣旨である。

Cは、伝統行事や地域の諸慣行における煩瑣な人間関係からの解放、陋習と思われるものの排除である。趣旨としてはBと重なる。ことの善悪は別として、B・Cは地域の伝承生活に直接に関与しようとする内容だったといえよう。

Dは、健康で衛生的な生活指向の啓蒙である。

Eは、主として産児制限の啓蒙で、経済状況の悪いなかでの子沢山よりも、母体の健康と生児の健やかな成長を第一とすべきとの考えであった。

いずれも平凡卑近なことがらであり、個々人一人ひとりの自覚と努力によって解決できそうではあるが、しかし小さな個人一人の頑張りだけではどうにもならず、人びとの力が結集されなければ不可能な問題であった。そのために、啓蒙運動が必要と考えられていたのであろう。

次に、それらへの地域の反応さらには評価として、運動がいくらか浸透したかと思われる昭和三十四年度の新生活運動に関する世論調査の結果を見てみたい[15]。

本格的な運動がはじまって数年を経ていたが、昭和三十四年では、新生活運動という名称は知られていても、運動の内容は十分には周知されていなかったようである。そういうなかでも、運動としてさらに力を入れてほしいと思われていた内容を多い順に列挙すれば、次のようになっていた。

冠婚葬祭の合理化　経済生活の合理化　蚊やハエの撲滅など環境衛生の改善　虚礼の廃止　迷信や古いしきたりの打破　教養の向上　食生活の改善　台所・かまどの改善　健全娯楽の普及や風紀の浄化　共同施設の拡充整備　時間の励行　地域社会の民主化　生産の向上　家庭生活の民主化　公衆道徳の高揚　衣生活の改善　貯蓄の励行

地域社会の民主化や家庭生活の民主化など、封建遺制と言うべき地域社会のボス支配や家父長制的家制度に対する問題意識が見られることは、注目すべきである。これらのことは先に述べたA～Eを見てもわかるとおり、推進者が強く意識していた事柄ではなかったのである。ほかについてはほとんど、関係者が当初に考えていた問題と同じだと言える。

もう少し具体的な内容を、『新生活通信』の創刊号（昭和三十一年一月号）以来二か年分（計二十四号分）の記事からうかがってみよう。『新生活通信』は協会の機関紙であるため、運動自体の美化や宣伝臭のつきまとうのは避けられないが、これによって当時の関係者の期待や率直な悩み・苦労を知ることができる。地域の実践事例も記事として多数紹介されており、各地の実践内容を垣間見ることができる。記事としての取上げ方には大小軽重が見られるが、それらを筆者なりに整理してみるとほとんどすべてが先に類別したA～Eに収まるので、その順序で具体例のいくつかを見ていきたい。

A　類別のAで最も熱心に推進されていたと思われるのは、公衆道徳の高揚をスローガンとする「旅の新生活運動」である。毎年八月と十二月に一週間にわたって展開され、車内暴力の追放、乗降時や社内でのエチケット、乗務員のマナー、駅構内や観光地の美化清掃等の意識を啓発していた。当時の国鉄など交通関係機関とタイアップして行なわれ、学生も奉仕員として多数参加している。現在では定着している電車・バスへの整列乗車は、このころの運動の成果のひとつではないだろうか。

汚職・暴力・貧困の三悪追放が叫ばれていた時代で、当時の新聞には道義の頽廃を嘆く声が溢れていた。そのため実践例として、バレーボールなどのスポーツを通じて地域の人心が明るくなったとか、夫婦協力して仕事の能率を上げげた、嫁・姑が仲良く新生活を語り合っている、中学生が老人を手助けしつづけて感謝されているというような、各地の明るい話題を紹介しようと努めている。

B　冠婚葬祭の簡素化と貯蓄奨励に関する内容が最も多い。公民館結婚式の奨励と実践例の紹介は毎号といってよいほど掲載されており、結納の廃止や花嫁衣裳の共同使用も奨められている。葬送関係では、高額な香典と香典返しの慣行について反省が呼びかけられていた。近代以降幾度と試みられながら実効のならなかった事柄であった。

貯蓄の奨励は、当時の日本の経済状況のなか国家的目標に沿った戦略だったのかもしれないが、家計簿をつけ、各家庭に無駄を排除した堅実な経済生活を定着させようとする意図であったと思われる。養鶏や卵貯金の奨励、婦人の内職によって地域や家庭の経済が向上したというような実践例がしばしば紹介され、称揚されている。

宴会の自粛、虚礼の廃止、時間の励行も盛んに取り上げられている。宴会の自粛と虚礼の廃止については、政府や官庁が範を示すかたちで実践に取り組もうとしていたことが、「暑中見舞いなどの虚礼廃止、衆参両議院申合せ」（一九号）などとして紹介されている。時間の励行は、時の記念日（六月十日）に結びつけて説かれるほか、集会の集合時間の厳守や余暇時間の有効利用の事例が紹介され、奨められている。実践例として、「開会、閉会を定刻に、こうして時間励行運動に成功」（一四号）という見出しを掲げたり、有線放送の設置によって地域内の連絡時間が短縮されたことが喜ばれている。

C　敗戦後で精神的余裕がなかったためか、祭りに対しては厳しい態度がとられている。「祭りをやめて小学校再建」(一号)・「お祭り簡素に生活楽に」(二四号)の見出しでわかるように、祭りに金や時間を費やすくらいなら、それをほかに有効使用すべきだという考えだった。祭りで地域おこしをする現在では、考えられないことである。

祭礼期日を町村単位で統一したことによって、親戚友人同士が訪ね合わねばならないというむだが省けた、という実践例もしばしば紹介されている。当時、自治体の合併を機に祭礼期日が統一された例を筆者も今までの民俗調査で数多く承知しているが、『新生活通信』を通読してみて、その背景に、新生活運動によって奨励されていたらしいことがわかった。山車とか太鼓台の競い合いから例年喧嘩騒ぎの絶えなかった祭りに、新生活的思想を注入して平和な秋祭りに変身させた実践例などが、大きく紹介されている(二二号)。

年中行事や年祝い行事についても同様で、「お雛祭りも簡素に」(一五号)という見出しで、誕生祝い、三月・五月節供、七五三祝いなどの簡素化の例を紹介している。初午祝いに厄年の者が集落の人びとを招いて飲食していた習俗をやめ、その費用を小学校建設費の一部にした事例を、「悪習やめ学校建設」(四号)という刺激的な見出しで称えている。

門松の廃止も熱心に奨められている。門松の廃止と、それに代わる門松絵札の利用は、国土緑化とかかわらせて戦前の大政翼賛会の活動目標にも含められていたことであった。

旧暦(陰陽暦)にこだわるのも、陋習のひとつとみなされていた。昭和三十一年度、協会内部に迷信因習旧暦関係専門委員の設けられたことはすでに述べたが、機関紙においても「盛上る新暦一本運動、高知県から全国に呼びかけ」(一号)という調子であり、農山漁村部でまだ多用されていた旧暦が、新生活運動によって一掃されたのであった。

迷信といわれるものも同様の調子で攻撃されていた。新潟県の弥彦神社社頭にて、元旦の参詣者に福をツキ込んだとのふれ込みの福餅撒きをしたところ、拾おうとして多くの圧死者が出るという痛ましい事件があった。それを、「福モチ」などという〝迷信〟が悲惨につながったのだと断じて、迷信追放を訴えている。そのほか、中年の結婚を不吉とする考えや、狐憑き・狐持ちを信じるおぞましい心意、柿・栗を植えるのをタブーとする植物禁忌など、各地各様の俗信が廃止の対象とされていたのである。

D　食生活については、栄養バランスへの配慮が口を酸っぱくして啓蒙され、白米食偏重の弊害、パン食の導入がしばしば説かれている。住居については、かまどの改善や簡易水道の設置など台所関係の記事が多い。共同井戸の不便を解消するために婦人グループが改善講を組織し、養鶏などで貯めた資金で簡易水道を設置した（一一号）などという例は、新生活運動成果の見本のように扱われている。

衛生面での具体的な合い言葉は、「蚊と蝿をなくそう」だった。「みんな心豊かに、功を奏した蚊ハエのぼく滅運動」（一号）、「ドブの掃除で蚊とハエ追放」（一六号）、「まずお墓の花立て改造から、見事に蚊とハエ退治」（二一号）など、ほとんど毎号、蚊と蝿の撲滅が説かれている。「万年床も一掃して、婦人会が中心で結核退治」（一号）も、当時の深刻な病気への挑戦例のひとつだった。

盆の供物を川や海に流すのは、一種の信仰に支えられた供物処理の慣行であるが、長野県伊那谷のある地区で環境悪化を懸念してこれの廃止に取り組み、苦闘している例を、「消えぬ〝供物流し〟、根強い因習破れず不衛生な村」（二一号）として、次のように憂えている。

ナス、トマト、桃、天ぷら、だんごなどが腐って悪習を放ち、人が近よればはえが舞い立ち、「ガマござ」の包みはどろどろに腐敗し、鼻をつまみたくなるほどである。水泳場をもたない伊那の子どもたちはこの川で水泳をし、水遊びに興じ、釣人はこの川に浸り、沿岸住民はこの川水で食器を洗い顔を洗っている。

「めざす郷土の大花園、栃木県の花を植える運動」（一〇号）、「全県下を美しい花園に、静岡県の花いっぱい運動」（一八号）のように、花による地域の環境美化も大いに推奨している。「旅の新生活運動」とタイアップした美化清掃も、これに関係している。

健康維持には睡眠休養が欠かせない。しかし、当時の実態は「睡眠はたった五時間、疲れる農村の婦人たち」（二一号）だったので、これを改善するため各地で定休日の設定が模索されていた。「部落公休日で新しい村づくり」（四号）、「月に一日『主婦の日』『嫁の日』を」（六号）、「毎月部落の公休日、（この日を）教養に家庭の大掃除に（活用）」（一五号）というように、定休日を設けて成功した範例を盛んに紹介している。過重な労働から身体を守るための定休日の設置も、新生活のひとつだったのである。

E 食糧難の当時としては、戦後のベビーブーム以降継続しつづける人口急増は、打開を迫られる大きな社会問題であった。そのため、運動として家族計画の大切さを啓蒙しつづけていた。「さかんな家族計画運動、常磐炭鉱と秋田鉄道局の場合」（一〇号）というような実践例、協会の出版物『家族計画第一歩』の内容などが紹介されていたのである。

A～E以外の事柄では、「夫婦常会で話合い、楽しみ多い部落研修会」（一五号）は、集落内のさまざまな問題に女性も参加して取り組むというように、住民すべての力の結集が地域を良くするという事例を紹介した記事である。結束して山野を開拓して耕地面積を拡大した例や、伐林・植林の例のほか、ボス支配を排した民主的な地区運営が大きな力の源になると啓蒙されている。公明選挙、農業の機械化の効用等も盛んに取り上げられていた。

以上、相互に関連することがらではあるが、運動内容をA～Eに類別して見てきた。そのうちA・B・Cは地域に長年伝承されてきた社会慣習、いうなれば伝承文化に強く改変を迫るものだったと言える。一方、D・Eは、衣食住や保健衛生など日々の実生活に直結することの改善を求めるものであった。現今の実情から鑑みるに、後者は効を奏したと思うが、前者には思いどおりにいかなかったことも多かったように思われる。

おおまかながら新生活運動の全体像を、運動の推進母体となった新生活運動協会の初期の活動を中心にし、啓蒙対象であった「民」の側の反応をも念頭におきながら述べてみた。

新生活運動が本格化した昭和三十年は、翌年発行の『経済白書』において、経済状況からみて「もはや戦後ではない」と述べられた年である。統計上明るい兆しは見えはじめていたのであろうが、多くの個々人の生活はまだ貧しかった。それは、物質経済面にとどまらず、封建的と言ったらよいのか旧来の人間関係の桎梏から十分には解放されていなかったり、栄養や衛生面に無頓着であったり、放縦無計画な生活に身を委ねていたりというような、多分に精神面の停滞による貧しさでもあった。何が健康で豊かな生活かは人それぞれの価値観によって異なるが、継承すべき多くの貴重な健全さ文化的豊穣も存在していたとはいえ、ほとんど価値観を問う余地がないと表現しても過言でない貧しさが、当時、わが国のいたるところに存在していたのである。

新生活運動はこのような状況下で「官」によって提唱され、「民」が呼応した運動であった。咽元過ぎれば熱さ忘れるではないが、今日ではこのような先人の創意と努力は一般には知られていない。研究上も等閑視されていると言えよう。しかしこれは日本が確実に辿ってきた道であり、成果は現在にも影響している。自由で豊かな生活を謳歌する現在、自らの足元を見つめ直すためにも忘れるべきではないのである。

［註］

（1）本節は、拙稿「新生活運動と新生活運動協会」（『成城文藝』181　平成十五年）をもとにしていることをお断りしておく。

（2）『新生活運動協会廿五年の歩み』（財団法人新生活運動協会刊、昭和五十七年）所収の資料2として、「新日本建設国民運動要領」が掲載されている。

（3）前掲註（2）同書、二二一ページ

（4）前掲註（2）同書、三ページ

（5）前掲註（2）に同じ。なお、日本鋼管川崎製鉄所の家族計画に関する新生活運動については、滝沢万由美「『新生活運動』と家族計画―運動初期の日本鋼管川崎製鉄所を中心として」（『社会研究』二十五号）、重田園江「少子化社会の系譜―昭和三十年代の『新生活運動』をめぐって」（『家計経済研究』四十七号）がある。

（6）前掲註（2）同書、二二一―二二四ページ

（7）前掲註（2）同書、一八四ページ

（8）以下これらの経緯は、前掲註（2）同書所収の資料4・6・7による。

（9）前掲註（2）同書、二二八―二二九ページ

（10）前掲註（2）同書、一八四ページ

（11）各年度の「事業報告書」ならびに「収支決算書」は、「財団法人あしたの日本を創る協会」所蔵のものによる。

（12）『逞しき新生活の歩み―新生活運動中央表彰優良地区実績集』（財団法人新生活運動協会編刊　昭和三十四年）一七二―一七三ページ

（13）『新生活運動世論調査〈昭和三四年三月〉』（財団法人新生活運動協会刊）による。

（14）前掲註（2）同書、八ページ

（15）前掲註（13）同書、三五ページ

四、家族をめぐる二つの生活改善運動
――民力涵養運動と新生活運動

岩本通弥

　第一次世界大戦後の一九一九（大正八）年六月、文部省普通学務局に、通俗教育（社会教育）に関する担当官が配置された[1]。その一か月後、文部省訓令として示された第六、七、八号が、「生活改善運動」と呼ばれる一連のムーブメントの端緒となった[2]。「生活改善」という言葉の初出は、一九〇九（明治四十二）年六月七日付『東京朝日新聞』の記事だとされているが[3]、ここでは個別の改善ではなく、施策や運動（諸活動）を含めた全体的なムーブメント（社会的時代的な潮流）のほうに着目する。そのようにとらえた場合、上からの政策的・啓蒙的運動を中心に展開した生活改善運動は、政策や行政機構との関連が当然視野に含まれるが、ただ、訓令には運動という呼称はなく、生活改善に関する諸施策の総体だったことに、まずは注意しておこう。また、その管掌は文部省であったが、第一次大戦後の社会的混乱に対応するため、一九一九年三月一日、床次竹次郎の内相就任に際して発せられた大臣訓令が契機となり、内務省が強く牽引していった「民力涵養運動」と、それは密接な関連をもっている[4]。むしろその補完的な、より具体策（都市新中間層にかなった先進的な生活モデル）を示したものだったといってもよい[5]。

　本稿は、第一次大戦後のこの時期に、何ゆえ生活改善運動（諸政策）が企図されたのか、またそれが何ゆえ一大ムーブメントとなり得たのか、その社会史的背景を明らかにすることを第一の目的とする。大戦後、本格的な工業化と都市人口の激増がはじまった新たな社会状況の展開によって、その「生活難」が問題となった大都市居住の新中間層、いわゆるサラリーのみで暮らす俸給生活者の登場が、「生活」という新たな概念を必要としたこと、その「生活」を把捉する方法として、家計調査など経済学的な分析技術が開発される一方で、そうした計量的手法と相対峙する、質的側面を重視するアプローチとして、民俗学の発生もパラレルな関係性にあったことを論じる。

また、その際、この運動のめざした改善は、直接的対象はもちろん衣食住などの、外形的な生活そのものにあったが、もう一つの焦点として浮上してくるのは、畢竟《ひっきょう》、「家族」であって、家族の新しいあり方（家庭改良と模索の論議）と深く結びついていたことを明らかにする。とくに生活の「質」の維持・確保を可能にする要件として、左翼運動家をはじめ当局の人びとにも認識されはじめたのが、子どもの数（の制限と調整）であって、第一次大戦後、マーガレット・サンガー女史の来日（初来日は一九二二年）を契機に、安部磯雄や山本宣治、山川菊枝や加藤静枝をはじめ、多くの社会主義者や婦人解放運動家を中心に「産児制限」論が盛り上がりを見せる一方、当局のほうでもその対策が練られはじめる。第二次世界大戦後の新生活運動においても、運動の大きな柱の一つが、企業体や地域を介しての「家族計画」の推進（具体的には避妊法の普及）であったが[6]、これらは計量的な人口や世帯の分析的な把握を前提とした対象認識であり、かつそれまでになかった数量的な未来予測を含んだ思索や政策指針（及び国際比較）を、初めて可能にしたものだった。これらと連動して、その中間的帰結として、それぞれ母子保護法（一九三七年）や児童福祉法（一九四七年）が制定されるなど、家族政策の施策的な転機ともなっており、それら法的整備と多領域にわたる諸活動がひとつの契機や弾みとなって、人びとの「家族」認識にも漸次的な変換をもたらしていった。その日常化のプロセスの分析は別稿に譲るが、その前提的な背景の再考を試みる本稿は、家族研究としても位置づけられよう。

戦前期の生活改善運動の家族政策は、とくに一九四〇年からは「産児報国」の時代を迎え、「産めよ増やせよ」という多産化の方向で推進され、GHQの指導の下で総理府等が推進した新生活運動の少子化政策とは、一見、対照的な内容であり、その方向性は正反対であったが、人口の管理・調整というまなざしの向け方では通有している。いわゆる戦間期の民力涵養運動期における生活改善運動は、少なくとも家族政策とその思想においては、戦後の新生活運動に連続するといってよい。本稿では紙幅の関係上、新生活運動の源流としての、第一次大戦後に始動する生活改善運動の発生に論点を絞ることにし、本書の趣旨からすれば、その前提としての「生活論」に終始するが、表題の第一弾として本稿を位置づけたい。

1、「風俗」から「生活」へ—戦間期における「生活」の政治化

(1) 民力涵養運動と生活改善運動

前提となる民力涵養運動を、筆者の理解でまとめておくならば[7]、それは、第一次大戦の戦後経営として、床次内務大臣の訓令「民力涵養ニ関スル内務大臣ノ訓令」(庁府県長官宛、内務省訓第九四号)のなかで提示された「五大要綱」に応じて、道府県・郡支庁・各市町村および各市町村の各地方団体が、形式的には自主的に自ら実行計画を立てて、遂行していった自己改造運動だと規定できる。しかし、それはもはや上からの一方的な国家主義的イデオロギー教化策では対応できなくなった大正デモクラシー期の、さまざまな反体制的な思想的な動きを、「民力」「自治」の名の下に、「協調主義」的に抑制し「善導」しようとするものだったとも言い換えられる。そこで示された「五大要綱」を示せば、

次のとおりである（傍点筆者）。

一、立国ノ大義ヲ闡明シ国体ノ精華ヲ発揚シテ健全ナル国家観念ヲ養成スルコト

二、立憲ノ思想ヲ明徴ニシ自治ノ観念ヲ陶冶シテ公共心ヲ涵養シ犠牲ノ精神ヲ旺盛ナラシムルコト

三、世界ノ大勢ニ順応シテ鋭意日新ノ修養ヲ積マシムルコト

四、相互諧和シテ彼此共済ノ実ヲ挙ケシメ以テ軽進妄作ノ憾ナカラシムルコト

五、勤倹力行ノ美風ヲ作興シ生産ノ資金ヲ増殖シテ生活ノ安定ヲ期セシムルコト

以上の五つの条項のうち、本稿に主としてかかわるのは、第五要綱であるが、家政学者の中嶌邦は、ここに近世期から儒教的徳目として、地方改良運動期にも強調された「勤倹力行」だけでなく、「生活」という概念が使用された点に着目する。大正期に多岐にわたって繰り広げられた「生活論」を、それらの諸相を区分しつつ、中嶌は、次のような連関性を指摘する。[8]

第一に登場した「生活論」は、従前の理念の開陳に主眼が注がれた観念的な議論ではなく、大正期のそれは、現実の人びとの暮らしとしての「生活経済論」であったとして、その関心は生活の経済的基礎、特に家計調査となって現れた。[9] 一九一六年に行なわれた高野岩三郎の「東京ニ於ケル二十職工家計調査」が嚆矢となって、同種の調査が盛行したが、一九二〇年に実施された第一回の国勢調査も、戸籍ではなく、世帯が調査の単位となっている。それは今まで意識されなかった「生活」が直視されることとなり、そこに改善の余地ありとして検討が加わったのが、本稿にかかわる種々の個別的な「生活改良論」であって、[10] さらに生活の合理化や能率化が提唱されると、第三の諸相として、そうした生活の現状対応論として、「生活安定論」や「生活余暇論」[11] が派生してきたとする。

大正期の「生活」に着目した先駆的研究であり、家政学者でないと発想もかなわない斬新的な論考であったが、これに言及して正当に評価した論文は、とくに民俗学の場合、和歌森太郎の記念論集に

掲載されたにもかかわらず、皆無に等しい。中嶌の示した構図のように見れば、権田保之助が明治末から昭和初めを「家計調査狂時代」と呼び、高野らと『月島調査』を行なった彼が、自身は「民衆娯楽調査」に向かうのも[12]、一連の流れとして把捉可能となるが、筆者の理解は、ここに柳田國男の『郷土生活の研究法』をはじめとする民俗学の誕生も、その潮流のうえの「同じ流れに浮ぶ者」[13]だったと認識しはじめている。『明治大正史世相篇』の最終章が「生活改善の目標」と題されているのも、それを明示している。

(2)「社会」と「生活」の発見

この時代、キーワードとなっていた言葉が「生活」である。それと連関して「社会」という言葉の使用も緊要となってきた。冒頭にふれた文部省の「通俗教育」が「社会教育」に改称されたことも、一連の時代的ムーブメントとかかわっている。この時期に「社会」の発見があったことはすでに有馬学も論じているが[14]、ここでは生活改善運動との関連から補説するなら、その運動も、内務省地方局に一九一七年八月新設された救護課が、ひとつの起点となっている。

地方局自体は一八九八（明治三十一）年府県課と市町村課をもって設置されるが、地方行政や財政監督などを主な業務とした府県課の取扱事項のなかに、賑恤救済に関する事項と、道府県立以下の貧院・盲唖院・瘋癲院・育児院・感化院に関する事項があった。いわば「社会事業」に関する行政領域の源流をなすものであったが、救護課の新設は、同年公布された軍事救護法の実施にともなうもので、軍事の傷病者や戦死者の遺家族の救護を、目的とするものであった。ただ、そこには所管事項に府県課で分掌していた前述の事項も含まれたことから、第三代の救護課長に就任した田子一民（初代も田子）の主張で、実際に事務の及ぶ、労働問題、住宅問題、市場問題、児童問題等、広範囲の管掌を行なう必要から、一九一九年十二月に救護課は社会課に改められる。[15] これによって道府県や六大都市にもそれぞれ社会課が設置されるが、その時代的要請は、翌一九二〇年八月には社会局への昇格を促し、一九二二年には外局社会局へと格上げ、さらには一九三八年には内務省の社会局と衛生局、逓信省簡易保健局の業務が移管されて、厚生省が誕生する。[16]

内務省の組織再編にともなって、一九二一年文部省の通俗教育も社会教育へと改称されるが、社会局移管への実務を担った川西實三の回想によれば、従来「慈善事業・救済事業とよばれたものが、いつしか名実ともに社会事業となった」が、「当時、社会主義を連想させる『社会』という文字は嫌われ、『民力涵養』という文句が使われた」とあり、[17]「民力涵養」運動は「社会事業」の代用語だったことがわかる。また「厚生」省の名称は、『書経』にある「正徳利用厚生惟和」から採用されたが、「生（活）を厚くする」の意であり、「社会」と「生活」の語は、このように並行的な相関関係にあって、その違いは結局のところ、視点のおき場所にあるにすぎない。すなわち「生活」とは、個人を視野的構造の中核に据えた言葉であるといってよい。

（3）「生活」という概念とその意味

次に「生活」という言葉の用法、すなわち「意味」の変遷とその発生に関して焦点を移すと、中嶌が「『生活』という概念が使用された点」に着目したというのは、民俗学の文脈に置き換えるなら、次のようにいえるだろう。日露戦後の一九一〇年代にも政府は民衆に「節約・倹約」を求めたが、地方改良運動期までは、たとえば『飾磨郡風俗調査』（兵庫県飾磨郡教育会、一九〇八年）や『奈良県風俗志』（奈良県教育会、一九一五年から調査、未刊行）でも見るように、「風俗改良」「風俗矯正」「風教改善」など、上からのまなざしで把握される「風俗」であって、それがなぜ「生活」という語に代替されたのか、それが問題となる。

日本における「生活」という言葉の語義と、その展開について言及した論考は、地域計画学を専門とする建築学・建築史の山森芳郎以外に管見では知らない[18]。ただ山森のそれも工学博士の議論であって、それを参照にしつつも、改めて整理するならば、近世文書には類義語である「生業」「渡世」「なりわい」をはじめ、「よわたり（世渡り）」「すぎはひ」「わたらひ」「よすぎ（世過ぎ）」「みすぎ（身過ぎ）」「くちすぎ（口過ぎ）」「かってむき（勝手向き）」などが用いられ、「生活」の使用頻度は多くない。管見で多用されるのは、「生業」「渡世」であって、今日のように「生活」という語が、頻繁に使用されていなかったことだけは確かである。

またその用法も近世期においては、意味が限定されており、たとえば活字化されていない史料を再引用すれば[19]、『天保撰要類集』の天保十二年の北町奉行遠山景元が老中水野忠邦宛に提出した上申書には、類義語が使用されるなかで、次のような形で「生活」が用いられている。

　市中風俗等之儀ニ付、去ル五日取締筋相伺候処、右ヶ条之内寄場と唱、見物人を集、座料を取候渡世之分者不残取払申付可然哉之段、御尋ニ御座候、此儀、浄瑠理又者人形等取交渡世仕候儀者古来ゟ操芝居ニ限り…向後寄場皆止ニ相成候而者、右類生活を失ひ難儀可仕、兼而之触面之通、右渡世柄之もの寄場江出候儀者是迄之通被差置可然哉…（傍点筆者）

この「生活を失ひ」という文脈では、活計の糧あるいは生きる術を意味していようが、『日本国語大辞典』の例示する近世的用例も、『椿説弓張月』（続・六）の「おのれ近来生活（セイクワツ）繁多にして、諸才子新作の草紙へ、或は序し、或は校じ」や、仮名垣魯文『安愚楽鍋』〈三・上〉「医業で生活（クワツ）をたてるのは洋薬の名目も口元だけはおぼへなければならんが」にしても、その使用例の語義を文脈から判断すれば、「生活」もほかの類義語とほぼ同様に、暮らしの糧全体を指示している。

（４）翻訳語としての「生活」

明治以降の国語辞典や英和辞典等を通覧的に分析した山森は、明治初期の国語辞典『日本小辞典』（明治十一＝一八七八年）、それに継ぐ『ことばのその』（明治十七年）、『ことばのはやし』（明治二十一年）、『漢英対照いろは辞典』（明治二十一年）、『雅言栞』（明治二十一年）のいずれにも、「生活」という見出しがなく、明治十年代まではまだ日本語として一般に使われていなかったと推察する。彼の研究に従えば、『和漢雅俗いろは辞典』（明治二十二年）に初めて、「せいくわつ」が登場し、「いくること。すきはひ。なりはひ。くちすぎ。いきる。よをわたる」と説明が添えられ、『日本辞書言海（第三冊）』（明治二十三年）でも、「せいくわつ＝生活」の項を「①生キテアルコト、②スギハヒ。クラシ」と解説する一方、その後の『雅俗俗雅日本小辞典』（明治二十三年）、『言海』（明治二十三年）、『言葉の手引』（明治二十四年）、『国文小辞典』（明治二十四年）、『雅俗俗雅日本小辞典』（明治二十五年）には、「せいくわつ＝生活」が出てこないことから、明治二十年代、この言葉の使用は安定的ではなかったとする。[20]

山田美妙『日本大辞書』（明治二十六年）で、再び「せいくわつ＝生活」が現れ、「①生きてあること。②くらし＝活計」と説明され、これ以後になると、かなりの頻度で登場するが、大正時代からの、いわゆる戦間期には、近代日本語として「生活」という言葉はなくてはならない存在となる。当時の国語辞典『言泉』（大正十年～昭和三年）でも、「生活」に対する解説が「①生きて働くこと。②よわたり、くらし、生計。③生きること、又生きる事実」とされ、これに「文化生活」「性的生活」などの用例が添えられ、さらに「生活機能」「生活現象」「生活素」「生活体」「生活点」「生活難」「生活費」「生活物質」などの派生語に対しても意味が説明され、ほぼ今日の姿に近づいてくるとする。[21] すなわち、「生活」の日常語化である。

英華・英和辞典でも同様の傾向であって、『訂増英華辞典』（明治十六年）では'life'に対しては「生命、性命、快活、快暢」のみであるが、関連語の一つ'live'の訳語として「生活」が登場するが、英和の『明治英和辞典』（明治二十一年）でも「生命、生涯、行状、生活機…」などの訳語が当てられ、関連語を含めて「生活」という訳語が定着していくとする。それ以前の例えばヘボンの『和英語林集成』（明治四年）では'life'に'inochi,seimei,mei,jumyo,shogai'という日本語訳が付され、アーネスト・サトーの"*An English-Japanese Dictionary of the Spoken Language*"では'inochi'の一語のみだという[22]。

このように「生活」という漢語はあったにせよ、その意味したのは、ほかの生業や渡世などの類義語と同様の、生計・暮らしの糧全体をさすか、命そのもの、あるいは人の一生をリニアに把捉する一生涯といった誕生から死までの「線」的な概念でしかなかった。それが日本に限らず東アジアに共通した観念であったろう。現在の英英辞典で'life'をみると、最初に'the state or quality that distinguishes living beings…'と登場するように、「生活」にquality＝「質」を伴う「面」的な意味を帯びるのは、'life'や'leben'といった欧米観念の受容が影響を与えた以降の用法だったと推断される。

2、〝生活世界〟の把握と民俗学の誕生

（1）東京人類学会における「生活」の使用

明治二十年代から定着しはじめたとみる山森は、近代文学における用法にも考察を及ぼし、国木田独歩の「風景」の発見が、内なる風景としての「日常」や「生活」が文学として対象化されたとも説いている[23]。おそらくその指摘は正しく、先に「社会」と「生活」が並行してキーワード化し、両者の

違いは個人を視野的構造の核に据えるか否かだとしたが、後述するように、フッサール的な「生活世界」の現象学的把握が、そのまなざしの根底にあるととらえたほうがわかりやすいかもしれない。山森も言及した明治二十年から翌二十一年にかけての『東京人類学会雑誌』を詳論すれば、主幹の人類学者坪井正五郎は、雑誌の毎号巻頭に掲げる学会の「研究項目」の表現を、以下のように変更する。

明治二十年十二月刊行の二二号まで掲載されていた「研究項目」は、「本会ニテ研究スル所ハ人類学一般ニシテ区域甚ダ広ク一々項目を載スルコト能ハザレド通信寄書ヲ為ス人ノ為其大略ヲ左ニ記ス」という短いもので、その後に「○人類ノ解剖○人類ノ生理○人類ノ発育○人類ノ遺伝○人類ノ変遷○人類ト近似動物トノ比較○人類ト絶種動物ノ関係○人類ト称ス可キモノ、顕レシ時○人類ト称ス可キモノ、顕レシ地○人類住居ノ変遷○貝塚○土器塚○土器、石器、青銅器○穴居○横穴○塚穴○原始墳墓○文字ノ歴史○言語ノ血統○国語ノ性質○方言○俚歌童謡○家族組織○部落組織○原始学術○原始宗教○原始工芸○原始運輸法（舟車ノ類）○原始漁猟○原始商業○原始農業○衣食住沿革○装飾○風俗習慣○器具沿革○人類ノ区別○人類ノ移住○人類ノ頒布○其他是等ニ類スル事件」という、具体的で個別的な対象項目が列挙されていた[24]。

これが明治二十一年一月刊行の二三号から変更された、巻頭の「研究項目」は、以下のとおりである。

我々人類ハ如何ナル者ゾ、下等動物トノ関係ハ如何、相互ノ関係ハ如何、何時ノ頃何地ニ於テ如何ナル有様ニテ顕出セシカ、躰格上知識上古来ノ変遷ハ如何、是等ノ問ニ答ヘル事ヲ務メル学ヲ人類学ト云フ、人類学ノ研究ニハ現今生活スル人類ト其集テ成セル社会ノ諸性質諸顕象及ビ古昔人類ノ遺跡遺風ニ関スル事実ヲ集ムルヲ必要トス、事実ノ種類ハ之ヲ集ムル本源及ビ方法ト等シク蒐集者研究者ノ意ニ任セ敢テ定ム可キニ非ザレド参考ノ為ニ大概ヲ列挙スレバ左ノ如シ、

○人体解剖○人身生理○人性遺伝○心理ノ顕象○衣食住○古例習慣○貝塚○土器塚○古器物○穴居○横穴○古墳○文字ノ歴史○言語ノ血統○方言○俚歌○家族組織○部落組織○人類ノ区別○人類ノ移住○人類ノ頒布(25)（傍点筆者）

すなわち、「原始○○」で表記されていた具体的な対象項目が著しく減少したのに対し、「現今生活スル人類」という新しい表現を導入することで、人類学の統合的な目標を提示することが、初めて可能となっている。「原始」から「現今」への視点の移行に関してはさておき、生活スルという動詞化した用法が、その統合を実現可能にしているが、このような言葉の性質に着目すれば、前述した大正期に「文化生活」「性的生活」や「生活機能」「生活現象」「生活難」などの派生語が数多く造られたことも、次のように解釈できる。新しさや西洋かぶれといった意味をもち、「文化住宅」「文化鍋」「文化包丁」といった接頭語的な「文化」が、「古代文化」や「軍事文化」「学生文化」など、接尾語的に使用されて意味転換が起こったとする、「文化」に関する柳田國男の考察(26)にもあるように、この期の「生活」の派生語の多様化は、「文化」の意味転換とも並行した同時代的な現象であったといえる。

（2）生活・日常・現象学――有賀喜左衛門の視角

最近、松田素二もその近著で、「あいまいで説明しづらい」としながらも、「生活という言葉」が示す学術領域での関心と、その系譜を整理し、これをふまえて「現代世界における人類学の可能性」を切り開く展望から「日常人類学」の構築を提唱している。彼によれば「生活への関心」とは、「日常性と日常世界への関心」だとして、一九六〇年代から七〇年代にかけての革新的思想運動としての、後期ウィトゲンシュタインに連なるジョン・オースティンらの日常言語学派や、フッサールによって始動しアルフレッド・シュッツに至る現象学的社会学などの研究動向を取り上げる一方で、「生活という言葉」を、現実の社会分析のために活用しようという試みが少ないなかで、その例外的存在として、有賀喜左衛門の農村社会学を高く評価する(27)。

有賀は一九二九年、雑誌『民俗学』掲載の「民俗学の本願」において、「文化現象の形は、それに民族意識が集中しているから、その生活の表象として見て初めて意味があるのであって、これを離れた形は存在しない」として、「生活」を正視することを学問（民俗学）の目的に掲げ(28)、人びとの生活に即して変化の原動力を考察する意義を訴えた。のちの「名子の賦役」に至ると、生活概念と衣食住に関して「たんに生命を維持するための衣食住なる概念は…（略）…まったく抽象的な概念にすぎない。衣食住が生活として存するためには…（略）…社会的条件を投影する衣食住の形態と不可分の関係」として把握されるべきだと指摘し、こうした社会的条件によって（それぞれの領域で）創造された表現（形）こそ、「生活」なのだと有賀は説明する(29)。松田に従えば、有賀が「生活」というタームで示そうとしたのは、「さまざまな次元で社会を構成する領域を貫いて統合する世界」であり、「経済、労働、政治、信仰、祭礼、娯楽といった領域ごとに生成される社会関係の束や価値規範の束をとりまとめ、それらを総合する世界として生活は存在する(30)」とされるが、ここまでくれば、柳田國男の『食物と心臓』の、次の一節の意味するところも、別な角度から理解されることになるだろう。

　昔の人の生活はただ一団の問題で、今日のように信仰は信仰、経済は経済、家庭は家庭といふやうに、別々の引出しには入れて置かなかつた。是を根もとを見ずに枝葉から掻分けて入ろうとしたのだから、私たちの議論が八掛や賭事に近かつたのも止むを得ない。宗教は固より国民の人生観の発足点ではあつたが、是を詳らかにするにも、やはり此世をどう感じて居たかといふことから、尋ねてかかるのが順序であった(31)（傍点筆者）

このような「生活」の現象学的理解は、もともと柳田のなかにあって、有賀が学んだのは、その

「本願」であり、「生活が変化するということが民俗学を成立せしむる根拠である。何故かというに民俗学は生活を正視することが目的だからである。何故変化するか。いかに変化したか。これらのことを知るのがわれわれの目的であって、これを了解せずに今日の生活を考えることはできない」と有賀は論じ(32)、柳田の視角をより鮮明化させている。

（３）柳田民俗学と「生活」の質的把握

柳田による日本民俗学の体系化も、こうした「生活」や「社会」が焦点化される同時代の社会的思潮と、深く関連しているのはいうまでもない。また彼が把握しようとしたのも「生活」であって「民俗」ではない。彼の著作には、現在の民俗学で多用される「〇〇の民俗」といった類の題目はなく、その概論書『郷土生活の研究法』の表題にも示されるように、「生活」であって、それは「民俗」の研究法ではない。この書と『民間伝承論』という二つの概論書で頻出するタームは、明らかに「生活」であって、『郷土生活の研究法』において「民俗」という言葉が使用されるのは、「民俗学」のほかは二箇所の「民俗研究」という表現だけである。その有名な「三部分類」にしても「生活外形」「生活解説」「生活心意」であって、民俗の三部分類ではなく、それは〝生活世界〟の構造化モデルだととらえたほうがよい。

民俗を対象化するから民俗学なのではない、というのが筆者の十年来の主張であるが(33)、日本において、その立ち上げ初期に対象化されていたのは、明らかに「生活」あるいは「文化」であり、その理解には「変化」することを常態とみる対象認識が大前提となっている。有賀も「どのような意味においても変化なき生活は存在しない。したがって民俗学やその他の趣味のためにただ古俗を保存しようとしても不可能である。もし生活が変化するので古俗が絶えてしまうから民俗学が不可能だとすれば、民俗学などは成立しなくてもよい」とさえ断じている[34]。

こうした「生活」を把捉するうえで、柳田の場合、民俗学以前の、農政関係の著作では統計類を駆使しているが、そこで問題としたいのは、地方改良運動・農村更生運動等に多大な影響を与え、内務行政と深くかかわった中央報徳会の機関誌『斯民』(一九〇六年四月発刊)との関係性である。とくにその調査技術との「手法」の違いについてであって、農村経済学者であった柳田は、『時代ト農政』などでは自らも計量的な手法を用いて議論を展開しており、統計的手法にも強い関心を示す一方で、農村生活(民衆生活)の実態把握のためには、それとは別な「手法」を採用しようとしていたと思われる節が見えるからである。南方熊楠とのルーラルエコノミー論争において、雑誌『郷土研究』の編集方針に対する南方の批判に対し、それらを「録するものは『斯民』その他府県の報告があり過ぎ」ると反論したのも、その一端であるが[35]、ほかの例をあげれば、『日本農民史』のなかの、次の一節である。

すなわち「人口の静態統計は我邦でも毎五年目に、統計局から発表して居る。之を見ると幸ひにして人口移動の跡が、本籍人口に対する現住人口の増減から推定することが出来る。尤も現住人口と云ふのも之は不精確なもので、入寄留の届出をしたまゝで又外へ移つた者もあり、実数とは合はぬ懸念がある」[36]と論じている。

本籍人口だけの町村是や、戸主中心の「戸籍」のみからの国勢の推定調査の記載を批判するが、現実の消費単位の「世帯」が調査の基本になるのは、前述したように国勢調査からである。だが、しかし、民俗学体系化以降、柳田がそれら統計データを活用しようとした形跡はなく、むしろ、関敬吾の述懐によれば、海村調査の際、大間知篤三が調査項目に人口動態、静態、耕地面積などを入れたのに対し、柳田は「こんなものは必要ない」と評したという[37]。千葉徳爾も商家・職人の町の経済に関して、同様の指摘を受けたと記しているが[38]、求める対象は同じ「生活」だとしても、量的な社会経済史的な技法と、対極の手法で民俗学のあり方を追究しようとした意図での注意だったのではないかと推察される。

　このような指導を受けた千葉は、アンケート調査や世論調査などの量的研究と、フィールドワークの「聞き書き」という質的研究の相違を言及しているが[39]、千葉の議論をより敷衍していうならば、前者では二分法的な「意識（sentiments）」は把捉できるが、多義的で全体的な「意識（conscious, Bewusstsein）」、すなわち科学的知識と民俗的知識（生活知識）とが綯《な》い交《ま》ぜになったような、知・情・意の全体的状態（心性）＝生活世界を、把捉しようとするのは不可能である[40]。千葉によれば、民俗学が「聞き書き」というOralityに基づいた対話の技法を、主たる調査法として選択的に用いたのは、「生活」を内側からの視野的構造でとらえたいがためだとする[41]。アンケート調査のような質問形式によって、明確になるのは、ＹＥＳかＮＯか、さもなくば、わからないの二分法的なsentimentsであって、民俗学が求める「心意」＝consciousとは、内閣支持率のように気分によって容易に上下するものではない。統計分析も多因数解析することで、初めてconsciousの輪郭を描くことが可能となるが、現代ドイツ民俗学で「日常の語り」研究を牽引し、その目的を「意識分析」に据えるアルブレヒト・レーマンが、「我々が語ることはすべて（自己の）経験（Erfahrung）を表出したものであ」り、「また経験は語ることによってしか伝えることはできない」とするのは[42]、柳田の三部分類で第二部に「生活解説」を据えて、「語り」という「解説」を介して、第一部の「生活外形」と第三部の「生活心意」を把捉しようとする「方法」と通有している[43]。

3、伝統視される日本の「家」族
——カウンターナラティヴとしての家族国家観

(1)「生活」の焦点化と科学化

現象学的な民俗学への転換は、多くの国で観察される一般的趨勢である[44]。戦後ドイツ民俗学の画期となったのは、ヘルマン・バウジンガーの『科学技術世界の民俗文化』であるが、「科学技術世界」の〝世界〟とは〝生活世界(Lebenswelt)〟を意味している。その書のなかでバウジンガーが指摘するのは、ドイツにおいては十八世紀最後の四半世紀に見られた紀行文のめざましい伸張が、より正確な記録を志向し、地誌統計学の発達を促す一方で、民俗学が学問として立ち上がってきたというパラレルな関係性である[45]。日本でも柳田が、民俗学の立ち上げ以前に、地理書や紀行文に着目し、その編纂と解題に力を注いでいる[46]。

このようななかで、十九世紀のヨーロッパでは、政府の立法化に先立って、それに必要なデータを蒐集・提供する「統計家の運動」や、急速な工業化・都市化に随伴して噴出する社会的諸問題への適切な対応を求めた、社会改良家たちの「社会踏査の運動」が生起する[47]。計量的な社会調査法が著しく発達するが、マルサスの人口論(一七九七年)にしても、デュルケムの自殺論(一八九七年)にしても、それらがあって初めて可能になるのは論を俟たない。阪上孝によれば、フランスでは十七世紀後半に「政治算術」と「人口調査の技術」という「二つの革新的方法」が生まれ、十八世紀後半の人口推計、十九世紀からの国勢調査に連なるが、「人口という対象と数える技術」が「近代的統治の誕生」

を促したとする。[48]「家計調査狂時代」と呼ばれたごとく、日本でも明治末から一〇〇件以上の家計調査が盛んになされるが、社会の実態を数量化してとらえる技法が導入され、生活実態を計量的に把握・分析し未来予測を含んだ技術が、日本においても定着していくのは、なぜなのか。それは社会の時代的要請というほかはない。

西欧における「社会調査」の誕生は、産業革命の急激な進展や人口の大膨張に呼応した「新しい階級」の急成長が、既存の理解や観念では把握できない「新しい階級」の社会的実在を、直接的に分析する技法を要請したと指摘されている。[49]日本においても、第一次大戦後、本格的な工業化と都市人口の激増が開始し、新たな社会状況の展開が、それをもたらしていく。冒頭でも述べた新中間層、いわゆるサラリーのみで暮らす俸給生活者の登場であり、その「生活難」が契機となったが、たとえば初代社会局長に就いた前述の田子は「今は政治維新に対して生活維新の重大な時期に際会して居る、この物価騰貴の絶好機会を逸せず、之を国民生活改善運動に利用する」と述べ、「生活難を救済するの策は固より色々あるが、此機会に於て、生活そのものを明細に研究し、学理的、合理的見地によつて、此生活維新を完全に導いて行くこと[50]」だと主張する。学理的、合理的な「生活」研究の必要性であり、「生活」の科学化であった。

この当時の社会経済状況を、より具体的にいうなら、第一次大戦中の好景気とそれにともなう物価の上昇と米価の暴騰、しかしその一方で賃金上昇がともなわなかったことから、一九一七年から一九年にかけて、急増していた新中間層家族の生活難が深刻化し、労働争議が頻発し、社会不安が増大する。その最も象徴的な事件は「米騒動」であるが、俸給生活者という生産のともなわない消費主体の生活、いわば勤労者家族の「家計」が初めて問題視されてくる。伊東壮の推計によれば、東京市における新中間層の全就業者に占める比率は、一九〇八年の五・六％から一九二〇年二一・四％に伸張したが[51]、門脇厚司の推計では一九二〇年の全国における新中間層の割合は四・〇％であったから[52]、家計問題は大都市居住者に限定された問題であり、この期の生活改善運動は、対象に都市の新中間層が想定されていた。生産ではなく、生活、すなわち消費のあり方が課題化されたのであり、生活改善が農村にまで対象が広がるのは、第二次大戦後のことである[53]。

生活の課題化は、新たな家族形態に応じた「日常生活」のあり方を求める動きを加速化させる。被服・食事（節米・代用食など）・住居（台所・風呂）という衣食住に限らず、家事・衛生・育児・家庭教育・運動体育さらには時間など、実に多岐にわたった改善運動（諸活動）が繰り広げられる。それらのテーマ名を冠した生活改善展覧会を文部省・内務省は主催するほか、一九二〇年一月には文部省主導による半官半民の生活改善同盟会が設立され、『生活改善の栞』（一九二四年）や『今後の家庭生活』（一九三一年）など種々の指南書が公刊された[54]。ムーブメントがこのように拡大するなかで、「生活改善を導いて行くことは、有識階級の妻たり、母たる婦人の重大責任であると考へる。是が為には都市を初め郡村に於ても、中流以上の主婦が、下層の婦人を善導し、是等に適当な途を示すことは最も大切である」と田子が述べたように[55]、実践主体に期待された都市の新中間層の主婦らは、科学化を志向した家政学や各種の生活改善講習会に、大挙動員されていく。一見、主体的に参加したようにも見えるのは、このころ創刊された『主婦之友』『婦人倶楽部』で高まっていた家庭改良に対する、人びとの関心や欲求とも合致していたためである[56]。

内務行政はこれを機に、慈善や救済という一部の貧者や弱者に対する施策から脱し、社会事業として転換された生活改善運動によって、従来は個々の家や村が内部的に処理すべきだと考えられていた「私生活」の問題を、政治的課題化することに成功する。有賀は「生活現象は近代のごとく文化の段階にあっては…（略）…生産関係を最も重要視する」が、「生産関係も信仰もその生活意識の統合において存在するから」と、[57] 生活の正視を説いたが、結局のところ、当局の視線や論法もこれと類同する。衣食住という外形だけでなく、それらが統合される生活意識としての「家族」が、畢竟、その改善の焦点となっていく。

（2）大正デモクラシーと「思想善導」

筆者は先に内務省の一大運動であった民力涵養運動の関係史料を収集し、これを分析してみたが、その際、きわめて気になったことのひとつが、「西欧近代の家族との対比」で語られ、強調される日本の「家」の伝統であり、その再強化をはかろうとする「家」族論・家庭論の盛行であった。たとえば京都府の『民力涵養資料第一年』には、「思想統一」と題し、次のように記載される。

> 今やデモクラシーなる語社会を風靡して、之が為に危険思想を醞醸せんことを恐れ、予防策を講ずるの必要ありとして、京都府知事は教育家神職神道家等を招集して、第一に自家の所見を演説せらる、縷々千万言其高見に敬服す中に就て、我が大に感動したるは大日本帝国は三千年の歴史を有し君仁に臣忠に而て西洋人の個人主義にあらず、家族制度の美風良俗あるを説かれたる点則是なり、此家族制度こそ我思想統一を謀らんとする主眼とす[58]（句点、傍点筆者）

時世はいわゆる大正デモクラシーの世であったが、それが社会主義などの危険思想を醸成しているとし、西洋の個人主義（かつ世を風靡する民本主義）に対して、日本の美風良俗の家族制度こそが「思想統一」をもたらすものだと主張される。こうした西欧対比的な家族観は、日露戦後の戊申詔書を論拠に、「家族国家観」として数多く現れはじめるが、大戦景気後の不況や労働争議・小作争議などの頻発という社会不安のなかで、ますます切迫に主唱されるだけでなく、それらの制度的検討も開始された点に、この期の特徴があった。いわゆる家族国家観の萌芽は、明治二十年代の井上哲次郎らに求められるが、穂積重陳・穂積八束らを経由して[59]、日露戦後には知識人らの言説のなかに、たとえば深作安文（東京帝大倫理学）は日露戦の勝利を「家族的精神」に基因する[60]といったふうに摂取されてはいた。しかし、この期のそれは、議論がより深化増幅したのみならず、官僚たちもそれを言説化し、政策的対応の論拠に流用させる。

内務省内務書記官で全国神職会幹事長を兼務する田澤義鋪は、「我が国民道徳の長所として誇るべきものは祖先崇拝である。抑も、祖先崇拝の性情は、どの民族にもあるが、日本民族が最も盛である」とするだけでなく、ダーウィンの進化論や遺伝学の知識を交えながら、「遺伝がその子孫に及ぼす力の偉大なるは論を俟たない所である。…（略）…自己の心身の鍛錬修養は勿論女子の家庭教育を十分ならしめざるを得ない。我々は遺伝の力を利用して飽く迄善良なる国民をつくらなければならない」（傍点筆者）とする[61]。女子の家庭教育にまで論及するとともに、一九二一年東京帝大新設の神道学講座を担当した田中義能も、「国民は同一血族をなし…（略）…子孫が末廣となつて今日六千万同胞となつた」とし、「我国の『家』には家長と云ふものがあつて、家督相続といふことが重大なことになつて居る。かゝる家は上は祖先に亨けて下子孫に伝ふる所の家の名誉と云ふことが又大事なことになつて居る。西洋にはかふ云ふ風なものがない」（傍点筆者）などと論じ[62]、祖先崇拝も介した家族のあり方が、政策的争点に結実していった[63]。

このような家族国家観的な言説は、例をあげれば切りがないが、こうした思潮に対し、運動に動員されながらも、例外的に新渡戸稲造のような批判もあった。新渡戸は「個人主義と云ふと我儘主義のやうに思って居る人がある、どうも西洋人は個人主義だから親子の情がない等と言う人があるが、それは大間違い、それ程間違った話はない、個人主義であるから親子の関係なども大変厚くなって居る、或る意味に於て孝道と云ふものは日本より西洋の方が発達して居るといっても宜い場合がある」とし、

「個人主義と云ふのは互の人格を重んずる、西洋で行はれて居るのを見ると子供なり女房なり皆人だ、其御互に人の人たるを所を尊重すると云ふことになる、其意味に取れば日本で個人主義を発揮するやうにしたいと思ふ」[64]と、欧米の個人主義を弁護しつつ、その意を人権の尊重だと解している。

（3）新官僚らの「家」族観と「生活」改善の接合

政府の諮問機関として一九一七年に設置された臨時教育会議や、その建議を受けて一九一九年に設置された臨時法制審議会で検討されていたのが、民法改正であった。日本固有の「淳風美俗」としての「家族制度」が中心課題とされ、この「我国俗」に矛盾する法規の改正がめざされた。明治民法を改定する作業は、改正まで至らなかったが、一九三九年までつづけられ、そこでの審議が国策の多方面に波及していく[65]。文部省では一九三〇年十二月訓令第一八号として「家庭教育振興ニ関スル件」を発したのをはじめ、家族のあり方をめぐる諸施策は、刻々と準備される[66]。しかし、現実の家族は先述してきたように、都市化の進展とともに多様化していた。それにもかかわらず、現実の家族生活とは乖離する一方の家制度を見直しするではなく、逆に家の理念を強化して体制の引き締めに利用された。「家族」は体制イデオロギーを支える最大の柱に祭り上げられたが、それはイデオロギーを超えたファシズム的フォークロリズムだといっても過言ではない。

カウンターナラティヴ（対抗言説）とはいえ、伝統視された「家族」が「思想変調」の建て直しの核心に充てられることが、なぜ可能だったのか。それは先の有賀の議論でもみたように、「生活」の語義が新たな意味づけを獲得したことによる。内務・文部官僚の文章にも、それらが映し出しているが、社会局長田子一民は『斯民』に寄せた文章に、「生活維新」を「何人も生活し、何人も人生を人生らしく暮らしたいと考へる維新である」（傍点筆者）とし、「この生活を合理的なものにし、学理的なものにし、社会的なものにし、人類の進歩、国家社会の発達に適当なものにするのは、第二維新の眼目である」と論じる[67]。東京教育博物館長兼務の文部省督学官棚橋源太郎も、「家庭の健全なる発達が国家富強の源泉であり、随て国運発展の根底は之を家庭の改善、家事の刷新に求めなければならぬ」（傍点筆者）とし、「其の基礎を科学的知識素質」におくとする[68]。家族・家庭を基盤とした「生活の科学的見直し」や合理化・能率化・効率化が盛んに謳われ、「在来の不規則な習慣を改め」「時間を尊重」し、日常生活レベルの「時代遅れ」「不合理」「無駄」を省く一方で、「人生らしさ」や「家庭の健全さ」が唱えられはじめる。文部省社会教育課長の乗杉嘉寿も、「単に生きて行くだけの生活は経済生活ではない」として、「生活によつて生ずる活動能率が充分に満されてある生活」「生きがひのある生活を営まねばならぬ」（傍点筆者）としたように[69]、余暇・慰安・民衆娯楽・運動・公衆体育・修養といった「質」的側面にまで、その論は及び出していった[70]。

民衆の余暇・慰安や娯楽などを、従前のように抑圧を加えて封じるのではなく、それも「人生らしさ」や「生きがひ」という「生活」の主要素とみなし、「質」の向上をはかろうとした点が新しく、そのためには、上から丸ごと把捉される「風俗」ではなく、個々の人間を内側から視野的にとらえる「生活」概念が必要であった。文部省の社会教育の管掌は、一九二四年十二月には第四課から社会教育課に名称が変更され、一九二九年七月には社会教育局へと昇格し、社会教育の行政機構と所管業務は飛躍的に整備・拡充される。一九二〇年十一月には第四課の課員を中心に社会教育研究会が組織され、機関誌として『社会と教化』も発刊されるが（一九二三年八月からは『社会教育』）、内務省の慈善・救済から社会事業への拡張と同様、限られた範囲の思想教化のみをもって目的とすることではなく、一般国民の日常生活・社会生活の全般に、対象範囲を拡大させた。対象の国民化はプライベートな私的生活領域まで国家の視線にさらされ[71]、家族が国家に介入されることも、それは意味していた。

本稿では民力涵養運動と新生活運動の産児数調整まで論じる予定であった。紙幅の関係上別稿に譲るが、この期の家族のあり方や人びとの家族認識の転換には、人口管理の思想的技術的導入が不可欠であり、それと並行した子どもや育児への関心の増大と、人びとが「一家団欒」を追求した結果、「女中」という社会層が[72]、家庭から排除されていったような、過程分析が課題として残されている。家庭生活の合理化・省力化は、余剰な存在としての「無駄」な女中を浮上させるとともに、家事に専念する「主婦」も誕生させるが、それは親子のあり方やその観念も変質させていく。

本稿でもみたように、現実の家族は多様化していたにもかかわらず、ありもしない理念に実態を合わせようとした政策的ネジレが、結局のところ、大正末期からの親子心中の激増を招来する一因ともなっており、救護法から母子保護法を分離させていく[73]。そのプロセス分析も今後の課題にしておくが、振り返ってみれば、現代の日本社会においても、昭和三十年代ブームでみるように、家族団欒の懐かしく美しい家族が表象化されがちなのは[74]、危険な兆候であることを示唆して、本稿をひとまず擱《お》きたい。

【註】

(1) 明治末期よりすでに「通俗教育」の名でなされていた社会教育は、第一次大戦を機に高揚した労働運動・農民運動、あるいは拡大するデモクラシー思想や社会主義思想を取り締まる一方、思想善導をはかることを目的に、一九一九年文部省普通学務局内に通俗教育担当官が設置され、一九二一年には社会教育を扱う独立の第四課となった。

(2) この一連の三訓令は、一九一九年七月の訓令第六号「戦後食料問題ニ関シ学生生徒ノ教授上注意方」で代用食の奨励を、同年八月の訓令第七号「戦後経営ノ方策上教育従事者ヲシテ社会竝其ノ家族ニ対シ勤労ノ美風奨励方」で勤労をたっとび、さらに同月の訓令第八号「国民生活ノ充実竝国富増進上消費節約ニ関シ地方長官及教育従事者ニ注意」で、節約による励行を指示した。
（3）吉田佐柄子「生活改善」日本生活学会編『生活学事典』ティビーエス・ブリタニカ、一九九九年、五三九ページ
（4）中嶌邦に従えば、「大正期から昭和の初期にかけてみられた生活改善運動」は「内務省を中核とする民力涵養運動の一環としてはじまり、文部省を中心とする文字通りの生活改善運動となり、やや遅れて農商務省の肝入りによる経済生活改善運動として行われた運動が中心になった」としており（「大正期における『生活改善運動』」『史艸』一五号、一九七五年）、この時期の生活改善運動を、筆者と同様、「民力涵養運動の一環」とみなしている。農商務省の運動も、生活改善運動に含める中島は、一九二一年九月の「世帯の会」の発足を、その端緒と見ている。なお、内務省は床次の内相就任以前にも、すでに一九一七年五月に「民力涵養及貯蓄奨励ニ関スル訓令」を出しているが、その後の民力涵養運動関連史料でも、床次訓令を、巻頭におき、開始とみなしているのでそれに従う。
（5）この期の生活改善運動は、当時からすでに推進当事者からも、内容的にも都市向きであり、「農村に於てはこれに研究を加えるべし」とされるように（片岡重助『新時代の処女会及び其の施設経営』二五六ページ）、明らかに先進的なモデルの提言にすぎなかったが、戦後の新生活運動で、それらが農村地域に拡張されていったと筆者は把捉している。中嶌も前掲（4）で同じとらえ方をしている。
（6）荻野美穂『「家族計画」への道―近代日本の生殖をめぐる政治』岩波書店、二〇〇八年
（7）筆者はすでに「民力涵養運動」に関して論考を著しているが（「可視化される習俗―民力涵養運動期における『国民儀礼』の創出」『国立歴史民俗博物館研究報告』141集、二〇〇八年）、本稿はそれを補完するものであり、そこで論じることのかなわなかった都市生活者を対象とした施策を検討する。
（8）中嶌邦「大正期の生活論」和歌森太郎先生還暦記念論文集編集委員会編『明治国家の展開と民衆生活』弘文堂、一九七五年
（9）その代表的論者として、中嶌はのちに文化生活研究会を主宰する森本厚吉の"The Standard of Living in Japan"（一九一八年）をはじめとする一連の生活経済論をあげる。
（10）その代表的議論として、中嶌は塚本ハマや井上秀子らの家政学をあげる。
（11）生活安定論は浮田和民の『生活戦術』（一九一九年）などの、いわゆるハウツウ物であり、生活余暇論の代表は権田保之助の余暇生活論をあげている。

(12) 権田の研究の位置づけに関しては、安田常雄『暮らしの社会思想―その光と影』勁草書房、一九八七年に詳しい。
(13) 柳田國男『明治大正史世相篇（新装版）』講談社、一九九三年、一九ページ
(14) 有馬学『日本の近代4「国際化」の中の帝国日本』中央公論新社、一九九九年、二九三―二九九ページ
(15) 田子一民「救護課から社会課」厚生省社会局『社会局三十年』一九五〇年、山本悠三「民力涵養運動と社会局」『東北福祉大学紀要』一五号、一九九一年
(16) ここに陸軍省の「民族衛生」論が強く関与し、内務省との主導権争い後、折衷案で厚生省が発足したことに関しては、藤野豊『厚生省の誕生―医療はファシズムをいかに推進したか』かもがわ出版、二〇〇三年に詳しい。
(17) 大霞会編『内務省史（覆刻版）』第三巻、原書房、一九八〇年、三六三―三六四ページ
(18) 山森芳郎『夢の住まい、夢に出てくる住まい―建築空間から言語空間へ』芙蓉書房出版、二〇〇九年
(19) 藤田覚『幕藩制国家の政治史的研究』校倉書房、一九八七年、一六二―一六三ページ
(20) 前掲（18）一五五ページ
(21) 前掲（18）一五六―一五七ページ
(22) 前掲（18）一五八―一五九ページ
(23) 前掲（18）一五一―一五四ページ
(24)（坪井正五郎）「研究項目」『東京人類学会雑誌』二巻二二号、一八八七年十二月、表紙裏
(25)（坪井正五郎）「研究項目」『東京人類学会雑誌』三巻二三号、一八八八年一月、表紙裏
(26) この期の柳田の文化論に関しては、拙稿「戦後民俗学の認識論的変質と基層文化論―柳田葬制論の解釈を事例にして」『国立歴史民俗博物館研究報告』132集、二〇〇六年、六七―六九ページを参照のこと。また與那覇潤には「文化」概念なき時代の人類学のありようを検討した「『文化の定義』とその軌跡―日本人類学史のなかのEdward B.Tylor」『思想史研究』4号、二〇〇四年がある。
(27) 松田素二『日常人類学宣言！―生活世界の深層へ／から』世界思想社、二〇〇九年、一―六ページ
(28) 有賀喜左衛門「民俗学の本願」『有賀喜左衛門著作集』Ⅷ、未来社、一九六九年、一七、二九ページ（初出は『民俗学』一巻三号、一九二九年）。有賀はまた「生活資料の採集について」を『山村』二巻一号、一九三五年を発表している（同著作集Ⅷ所収）。

(29) 有賀喜左衛門「名子の賦役―小作料の原義」『有賀喜左衛門著作集』Ⅷ、未来社、一九六九年、二一〇ページ
(30) 前掲（27）三ページ
(31) 柳田國男「食物と心臓」『定本柳田國男集』14巻、一三〇ページ（初出は『信濃教育』一九三二年）
(32) 前掲（28）二九ページ
(33) 拙稿「『民俗』を対象化するから民俗学なのか」『日本民俗学』215号、一九九八年
(34) 前掲（28）二九ページ
(35) 柳田國男「南方氏の書簡について」飯倉照平編『柳田国男・南方熊楠往復書簡集』下巻、平凡社、二五四ページ（初出は『郷土研究』二巻七号、一九一四年）
(36) 柳田國男「日本農民史」『定本柳田國男集』16巻、二一一ページ
(37) 関敬吾「座談会・民俗学の方法を問う」『季刊柳田國男研究』6号、白鯨社、一九七四年、五〇ページ
(38) 千葉徳爾「生業の民俗について」『日本民俗学会報』47号、一九九六年
(39) 千葉徳爾「『聞き取り』という調査法について」『狩猟伝承研究再考篇』風間書房、一九九七年
(40) 拙稿「方法としての記憶」岩本通弥編『現代民俗誌の地平3　記憶』朝倉書店、二〇〇三年、佐藤卓己『輿論と世論―日本的民意の系譜学』新潮社、二〇〇八年
(41) 前掲（39）前掲（40）
(42) Lehmann.A.,Bewusstseinsanalyse,Götsch.S.,Lehmann.A.(Hrg.),*Methoden der Volkskunde*, Reimer, 2007
(43) 前掲（26）前掲（40）
(44) 中国における高丙中「生活世界―民俗学的領域和学科位置」『社会科学戦線』3、吉林省社会科学院、一九九二年、呂微「民間文学―民俗学研究中的〝性質世界〟〝意義世界〟與〝生活世界〟」『民間文化論壇』3、中国民間文芸家協会、二〇〇六年や、韓国でも片茂永編『宗教と人生の理解』民俗苑、二〇〇六年（韓国語）が、その傾向を示している。
(45) ヘルマン・バウジンガー『科学技術世界のなかの民俗文化』愛知大学国際コミュニケーション学会（河野眞訳）、二〇〇一年（原一九六一）、九六ページ
(46) 柳田は『遠野物語』前後に一連の文章論（写生文）を執筆しているが、そのなかで「私は此頃昔の凡人の心持を

研究しやうと思つて地理書を読んで居る」と論じるが（「事実の興味」『文章世界』三巻一四号、一九〇八年、一四六ページ）、のちには帝國文庫『紀行文集』の校訂・解題を行なっている（柳田國男校訂『紀行文集』帝國文庫第二二編、博文館、一九三〇年）。定本二三巻には解題だけ収録されているが、日本図書センターが『日本紀行文集成』全4巻（新装版、二〇〇一年）の第一巻で復刻している。

(47) 村上文司『近代ドイツ社会調査史研究―経験的社会学の生成と脈動』ミネルヴァ書房、二〇〇五年、二ページ

(48) 阪上孝『近代的統治の誕生―人口・世論・家族』岩波書店、一九九九年

(49) ネーザン・グレーザー「ヨーロッパにおける社会研究の発生」（山田隆治訳）、鈴木二郎ほか編『社会科学入門』社会思想社、一九六六年（原一九五九）、七九―八〇ページ

(50) 田子一民「生活維新」『斯民』一四巻四号、一九一九年、一八ページ。同「生活維新と愛国者」『斯民』一四巻一一号、一九一九年、一四ページ

(51) 伊東壮「不況と好況のあいだ」南博編『大正文化』勁草書房、一九六五年、一八五―一八七ページ

(52) 門脇厚司「新中間層の量的変化と生活水準の推移」『生活水準の歴史的分析』総合研究開発機構、一九八八年

(53) 前掲（5）を参照。

(54) 生活改善同盟会の出版物は、ほかにも『生活改善調査決定事項』（一九二四年）『住宅家具の改善』（一九二四年）『実生活の建直し』（一九二九年）などがある。

(55) 前掲（50）

(56) 小山静子『家庭の生成と女性の国民化』勁草書房、一九九九年

(57) 前掲（29）二一〇ページ

(58) 京都府内務部庶務課『民力涵養資料第一年』大正九年三月一日（国立国会図書館蔵）二二一ページ

(59) 伊藤幹治『家族国家観の人類学』ミネルヴァ書房、一九八二年

(60) 深作安文「家族的精神」井上哲次郎編『国民教育と家族制度』東亜協会、一九一一年、一五一―一五二ページ。また深作は「新思想の解剖」で、生存の安全と個人の尊重も熱求している（『皇国』290号、一九二三年、三六ページ）

(61) 田澤義鋪「人生と社会と国家」『皇国』279号、一九二二年、九―一五ページ

(62) 田中義能「悠久なる理想と其の実現」『皇国』294号、一九二三年、一七―一九ページ

(63) 民力涵養運動における神棚常設運動が、その典型であるが、拙稿前掲(7)を参照のこと。
(64) 新渡戸稲造「東西に於ける家庭生活」文部省社会局編『現代家庭教育の要諦』宝文館、一九三一年、九〇、九四ページ
(65) 桑山敬己「大正の家族と文化ナショナリズム」季武嘉也編『大正社会と改造の潮流』吉川弘文堂、二〇〇四年
(66) 小林輝行「昭和初期家庭教育政策に関する考察(I)—家庭教育振興訓令を中心として」『信州大学教育学部紀要』49号、一九八三年
(67) 前掲(50)「生活維新」一三ページ、および田子一民「家庭の維新を図るは婦人の責任」『婦人界』六巻一号、一九二二年
(68) 棚橋源太郎「家事科学博覧会の開催に就きて」『教育時論』一九一八年十月五日付
(69) 乗杉嘉寿『社会教育の研究』大空社(復刻版)、一九九一年(原一九二三)、一二八–一三〇ページ
(70) たとえば金子筑水は「文化即生活で文化なしに生活は空虚である」(「社会思想と文化思想」『皇国』291号、一九二三年、六九–七〇ページ)と述べるが、また柳田國男も『明治大正史世相篇』で、「住心地とはどういふものかを…(略)…仔細に点検して見ることが出来」るようになったと(『定本柳田國男集』第24巻、一八八ページ)、その心持ちに言及している。
(71) 前掲(56)
(72) 濱名篤「明治末期から昭和初期における『女中』の変容」『近代日本文化論』5、岩波書店、一九九九年
(73) 拙稿「民俗学からみた新生殖技術とオヤコ」太田素子ほか編『〈いのち〉と家族』早稲田大出版部、二〇〇六年
(74) 拙稿「都市憧憬とフォークロリズム」新谷尚紀・岩本通弥編『都市の暮らしと民俗学』1巻、吉川弘文館、二〇〇六年

五、生活改善普及事業の思想
――山本松代とプラグマティズム[1]

片倉和人

1、生活改善普及事業の新しさとは何だったのか

生活改善普及事業は、戦後占領期の昭和二十三（一九四八）年にＧＨＱ（連合国最高司令官総司令部）が農林省（当時）に提案してはじまった。もともとＵＳＡ（アメリカ合衆国）にあったHome Economics Extension Serviceという制度を導入したのであり、家政学を意味するHome Economicsが「生活改善」と読み替えられたという。生活改善普及事業がもっていた「新しさ」とは何だったのか。言い換えれば、農林省あるいは農村社会のなかに、生活改善普及事業を通して戦後あらたに持ち込まれたものが何だったのかを、あらためて振り返ってみたい。

農林省にとって「生活」というのは未知の対象であり、その主な担い手が女性であったから、結果的に農家女性を直接対象とした施策という特徴があった。しかし、本稿で目を向けるのは、それとはまた別の一面についてである。この事業の関係者たちは、仕事を行なっていくうえで半世紀にわたり終始、周囲に多かれ少なかれ何らかの軋轢を感じていたようである。生活改良普及員がもっともエネルギーを使ってきたのは何に対してだったのか。格闘しなければならなかった相手は誰だったのか。

それは農村社会のさまざまな古い生活慣習だけでなく、それ以上に、行政のシステムや農政の論理、つまり同じ役所内の上司たちであり、隣に席を置く農業改良普及員にすら、自分たちの仕事を理解してもらうことは容易でなかったという。多くの生活改良普及員は、その軋轢の原因が、自分たちの普及方法にあると感じていたようである。

しかし、ここで提起したいのは、そうした普及方法の特徴以前に、事業の目的そのもののなかに一つの特異な思想が持ち込まれていた、という点である。

生活改善普及事業の変遷については、全体像を包括的にとらえた市田（岩田）知子の論文[2]や農村生活研究にも視点を広げて捉えた太田美帆の最近の論文[3]を参照されたい。

市田によれば、成立期の生活改善普及事業の理念とその実現手段は「農林省と農村における異質性、アメリカとの親和性」であったが、高度経済成長期以降の展開期において、生活改善普及事業は発足時の理念と実現手段の転換を余儀なくされ、「農林省、農村との協調」したものに変わり、「日本の行政システム」へ「同化」していったとされる。この図式や転換点自体に異論はない。しかし、「合理性」「農家婦人の地位向上」「農村民主化」という言葉に象徴される発足時の理念とは何か。また生活改善課が「民主主義と科学を武器にして、迷信や因習に立ち向かった」と言うときの、「民主主義と科学」の内容について、それ以上に踏み込んだ言及はなされていない。親和性があるとされる「アメリカ」の具体的な中身が何だったのか。展開期において失ったとされるものが何だったかをさらに明確にとらえてみたい。

2、発足時の生活改善普及事業

まずは、生活改善普及事業に深くかかわった三人の述懐から、発足当時この事業がおかれていた状況を確認しておこう。

初代生活改善課長の職に就いた山本松代（結婚前は大森姓だが、山本姓に統一して記述）によれば、農林省は生活改善についてまったく知識を持ち合わせておらず、省内に女性の課長を置くつもりもなかったが、ＧＨＱの指示で仕方なく女性を任命せざるを得なかったという。そして、当時の自分が置かれた状況を次のように回想している。

「昭和二三年秋に始まった生活改良普及事業は、全く見たこともなかった新しい品種を育てるような仕事であったのだが、そのための圃場は用意されなかったばかりか、路端のような、それも雑草のおい繁っているみたいなところに放りこまれたような形で始められたのであった。別の表現を聖書の言葉をかりてすれば、それは『砂地に建てし家』のようなもので、砂地に建てた家は土台がないから一風吹けば、すぐ倒れてしまうという状態のことである。[4]」

山本の跡を継いで昭和四十年に二代目課長に就任した矢口光子は、一〇名足らずの課員の一人として過ごした発足当初の様子を次のように振り返っている。

「（山本課長の）ご苦労の重要な部分に、課員の教育があったと思う。私も当時は二四歳であったから、課員の半数はその前後の年齢で、生活改善のイロハから山本先生に叩きこまれたといってよい。忘れられぬことがたくさんあるが、今でも頭から離れないのは『世の中に馬というものはいない。太郎のくり毛の三歳馬というものがいる』というお言葉である。一般の生活改善運動や新生活運動と違って、普及事業でいう生活改善は、個別具体的であり実践である、という思想に貫かれていた。そこが一般行政と違うゆえんでもあり、役所や普及職員が行うのではなく、農家が行う、ということに徹していたゆえんでもあると思う。それゆえに私どもは、デモンストレーション（実演）ということに、生活改善の哲学をこめて語るわけでもある。」[5]

そのデモンストレーション、アメリカ流の生活改善が日本の一般の農村住民にはどのように映ったのか。生活改善普及事業の同伴者でもあった今和次郎は、山本や矢口たちとは逆に、農民の目線からみた生活改善の姿を書きとめている。

「かつて占領時代に、アメリカの家政学者がきて、わが国の農村で、農民大衆に対して、生活改善を講じたときに、私も列したそのときの場景のことが思い出されるが、まったくそれは、聞き手たちは、見世物でも見るときの気分と表情とであったのである。封建社会、とくに日本の封建時代の生活というものにはまったくのめくらである、アメリカから突然来朝してきた家政学者のそのときの壇上の姿と話とは、わが国の農民たちにとって木に竹をついだ式の不思議なものに接する興味でみられ、また聞かされたにすぎなかったのである。」[6]

これら当事者の回想から、GHQの肝いりではじまった生活改善普及事業が、国内には、頼るべきものがほとんど何もない状態で出発したことがうかがえる。事業を進めていくために、農村社会ばかりでなく、農林省の内部に対して、さらに生活改善課においてすら、一から道を開いていかなければならなかったのである。同じようにスタートした農業改良普及事業が、都道府県ごとに技術開発を行なう農業試験場や若い農業者を育成する研修機関をもち、戦前からの遺産を継承して出発できたのと対照的だった。

3、生活改善普及事業の当初の目的

生活改善普及事業の発足期の理念は、「農村で生活改良普及員が活動を始めてから五年間の体験の結

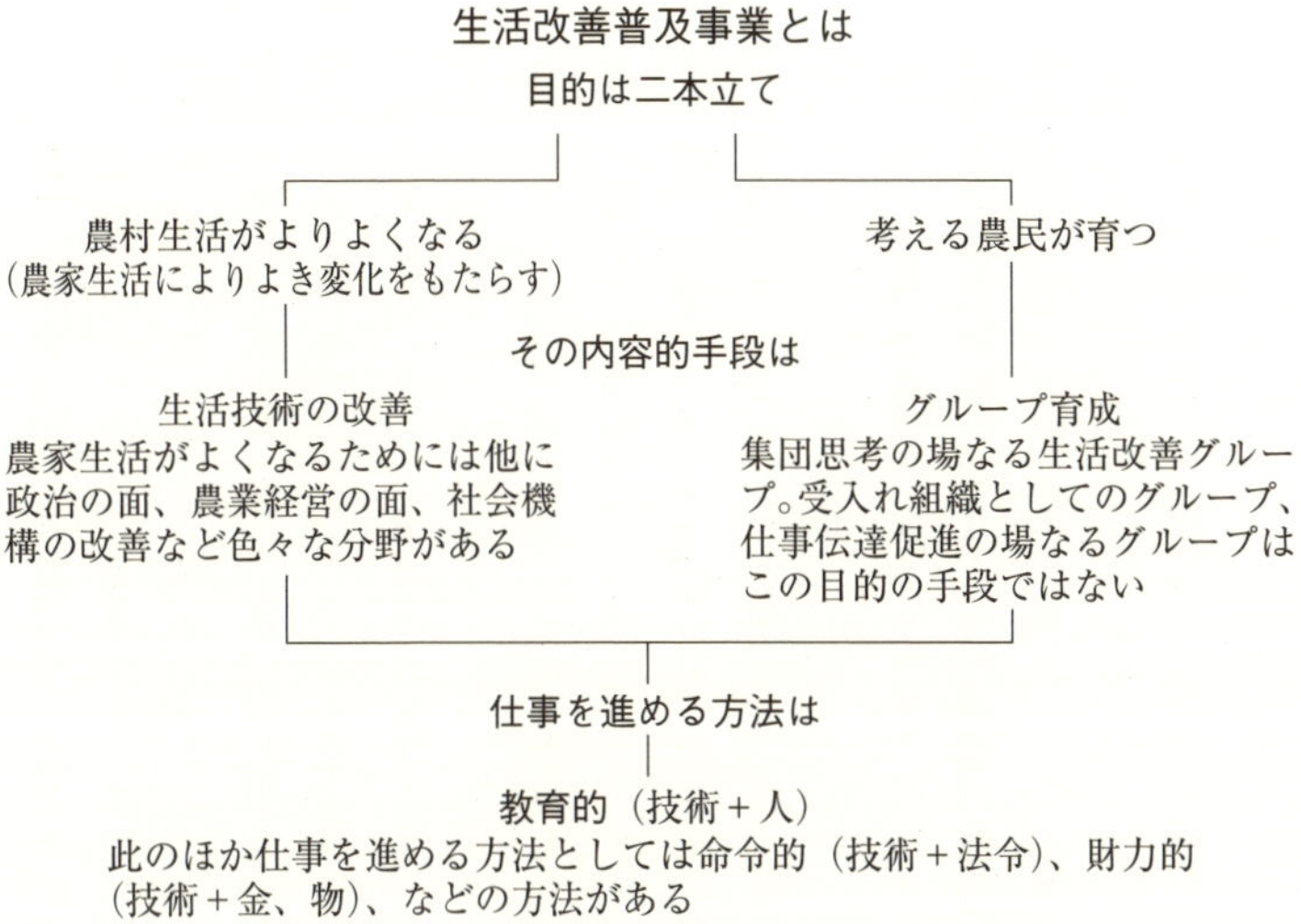

生活改善普及事業とは
目的は二本立て
農村生活がよりよくなる
（農家生活によりよき変化をもたらす）
考える農民が育つ
その内容的手段は
生活技術の改善
農家生活がよくなるためには他に
政治の面、農業経営の面、社会機
構の改善など色々な分野がある
グループ育成
集団思考の場なる生活改善グルー
プ。受入れ組織としてのグループ、
仕事伝達促進の場なるグループは
この目的の手段ではない
仕事を進める方法は
教育的（技術＋人）
此のほか仕事を進める方法としては命令的（技術＋法令）、財力的
（技術＋金、物）、などの方法がある

図1-5-1　生活改善普及事業の目的と手段

晶」として昭和二十九年に作成された『生活改善普及活動の手引き（その1）』[7]（以下、『手引き』と略す）に簡潔に述べられている。この手引きの内容は主に普及活動の進め方、つまり普及方法に多くのページがさかれているが、冒頭に「生活改善普及事業」と題して、その目的と手段がはっきりと図式化されている（図1-5-1を参照）。

この図式によれば、「生活をよりよくすること」と「考える農民を育てること」が生活改善普及事業の目的であり、二本立てとなっている。前者の目的を果たす手段が個別の「生活技術の改善」であり、後者の手段が「生活改善グループ育成」と位置づけられている。「生活技術」と「グループ育成」はあくまでも手段であって目的ではない、という点に留意されたい。そして生活改良普及員が仕事を進める方法は、「教育的な方法」で、普及員の仕事の対象は、技術そのものというよりも、技術を用いる人間とその生活とである。

二つの目的を実現するためにとった手段の内容について、もう少し詳しく紹介しておこう。

一つ目の目的を実現するために、農業経営、政治、あるいは社会の機構がまず変わらなければ生活はよくならない、という考え方はとらずに、毎日の個々の生活を組み立てている生活の個別技術をよりよく変えることによって農家生活をより良くしていくことに普及活動の手段を限定している。現実の生活の場で、私たちは私たちの持ち場を立派に果たせばよい、というわけである。

もう一つの目的は、私たちが考えるようになること、つまり、習慣で惰性のようにつづけている生活を見つめ直し、はっきりと考えをまとめ、自分が育っていくことであるが、こうしたことは一人ではなかなかできにくいので、たくさんの人と考え合うことが、よい知恵や勇気が湧いてくるのにもよいとされる。生活改善グループは、そうした「集団思考の場」であり、部落会や婦人会などの組織と異なり、単なる「事柄伝達の場」や「仕事促進の場」とは違うものとみなされている。

そして、仕事を進める方法としては、この教育的な方法（技術＋人）のほかに、法令や命令など権力による命令的方法（技術＋法令）、補助金や補助物資による財力的方法（技術＋金・物）があるとされる。つまり、法令と補助金による手段が一般的である農林行政において、普及事業のみが、人を対象として、教育的な方法をとっていたといえる。

以上が手段の内容であり、いわば普及方法の根幹についての説明となっている。しかし、ここでは、戦後の生活改善普及事業の出発点にあった特質を考えるうえで、より重要と思われる二つの目的の方に注目したい。「生活をよりよくすること」と「考える農民を育てること」、この二つの言葉が意味するところを、山本松代の思想を手がかりにしながら、読み解いてみたい。

4、初代生活改善課長・山本松代という人物

なぜ山本松代なのか。戦後の生活改善普及事業は、初代生活改善課長として、一七年間課長を務めた山本松代を抜きに語れない。この課長職は、生活改善普及事業を担う実質的な最高責任者のポストだった。太田美帆は「もしも初代生活改善課長が彼女でなかったならば、日本の農村生活の発展は遅々として進まなかった」のではないかと感想を記しているが[8]、少なくとも農林省の生活改善普及事業という制度はもっと早い時点で消えていた可能性が高いし、あるいはまったく違う質のものになっていたと思う。

山本松代の略歴は、稿末に資料として添付した年譜を見ていただきたい。ここではそのなかでとくに本稿の内容とかかわる二つ、三つの点についてだけふれておきたい。

山本の思想を理解するうえで重要と思われるのは、アメリカ留学の体験とクリスチャンとしての信仰である。残念ながら私はＵＳＡにもキリスト教にも暗いので、これらの点に関して十分な考察はできないが、気づいたことを記しておきたい。

昭和十（一九三五）年から二年間東京ＹＷＣＡの給費留学生としてワシントン州立大学で家政学を修めた。日本で英文学を学んだ山本だが、英文学では受け入れが許されないという事情があったようである。アメリカで、「日本とは全然、発想も内容も違う家政学を学」び、「民主的で合理的な家庭生活を見て」きたという[9]。この留学体験を通して、彼女は、当時の日本人にはあまりなじみのない一つの思想を身につけて帰国したと推測できる。

留学した際に、何の違和感もなくアメリカ社会に溶け込めた、と言えるような環境、母方がクリス

チャンという東京の家庭で育った。逆に日本の農村社会とはほとんど接点がなかったといえる。キリスト教の影響は、アメリカ留学以前の物心つくころまでさかのぼり、その人格形成に深く影響を及ぼしていたと考えられる。かりに山本がアメリカ留学で身につけた思想に依拠して仕事を貫徹したとしても、その態度を生涯貫き通すためには、さらに根底でその生き方を支える一本の芯として信仰が必要だったのかもしれない。

　農林省での仕事のかかわりで注目したいのは、山本の長兄の存在である。山本は昭和二十三年十月まで、文部省で新しい「家庭科」の編纂にかかわった後、生活改善普及事業の初代生活改善課長に就任したが、山本には当初、農林省の内部に頼れるものはほとんどなかった。ただし、長兄の大森義太郎（一八九八－一九四〇年）は、戦前の著名なマルクス経済学者であり、東京帝国大学経済学部助教授を昭和三（一九二八）年「三・一五事件」の影響で辞任、労農派の論客として健筆をふるった。『唯物弁証法読本』（一九三三年）などの著作がある。昭和十三（一九三八）年の人民戦線事件で検挙、昭和十五（一九四〇）年胃癌のため死亡。この兄の関係で、農林省に大きな影響力をもっていた東畑精一・四郎兄弟、小倉武一など学者・官僚たちの個人的な後ろ盾が山本にはあったという。

　このような経歴をもつ山本松代についてだが、その思想を把握するうえで具体的に依拠した資料は、主に次の二つである。一つは山本松代の主著『暮しの論理　生活創造への道』[10]であり、もう一つは、平成十九（二〇〇七）年十二月十日に生活改善普及事業について行なった水上元子へのインタビュー[11]である。

　一つめの『暮しの論理』は、山本が六六歳のときに出版された著作である。この本には引用文献がほとんどなく、しかも理論書である。基になっているのは自らの体験と実例であり、そこから確信されたことだけが自らの言葉で記されている。はじめに「生活とは何かを問い直すことから始めなければならない。しかもそれは、できるかぎり具体的でなければならない」（三ページ）と、生活を「具体的に」問い直すことの大切さが強調される。しかし、よりよい生活の姿（今風の言葉で言えば、よりよい生活のデザイン、あるいはビジョン）が具体的に示されているわけではない。「今後、いかに暮らすことが真に豊かでよい暮しか、となると『これがよい暮し』という暮しの参考パターンがどこにもない」（二四〇ページ）と結ばれている。書かれているのは、よりよい生活の実現に向けた考え方の道筋あるいはヒント、いわば彼女の生活哲学である。矢口が引用した山本の言葉を借りてつけ加えれば、「世の中に馬というものはいない。太郎のくり毛の三歳馬というものがいる」だけだが、「太郎のくり毛の三歳馬」という具体的なものの中に「馬」という一般的な概念が含まれる、という考え方が展開されている。

二つめのインタビューだが、水上は東京ＹＷＣＡ付属駿河台女学院時代の山本の教え子であり、生活改善課発足当初の課員の一人でもある。昭和四十年に山本が課長を辞めたとき水上は四二歳で、それまで文字どおり師弟関係がつづいたという。最も身近で接した一人である水上に、彼女の目から見た山本松代の考え方や人柄を聞いた。

5、山本松代の生活改善の思想

（1）「生活総合実習」の意味するもの

とりあえず山本松代が長年行なっていたという一つの具体的な実践を手がかりに論を進めてみたい。

生活改良普及員の長期研修の間、教室での研修が終わった後に、一緒に宿泊している研修生たちは数人からなる班をつくり、一つの家族のように、それぞれ父親、母親、子どもと役柄を決めて共同生活を行なった。役柄を順次交代し、役割に応じて実際に買い物や食事づくりやお金の管理などを行なったという。それは生活総合実習と呼ばれた。ロールプレイで家族を演じる一種の演劇ワークショップであり、「よりよい生活」を考える思考実験であったといえる。

六本木にあった生活改善技術館は、山本にとって「総合生活実験場」[12]であり、農業改良普及における農業試験場を意味した。昭和三十三（一九五八）年に山本が自ら中心となり、ロックフェラー財団などを動かして資金を得て建てた。生活総合実習は、宿泊施設をもつこの技術館における普及員研修で実施されただけでなく、それ以前から、たとえば、昭和三十一（一九五六）年に宮城県の生活改良普及員だった吉田佐柄子は日本女子大で行なわれていた普及員研修の宿舎において、また水上元子は戦前の東京YWCA付属駿河台女学院研究科時代の寮生活において体験しているという。

生活総合実習を実際に受けた普及員のなかには、「ばかばかしい」と感じた方も少なくなかったと水上は語っているし、その受け止め方はさまざまであったようである[13]。しかし、この実習には、山本松代の思想と方法のエッセンスが体現されている。

一つは、私たちが社会生活を営むうえで最も重要な場は家庭生活である、という見方が反映されていて、これは「生活をよりよくする」というときの「生活」とは何か、という問いに対応する。

もう一つは、机上の論理だけでは駄目で、実践がともなわなければ意味がない、という立場をよく表していて、これは「考える農民を育てる」というときの「考える」とはどういうことをいうのか、ということと関係する。

（2）「生活」とは何か

水上によれば、山本松代は、「経済が良くなれば生活も良くなる」という農林省のほとんどの人たちの考え方と終始闘っていたという。『暮しの論理』のなかでも「明治維新以来、富国強兵一辺倒で、人間一人の暮しのことは、小さなつまらないことで偉い（?）人は……かかわることではないと、むしろ生活をかえりみないことを徳とする風潮であった」（三ページ）と述べている。「生活」軽視への批判である。

また、家庭生活は、「その中で、人間という最も大切なものが生産され、人格が形成されるという重大なことが行われている」（三ページ）という。たしかに、社会全般に対して、家庭はプライベートなものといえる。しかし、複数の家族員で構成される家庭生活には、家族一人ひとりのプライベートな部分と、家族全員による「公共的な部分」とがある。公共的な部分において家族一人ひとりに役割分担と責任が生じる。子どもにとって家庭は、社会生活に対する規範（ルール）を最初に身につける訓練の場である。つまり、人間形成の重要な場であるという。（一九三―一九四ページ）

私の理解では、なぜ重要かというと、「生活」とは、誰にとっても不可欠なものというだけでなく、自分の身近な手の届く範囲のことであり、自分の力でコントロールできる可能性のある領域だからである。

（3）「考える」とは、どういうことか

やはり水上の言葉だが、山本松代は「口先だけ、論理だけの人は嫌いだった」という。

『手引き』では、普及という仕事は、「人々が、自ら考え、理由をつけ、自ら決定して実行するように、助言し援助して、変化をもたらすことである」（一〇ページ）とされる。

協同農業改良普及事業で言うところの「考える」という言葉は、実行に帰着するような行為をさし、一般的にいう「考える」よりは、かなり狭い意味で使われている。この言葉は、思考と行動のむすびつきを重視するプラグマティズムのほうからとらえてみると、より鮮明になる。

戦後まもなく『アメリカ哲学』を著した鶴見俊輔によれば、プラグマティズムは、言葉（記号）の意味の取り方の便法として、十九世紀末のアメリカで提起された思想である。「プラグマティズムとは、思想の意味を、(1)その思想の妥当性を実証するような行動、(2)その思想を適当に使用する行動、これら二種類の行動にうつしかえてしっかりとつかまえる方法を提案した」（二八四ページ）という。[14]

その発端となったのはパースの意味論で、「究極の意味は習慣変化なり」とするとらえ方である。たとえば、付近の小川の水を飲むのを習慣としていた人が、役場から「伝染病が川上に出たから、この小川の水は危険だ」という書類を見て、急にその小川の水を飲むのをやめたとする。つまり、この文章（記号）の意味は、その習慣の変化までたどって、初めてはっきりと把握できるというのである。（四四ページ）

『アメリカ哲学』から半世紀たった時点で、鶴見は再び、プラグマティズムという思想の核心は、概念についてのパースの定義にあると述べている。今なら「概念とは、実験の計画だ」と訳すという。「信念とは、それによって行動する用意のある考えである。それ以外のものは、ただの考えであって、信念ではない」というペイン（イギリス経験論の当時の代表者）の影響を受けて、パースは「考えとは、それを何らかの実験にかけてみて、真理であることがわかる実験計画である」と定義しているという。[15]

プラグマティズムの見方からすると、私たちが「考える」のは、何か疑わしいことがあって確信がもてないと行動に移せなくて困るからである。逆に言えば、迷わず行動できるときは確かな「信念」をもっていると言えるのである。だから、疑わしい信念、つまり行動に移せないものは、とりあえず、より確かなものと置き換えることによって行動する。行動の結果またあらたな疑いが生まれれば、さらにより確かなものと置き換えて行動する、ということが繰り返される。これがプラグマティズムでいう「思考」である。

普及事業でいう「考える農民」の「考える」という言葉にも、「信念」（ペイン）や「概念」（パース）のように、行為と結びついた思考という意味が込められていた。だから、暮らしを見つめることは、究極的には、自分自身の行動の変化、習慣を変えていくことに行き着く。生活というのは、自分がコントロールできる領域だから、「考える」ことを生活のなかに取り入れれば取り入れるほど、つまり、私たちが暮らしを深く見つめ直せば直すほど、それだけ自分がコントロールできる範囲が広がり、より自主的に行動ができるようになるのである。

私が目を通すことができた著作の範囲では、山本自身は一度もプラグマティズムという言葉を使っていないが、生活改善普及事業の理念をこのようにプラグマティズムに則してとらえると、昭和四十一（一九六六）年に「生活改善技術館」から「生活改善技術研修館」へ名称変更されたときに山本が受けた衝撃の深さが理解できる。「生活改善技術館」は、生活改善に関する諸問題を有機的に関連させて解決する場として建てられた『生活改善技術館』が、研修が主であるような印象を与える『生活改善技術研修館』という名に改名されたことを、ローマ滞在からもどって知ったことは、この創設者なる筆者にとっては驚愕以上の深い悲しみであった」と山本は回想している[16]。山本にとって、研修のみで、実験（あるいは研究）がそこから切り離されたことは、生活改善普及事業の根幹にある考え方をも切り取られたと感じたのだろう。

6、制度の延命と思想の変質

このような特徴をもって戦後にはじまった生活改善普及事業だが、昭和四十（一九六五）年ごろを境に時代状況が大きく変わるなか、農林行政のなかで制度として生き残っていくために、元の思想を変えていった側面がある。思想の変質につながる契機を、ここではいくつか指摘しておきたい。

（1）体系化の試みの落とし穴

生活改善の考え方は、あくまでも具体的な課題に対して経験的な方法で迫るところに特徴があり、既存の体系的な思想から答えを演繹的に導き出すという方法をとらない。それは眼前の差し迫った問題に対処しながら暮らす生活者の流儀と相通じる。

水上によれば、山本松代は「生活を丸く見ること」、つまり生活を総合的にとらえることの重要性を終始訴えていたという。それは、たとえば衣服、食物、あるいは住居といった学科の専門家たちが教える被服学や食物学や住居学などとは別の総合的な視点が生活を見るときには必要であると感じていたからである。しかし、彼女が希求するような「生活学」は、アカデミズムの世界には存在しない。だからこそ、晩年には、私財を投じてＴＬＤＣ（トータルライフ研究センター）の設立を試みたのであろう。たしかに、生活者が、ある問題への対処を迫られて行動へ移行するときには、何らかの価値判断を下しているわけで、それは、無意識かもしれないが、山本の言うような「生活を丸く見る」視点に立っているといえると思う。

農家生活を総合的にとらえる一つのものさしとして、「よりよい農村生活の当面目標」が、昭和三十四（一九五九）年に国の通達としてだされた。生活改善課が、それまでの十数年の全国における経験を集大成したものであった。「当面」という言葉からもうかがえるように、あくまで暫定的なものであった。しかし、それは普及の仕事の対象となる生活領域を網羅しており、一種の体系化であったと言える。それゆえ、普及員が、教科書や聖書のように権威あるものとみなして、それに依拠して自らの普及活動の指針にする恐れがあった。体系化は、それを基準に上から指導する演繹的な方法を誘発する。そこには目的を忘れて、ここに書かれている具体的な事柄や数字が一人歩きしてしまうという落とし穴もあったのである。

（2）補助事業化への批判

昭和四十（一九六五）年は山本が課長を退任した年に当たる。高度経済成長の時代を迎え、もう経済がよくなったから、農村の生活も改善されたと、生活改良普及員不用論がかつてなく高まったころである。この声に抗して、生活改善普及事業は、地域問題を取り上げて補助事業として取り組むことで制度として生き延びた。しかし、補助事業化に対して山本は内心批判的だったという。「あなたたちが芝居を見に行って、今日の舞台の飾り付けがいいの、背景がいいのなんて、だれも見ていないでしょ。そこで演じている演技を見るんでしょ。生活もそれと同じ。経済が良くなって、物を買って、これもそろった、あれもそろったといっても、からだの中に、家族の中に、風が吹いてたらどうするの。」このように山本は、「生活改善」は事業（モノ）ではなく、あくまでも教育（人）であるべきだという立場を守った。補助事業とは一線を画す姿勢は前述の『手引き』にすでに明確に示されている。

7、近代化がもたらした生活の変化

歴史として振り返ると、生活改善普及事業が制度として生き延びるためとはいえ、地域問題にシフトした背景には、農村における家庭生活の内容の大きな変化があった。今和次郎は戦後まもなく政治革命の緊張が高まる最中、政治よりも日常生活のあり方に目を向けて、ヨーロッパと比べ民俗研究の対象となるような生活が日本には豊富に残っていて、「わが国ほど生活革命をへていない国はめずらしい」[17]と書いている。今和次郎の言葉を借りれば、高度経済成長期の日本の農村社会に起こった事態こそがまさに「生活革命」というに値する変化だったのではなかったか。逆にいうと、加藤秀俊が指摘しているように、「生活革命」以前の一九四〇年代から五〇年代の半ばにいたる十数年間は、ほとんどすべての日本人が「生活者」としての自己を見つめる機会にめぐまれた「生活の時代」であった。しかし、「生活の時代」が終わるや否や、たいていの日本人、とりわけ知識人は、生活者としていろいろと工夫を凝らして暮らした時代は、異常事態での、やむを得ない仕儀であったとみなした。「生活」などというものは、まじめな探求の対象ではあり得ないと、その貴重な体験を対象化することをしなかった。「生活」が人間に対してもつ意味の重さに気づかなかったというのである[18]。

生活革命とは、一般的な言葉で言い換えれば、「近代化」と呼ばれる変化のことである。それは衣食住のあらゆる領域に及んだ。糸取り、機織り、裁縫、家畜、堆肥、雑穀、漬物、薪炭、茅葺屋根、囲炉裏、かまど、井戸……と、近代化のなかで変化・喪失したものをあげていけばきりがない。その一つひとつが日々の厳しい労働（仕事）のなかで培われた技術（技）と知識（知恵）を必要とした。自給自足の生活は、終始働くことを余儀なくされ、苦労多きものであった。しかし反面、自分の力（努力と工夫）が発揮できる対象が限りなく広がる、しなければならないことの尽きない世界でもあった。

家族のほとんどが勤めに出たり、限られた品目だけをつくる専業農家に転じることによって、金銭を稼いでそれで生活に必要なものを外（市場）から調達するというかたちに生活の姿は大きく変わった。職住分離が進み、農作業も家事労働も機械化により苦役は軽減された。しかしそれは、自分の創意工夫で何とかできる対象を手放したことをも意味していた。自給産物の生産に限らず、その調整や保存・加工なども含めて衣食住のほぼすべての領域において、それまでの技や知恵の多くは役立てる場を失った。それが「近代化」のもたらした裏の面であったといえる。逆説的な言い方になるが、近代化は、「生活」という、個人が自分から働きかけることができる対象（「実験」の場）を著しく貧しくすることであった。

8、生活改善の今日的な意義

今日、制度としての「生活改善」は終焉したが、その思想がもっていた意義も同時に失われたのか。もし失われていないとすれば、私たちが引き継ぐべきものは何なのか。

私は、山本の生活改善の思想から、私たち一人ひとりが、生活者としての自己を見つめなおし、手探りでよいから、自分なりの考えに立って、よりよいと思う方向に自らの生活を変えていく。そういう試みを自分でやってみなさい、それは一人ひとりが自分でやるしかない、というメッセージを受け取った。そうしたメッセージをひとりでも多くの人に伝えると同時に、一緒に肩を並べて実践してみせることが、生活改良普及員の仕事として山本が期待していたことではなかったのか。

生活改善は、課題を見つけて、その解決に向け、自ら実践（実験）を試みるという、意識的な取組みであった。しかし、現実の生活の変化は、そうした自覚的な試みの結果もたらされたとは限らない。その圧倒的な部分は、今和次郎の言うような「流行」によって変わったし、また個人的な作為というより、マスでとらえた社会・経済の動きとしか説明できないような類の動きのなかで変わった。多くの人びとが「よりよい暮らし」即「経済の発展」と単純にとらえた時代は、生活の個々の課題を一つひとつ検証しながら進むというより、ブルドーザーのようにプラスもマイナスも根こそぎ変えていった時代だったという観が強い。改善しなければならない課題だけでなく、暮らしのなかに息づいていた技や知恵や人のつながりなど、かけがえのないものも同時に多く喪失した。近代化のなかで、期せずして失った価値あるものが何であったのか。遅まきながらでも、私たちはもう一度、過ぎ去った「生活の時代」に光を当てなければならない。単に記録にとどめるためだけでなく、新しい暮らしをつくりだしていくためにも、それを問い直すことが今必要ではないか。失ったものを新たなかたちで取り戻していこうとするとき、一つの有効な手だてとして、本稿で述べたような生活改善の考え方が私たちの手に残されているのは、せめてもの救いである。

「二一世紀は経済発展が主体ではなく、人間の生活が主体の世紀になる」(『暮しの論理』二ページ)。これは山本松代が未来の私たちに託した言葉である。

〔註〕

(1) 本稿は、片倉和人「戦後〈生活改善〉の思想を探る―山本松代とプラグマティズム―」『農と人とくらし』No.1、農と人とくらし研究センター、二〇〇九年、をもとに加筆・修正したものである。

(2) 市田(岩田)知子「生活改善普及事業の理念と展開」(『農業総合研究』第四十九巻第二号、一九九五年)

(3) 太田美帆「日本の農村生活研究と生活改善普及事業の軌跡」(水野正己・佐藤寛編『開発と農村―農村開発論再考―』アジア経済研究所、二〇〇八年)

（4）山本松代「農山漁家生活改善研究会 その発足とこれから」『農山漁家生活改善研究会20年のあゆみ』社団法人農山漁家生活改善研究会、一九七九年、二―二ページ
（5）矢口光子「拠点として ふるさととして」『農山漁家生活改善研究会20年のあゆみ』社団法人農山漁家生活改善研究会、三三五ページ
（6）今和次郎「生活改良普及員の登場」『家政論 今和次郎集 第6巻』昭和四十六年、ドメス出版、四七一―四七二ページ。原題「生活改善の問題」『家政読本』岩崎書店、一九五一年四月
（7）『生活改善 普及活動の手引き（その1）』農林省農業改良局普及部生活改善課、一九五四年十一月
（8）太田「日本の農村生活研究と生活改善普及事業の軌跡」『開発と農村』一七三ページ
（9）山本松代「生活改善と農村婦人の解放（証言）」西清子編著『占領下の日本婦人政策―その歴史と証言』ドメス出版、一九八五年、一八六ページ
（10）山本松代『暮しの論理 生活創造への道』ドメス出版、一九七五年
（11）水上元子「山本松代と生活改善普及事業を語る」『農と人とくらし』№1、農と人とくらし研究センター、二〇〇九年
（12）山本松代「技術館の落成を間近に」『農山漁家生活改善研究会20年のあゆみ』社団法人農山漁家生活改善研究会、一九七九年、一一ページ
（13）太田美帆『生活改良普及員に学ぶファシリテーターのあり方―戦後日本の経験からの教訓―』独立行政法人国際協力機構国際協力総合研修所、二〇〇四年、七六ページ
（14）鶴見俊輔『鶴見俊輔集1 アメリカ哲学』筑摩書房、一九九一年
（15）鶴見俊輔『たまたま、この世界に生まれて 半世紀後の「アメリカ哲学」講義』、編集グループSURE、二〇〇七年、八二ページ
（16）山本松代「農山漁家生活改善研究会その発足とこれから」『社団法人農山漁家生活改善研究会20年のあゆみ』社団法人農山漁家生活改善研究会、一九七九年、一二三ページ
（17）今和次郎「生活の革命」『家政のあり方』『家政論 今和次郎集 第6巻』所収、相模書房、一九四七年、四〇ページ

(18) 加藤秀俊「解説」『家政論 今和次郎集 第6巻』五一五ページ

【資料】 山本松代の年譜

・明治四十二(一九〇九)年二月七日　日本郵船社員の大森啓助・百合子の三女として東京牛込区に生まれる。長兄は大森義太郎(労農派の論客。昭和三(一九二八)年四月、「三・一五事件」の余波で東京帝国大学経済学部助教授を辞任。昭和十五(一九四〇)年没。末弟は牧師となる。母方の祖父は原胤昭(「免囚の父」といわれた更生保護事業の開拓者。明治維新政府によってキリスト教が解禁された翌年の明治七年に受洗した最初の日本人六人の内の一人。)

・昭和六(一九三一)年三月　余丁町尋常小学校、雙葉高等女学校を経て、東京女子大英語専攻部を卒業。

・昭和七(一九三二)年十月　東京YWCA職員(少女部勤務)。

・昭和十(一九三五)年九月　東京YWCAの給費留学生に選ばれ、アメリカのワシントン州立大学家政(Home Economics)科に留学。昭和十二(一九三七)年五月、優秀な成績で同校を卒業、帰国。

・昭和十二(一九三七)年十二月　東京YWCA付属駿河台女学院家政学部に勤務。昭和十七(一九四二)年八月、退職(キリスト教のため学校閉鎖)。

・昭和十七(一九四二)年十二月　太平洋戦争下の占領地シンガポールの昭南博物館翻訳員として赴任。昭和十九(一九四四)年七月、第七方面軍司令部の報道翻訳員に転じ、一九四四年十月、退職、帰還。

・昭和二十(一九四五)年八月　敗戦

・昭和二十一(一九四六)年十二月二十八日　文部省初等・中等教科書局の事務嘱託となり、初版『家庭科教育指導要綱』作成。昭和二十三(一九四八)年十月まで家庭科の教科書編集事務に従事。

・昭和二十三(一九四八)年　農林省農業改良局普及部生活改善課創設にともない、初代課長に就任。昭和四十(一九六五)年六月まで、一七年間課長として協同農業普及事業、とくに生活改善普及事業の推進に尽力した。

・昭和二十四(一九四九)年三月　シベリア抑留から復員したばかりの彫刻家山本雅彦(のちに日展審査員、日本美術家連盟会長)と結婚。

・昭和二十五（一九五〇）年二月　ＧＨＱの招聘で婦人使節団（日本の民主化を進めている婦人リーダー一〇名）の一員として四か月間アメリカ各地を視察訪問。昭和三十二（一九五七）年十月、米国へ二か月間の海外研修（生活学校と生活改善普及事業）。
・昭和三十三（一九五八）年　アメリカのロックフェラー財団の協力を得て社団法人農村漁家生活改善研究会が港区六本木の生活技術研修館を建設、翌年この施設を農林省に寄付。
・昭和四十（一九六五）年一月　ヨーロッパ諸国を三週間の海外視察（生活改善と農業一般）。
・昭和四十（一九六五）年七月　農政局参事官に就任、同月国連食料農業機構（ＦＡＯ）本部生活部に出向、夫とともにローマに赴任。日本人として初の教育・訓練課長に就任、アジア全域アフリカの一部を担当。昭和四十三（一九六八）年二月まで開発途上国を中心とする農村生活の改善、農村婦人の地位と役割の向上に寄与した。
・昭和四十三（一九六八）年三月　帰国と同時に農林省を退職。同年四月から社団法人農村漁家生活改善研究会の理事、昭和五十一（一九七六）年四月から同会三代目会長。
・昭和四十五（一九七〇）～昭和四十九（一九七四）年　国際家政学会副会長。
・昭和五十（一九七五）年　『暮しの論理　生活創造への道』（ドメス出版）を出版。
・昭和五十二（一九七七）年九月　第十二回ＦＡＯアジア極東地域会議において、セレス・メダル賞（食料問題における婦人の役割の向上を目的）の七人目の受賞者となる。
・昭和五十二（一九七七）年十二月　私財を投じて、ＴＬＤＣ（Total Life Development Center、トータルライフ研究センター）を個人的に設立。昭和六十一（一九八六）年十一月、ＴＬＤＣを解散。
・平成五（一九九三）年九月二十日　夫雅彦と死別。
・平成十一（一九九九）年八月十日　老衰のため三鷹市の武蔵野病院で昇天。

第二章　生活改良普及員の地域活動

一、埼玉県の女性が語る生活改善普及事業

有馬洋太郎

昭和二十二（一九四七）年から昭和三十二（一九五七）年の農民・農家・農村の暮らしについて、北上山地を舞台に紹介したのが大牟羅良著『ものいわぬ農民』。その書に家族や地域において地位の低い嫁の暮らしが、たとえば次の①～⑦のように記される[(1)]。

①いろり端に古着を広げた際、品物に手をふれたり、声を出しながら見るのは、その家の主婦や娘さん。
②農民・農家の行動や選択の規準は世間体。
③嫁さんは「物事を決定できる人」ではない。
④嫁さんは実家で嬉々とする。
⑤嫁さんが一番困るのは、食事時、姑さんに早く立たれること。

⑥嫁さんは農繁期より農閑期の方が疲れる。
⑦新婚夫婦用の部屋はなく、客寄せ用に空けている部屋はある。

この大牟羅の指摘をふまえつつ、本章の課題は、埼玉県を事例に、昭和二十～五十年代の嫁や女性農民の暮らしとその変化—生活改善普及事業の成果—の一端を明らかにすることである。[2]

生活改善普及事業は、昭和二十三（一九四八）年、国（当時農林省）と四七都道府県の協同農業普及事業の一翼として「勤労と節約だけが美徳として考えられてきた封建的な農村において、生活様式の科学的合理化や慣習の改善、家庭の民主化を達成しようと」はじまった。[3]都道府県には事業担当者として生活改良普及員が置かれ、主に女性農民を対象に活動した。その活動は、事業開始後数年を経て生活改善グループを主な対象に実施され、さらに若妻会を対象とした。すなわち、生活改善普及事業の主要な目的のひとつは、嫁や女性農業者の地位向上にあったと考えられる。

そのため、生活改善グループや若妻会で活動した女性農民への聞取り結果（女性農民の回顧）を中心として課題に接近する。

1、嫁・女性農民の暮らし

大牟羅も記す嫁や女性農民の暮らしの一端を、次の①～③に記す埼玉県の女性農民五人の回顧にみる。[4]嫁をはじめとする女性農民の地位向上は生活改善普及事業の対象となり得るからである。

①平坦部S町で梨や水稲等に専従していたAさん（昭和三年生まれ）・Bさん（昭和三年生まれ）・Cさん（昭和十八年生まれ）

②秩父山村で山林・畑作専従から山林経営を縮小して農外就業したDさん

③平坦部M町で露地野菜に専従するEさん（昭和二十三年生まれ）

（1）昭和二十年代、子守りは姑、嫁は農作業・家事に多忙

平坦部S町の昭和二十二年結婚のAさんと昭和二十三年結婚のBさんの新婚・出産・育児期は、昼間や夕方の子守りは姑や舅が担当し、農作業や朝の食事づくり・清掃・オシメ洗いなどは自分たちが担当した（資料1）。

■資料1■

Bさん：（子どもを風呂に）自分じゃ入れない、みなトシヨリが入れた、だって（嫁は）一番後で入るんだから。

Aさん：私らがときには、おばーちゃんだよ、守りっこしてくれんのは、私ら野良ばっかりだどもねー。

また、Bさんは次のように教える。すなわち、嫁は、「早朝薄明りの下でご飯を炊き、直ぐオシメを洗った。その後、家族が起きる前に座敷を掃き、台所でお茶を支度し、オカズを出した。昼は『朝の味噌汁と、コーコー、漬物ぐらい』なのでトシヨリが準備した。夕食もトシヨリが準備した」。

（2）昭和三十年代、一人五役の嫁もいた

昭和三十四（一九五九）年結婚の秩父山村のDさんも、平坦部S町のAさんやBさんと同様に多忙で、一人五役（山仕事・畑仕事・家事・育児・介護）をこなし、朝起きてから夜十時まで立ちっぱなしだった。その蓄積疲労もあり、現在、身体はボロボロと教える（資料2）。

■資料2■

やっぱり女性は大変でした。食事（食事づくり）もしなくちゃだし、子どもの世話もしなくちゃ、もー私はトシヨリもいましたし。私来たときに、トシヨリのおじいちゃん、おばあちゃんがいて、主人の父親と母親といまして、主人の兄弟が四人いまして、みんな一緒でしたから、もーおーぜいで暮らしました。

〈そうすると、奥様が、食事の準備から、全部、一家の〉　はい、そうなんです。

〈じゃ、昼間も忙しい、食事づくりも忙しい、ヨナべ仕事も〉　そ、夜も寝ず、も、ほんーとに夜なんて十時前なんて座ってらんなかったですねー。それまでは、もー立ちっぱなしです。

〈（二人の子の）育児専念の期間はなかったんですね〉　なかったですね。

〈いっさい、自分で〉　そうなんです。畑に出て、家に帰ってくれば家のことがありましたしねー、

〈おじいちゃん、おばあちゃんの面倒も看られた〉　そうなんです。

〈じゃ、一人何役も、山仕事、畑、家事、育児、介護〉　そうなです。ですから、もーボロボロです、ほんとのこと言って私も、足も悪くなるし、腰も悪くなるし、今、ほんんとに。トシヨリも全部世話ができて、終わりましたけど。終わって、ホッとしたと思ったら、こんだ自分が終わりです、これで。グズグズなっちゃいました。

平坦部S町の昭和四十四（一九六九）年結婚のCさんも、前三者と同様に多忙で、農作業・家事・育児に従事した。入浴は家族の最後で夜十一時ごろだった（資料3）。

■資料3■

Cさん：夜中の十一時頃だね、ヨメゴは最後だね、お湯があるか無いかのお風呂、（湯は）真っ黒だった。今は逆、（後継者である）パパとママとぴったりで、（お湯を）バサバサやってるよ。

（3）嫁は自由に使える金銭をもてなかった

家計権は姑や舅が握り、多くの嫁は自分や子どものために自由に使える金銭を持てなかった。不足する金銭は実家の親から、年末や節句にもらった。すなわち、嫁の農業労働や家事労働、育児労働は無償労働だった（資料4）。

■資料4■

Aさん：こづかいはね、おばーちゃん（姑）がね、くれてたよ。それで、わたしゃ足らないから、実家へ行ってもらってた、そんなもんだよ。だって、ダンナだって勤めてるわけじゃなし、百姓でダンナもってないから、実家行ってさ、それも、節句、歳暮しかやらねんだよねー（行かせない）。そんで、実家行って、こづかいもらってね、帰ってくんだよ。だって、私が嫁のじぶんな、（義理の）弟はまだ大学行ってんだかんね、兄弟にかかってたから、（こづかいは）実家からもらって。

Aさん：（サイフが渡されるのは）みんなが片づいてっからだから、しばらく経ってからだよ。

Eさん：（こづかいは）足りてない。私、実家がね、近かったでしょ、だから、しょっちゅう行っちゃ、何か買ってもらったり、親からおカネもらったり。

Eさん：嫁ごさんは何ももらわないで働くんが当たり前って、そう思ってたわけだね、親たちは。

（4）農家に休日はなかった：雨天が休日

嫁を含め農家の家族に休日はなかった。資料5のように土曜日や日曜日のような定休日はなく、休日は天気や収穫・出荷状況、生育状況などに左右されていた。

■資料5■

Eさん：今思うと、やっぱり農家はね、休みって、何曜日が休み、何が休みってゆえないですよ、はっきりゆって。

〈じゃ、Eさんとこは、どゆうときに休んでたんですか〉

Eさん：だから、雨が降って出荷がないとかー、そゆときです。

(5) 昭和四十年代、規範に抗《あらが》い地位向上をめざす嫁も登場

平坦部M町の昭和四十三（一九六八）年結婚のEさんは、地域の規範に抗い、育児を主とし農作業を従とした。当地では、嫁は婚入すると農作業をはじめ、朝夕の家事を行ない、子守りは姑や舅が行なう世代間分担が一般的だった。そのため、規範に抗ったEさんは次のように批判された（資料6）。

■資料6■

Eさん：（子どもは）一般的にはしゅうと（姑）がみてて、嫁さんは畑に出たんです。でも、うちは違うから自分でみた。だから、批判されましたよ。〝今の嫁ごは遊んでる〟なんて。〝スカートはいて、どこへ行ぐんだい〟なんてね。

2、埼玉県の昭和二十・三十年代の生活改善事業概観

上記の口述に示されているような地位にある嫁。その地位向上が、いかにして草創期の生活改善事業に採用されたかを含め、埼玉県における昭和二十・三十年代の生活改善普及事業の内容と方法を概観する。

（1）展示用改良かまどの設置

埼玉県の生活改良普及員は、昭和二十三（一九四八）年発足時二人で、以後徐々に増え、昭和三十二（一九五七）年には三九人となる。しかし、生活改良普及員一人当たり農家戸数は、昭和二十四（一九四九）年四万二〇〇〇戸、昭和三十二年に四三〇〇戸で普及員の能力を超えている[5]。その数少ない生活改良普及員は、普及方法未確立のなか、農業改良委員会や婦人会等から依頼されるまま、料理講習、作業着製作、座談会等の講師として飛び回るとともに改良かまどなどの普及に努めた[6]。

当期の生活改善普及事業を代表する改良かまどの設置は、埼玉県では昭和二十五（一九五〇）年度からはじまり、当年度は九つの郡・町村に九基の展示かまどが設置された[7]。

しかし、改良かまどなど生活財は県域や農家にあまねく一挙に導入されたわけではない。階層差や地域差などをともなった。資力ある農家や世帯主（男性）に理解ある農家には早く設置され、遅れる農家や地域もあった。次の資料7は秩父山村のDさんの回顧である。

■資料7■

〈生活改善グループには、いつごろ入られました〉　そうですね、婦人会に入って、五年ぐらい経ったときに入りましたねー（昭和四十六年ごろ）。で、まず一番改善しなくちゃならないことは、とにかく、お水が、ここに水道が入らなくては何もできないてゅことで、それはX（役場）に陳情しまして、Xの方でも率先して、水を一番先に呼んでもらいましたねー。

それから、カマドの改善をしました。カマドも、ほんーとに昔は、薪を燃してイロリで煮るようなことでしたけど、その後、生活改善のほうでカマドを造ることを率先してもらいましてねー、各家庭にカマドができました。

〈生活改善でカマド改善をしても、全家庭には行きわたらなかったわけですか〉　そうです、そうです。カマドを造っていただいたのは、何軒もいなかったですからねー。

〈そうなんですか、私は、全部に〉　いや、いや。やっぱり、そうは、いかなくて。何軒かでした。だんだん増えてったんです、えー。今年は五基、次ぐ年もまた五基ってゆうような。

〈いっきょに増えたのでなく〉　ぜんーぶ、一緒じゃないんですよ。ですから、そのカマドができあがるごろには、ガスが入りましたからねー。ガスが入ってきたのも、一緒じゃないです。

〈入る家と入らない家があるんですか〉　そうなんです。だから、ほんとにね、苦労した人（女性）もいますよね。で、ガスが入ってから、今度は、電気釜ってゆうものもできましたし。電気釜も軒並みあるわけじゃなくて、まーまーなんとかなる家が電気釜を買っていただいて。

〈カマドにしても、電気釜にしても、洗濯機にしても、ムラのなかで、集落のなかで格上の家から徐々に入っていったと考えればいいわけですか〉　そうなんです。一様に入ったわけではないんです。

〈水道は、どうなんですか〉　水道は一様に入りました、えー。X（役場）でやりましたから、引くときには、全部引けました。ですから、もー、私が結婚していちばん嬉しかったのは、ほんーとにお水でしたね。お水の音は、ほんーとに忘れません。

（2）生活改善移動展示会の開催

当期の生活改善普及事業は農村民主化の基礎条件—農地改革・農協発足等—の下に実施されたのであるが、長年にわたり継承された伝統的・封建的意識と行動を十分に変革するに至らず、農民・農家・農村の生活改善も十分に進んだとは言えない現実があった[8]。

そこで、生活の現状を直視せしめ、生活改善意欲喚起のため、生活改良普及員たちは展示用パネルをトラックに積み、昭和二十六（一九五一）年度、昭和二十七（一九五二）年度に県下各郡四か所、計三六か所で生活改善移動展示会を開催した。延べ参会者は二万人余を数え、展示内容の印刷希望者が多く、五〇〇〇部を配布した[9]。

（3）営農改善実践展示モデル集落の設置

当期の生活改善普及事業は施設改善―かまど改善・台所改善―と考えられ、上記のように資力のない農家には無縁の事業と誤解され、料理や座談会の内容も日常生活に生かすのは難しい時代状況にあった[10]。その打破に向けて事業方法の改善が図られた。

まず、地域の農業を代表する集落を選び、実態調査を行ない、農業技術や生活の問題を発見し、農民と一緒に改善目標を設け、速やかに効果を出して展示し普及する方法をとった。そのため、昭和二十六～二十八年度に五つのモデル集落を選んだ[11]。

（4）生活改善グループ幹部養成講習会の開催：集団を介する生活改善普及事業へ

また、集団の力で生活を改善する目的で生活改善グループの結成・活用の方針が立てられ、次の内容の講習を行ない、生活改善グループのリーダーを育成した。

受講者：市町村長または市町村農業委員会の推薦する農村婦人
講習内容：生活改善グループの組織と運営、改善課題の発見方法
講習方法：講義と討議を主とする

講習会は昭和二十六・二十七年度に計一八回開催され、約八〇〇人が受講した[12]。

（5）生活改善グループリーダーへの濃密指導開始

生活改善グループリーダー育成をふまえ、昭和二十八（一九五三）年度から生活改善グループに対する濃密指導がはじまった。農民が自ら生活の問題や課題を発見し、解決し、結果を評価して再計画する、いわゆる農民自身による〈Plan→Do→See〉循環を促し、その過程において生活改良普及員等が助言・支援する普及方法への転換が図られた。普及員の個人差を超える普及方法への転換である[13]。

すなわち、生活改善普及事業は、当初、既存の婦人会あるいは農業委員会や農業改良委員会、市町村当局の協力を得て実施された。それゆえ、女性農民各層の切実な悩みや要望にもとづく生活改善普及事業でない限界もあった。そのため、既存集団とは異なる、独自の生活改善グループを組織して事業対象とし、改善の担い手の育成をはかった。

（6）嫁の集団―若妻学級・若妻会等―の結成

農家は多世代同居が多く、それぞれ地位を異にして意識や行動、悩みや要望などは異なる。それゆえ、生活改善普及事業は一般的に地位の低い嫁の集団も組織し対象とした。たとえば、若妻会、若妻学級と呼ばれる集団である。

すなわち、生活改善普及事業は課題・目標を嫁・姑関係の視角からも複眼的にとらえ推進されることになった。

（7）民主的農民・農村への意識変革をめざす結婚改善施設の設置

生活改善グループへの濃密指導など新方法による生活改善普及事業がはじまったころ、民主的農民・農村への意識変革や経費節減をめざし、花嫁貸衣装・披露宴用什器などを備えた結婚改善施設が、生活改善普及事業と農協や市町村との連携により三〇市町村に各一か所設置された。(14)

（8）昭和三十四年度の生活改善グループの活動課題

埼玉県の生活改善普及事業がはじまってから一二年後、昭和三十四（一九五九）年度の生活改善グループは一五七、会員二六九四人を数える。そのなかで結成年月が最も古いのは、生活改善グループの濃密指導がはじまる昭和二十八年四月である。(15)

活動課題は表2-1-1に示すように、①食に関する改善が圧倒的に多く、次いで②かまど・台所・水まわりの改善、③住宅改善とつづく。

嫁や女性農民の地位向上に係る嫁・姑関係や休日確保は少なく、家事・育児・介護の分担、女性の無償労働解消（報酬）は皆無である。

農産加工は、今日とは違い販売しない自給用である。経費をかけず自給農産物を使える「食」に係る課題が優先されており、台所や住宅など金額のはる生活財の改善・導入には資金不足を補うため無尽や講を活用するグループもある。

生活改善グループの多くは女性農民の集団であるが、五つのグループには男性も加入する。そのうち活動課題が判明する四つのグループは、それぞれ住宅改善貯金、結婚改善、行事改善、水稲栽培（共同苗代・共同田植）・共同炊事を課題とする。すなわち、課題によっては経営権や家計権を握る男性と一緒に解決をめざしている。

表2-1-1　昭和34年度の生活改善グループの活動課題

課題の種類	グループ数
改良かまど、かまど改善、かまど、台所改善、台所、台所給水設備、水道設置、水道改善、簡易水道、自家水道施設、配水施設、水道、天日タンク設置、太陽熱利用タンク設置、温水器設置、改善講による台所改善、台所改善無尽	28
住宅改善、住生活改善、住改善、風呂場改善、住（台所改善）、住宅改善貯金	21
生活改善貯金、改善貯金	4
生活合理化	1
食生活、食生活改善、食改善、日常食改善、日常食研究、日常献立改善、農繁期食生活改善、共同炊事、家庭料理研究、料理実習、自給蛋白質補給、食品組合せ研究、食品共同購入、日用品共同購入、共同購入、子供の食事、牛乳の飲用（酪農グループ）、食事記録記入、食事調査	102
農産加工、野菜加工（福神漬）、漬物共同加工、農産加工技術（味噌・醤油・麹）、食品共同加工、保存食加工、保存食、カルシウム味噌、食生活（保存食改善）	9
野菜作付計画、作付、椎茸栽培、果樹接木、春播白菜共同苗作り、自給飼料用サイロ	6
家庭菜園、有色野菜作付計画、トマト栽培、共同圃場野菜作り	4
水稲栽培（共同苗代・共同田植）	1
共同作業	1
簿記記帳	1
山羊飼育、山羊乳利用	3
モルモット飼育	1
藁布団作製、藁布団、寝具、寝具改善	9
作業衣改良、作業衣改善、衣改善、作業衣、用布共同購入	5
環境改善（蚊・蠅の駆除）、環境衛生	5
保健	1
育児、農繁期保育所、保育所	1
農休日、嫁の休養	2
嫁姑の話し合い、家族関係、嫁・姑との人間関係、話し合い	7
定例会	1
部落内行事改善、行事改善	1
結婚改善	1
集会所建設	1

資料：『1959　農村の生活改善―年報―』埼玉県農業改良課、昭和35年、2-14ページ。

表2-1-2　生活改善普及事業の実績

改善事項	改善戸数	改善率	改善事項	改善戸数	改善率
台所総合改善	8,340	5.0	カルシウム強化味噌	4,022	2.4
風呂場改善	14,597	8.7	献立作成農家	443	0.3
かまど改善	23,511	14.0	改良作業衣着用	4,560	2.7
立流し設置	30,574	18.2	藁蒲団利用	3,681	2.2
太陽熱利用タンク	11,312	6.7	蒲団干し場設置	6,186	3.7
給水施設	26,436	15.7	洗濯機	5,423	3.2
子供部屋改善	1,959	1.2	洗濯台	8,240	4.9
夫婦室独立	10,687	6.4	家事分担実施農家	12,737	7.6
高齢者室独立	5,156	3.1	家計の月給制	109	0.1
自家菜園作付計画	12,115	7.2	家族のこづかいを月給制にする農家	1,601	1.0
生野菜自家利用	31,294	18.6			
廃鶏自家利用	18,146	10.8	家計簿記帳農家	10,207	6.1
山羊飼育	9,117	5.4	農休日設定	4,310	2.6

資料：『1959　農村の生活改善―年報―』埼玉県農業改良課、昭和35年、14-15ページ。
注：改善率算出の母数は昭和32年の概数16万8000戸とした。
注：改良作業衣着用の単位は「人」である。ただし、改善率算出の母数は16万8000戸とした。

（9）生活改善普及事業の実績

昭和三十四年度は埼玉県下において、①農繁期季節託児所が六〇か所で五万八一七四人を集めて平均二〇日間開設され、②農繁期共同炊事が二九か所で五一一戸により二七四八人（給食実員数）を対象に平均八日間実施され、③保存食などの共同加工が農繁期食・労働軽減・栄養改善などのために一七グループ（二四八戸）で実施された[16]。

表2-1-2は、埼玉県の生活改善普及事業が始まってから昭和三十四年度までの実績のうち、数字で把握できる改善実績である。かまど改善、水周り改善（立流し・給水施設等）、自給生野菜、廃鶏利用に実績が示される。他方、農休日設定、こづかい月給制、家計月給制など嫁・女性農民の地位向上に係る事項の実績は低い。

昭和三十四年度生活改善グループの活動課題や表2-1-2の改善実績に見るように、総体的に衣食住の絶対的貧困の解消が優先され、農繁期の季節託児所や共同炊事は実施されつつも、嫁・女性農民の負担軽減・地位向上などソフト部門の改善は後回しにされている傾向にある。この時代の生活改善普及事業は、精神的豊かさより物質的豊かさが追求されている。

また、昭和三十四年度生活改善グループ員数二六九四人は同年度農家概数一六万八〇〇〇戸の約二%にすぎず、表2-1-2に示す改善比率も二〇%以下で全般的に低い。これは、生活改善普及事業はあくまでモデル事業であり、事業対象者やその周りの人びとの主体条件と客体条件の向上をともなわなければ直接効果や波及効果を発現できないことを示している。

3、女性農民の生活改善グループ活動の回顧

平坦部S町のAさんとBさんは、生活改良普及員の勧めで、昭和三十五（一九六〇）年に仲間二〇人弱と生活改善グループ（後年、S会に名称変更。）を立ち上げた。両者と同じ集落に暮らすCさんは昭和五十（一九七五）年ごろ、同じ生活改善クラブ（S会）に入会したが、そのグループは昭和六十三（一九八八）年ごろ自然解散した。

平坦部U市で水稲と露地野菜等の複合経営に専従していたF（昭和十五年生まれ）さんは、昭和五十五（一九八〇）年に地域の仲間二〇人とTアグリ女性クラブをJA組合長の勧めで結成した。当クラブは解散し、現在S農業支援部管内の女性農業者集団で活動している。

平坦部A市のGさん（昭和七年生まれ）は、昭和四十三（一九六八）に酪農婦人部員三八人と一緒にU生活改善クラブを結成した。そのクラブは解散し、現在GさんはA市生活改善クラブ協議会（会員七人）で活動している。

平坦部S町のAさんは結婚一四年後、第三子から手がはなれたころに、Bさんは結婚一三年後、第三子が二歳のときに、Cさんは結婚六年後に、それぞれ生活改善グループ活動を開始した。AさんとBさんは嫁の時期と違い、家族内での地位は向上し、農業に慣れ、地域に馴染んだ時期に入会した。

(1) 昭和三十年代の生活改善グループの主な活動は食改善

A・B・C・F・Gさんの生活改善グループ活動のうち、印象の強い活動は次のようである。平坦部S町のA・B・Cさんたちは、①まず料理講習（資料8）、ほかに②作業着類―消毒用着・モンペ・腕抜き・帽子など―の割安な共同購入、③味噌造り、④見学・視察。料理講習は解散が近い昭和六十（一九八五）年ごろまでつづいた。Cさんは、現在も共同購入時の会社から作業着を購入する。

平坦部U市のFさんの印象にある活動は、三か月に一回程度の自家で栽培した野菜等を使う料理講習。平坦部A市のGさんの印象にある活動は、酪農婦人部員ゆえに①牛舎付属休憩スペースの設置、②酪農作業用白帽子製作、③古いワイシャツをエプロンに再活用などの衣料リフォーム。Gさんは現在、A市生活改善クラブ協議会員で農業祭（平成十八年は手打ちうどん製造・販売）、味噌造り講習会、視察研修会に参加している。

資料8

Aさん：そのころの活動ってゅのはねー、料理講習が多かったわ。（普及所まで来て、炒め物、サンマの焼いたものなどを作った）。そのころはまだ、あんまり食べ物も豊富でもなかった、今みたいに。ナス、キュウリの主な、そゆうもの。ナス料理が多かったわ。

Bさん：何か新しいもの作って。

Aさん：生活改善って、けっきょく料理講習だった主に、だいたい、料理だけだったたわ。

平坦部S町のA・B・Cさんたちの料理講習は、居住する集落や町に調理設備のある建物がなかったので、遠い普及所で開催された。普及所へは、昼間、自転車でバス停まで行き、中核都市のK市に着き、さらにタクシーに分乗した。その後、S町の公共施設に生活改良普及員が来て講習をはじめたのは昭和三十九（一九六四）年ごろだった。居住集落に集会所ができても、講習用の調理施設はなかった。

すなわち、単に新技術を普及するのでなく、それに必要な諸条件整備も大切で、総合的視野をもつ生活改善普及事業、ひいては農業改良普及事業の必要性をあらためて知る。

（2）生活改善グループの活動は農閑期中心

平坦部S町のA・B・Cさんたちの料理講習会は周年実施されるのでなく、農閑期を中心に実施された（資料9）。平坦部U市のFさんのTアグリ女性クラブの料理講習も田植時期など農繁期には実施されなかった。

■資料9■

Aさん：（料理講習は）冬場は月に一回だけど、忙しいときにゃミツキ（三月）に一回ぐらいね。

（3）生活改善事業―料理講習―成果の普及に限界もある

料理講習受講者は、講習後、習得レシピで家族に食べさせたが、非会員に教える場所や施設が身近になく、方法もなかった（資料10）。直接効果だけでなく、波及効果拡大に向けた条件整備も視野に入れる生活改善普及事業が肝要となる。

■資料10■

Cさん：何もないもんね、うち帰っちゃおしまいだもん。
Aさん：習ってきたよつって話だけだった、こゆのやってきたよって。

（4）農産物直売所の礎に生活改善グループ

平坦部S町のA・B・Cさんたちの味噌造りは、S会解散時にJAが農産物直売所設置に合わせて希望者を募り、昭和六十三（一九八八）年に二〇人で手づくりの会が設立され、JA支所単位で承継された。当初は生活改良普及員が味噌造り技術を支援した。現在、手づくりの会員（一一人）はパート勤務体制で味噌製造に勤しみ、製品はJA直売所で販売している。

すなわち、今日各地で隆盛の農産物直売所のなかには、生活改善グループの経験者や現会員が礎となり、支えている直売所があることを知る。

（5）食育活動に活躍する生活改善グループ員

今日、食育が各地で活発。その講師として生活改善グループ員や経験者が活躍している。たとえば、Fさんは S市の公民館講座で伝統料理や味噌造りを教え、GさんはA市の伝承料理講習会で年に五回ほど、うどん・そば・饅頭作りを教える。

（6）慣行改善をめざす生活改善グループ員、しかし改善できないこともある

生活改善グループ員のなかには、地域の、身近な慣習・慣行の改善に意欲をもつ女性もいた。その意欲どおり実現した地域とそうでない地域がある。たとえば、平坦部S町のCさんによれば次のようである。

昭和六十（一九八五）年ごろ、慣習・慣行の簡素化・廃止を推進する町役場や自治会から、子ども誕生時の通過儀礼廃止について、加入している生活改善グループに協力依頼があった。そのため、会員のなかに「生活改善やってんだから、（廃止協力依頼の通過儀礼）あんなもの止めましょう」との提案があった。しかし、提案に従った家族の子どもについて、「あの女っこはなんだい、どこのおなご、おら行ってねーから知らねー」と言う人もいた。

そのような声もあり、また当地は結婚式に隣り近所を招く慣行もあるなど環境は整わず、廃止をめざした慣行は現在も生きている。

（7）生活改善活動など女性農民の社会活動や外出は制約された

昭和二十～五十年代、生活改善グループがすんなり組織されたわけではない。その制約について、まず平坦部S町のCさんは次のように教える。

婚家で「手が増えた」と言われ、「まるっきり、わたしゃ、なっかなか出されねー、うるさいしゅうと（姑）だから、この人たち（A・Bさん）が卒業してから」生活改善グループに入った。「ばーさんがうるさくて」外出できず、「ヨメゴなんか、いちんち（一日）出されねー」（生活改善グループの研修に行こうとしても、嫁は一日出してもらえなかった）。

そのように、農作業を担う嫁が社会活動したり、外出するのは容易でなかった。

他方、Cさんと同じ生活改善グループのAさんの場合、姑が婦人会副会長だったので何も言わず、第三子が五歳になり「用がなくなったんで」生活改善グループに入れた。Bさんの場合、「まー近所並みだからてんで」、姑・舅が出してくれた。

すなわち、①姑・舅・夫など家族の理解、②家族周期、③家格、④社会圧などが生活改善グループ入会や活動を左右した。そのような制約条件に留意する生活改善普及事業が必要なことを知る。

4、女性農民の若妻会活動の回顧

ここでは、結婚後、夫とともに露地野菜栽培に専従する平坦部M町のEさんの若妻会活動の回顧を記す。

(1) 若妻会の結成と構成員資格変化

上記のような改善すべき課題の存在ゆえに、生活改良普及員が農業者であるEさんの夫たちに若妻会結成を働きかけると、砂に水のごとく夫たちも、Eさんをはじめ妻たちも賛同し、若妻会は町域を単位に昭和四十八（一九七三）年に発足した。

その若妻会は、結成時「ふだんの主な仕事は農業」の農業専従若妻を会員としたが、兼業深化にともない、農業専従の若妻は減り、若妻会員も減り、「ふだんの主な仕事は農業外業種」の若妻も会員とせざるを得なくなった。しかし、農外勤務の若妻と農業専従の若妻の意識・行動が合わず、現在、会員は農業専従の若妻に限定している。

設立当初、農業専従の若妻でも、結婚して年数が少なくまだまだ嫁の地位の若妻、ほどなく夫が経営主になる若妻など、地位や年齢に違いがあった。そのため、話がかみ合わなくなり、三五歳定年制を設けた。しかし、現在、農業専従の若妻の減少で入会者が減り、定年は延び四十代で活躍している会員がいる。

（2）こづかい確保を区長に訴える

上記のように、自由に使えるこづかいをもてなかった地位の低い嫁の若妻たち。しかし、若妻会員たちは悶々と座視するのでなく、こづかいを月々三〇〇〇円もらえるように区会で話し合い決めて欲しいと大字の区長に直接訴えた（資料11）。「ものいう」若妻の登場といえる。しかし、家庭状況が異なるなどの理由で実現しなかった。

そのため、自由に使える金銭を少しでも確保しようと、若妻会で買い物スタンプや空き瓶回収が話題になり、実践する会員もいた。

■資料11■

当時、Eさんたちを指導した生活改良普及員：こづかいのあれをさ、区長んとこへゆって行ったことあったよね。若妻が最低限、生理用品とか、お化粧品、少しクリームとか、なにか買うのには三〇〇〇円、月必要ですとかってゆって。だから、こづかいはそゆふにね、字（区）の方でも決めてくださいってとかゆって。

Eさん：でも、そいでも結局駄目だったね、やっぱり個々で違うからねー。

（3）若妻会委員は多彩に活動

上記のほか、Eさんたち若妻会員は自主的に、あるいは生活改良普及員の指導や役場等との連携によりさまざまに活動した。具体的には、①毎月一回、大字の集出荷場会議室掃除、②自慢料理の教示・実習、③他地区の若妻との交換会、④各種イベントへの参加、⑤老人会との交歓、⑥子どもが遊んで汚す公民館への雑巾寄付、⑦手芸・化粧講習など。

(4) トラクター免許を取得した若妻会員

上記のような暮らし部門の改善活動だけでなく、Eさんなど若妻会員は農業に係る活動もした。その一つは、農業専従者として、当時普及しつつあったトラクターの免許を取得した。二つは、若い農業青年・四Hクラブと交歓した。

(5) 若妻会員は夫たちと連携し、同世代の農協理事を選出するため組合員になる

農業部門改善活動の三つは、同世代の農協理事選出に向けた次のような若妻会員の農協加入である。従来、農協理事は「どこから誰を出す、今度は地域的にあの人だから」と大字で決め、定款を無視していた。この定款無視は農業者のためにならないと、Eさんたちの夫がつくる若い男性農業者集団A会は理事選出方法を調査し、定款に則り会員の一人を理事に就かせた。その過程で、A会は、一株百円で農協組合員になれるので、理事選出選挙に備え、若妻会員に農協へ加入して欲しいと提案した。その結果、Eさんたちの大字では、かなりの会員が農協支所へ行き組合員になった。すなわち、こづかい確保を区長に訴えたこと、農協組合員になったことなどは、家族と地域において地位の低い、発言権や決定権のない嫁でなく、「ものいう」若妻の登場を明示している。

5、嫁・女性農民の暮らしと変化

本稿は、①昭和二十・三十年代の埼玉県の生活改善普及事業、②昭和三十～五十年代の埼玉県の生活改善グループ員の暮らしと活動回顧、③昭和四十年代の若妻会員の暮らしと活動回顧を通して、嫁・女性農民の暮らしと、その変化―生活改善普及事業の成果―の一端の把握を課題とした。

（1）昭和四十年代までの生活改善普及事業：嫁・女性農民の地位向上より衣食住の豊かさを追求

昭和四十年代までの埼玉県生活改善普及事業は、とりもなおさずわが国の生活改善普及事業は、上記のように衣食住の絶対的不足・未整備・未充足を改善する方向であり、それなりの成果をあげた。他方、生活改善普及事業がめざしたもう一つの方向・目的である農村及び農家の民主化は、たとえば本章で対象とした嫁・女性農民の家族や地域における地位向上は十分でなかった。

それは、埼玉県の女性農業者の昭和三十年代、昭和四十年代の暮らし、生活改善グループや若妻会の活動回顧などに知る。具体的には、①子守りは姑、嫁は農作業・家事に多忙、②嫁は一人五役―山仕事・畑仕事・家事・育児・介護―、③嫁は自由に使える金銭をもてなかった、④農家に休日はなかった、⑤不足するこづかいは実家に行ってもらったなど。

この状況は、大牟羅良著『ものいわぬ農民』に記される昭和二十年代北上山地の嫁の地位の低さと、表現は違うが、大きく違わない。

すなわち、嫁・女性農業者の地位向上・男女共同参画にとって、昭和四十年代までの生活改善普及事業は隔靴掻痒的事業であった。

（2）昭和五十年代の生活改善普及事業：嫁の地位向上に曙光が射す

しかし、昭和四十年代後半から昭和五十年になると、生活改善普及事業は、家族や地域、あるいは農業経営において発言権や決定権のない嫁・若妻を本格的に対象とし、成果をあげる。たとえば、本章で取り上げたように若妻会を組織し、こづかい確保運動、農協加入運動などを支援して嫁・若妻の地位向上をめざした。その結果、「ものいう」嫁・若妻が登場する。曙光が射した。

この嫁・若妻ならびに女性農業者の家族や地域における地位向上・男女共同参画に係る生活改善普

及事業は、昭和五十（一九七五）年の国連の国際婦人年を契機に本格的に実施される。

（3）生活改善事業の速効性・単体効果：ストレス発散・仲間形成・自己相対化

昭和三十・四十年代の衣食住に係る事業は、たとえば生活改善グループでの料理講習は、その日に自宅で料理するような速効性・単体効果を多く発現したことは言うまでもない。他方、かまど改善や住宅改善のような経済力と絡む事業のように、主体条件や客体条件の整備を待つ遅効性・相乗効果の事業もある。

さて、若妻の多くは、慣れない家族や地域での暮らしと農作業に、さらに嫁の地位・役割に日々戸惑い、悩み、苛立ち、苦労していた。そのようなストレスは同じ境遇・地位の若妻会員に発散され、若妻会員は互いに慰められ、励まされた。また、若妻会員は自己の境遇・立場を相対化して確認し、我慢できるストレスは我慢し、希望ある明日へ奮い立った。いわば、若妻会活動の速効性・単体的効果である。

（4）生活改善普及事業の遅効性・相乗効果：直売や食育の担い手・女性起業

昭和五十年代以降、それまでの衣食住に係る生活改善普及事業で能力・意欲・技術などを高めた各年齢層の女性農業者が、地位向上・男女共同参画に係る生活改善普及事業を追い風に、能力を発揮するようになる。

たとえば、生活改善グループ活動で磨いた農産物加工技術をもつ女性農業者が農産物直売や食育の盛んな今日、出番となり、活躍する。すなわち、時を経て客体条件（農産物直売所隆盛・食育開始）と主体条件（農産物加工技術・交流力・ネットワークの習得など）の相乗効果が発現している。

（5）生活改善事業の遅効性・相乗効果：約四〇年後の今、若妻会活動が生きる

農村は定住社会。それゆえ、若妻会のネットワークや獲得能力が約四〇年後の現在生きている。たとえば、平坦部M町のEさんは①若妻会時の活躍とその後の農業従事や組織活動が認められ、平成五（一九九三）年に県認証の指導者となり、②町域の女性農民団体を主宰する一人となって研修会等を催し、③大字の年一回の文化展に協力し、元若妻会員に声をかけて一緒に積極的に参加している。

これらの活動は、Eさんの能力やネットワークを生かす客体条件（県認証制度・大字文化展発足・女性農民団体発足）が整備されたためである。

（6）今後の課題：家族経営協定の締結推進

嫁・女性農民の地位向上、具体的には無償労働解消・給料確保、休日確保、家事・育児・介護の公平分担、男女共同参画推進などの生活改善普及事業は、昭和五十年代に本格化して今日に至る。今後とも、女性農民や農家の生活に係る改善普及事業は、新しい四K（給料・休日・家事等分担・共同参画）の確保と三K（きつい・きたない・きけん）の除去、両睨みが必要と考える。

今日隆盛の女性農民の農産物加工や起業は、単に所得向上をめざすのでなく、嫁・女性農民の地位向上という初心を蔑《ないがし》ろにすべきでない。

その方策の一つに家族経営協定締結推進がある。それは、とりもなおさず、若年農民確保につながり、農業・農村の維持・発展につながる。現在、夫を経営主に夫妻で家族経営協定を結んでいるEさんの資料12のような回顧は重い。

■資料12■

Eさん：今、家族経営協定がありますよね、私なんかのころ（私の若いころ・若妻のころ）に欲し

かったです、家族協定。
そうすれば、おこづかいのことなんかもー、休みのことなんかも言えたですよね。

［註］

（1）地位の低い嫁・女性農民の暮らしの①～⑦は、『ものいわぬ農民』（岩波新書・昭和四十五年一六刷）の次のページに記されている。
①五二–五三ページ　②六九–七三ページ　③五六–五七ページ　④五七–五八ページ　⑤五八ページ　⑥五八ページ　⑦五九–六〇ページ

（2）生活改善事業の成果は、①事業そのものだけで発現する成果（単体効果）、②事業対象の主体条件と客体条件の相互作用で発現する効果（相乗効果）、③効果範囲を尺度に直接効果と波及効果、④時間を尺度に速効性効果と遅効性効果に分けられる。

（3）埼玉県農業改良課（昭和三十三）『昭和三十三年十月　農業改良普及事業十カ年の歩み』八九ページ。本章で生活改善事業と記すのは、国と四七都道府県の協同農業普及事業のそれをさす。国と都道府県は生活改善事業を含む農業改良普及事業の内容および方法などを協議して方針を定めるので、各都道府県の事業の内容および方法などに大きな違いはない。

（4）本章で取り上げるA・B・C・D・F・Gさんたちは、現在農業の第一線から退いているが、女性農民とする。資料中の〈　〉内は筆者の質問、（　）は筆者の補足説明。

（5）埼玉県（昭和三十三）前掲書、一一八ページ

（6）埼玉県（昭和三十三）前掲書、八九ページ

（7）埼玉県（昭和三十三）前掲書、九〇ページ

（8）埼玉県（昭和三十三）前掲書、九六ページ、一〇二ページ

（9）埼玉県（昭和三十三）前掲書、九五ページ

（10）埼玉県（昭和三十三）前掲書、九二ページ

(11) 埼玉県（昭和三十三）前掲書、九二ページ
(12) 埼玉県（昭和三十三）前掲書、九六ページ
(13) 埼玉県（昭和三十三）前掲書、一〇二ページ。昭和二十九（一九五四）年度に生活改善クラブへの濃密指導など新普及方法を促すため、農業試験場に生活改善実験室が、農業経営伝習場に生活改善研修展示室（研修室）が設置された。
(14) 埼玉県（昭和三十三）前掲書、一〇三―一〇六ページ
(15) 埼玉県農業改良課（昭和三十五年）『1959 農村の生活改善―年報―』二ページ
(16) 埼玉県（昭和三十五年）前掲書、一五―二二ページ

二、農家の妻への思い、妻たちの思い
――神奈川県における初期二〇年間の生活改善活動より

吉野　馨子

本稿では、昭和二十年代から四十年ごろまでの普及事業初期に、神奈川県で生活改良普及員として働いた二人の女性の活動と、生活改善にかかわった農家女性たちを軸に、普及事業初期における、生活改善活動を振り返り、その果たしたことについて検討する。

1、神奈川県の初期の普及活動の概要

神奈川県では、昭和二十三年（一九四八年）に当時の農林部農務課内に農業技術普及室が設置され、農業改良普及事業がはじまった。生活改良普及員が採用されたのは、翌昭和二十四年四月のことである。GHQより吉岡氏という日系二世の指導官がたびたび訪れ、また生活改良については、アメリカ人の若い女性が直接指導に来た。この女性は日本の慣習を知らないため、農家に缶詰の製法を指導せよ、と言い、日本には漬け物などの保存食がある、といっても理解してもらえなかった、という逸話が残されている（神奈川県、一九六六）。

当初、生活改良普及員は、県庁に配属され、必要に応じて現地活動についていたが、その年の秋、二～三地区に一名の割合で配置され、本格的な現地活動がはじまった。しかし、人数も少なく、新し

い内容の業務であるため、農家の人びとに生活改善の趣旨の理解を求めることが中心であり、それに加え、求めに応じて散発的に活動する程度であった。翌二十五年には、農業改良課に生活改善係が設置され、増員が進んだが、完全に当時の普及地区に一名以上の生活改良普及員が配属されるようになったのは、昭和二十九年度になってからであった。初代課長の山田宗孝氏は、生活改善の活動を大切にし、支援してくれた人であったという[1]。

初期二十年間の普及事業を農政の局面で、四つの時期に区分し、各期における生活改善で取り組まれた主な課題を整理してみよう（神奈川県、一九六六）[2]。第一期（昭和二十四〜二十七年：食糧増産期）には、先に述べたように生活改善の趣旨説明、啓発活動に加え、迷信の打破、冠婚葬祭の簡素化、栄養知識の普及（ばっかり食の改善）、住まいと台所の改善（かまど改善、改良便所等）の活動が行なわれた。昭和二十五年度に、農村家庭学校の事業が予算化され（昭和三十年まで）、各地区の農協などを中心に、衣食住、保健、育児などに関し、農家女性たちへの講習が行なわれ、生活改善についての啓発、意欲の喚起の取り組みがなされた。また、昭和二十七年には、「かまど改善予算」が県議会を通る。各町村での予算の奪い合いとなり、結局、全一五六か町村に平等にレンガを分配したという。

第二期（昭和二十七〜三十三年：食料統制がゆるめられた後の農業多角経営期）には、昭和二十八、二十九年には全国的な冷害があり、米の凶作に備えた粉食利用の活動が活発に行なわれた。その他、農繁期託児所、上水道整備、熱源の改良（ロストル付き改良かまど、燃料の有効利用等）が進められた。また、生活改善展示室、実験展示施設が設置され、昭和三十年より、農産加工品品評会が開始した。

第三期（昭和三十三年〜三十六年：昭和三十二年に農林白書が日本農業のもつ問題点を指摘、農業基本法制定に向けての曲がり角農業期）には、農林省より、技術の切り売りではなく、一貫した家計の計画化、主婦労働の適正化を推進せよとの指導が入り、また地域濃密指導方式への転換が進められた。また、昭和三十年には生活改善実行グループの連絡協議会が結成され、連絡や情報交換、研修会などが開かれるようになった。具体的な生活改善の課題は、簡易水道の設置、住環境の改善（ふとん干し運動：万年床の解消、ワラマットレスの普及）、食生活の改善（動物タンパク質摂取運動：卵・牛乳・廃鶏肉、自給生産物の上手な活用、栄養三色運動、油の摂取の推奨、粉食利用：パン作り、味噌麹の作り方等）、家事作業の効率化、家計簿記帳、生活時間の記録等であった。

第四期（昭和三十六～四十三年：農業基本法を受けた、選択的拡大と構造改善時代）は、貿易の自由化、国民経済の高度成長、都市労働市場の拡大、農産物消費需要の高度化等の変化があった。神奈川県では、昭和三十年代以降の高度経済成長期に入ると、農家戸数が急速に減少し、急激に都市化が進んだ。この時期、農業構造改善事業を中心に、生産の選択的拡大により零細家族労作経営の近代化を推進するとともに、都市化の影響より、環境の整備が求められ、「近代的な農業と健康な農村づくり」が大きなテーマとなっていた。農業では、都市近郊の有利性を生かした施設型農業が畜産、園芸を中心に進展するとともに、第二次兼業農家の比率がさらに高くなり、経営階層の分業化が進んだ。生活改善の不要論が語られるようになったのは、その後、昭和四十年代半ばごろからであった。

2、生活改善活動：普及員の視点から

(1) 昭和三十年代の活動―農家女性の実践をともなう小グループづくり：遠藤正子さん

遠藤正子（当時：鈴木正子）さんが普及員として活動をはじめたのは昭和二十八年九月のことであ

った。女学校時代の恩師であり、またその後、神奈川県で生活の普及方法の専門技術員となった大村ヨシエさんの講演を母親が村の生活改良講習会で聞き、遠藤さんに勧めたのがきっかけであった。遠藤さんは、女子短期大学の家政科を卒業後、小学校の教員をしていたが、遠藤さん自身も、決められたことの多い教員よりも、自分が発案できる普及員の方が楽しいのではないかと考え、普及員をめざしたという。当時は、県職員であっても女性は結婚すると退職するのが通例であったが、大村さんに「あなたたちには職業人としての研修をしているんだから、お礼奉公をきちんとしなさい」と言われたことが、仕事を続けることへの励みとなったという。この大村さんが、遠藤さんにとって、普及活動の師であった。

同期及び先輩の生活改良普及員のうち、農家出身者は少なく、二人だけであった。遠藤さんも、父親、祖父ともに勤め人ではあったが、農村に大家族で暮らすとともに、母親が地区の婦人会長をやっていたことなどもあり、農村の暮らしについては、実感があった。母親の姿や地域の女性の姿を見ていて、女性は実家以外行くところがない、話したいことも話せない、と感じていたという。

最初の担当地区の愛甲郡西部地区（現厚木市）は、南部は稲作、中部が畑作、北部が山間地帯で、養蚕も盛んな地域であった（遠藤、一九九九）。遠藤さんの活動の中心は、四Hクラブと農家女性を対象としたグループの育成であり、「考える農民」の育成が大きな目標であった。着任当時、普及事業の中心は台所改善であり、煙突やロストルのついた煙たくないかまどづくりや、窓開け運動に加え、作業動線を短くする指導などをした（実際のかまどづくりは、男性の農業改良普及員が行なった）。その他、作業着、保存食、主食偏重の見直しなどについて、幻灯機でフィルムを上映しつつ、指導を行なった。農村家庭学校は、赴任し二、三か月後にすぐに担当となり、旧荻野村（現厚木市）で開催したときには、役場に頼んで婦人会に紹介してもらい、参加者を募った。着任早々であったが、作業着、食事バランス等について、百人近く集まった人びとを前に、三日間のプログラムをたった一人で取り仕切ったという。

農村家庭学校には多くの参加者があったものの、そこからすぐに組織づくりにつながったわけではなかった。当初は何かしゃべってくれ、と頼まれると出向く「お呼ばれ講師」が多く、徐々に、女性の組織化に向けて働きかけるようになっていった。働きかけの対象となったのは、主に三、四十代の、農家の妻たちであった。地域には農協婦人部や、地域ぐるみの婦人会が存在していたが、何かの具体的な活動をするには組織として大きすぎたため、女性たちが実質的な話し合いができ、活動に結びつけられる小集落ごとの組織育成に励んだという。

当時は、親世代の力が強かった時代であり、第一に農家の妻たちを外に出す機会をつくりたかった。そして暮らしを良くしていこう、と考えてくれるきっかけをつくりたい、一緒に考えたいと思ったという。現状把握のための一行日記をつけてもらったりもした。身近な暮らしのなかから問題を把握し、解決策を考え、それを実践する（問題解決学習）力をつけること、そして本音で語り合える仲間をつくることが大きな目的であった。集まりは、女性のもろもろの作業が終わる夜が多かった。生活改善というと「緑の自転車」が思い浮かぶが、自転車は配給されず、自分の自転車を使った。

農家の妻たちのグループづくりは、姑世代が中心となっている地域の婦人会からは睨まれたが、集落を巡回したり会合に出ながら、地域のやる気のある人たちを見つけては、声をかけていった。地域に影響力のある家柄の世帯で、理解ある年配者（とくに姑）が見つかると話は進みやすかった。「あの人が言うなら仕方ない」と、ほかの世帯が受け入れるからである。実際の活動には、上の世代に比較的遠慮なく出ることができる分家の妻が大きな役割を果たしてくれた。夫婦仲が良く地域の評判も良い人を見つけることができると、活動は軌道に乗りやすく、このような人たちを核に、女性グループづくりを進めていった。

一方、農家の人たちは、普及員の素性を確かめたい。遠藤さんの場合、地元（厚木）の学校の出身であることが、農家の人たちに安心感を与えたようだ。夜の集まりが多かったので、農家の家に泊めてもらうこともよくあり、虫などに悩まされたりもしたが、農家の人は、ごちそうを出してくれ、娘のような年頃の遠藤さんを、大切にもてなしてくれたという。夜遅くまで仕事をすると、翌日は出勤が遅くなることもある。新しい事業であるうえに、そのような役所の型にはまらない働き方をしていたために、普及活動は特殊な存在として、ほかの部署の人たちから距離をおかれていたという。

当時、研究者との協同事業もあった。昭和三十年、西山卯三をリーダーとした農村建築研究会が、神奈川県でも農家建築の調査に入った[3]。この調査で、管轄内の玉川村（現厚木市）も対象となり、遠藤さんも調査に参加し、宿舎や交通手段などの手配をすべて担当した。夜は七沢温泉に泊まり、移動は、地域の酪農家を巡回していた集乳車に便乗させてもらった。玉川村では、二、三〇戸を対象に農家の住宅を詳細に見る機会を得、それまでは台所部分にのみかかわっていたものが、農家の寝方調査まで詳しく聞くことができ、プライバシーの観点からの若夫婦部屋のあり方、個室化のあり方について建築の専門家から学ぶ機会を得たという。またそのときに痛感したことが、まずは農家の実態を知ることの大切さであり、それ以降、遠藤さんは、どのような活動をするときにも、まずは詳細な実態調査をするようになった。農家住宅の改善については、土間を板の間に、田の字型の住居からプライバシーを考えた個室化へ、と進めていったが、後年、土の部分を農家の家から追いやってしまったことの不便さに気づき、反省もしたという[4]。

（2）昭和四十年ごろの活動―若妻講座と地区の共同事業：相澤喬子さん

相澤喬子さん（当時小野喬子さん）は、昭和三十七年に二〇歳で採用され、二年間、県の普及指導室で専門技術員の補佐の仕事をしたあと、昭和三十九年より小田原普及所を拠点に活動をはじめた。農家出身でも、農村出身でもなかった相澤さんが普及員をめざしたのは、生活改良普及員という仕事があることを、高校の授業のなかで、憧れていた家庭科の先生から聞いたのがきっかけであった。農村の暮らしに役立つそんな仕事があるのか、と心沸き立ったという。その後、短期大学で栄養学を学んだ後、小田原の普及所を探し当て、飛び込みでどのようにしたら普及員になれるものかを教えてもらい、夢を実現したという。普及活動の進め方については、国や県の研修で学んだり、同じ地区担当の農業改良普及員から助言をもらったりしたが、いちばん役立ったのは、二か月ごとに開かれた生活改良普及員のブロック研修での活動報告や議論であった。

相澤さんが当時最も力を入れたのは、若妻講座であった。当初は、後継者育成、なかでも農家の娘たちを対象とした女子生活講座を担当していたが、受講者が減ってきている現状を受け、農家の若妻へと対象を移していったのがそのきっかけであった。生活改善グループはその上の世代が対象であり、また若い世代には農業講座、四Hクラブ、青少年クラブがある一方、若妻だけが、組織化の対象とされていなかった。相澤さんは、自分と同じような若い女性たち、結婚前は外で仕事した経験もあるだろう女性たちが、結婚後はほとんど家から出られずにいる状況を知り、求められている事業であることを痛感したという。相澤さんにとって、女性の組織化は、その組織を利用して何かをするための手段ではなかった。女性を外にだし、仲間づくりをすること自体が目的であり、その先何をするかは彼女たちの問題であると考えた。

若妻講座への参加者を集めるのは、昭和四十年前後でも簡単なことではなかった。募集したら集まってくるような状況ではなく、一人ひとり声をかけて集めていかなければいけないが、家のなかにこもりがちな若妻たちとは接点がなかった。農業改良普及員のほか、農協、市町村の農業担当者などにも協力を求め、対象となりそうな若嫁さんがいないか、情報を集めた。「○○さん家でもだすのなら」とスムーズに参加者が集まった集落もあったが、繰り返し参加を勧めに行くたびに「またか」と厭な顔をする家も少なくなかった。嫁たちが集まって自分たちの悪口を言うんじゃないか、と懸念したのである。「うちは結構」とにべもなく断る農家ほど、説得に燃えた。また、〝二十歳《はたち》の小娘が〟というような態度の農家には、所長に同行してもらった。毎年二〇名ほどの参加者があったが、声をかけた農家の八割くらいは、講座に参加してもらえたように記憶しているというから、相澤さんが説得に費やした労力は想像に難くない。

口説き文句の一つは、「若嫁さんは農業を知らないから、農業技術を教えてあげよう」であった。都市化、兼業化が進むなか、若妻たちは、農家出身であっても、農業の経験のない人も多くなっていた。親世代から、「今の若いもんは草取りもロクにできない」という愚痴を聞かされ、講座に農業技術を取り入れることを思いつき、これを売りに参加を勧めた。講座の内容は、農業技術に加え、作業着の改良（防水加工など）、手ぬぐい一本でできる帽子、農産加工（特産品のみかんを使ったジュース、ジャム、マーマレード、シロップ漬けなど）、栄養指導（タンパク質を摂りましょう、油をもう一杯摂りましょう）などであった。食に関していうと、当時広く普及しはじめたインスタントラーメンは、忙しい農家にとって画期的な食品であり、大箱が農家の家のなかに置かれてあったものだが、単品で食べるのではなく、ほうれん草と卵を入れて栄養バランスを取りましょう、といった指導も行なったそうである。

若妻たちは、講座への参加をとても楽しみにしていた、と相澤さんは記憶している。彼女らは、家族のことなど、どのような会話をしたかは口外せず、その場限りのものとしていた。姑たちはよけいに気になったようであるが、要らぬ噂話を広めないための若妻たちの対策であった。講座に参加できるにはどうしたらよいか、それぞれ工夫し、講座が近づいてきたので、家族に見えるようにちゃぶ台の上に置いておくと、気がついたら箪笥の上に戻されていた、などという話もあった。また、講座の途中に、会場の近くにある実家に、懐かしさの余り少しの間戻ったら、姑にばれてしまい怒られた、という逸話もあった。帰宅時は、近くの人たちで一緒に帰るようにし、「あそこの家は帰ったのにうちのは帰らない」と親の不興を買わないように配慮した。このように、若妻たちは何とかやりくりしながら、農閑期に月一回ずつ程度、二年間の若妻講座に参加したのである。彼女たちが堂々と生活改善グループの集まりで日中外出できるようになったのは、昭和五十年代くらいからではないか、ということであった。

このような個を対象とした活動と同時に、共同事業への取組みがはじまってくる。農業基本法が昭和三十六年に制定され、専作化、規模拡大の政策に対応した構造改善事業が進められ、さまざまな事業や資金が農家や農村に提供されるようになり、生活改善部門においても、昭和三十九年に農家生活改善資金が創設された。

相澤さんも、その時期、橘町（現小田原市）小竹の脇集落を濃密指導の対象地域とし、共同炊事の事業に携わることになる(5)。脇集落は、当時四七戸のうち、二九戸が農家（うち一九戸が専業農家）であり、水田、畑、みかん畑に加え乳牛二、三頭を飼う、という複合的な経営が中心であった。当時は、ミカンも酪農も、どの作目もよく儲かったという。専業農家が参加していた脇農事研究会をベースに、農家生活改善資金を利用し、共同炊事に用いる集落センターの建設が計画された。建設の経緯は、以下のとおりである。

昭和三十七年、町役場と保健所、普及所が一体となって隣接する集落の農繁期前後の疲労度調査を行なったところ、農繁期には、労働過重と忙しいからと簡単にすましてしまう食事が体力を消耗していることが明らかとなった。複合経営は、一年を通じて忙しいため、農業改良普及員は単作にしたら身体が楽になるよ、と指導をしたものであった。しかし農家にしてみると、危険分散の意味もあるし、また部門ごとの分担で牛は若い世代が担当し収入を若干は融通できた、などの利点もあり、専作化への反応は良くなかったという。そこで、相澤さんは、生活の視点から、忙しさとばっかり食の現実的な解消の方法を検討しよう、と考え、農繁期の共同炊事を提案した。他方、脇集落の人からすると、集落には集会所がなかったため、相談事のときは役員宅で集まらざるを得ず、その家族にとっては、その応対や、寝るための場所が取られてしまうことなどの不便が強く感じられており、共同炊事に用いる建物の建設は渡りに舟の提案でもあった。そこで、資金七〇万円（無利息、五年間の均等償還）を借り受け、さらに自己資金三七万円を加え、共同炊事の可能な集落センターの建設に至ったのである。資金の借受け責任者は農事研究会長、借受け者は全員で二九名であった。昭和四十一年十一月に、一三坪半の木造平屋の集落センターが完成した。

計画には集落の男性たちが夜ごと集まり、一年がかかった。相澤さんも話合いに参加するとともに、各関係機関との調整に努めた。集落センターの予定地には、すでに住んでいる人がいたため、その人には、その土地を買い上げるとともに代替え地を提供し、古材を使って部落の人びとの勤労奉仕で新しい家の建て替えまでしたという。集落センターも、集落の個人の山から木を購入し、切り出し、製材することによって出費を抑え、さらに集落の男性たちの勤労奉仕によって建てられた。地域の共同性が見事に働いた事業であったが、それはまた男衆のイニシアティブによるものでもあった。

共同炊事は、農繁期の六月（田植え時期）や十一月（タマネギの収穫時期）に、数日間ずつ、三年間実施された。献立は相澤さんが考え、調理は、数少ない非農家世帯であった加藤サダ子さん（昭和十年生まれ）をリーダーに、各組から二人ずつ交代で手伝いに出るかたちで担当した。農作業に忙しい三〇世帯弱の農家が昼食の主菜をつくってもらった。各世帯が鍋に名前と人数を書いて置いておくと、お昼前にその分量だけおかずが入っているというかたちである。献立は、共同炊事の調理当番に当たる女性たちへの調理の講習会も兼ねて、新しい食材や、新しい調理法などを含めたメニューを考え、カレー、ポテトエッグ、鯨のたつた揚げなどが好評であった。

3、農家にとっての生活改善

（1）昭和三十年代の若妻グループ活動

■南毛利村（厚木市）双葉グループ：武井照代さん■

武井照代さん（図2-2-1）は、大正十五年生まれである。南毛利村長谷の農家で育った後、東京でお手伝いの仕事をしつつ、さらに勉強をしようと考えていたところ、親戚より結婚相手が決まったから、ということで呼び戻され、昭和二十四年に結婚した。結婚先は、伯母の嫁ぎ先の次男坊であり、本家のすぐ下に家を建て、新しい生活がはじまった。分家の夫婦二人の暮らしではあったが、雨でなければ、本家の農作業の手伝いに一日追われる日々であった。姑である伯母に、顔にクリームを塗るヒマがあるくらいならば、草一本余計に取れ、と言われたのを今でもよく覚えているという。

遠藤正子さんが長谷に通い出したのは、赴任間もない昭和二十九年ごろからである。まだ新任で、地域の人たちを動かすには力足らずと考え、専門技術員であり、また恩師でもあった大村さんについて来てもらっての訪問であった。まずは地域の婦人会を相手に説得に努め、地域の大きな地主の妻である落合トヨさん（武井さんよりも三〇歳ほど年長）が生活改善の活動に賛同したことより、地域でのグループづくりに弾みがついた。グループ員は一〇人以下程度が良いとの方針で、小集落単位でつくられ、長谷では三つのグループがつくられた。武井さんは、武井さんの住む上長谷で力のあった小島ハルさん（武井さんよりも一四、五歳年長）と落合さんから、「姑世代ではなく若嫁さんたちを集めて」と、地域の若妻たちへの声かけを仰せつかったという。分家であるため比較的自由がきくことと、武井さんの力量が買われたのであろう。武井さんは、まずは自分の姑のところに行き、「女の人たちも勉強していこう、という話があるよ。私も出るから義姉さんもだしてよ」と頼み、了承を得たという。そのほかにも上長谷の四人の若妻たちに声をかけ、小島さんをリーダーに、昭和二十九年に双葉会が発足した[6]。武井さんを除いて全員農家、また皆武井さんよりも年長であった。武井さんは、電話も普及していなかった当時、双葉会の連絡係として仲間の間を駆け回る仕事に当たることとなる。古くからの有力者であった落合さんと、地区外から移り住んできた小島さんは、お互いに面白くなく思うところもあったようであるが、武井さんは、どちらの言い分も自分の胸に納めて、グループが崩れるのを防いだという。また、専門技術員の大村さんは、説得力ある語り手であったが、自分の家族を大切にしよう、という意図で話した「お客さんに欠け茶碗をだしてもかまわない」という言葉が、グループ員の女性からその姑にそのまま伝えられ、姑が大変立腹しグループ活動自体に反対する、という事件も起こった。そのときは、小島さんと武井さんが説得に走るとともに、遠藤さんも謝りに行くなどして、ようやく事なきを得たという。

グループの集まりは、小島さんの家で、月一回程度、夜に開かれた。家族などの愚痴をこぼすとどのような反響を及ぼすかわからない。それよりは、暮らしを良くするための話をした。集まりには、遠藤さんも出席し、話題を提供してもらった。双葉グループでは、食に関する活動が多かった。季節

図2−2−1　武井照代さん（左）と遠藤正子さん。後ろはリーダーの小島さんの家（昭和30年ごろ、遠藤正子さん「私の生きた日々」表紙より）

のものを食べるのは当たり前、ばっかり食などという言葉は聞いたことがなかった。しかし、季節のものと言っても、たとえば茄子ばかりをつくるのではなく、一畝菜っ葉をつくると種類が増えるという話を聞き、舅が畑をつくるときにそのように気をつけてくれるようになったりもした。また、油が足りない、という話では、一日一杯油を摂ろう、という目標を立て、一年間にわたり、皆で記録を取ったという。このとき初めて計量スプーンとカップを共同購入で買った。皆の記録は、毎月、武井さんがまとめたが、油を目標どおりに摂れない人がいても、また記録が滞る人がいても責めることはしなかった。タンパク質不足については、皆が廃鶏を持ってきて、手際の良い絞め方の講習会を昼間に開いたりもした。

　また、暮らしに役立つ無尽をやってみよう（それまでは女性が無尽をすることはなかった）とグループ員同士で思いつき、遠藤さんのアドバイスを受け、ふとん無尽にも取り組んだ。嫁入り道具にふとんを持って行っても、それを若妻は使うことはおろか、目にすることもできず、何年も打ち直したことのないせんべい布団で眠らざるを得ない。しかし、若妻のふとんから替えていくわけにはいかず、まずは客用座布団を打ち直すことからはじめ、家族のふとんを新しくしていったという。毎月出資する二〇〇円は、夫や親世代から出してもらった。

遠藤さんは、まだ赴任間もない若さであったが、言葉をじっくりと選んで話す実直な姿勢には、信頼感を覚えたという。農家の暮らしの改善のために役所の人が村に入ってくること自体が新鮮であり、武井さんは、新しい風を感じたという。戦前、長谷には大きな地主がおり、戦後の農地改革によって自作化した農家も多い。戦争も終わり、自分の土地も得、希望に満ちた時代背景のなか、初めて、個々の農家女性を対象に、地域に密着して活動しようとする生活改善事業を、長谷の女性たちは素直に、また喜びをもって受け入れたと言えるだろう。とくに東京での生活の経験もある武井さんは、遠藤さんのような新しい風が入ってくるのを待ちわびていた。あちこちで四Hクラブというものができたという話を聞いては、良いなあ、と思っていたそうで、遠藤さんの話は体中を耳にして聞いたと言う。昭和三十年代後半より、公民館運動での婦人学級もはじまったが、昼間の開催、という時間帯の出づらさのうえに、ただ話を座って聞くだけの内容で、魅力あるものには感じられなかった。

双葉グループは、記帳をよくするグループであった。油の記録は、昭和三十一年に武井さんが全国大会で報告することになるが、そのときは夫たちが、データをまとめる手伝いをしてくれた。このように協力的な夫たちであり、さらには、「妻たちがあんなに勉強している、自分たちもグループをつくろうじゃないか」と、いつもグループの話し合いを横で聞いていた小島さんの夫の申し出で、昭和三十二年より夫らも活動をはじめるようになる。主には、冠婚葬祭などの相互扶助の活動であるが、今も、その活動はつづいている。双葉グループは、大きな兼業化の流れのなかで、パートなどに出るようになり、昭和四十年半ばころより次第に集まる人数が減り、自然消滅してしまった。開放的だった農家の住宅が、改築が進むことにより、以前のように気軽に声がかけにくくなったことも影響した。しかし、組内での親密さは今でもつづいており、夫グループによる組内での活動を記録したノートは、毎年三月三十一日には風呂敷で包まれて、次の当番に引き継がれる。現在も、このような活動がつづいているのは、非常に珍しいと周囲の人びとに言われるという。

■南足柄市　ひなぎくグループ：露木史枝さん■

露木史枝さんも、武井さんと同様、昭和三十年前後に活動を開始した先駆けのグループのリーダーである。南足柄市怒田の農家の主婦であり、昭和五年に生まれた。生家は戦前より水稲とミカンを栽培しており、その跡をとるかたちで、昭和二十八年に結婚した。足柄地域のミカン栽培は、戦前より盛んであり、昭和四十年代くらいまでは、東北などからもたくさん人を雇い入れるほどに景気が良かった。また、足柄地域は、富士フィルムや国鉄などへの就労機会にも恵まれ、農家の兼業化が進んだ地域でもあった。

夫は教員をしていたため、両親を中心に、史枝さんが手伝うかたちで家の農業は回っていた。史枝さんが生活改善を知ったのは、隣の露木環さんという親戚筋の女性からの誘いがきっかけであった。環さんは、嫁の立場でありながらも、いろいろな勉強会などに主体的にかかわり、正しいと思うことを言い切ることのできる強い女性であり、地域で一目置かれる存在であったという。地区の婦人会長などもしており、家柄も地域に影響力のある家であったため、史枝さんの母親が、環さんに「これからは若い人も外に出ないとだめだよ、おばちゃん」と言われると、「ああ、そうかもな」、とすんなりと了解が得られ、それ以来、環さんに連れられてあちこち勉強会に通うようになった。史枝さん自身も、何かやりたいな、勉強したいな、という思いがあったという。当時は、農家も新しいことを取り入れなくては、という思いの強い時代でもあった、と史枝さんは振り返る。怒田にグループをつくろう、ということでの最初の顔合わせに、松田にある足柄上東部地区普及所まで出かけた。普及所は縁側のある普通の一軒家で、担当は越水さんという女性であった。最初の顔合わせでは、その場で、自己紹介をすることになり、それがとても嫌だったことを史枝さんは今もよく覚えている。昭和三十年に、環さんや史枝さんを中心にひなぎくグループが誕生した。

生活改善の活動は、かまど改善からはじまった。煙のないかまどで料理したいということで、農協といろいろな機種について相談しながら、最終的に三和かまどの二口型を取り入れることになった。このかまど改善は、グループ員だけでなく、地区の大半の家に広がっていった。次に、食事のたびに下駄や地下足袋を脱ぐのは面倒と、台所の土間に食卓を置いて椅子式にして食事をするように工夫したところ、これもまた部落内に次第に広がっていったという。その後も、次々と自分たちのやりたいことを思いつき、生活改良普及員のアドバイスを受けながら、料理講習会や栄養の講座、生活時間調べ、寝具の改善、農産加工など、さまざまなテーマに取り組んでいった。

毎月一回、地域の公民館に、夜集まっては、いろいろな相談をした。暮らしを豊かにしたい、という思いがグループ員に満ちており、農家の暮らしにかかわる多岐にわたることが話題となった。一回休むと取り残されるような思いがして、励んで出席していたという。家族に気兼ねのある人は、会合に出やすいように先輩に誘いに来てもらったりなどの工夫をした。家や姑のそばを離れ、自由の身になれることは何よりの楽しみであった。

ひなぎくグループは、環さんの誘いを受けた人たちが次々に入り、すぐに二五、六名に増えた。しかし、そのとき大勢入った人たちの大半は、すぐに抜けていってしまったという。最初期の五、六人を核に、一二人が実質的なグループ員として残った。集まること自体は、夜なので、それほど大変ではなかったはず、グループで集まって話をしたり活動をすることに魅力を感じなかったのだろう、と史枝さんは言う。

仲間のなかの有志で、漢字の勉強会をしたこともあった。新字体（一九四九～）の普及にともない、「私たちも勉強したいね」と言い合って、五、六人ではじめたという。このように、時代の動きを感じながら、いろいろなテーマを仲間との話のなかから見つけていった。子どもが成長してくると子育ての方法、子どもが大きくなってきたら夫婦の関係など、自分たちに必要と思うことはすべてテーマにできた、また普及所も、自分たちの提示するさまざまな課題に対し、丁寧に応えてくれた。生活改善グループは生活に密着した学びの場であり、また生活改善グループがあったから、自分にとって農家生活は楽しかったと思う、と言う。

その後、平成ごろより、史枝さんは、食生活改善グループのリーダーとして地域の子どもや母親、男性たちへの、食農教育に携わるとともに、地域の女性センター建設や、女性議員の選出にも貢献するなど、生活改善で培った技や、グループ活動のなかで培われた高い意識を地域のために生かす活動に取り組むようになる。ひなぎくグループは、現在も活動を継続している。

（2）昭和四十年ごろの若妻講座

米山アサ子さんと府川良子さんは、昭和四十年ごろに、先に述べた生活改良普及員の相澤さんの声かけによって若妻講座への参加の機会を得た。二人とも、農家の長女に生まれ、小田原曽比の大きな専業農家に嫁いできた。農家の長女は、家の働き手。高校を出ると、お花や縫い物などの習い事を少ししながら、家の農業を手伝うものであった。結婚前、府川さんは、親に言われて四Ｈクラブに入っていたが、キャンプなど遊びのサークルのようなものであったと記憶している。一方米山さんは青年団の活動に参加していた。

しかし、嫁に行くと、婚家での忙しい日々であり、そのような活動をする余地はなかった。結婚したころは、薪も使っていたし、田んぼは手植え、手刈りだった。朝四時に起き、改良かまど（結婚時にはすでに据えてあった）、ぬかくど（ごはんを炊くため）で料理をした。朝ご飯、昼ご飯、おこじはん（おやつ、おにぎりを男性には二つ、女性には一つ握る）、夕ご飯をつくる。その合間には田畑に出て野良仕事、赤ちゃんは畑のそばに置きっぱなしである。米山さんの嫁いだところは湧き水が良く出る水に恵まれたところだったが、府川さんの嫁ぎ先は高台で水に乏しく手こぎポンプ、赤ちゃんのおしめは川で洗った。

米山さんは、昭和七年生まれ、昭和三十年に結婚した。嫁としての社会ネットワークは、実家のほかには、夫が入っていた四Hクラブの仲間が訪ねてきたり(7)、夫が入っていた地区の報徳同志会(8)の手伝いに参加したときに、ほかの若嫁さんたちと話をしたりする程度であった。一方、府川さんは、昭和十五年生まれ、昭和三十五年に二〇歳で結婚し、農作業と家事すべてを親世代から渡され、ほかの何をすることも認めてもらえない日々を送っていたという。

府川さんが若妻講座に声をかけられたのは、結婚して五、六年ころのことだったと記憶している。自宅に普及所の人が二人来て、舅に、「講座に出ると、うまい料理が食べられるよ」と言って説得してくれた。一方米山さんは、昭和三十一年より水田ミカンのモデル農家として農業改良普及員の小野輝さんがよく家に出入りしていたので、彼を通じて誘われた。

講座は、主に田植え後、稲刈り後などの農閑期に、一時ごろから四時ごろまで、小田原の普及所で開かれた。府川さんが講座に出るときには、親が機嫌を損ねないように、昼ご飯とおこじはんも用意して出かけた。講座への参加は、その通知が役所から送られてくれば、舅に見せて了解を得ることができるのだが、それでも、朝出かける前に、「え？何しにいくだよ？」とそ知らぬ顔で聞かれることもあったという。府川さんの不在中、何かを代わってやってくれてあるということは決してなかったし、帰りが少しでも遅れると、叱られた。

府川さんは、講座で習った新しい料理は、必ず家でも作って家族に食べさせた。嫁が講座に行くと良いことがある、と家族に納得してもらう必要があるからである。このように苦労しての参加であったが、それでも府川さんは参加したかった。家族とは違う顔に出会える、それが本当に楽しかったという。講座が修了後、数年して、後任の生活改良普及員の声かけで、二人は、部落の女性七人とともに稲穂会というグループをつくり、親交を深めるとともに、野菜の共同育苗や味噌加工などの活動に取り組み、現在も活動をつづけている。

（3）地区の共同事業と農家の妻たち

■脇集落：岸イヨ子さん、岸ミエ子さん、秋沢フミ子さん、岸フサ子さん、加藤サダ子さん、岸ミツルさん■

前述の、相澤さんがかかわった旧橋町小竹の脇の集落センターの取組みは、「男衆が決めたもの」であり、女性の意見が取り入れられるということは、当時あり得ないことであった。集落センターは、自分たちの集会所が欲しい、という集落（の男性）の願いの後押しで建設に至ったというのが実際のところであり、共同炊事は、おまけのような存在であった。しかし、それだけに地域にとって必要な施設でもあったわけで、このとき建てられた集落センターは、建設時の姿のままに、現在も地区の集会所として利用されている。

集落センターができたあと、相澤さんは、生活改善グループづくりについて働きかけたが、自分の一存では決めることが許されていない妻たちにとっては、何とも返事のしようがなく（参加できるとは言えないし、参加したいと言うと参加できない理由が家族にあることを暗に示すことになり、その意思表示もできない）、その場は黙り込んだまま終わってしまったという。また、岸フサ子さん（昭和十年生まれ）は、共同炊事のことを作文にまとめ、全国大会に発表に行っている。このときは全国の元気な女性たちと知り合うことができ、大いに刺激を受けたが、グループ活動には結びつかなかった。

脇集落には、さまざまな講があり、岸エミ子さん（昭和九年生まれ）は嫁に来たとき驚いたという。稲荷講（二月十一日、同族内での講）、庚申講（二か月に一回）、あきばさん（秋葉神社の講、以前脇集落で大火事があったので火伏せのために）、地鎮講（お彼岸）、山の講（山をもたない家と地主さんが集まって開く講）、毎月の十五日講等々があった。当番は講宿をつとめる一年間に加え、前後二年ずつの計五年あったため、常に何かの当番をしている状況で、講の集まりの食事などの支度に女性たちは大変忙しかった。このように集落内でのつきあいは非常に濃厚であったが、それはつねに家単位であった。

一方、若妻たちが集まるのは子ども会のつき添いのとき程度であった。その他の集まりとしては、昭和四十年前後に、保健所からの働きかけで、月に一回ずつ一年ほど、産児制限（荻野式）について、四、五人が集まり話を聞いたことがあった。そのころは人工中絶も多く体への負担が大きかったため、産児制限の知識が女性たちの間で求められていた。若夫婦の部屋が分かれていた岸フサ子さんの家に、家事を一切終えた八時ごろから集まり、夜中まで会話を楽しんだという。また、保健所による食生活リーダー研修には農家の妻のなかから一人ずつ毎年参加し、研修の修了生が入る六彩会にも入ったものの、脇集落では具体的な調理講習などの活動には結びつかず、結局は六彩会を抜けてしまった。普及所へは、四、五年に一回、講演会などを聞きに行った程度であったが、当時の農家の妻たちにとって、外出の機会はこれくらいしかなかった。その帰りに、小田原の十字屋（デパート）などに寄るのが楽しみだったと、皆、口を揃えて楽しそうに話してくれた。

そのころの働き方を思いだすと、秋沢フミ子さん（昭和十年生まれ）の場合、朝五時ごろ起き、牛の餌のために朝露のついている間に草を刈る。そのあと朝ご飯を作り、食べ終わった食器を洗ってから畑に出る。昼ご飯と夕ご飯は姑が作るが、姑も楽隠居というわけではなく、その合間に畑仕事に出た。水田は自家用で、畑では、夏は近所の漬物屋に出す紫蘇の葉、落花生やおかぼ、冬は麦などをつくっていた。さらにミカンをつくり、乳牛も三頭いる専業農家であった。赤ちゃんに、日中おっぱいをあげられるのはご飯のときだけ、その間はミルクでやり過ごした。岸イヨ子さん（昭和四年生まれ）や岸ミツル（昭和十一年生まれ）さんは夫が働きに出ている兼業農家であったが、親世代と一緒に畑仕事をした。イヨ子さんは、おなかが大きくなってもリアカーを引いていたことを覚えている。また、ミツルさんは、畑仕事に加え、「嫁ならば賃金を払わないでいい」からと、夫の妹夫妻がはじめた商売の手伝いにも出され、帰ってくると家事と夜なべ仕事が待っている、というような日々であった。

このように、専業農家、兼業農家ともに嫁は重要な働き手。そして嫁の立場からしたら、自分がよく働いていれば親も機嫌がいい、というわけで、家から出る時間を捻出することは非常に困難なことだった。共同炊事も、注文しおかずを取りに行く以上にはかかわれなかったが、それでも、献立表がきて、いつもの「ばあちゃん（姑）のおかず」とは違う、ちょっとハイカラな珍しいものを食べるのには、楽しみがあったという。

4、一人ひとりをつなぐ生活改善活動

生活改良普及員であった遠藤正子さん、相澤喬子さんから感じられるのは、若妻たちへの熱い思いである。学校を卒業したての経験のなさを痛感しながらも、馬車馬のように、地域に働きかけた。また、農家の女性からもたくさんのことを学んだ、と二人は言う。

初期の神奈川県における生活改善事業を振り返ってみると、普及の担い手である生活改良普及員は皆、学校を出たての若い女性たちであった。またその大半が農家出身者ではなかったが、これは、都市近郊である神奈川県の特徴であろう。生活改良普及員という仕事は、高等教育を得た女性たちにとってはプロの職業人として活躍できる機会であり、またこれまでなかった新しい仕事に飛び込んでいく、という意気込みが彼女たちにはあった。そこには、農村育ちでないがための、地域の論理を飛び越えた向こう見ずなところもあっただろう。しかし、同じ働く若い女性として、農村の働く女性たちに対し共感とともに義憤にも似たような思いにつながり、彼女たちを駆り立てたのだろう。

一方、農家の妻たちには、少しの間でも家から離れる時間、同年代の女性たちと語らう時間が欲しい、という切実な願いがあった。また、戦後の新しい風を感じ、学びたい、新しいことをはじめたい、という思いをもつ女性たちがいた。上から一方的にではなく、農村の妻たち一人ひとりを見つめ、ともに考えていこうとするような事業は、生活改善以前にはなかった。生活改善は、村の女性たちにとっても、これまでなかった新しいものであり、生活改善との出会いには新鮮な喜びがあった。

しかし、女性たちは、親世代の価値観によって活動が制限されており、現実的に家から出るには、その制限を解いてくれる何らかの外的な支援が不可欠であった。農家女性たちへのインタビューから

は、世代間の縦の家族関係、上の世代に決定権が握られていた状況が浮かびあがる。神奈川県は、都市近郊であるという利点から、早々と、カネになる、儲かる農業に移行しており、「稼ぐ」ことの位置づけが高かった。そのために専業農家には、「余計な」ことをしている暇はない、という気分が強く、神奈川県では、かえって親世代のいない分家などや兼業農家のほうが、単なる稼ぎだけではなく暮らしを大切に、という生活改善の思想の浸透にあたって大きな役割を果たしてくれたように思う、と遠藤さんは振り返る。

武井さんの活動からは、妻たちに刺激を受け活動をはじめた夫たちの姿が見えてきたが、全体に夫たちの影は薄い。家を単位とした生活の成り立ち、親世代による意思決定のあり方、さらには地域内における家の間の力関係の存在を前に、生活改善のための働きかけは、地域の有力者や親世代への働きかけからはじまり、ようやく最後に当事者の農家女性たちにたどり着いている。役場や農協等の関係機関との連携、婦人会への説得、地域の理解ある有力な女性の見出し、親世代に理解されそうな理由づけと繰り返しの働きかけ、年配者の同行など、相手の地域や農家世帯の対応に合わせながらの、あれやこれやの手段が画策された（それでも脇集落のように入りきれなかった地域もあった）。家の外での女性の活動への参加を可能にするための、地道で根気強い地域の地ならしは、地域社会や男性の意識にも、ゆるやかながら確実に影響を与えたことであろう。ただ、神奈川県の場合、都市化の動きが非常に速く、地域社会を急速に解体していってしまい、その今日的な評価は容易ではない。しかし、生活改善の活動は、今日の地域のリーダーや地域の食等にかかわる活動の担い手を育て、地域を結びつけようという意識のある人たちを育ててきたことは確かであろう。

今回の事例から見えてきた生活改善活動は、暮らしを良くするための具体的な課題の解決もさることながら、ただ稼ぎのために家のなかで働かされている女性たちを外にだしたいという思い、新しい仲間や新しい考えと出会うための場の提供が大きな目的であった。生活改善活動がはじまってからつねに、「生活改善は何なんだ?」と普及の内外から問われつづけた。相澤さんは「組織化は手段だ、それで何をするのだ」という問いかけに対し、「組織化は手段じゃない、それ自体が目的だ」と強く思っていたという。

しかしこれはけっして、すでに解決済みの過去のテーマではない。千葉県が、平成十九年度より進めている若い女性農業者の育成事業では、時代が変わっても、家のなかに閉じこもりがちで孤独を感じ、仲間づくりの機会を求めている若妻たちの状況が明らかになったという(高野、二〇〇八年)。インターネットの時代、個々人がそれぞれのネットワークをもっている時代と言われる一方で関係性の希薄さが指摘される今日、地域に根ざした、支え合える仲間づくりの必要性は、農家に限らない。地域の若妻たち一人ひとりに注目し、地道に働きかけた生活改善活動の取組みは、〝人をつなぐ〟という、人生を本質的に豊かにするものでありながら、その実現には手間のかかる課題に、誠実に応えようとしたものであった。

[註]

(1)遠藤正子さんへのインタビューより。遠藤さん着任前に、山田課長は退職していたが、先輩たちから、そのように聞かされたそうである。

(2)なお、これら事業のうち県単独のものはなく、すべてが国との協同事業(国の方針に従う事業)であった。また、普及員、専門技術員への研修も、農林省の生活技術研修館で実施された。

(3)農村建築研究会による農家調査活動は、玉川村のほか、金目村(現平塚市)と曽我村(現大井町)と小田原市で実施された。農村建築研究会と生活改良普及員の共同による調査という位置づけであったが、普及側はアレンジを頼まれた、との認識で、齟齬があった、と報告にはある。農家住宅を調査した後に、相談会を開催する、という形式を取った（小泉・荻原・関口、一九五七a．b．）。
（4）そこで、後年、サービスヤードづくりを提案していったという。
（5）以下、共同炊事に関する具体的な年号や数値は、『農家とともに二十年』（神奈川県、一九六六）をもとにしている。
（6）小島さんは後に生活改善グループ連絡協議会の会長も務めた。
（7）その一人に、派米青年であり、四Hクラブの活動として、自分のみならず県下各地でかまど改善に力を尽くした小沢豊さんがいる。息子五人と夫のために農作業の後不便な台所で立ち働く母親の姿を見て、かまど改善の必要性を痛感したという。
（8）この地域は、二宮尊徳の出身地に近い。

〔引用文献〕

・遠藤正子『私の生きた日々』一九九九年、一四ページ
・神奈川県「農家とともに二十年」（農業改良普及事業二十周年記念誌）一九六六年、三四八ページ
・小泉正太郎・荻原正三・関口欣也a．「玉川村の農家調査について一：農村建築研究会神奈川調査二」（日本建築学会報告）一九五七年、四五-四八ページ
・小泉正太郎・荻原正三・関口欣也b．「玉川村の農家調査について二：農村建築研究会神奈川調査二」（日本建築学会報告）一九五七年、四九-五二ページ
・高野美奈子「次世代女性農業者の実態調査と支援方法について」（第五十六回日本農村生活研究大会報告要旨）日本農村生活学会、二〇〇八年、四三ページ

三、生活改良普及員の普及活動と農村女性としてのまなざし

諸藤　享子

昭和二十年代、三十年代ともに、長野県では、農村、農家に生まれ育った女性が生活改良普及員になった例が少なくない。それは、青年団活動や公民館活動などが活発だった長野県の地域性[1]や、普及員を養成する農業講習所のひとつが長野県に設置されていたことなど、農村、農家の日々の暮らしのなかで、普及員という存在が具体的に見えやすい環境にあった所以かもしれない。また、当時の農村、農家における女性の生きざまが、戦前に生まれ、戦後の民主主義のはじまりに小中学生時代を過ごした女性にとって、生活改良普及員という職業へと向かわせる動機のひとつとなったとも考えられる。そんな農村、農家に生まれ育った女性が生活改良普及員となったとき、その視線はいったい何に向けられていったのか。

本節では、ある元生活改良普及員へのインタビューから、その生い立ちと普及員という職業を選んだ背景にふれ、自分流の普及活動を見出していく過程を、最初の赴任地までの足取りからたどってみたい。そして、この足取りを当時の普及事業の一例として俯瞰するために、戦後から昭和三十年代の長野県における生活改善普及活動の概要と、この元生活改良普及員も卒業生のひとりであり、多くの生活改良普及員を排出した長野県農業講習所の教育内容の特徴について補足を行なう。

1、元生活改良普及員へのインタビューから

長野県長野市在住の池田玲子さんは、昭和三十四年三月（一九五九年）に長野県農業講習所生活科を卒業し、長野県で生活改良普及員になった。平成十一年に退職した後も、北信地域において食農教育や女性リーダー育成に携わりつづけている。

池田さんは、昭和十三（一九三九）年、長野県下水内郡柳原村（現在の飯山市）の、水田四反弱、畑三反を経営する兼業農家に生まれた。家族は、祖母と父と母と姉一人に妹二人。地元の小中学校を卒業して、県立飯山南高校普通科に進学した。日常的に目につく仕事のなかで、普及員は人の役に立ち、かつ、女性がひとりの職業人として認められ、「先生」と呼ばれる華やかな職業だった。池田さんはいくつかの選択肢のなかから普及員になることを選択した。

（1）普及員としての原点（昭和二十年代から昭和三十年代前半）

「父は教員で、出稼ぎに行っていましたね。単身赴任が多かった。当時は自転車でしか通勤できないですもんね。私の家は、飯山の山奥で言えば、比較的裕福な家庭だったといいますか、父の現金収入があるってことはね、労働の面ではきつかったけど、お金の面ではよその家と比べて余裕があったんです。だけど、兼業農家で農業経営の技術も遅れていましたね。『愛国』っていう稲の品種をずっとつくりつづけて。農業機械を入れるのも最後。だから働かされましたよね。隣の家も前で（前の方）の家もかわいそうな家で、井戸がなくてね。朝夕、うちまで飲み水を汲みに来るんです。村の暮らしはそれほどに苦しいんだなと。お袋は、若いころ、和裁の先生をやってたんです。そんな比較的エリー

トだったお袋が、婦人会長やったり、農協婦人部長をやったりするなかで、どうしようもない男社会でのお袋の無念の思いは聞かされていました。ムラの会議にはお袋が出ていたんですが、会議に行ったって、なんか、男の手先にされたんでしょうね。家つき娘だからまだ良かったんでしょうけど、それでもそうだった。どうしようもない。親父は愚痴なんか聞いている暇はなかったんでしょう」。

そんな少女時代を過ごした池田さんを普及員へと導いたものは、水汲みに来る近隣住人に象徴される農村の現実と、その農村の暮らしのなかで偶然に見た戦後の民主化を象徴するような長野県の女性（生活改善専門技術員）の渡米を掲載した新聞記事との、ギャップだった。

「小学校一年のときに終戦だったんです。とすると、そこから民主主義教育を受けてきた。そのことと母親が生きてるっていうことの落差って言うんですかね、こんなはずじゃないじゃん、っていう」。この思いが、池田さんのなかで徐々に明確になってくる。

昭和二十年代後半、水道が普及していない農村では井戸水や川水が生活用水であり、水汲みは女性の仕事だった。その重労働、不衛生な生活から解放されるためには、水道敷設の資金を女性たちの手で捻出しなければならなかった。「卵貯金(2)をしながら水道を入れようじゃないかという運動を農協婦人部が中心になってやっていて、お袋ともう一人の人が東京まで活動の成果を発表に行きました(3)。それから、中学生のころに赤痢が流行ったな。川の水だから。役場が伝染病患者の受け入れをするくらいに大勢の感染者が出ちゃった。そのときにね、飯野先生（当時の生活改善の長野県専門技術員）がアメリカへ行ったっていうのを新聞で見たんですよ。片や、私の住んでいるところは赤痢が流行ったりね、うんと惨めな暮らしだった。その（女性が渡米できるような民主的・近代的な時代の到来と水道もない農村の前近代的な暮らしの現実との）ギャップがやっぱりきつかったかな、私にすれば。公民館主事に憧れはあったけど生活問題までは入ってこなかったから」。昭和二十年代から三十年前半にかけての普及事業は少女だった池田さんには珍しくもあり、「日本の民主化なんていうことを行政がやることのすごさ」と普及員という職業にふれた最初でもあった。

そして、もうひとつの原点。それは「母親の無念さ」だった。池田さんが普及員になって三年が過ぎた昭和三十七（一九六二）年のことである。

「飯山市発足と同じときに飯山市連合婦人会[4]が結成された。数年後、お袋たち旧村の婦人会長たちが徒党を組んで、連婦の会長を市議会議員にさせたいって立てたけど、落選してしまった。そのころの飯山市っていうのは、公民館の学習活動の先進地で、女性たちも元気だったし、青年団活動も盛んだったですね。そんな社会的な背景があって、よしじゃぁ、女性の市議会議員を送りだせるはずだったのに、その後、三五年余の間、坂原さん[5]に至るまでだせなかったです。それが、私のやっぱり根っこにある。お袋たちが選挙で失敗した。女がって。親父に命令されれば、おらん家は誰だぞとか、集落は誰だとか言われればそうなっちゃった。女性が入れれば、半分以上票があるのにね。当時、婦人会はものすごく力があったですよ。それでさえダメだったんだっていう無念さがね」。「母親の無念さ」は「池田さんの無念さ」となって、晩年の普及活動へとつながっていく。

「そういう貧しさと労働過重という背景と、学習運動が盛んだったとはいいながら本物にはなっていなかったたっていうお袋たちの挫折と、飯野先生がアメリカまで行っちゃったたっていうの、その辺が強烈な、普及員になりたかった訳かな」。普及員になりたい（普及員という職業に就きたい）と望んだ少女は、農村の暮らしと女性たちの現実に真摯に向き合う普及員になりたいと臨んだ。ここに四〇年過ぎた今も、自ら「普及員病（人）[6]」と称する池田さんの普及員としての原点があった。

（2）最初の普及活動（木曽農業改良事務所時代　昭和三十四年から三十八年）

昭和三十四（一九五九）年、池田さんは生活改良普及員となり、木曽農業改良普及所に配属、南木曽支所の地区を担当した。「私が普及員になったころは、もう、かまどを築いたことはありませでしたね。昭和三十四年から普及員になったもんですから、木曽の山のなかでもほとんど兼業になってきていました。いちばん初めに取り組んだことは、お宮さんを借りた、おかずだけを作ろうねっていう農繁期の共同炊事だった。そして、女衆が山坂荷物を背負って、ひとりで能率のあがらない仕事をするよりは、ええっこ（お互いに助け合う・労働交換）、五、六人で、今度はお前の家っていう風に共同作業でやるっていう仕組みをつくること。もうひとつは、赤ちゃんにおむつをはめて家でじっと寝せておくのね。小さい子は畦に連れてきてさ、遊ばせながら女性たちが作業をしていた。そういう実態のなかで、季節保育所っていうの。一〇日くらい学校に田植え休みがあって、そうすると学校が空くじゃないですか。その空いた学校とか、公民館だとかを使って、誰か子どもを子守りしてくれる人いないかなぁって、集落のなかを見つけて歩いてね。三、四人頼んで、子どもを三〇人くらい集めて。自分もそこへ行ってね、子どもと遊んでいました。資格のない娘っこ普及員が地域の先頭に立ってね、地域の子どもを集めるなんてヒヤヒヤもんですね。今に思えば、なぜ上司があんなことを許してくれたんだろうかと思うんですが。行政がダメって言わなかった[7]」。当時、共同炊事や季節保育所、共同作業などの活動を柱に、旧田立村ではひとつしかなかった生活改善グループが一気に六グループにまで増加した。その広がりは総戸数の三分の一を占めるほどの勢いがあった。

当時、県内各地で実施されていた料理講習会において、池田さんの講習会は一味違ったものだった[8]。「課題っていうか、問題が先にあるんだよ。材料があるのに、この材料をどうやって料理すれば、おいしくて、栄養的に良くて、皆に喜ばれるかっていうのが課題なんだよね。それを解決するための料理講習会なんだから、普及員が違う材料を用意してきて料理しましょうって言ったって、それはフンていう世界ですよね。今も昔も農家の暮らしというのは、食材が先にあって、献立、料理の仕方が決まるものなんだと思うんです。この人たちのもっている問題に寄り添うっていうんでしょうか。上から教えるんじゃないよ。何したい、どうして。どこ困るの、なに困るの、ってところからはじまってているような気がしますね。こうすれば良いっていうんじゃなくて、あんたたちの切ないことってなぁにってことからはじまるんでしょうかね。そうすりゃ、どうしたいのって」。

「切ないことってなぁに。それでどうしたいの」という、池田普及員の農家女性へのまなざしには、池田さんが長野県農業講習所の学生だったころに現地実習先で指導を受けた、ある普及員との出会いが影響している。

（3）普及員とは、寄り添うこと（長野県農業講習所時代　昭和三十二年から三十四年）

「二〇日間あるんですよね、泊り込みの実習が（二年次の配属実習のこと）。（希望した実習先は飯田市で、当時は）伊賀良（いがら地区）の共同炊事[9]（が盛んだった）。一〇か所くらいの共同炊事があって、飯田は先進地だったんです[10]。その共同炊事の指導をはじめた普及員っていうのが仲田っていう先生でね。仲田先生は、共同炊事を一生懸命やってた。それを見ていて感じるところがあったね。教えちゃいねぇなぁって感じだね。ぱぁと大きい口あけて笑ってね、誰が農家のお母さんだかわかんないような。あの人が私の先生だったね。先生との出会いは大きかった。どこ切ないのって。一人ひとりの切ない問題をよく聞いていた。農家の女性に寄り添うような、そういうのが普及員だと思った」。

在学中に二回実施される配属実習は、一年次は学生の出身地を管轄する普及センターへ、二年次は学生が指導を希望する普及員の所属先へ実習に行くことができた。池田さんは、講習所と併設されている県の研修施設に研修に来ていた仲田普及員を時折見かけることがあった。「飯田弁を使って、あははと口を開けて笑いながら、みんなをまとめていく姿」に惹かれて、仲田普及員を実習指導者に選んだのだった。

講習所では、配属実習のほかにも専攻実習や戸外研究などの特別実習があった。池田さんは、専攻実習のテーマに「農家の寝室がどうなっているか」を選んだ。その理由は「ここが農家のいちばん辛い問題だと思ったから」だった。

実習館に泊まり込んで行なわれる生活総合実習では、講習生五〜六人で親子の役を割り振り擬似家族となって一週間を過ごす。家計費のやりくりや役割分担を家族会議で話し合い、暮らしの擬似体験をするなかで、池田さんは「人間関係のつくり方」を学んでいったという。

そして、池田さんによると、長野県農業講習所を卒業した普及員には共通点があるという。それは「自己主張をしない」「こつこつと仕事をする」というものだ。これには講習所での寮生活が多分に影響しており、「全寮制でなければ違うタイプの普及員になっていたと思う」と、池田さんは当時を振り返る。そんな講習所の寮生活の「基本は自治」であった。規則遵守は当然のこと、炊事部や文化部などに分かれて、食事の献立づくりから日々の家畜の世話、数々の行事運営など、寮生活のすべてを自分たちで管理し、暮らしをつくる訓練がなされた。一部屋四〜五人の生活は「自分を抑えて、周囲を見る」ことが求められ、「協調の仕方を学んだ」と池田さんは言う。

こうした経験が講習生の普及員としての資質形成に影響していった。

他方、長野県は、集団育成をより効果的なものにする方式として、昭和三十四（一九五九）年から農林省試案の「地域濃密指導」方式による普及活動の第一次指定を受け、七地区で同方式による普及活動が行なわれていった。

「濃密地域っていうのが農林省から出てましてね。能率的な生活改善（普及活動）をするには、ある一定の四〇〇から五〇〇戸くらいの地域を囲って、このなかで調査して、何が問題かをだして、その問題・課題を決定する会議を農家の代表や組合長とか識者まで交えて、この地域の共通課題を決めて、これから三年くらいの計画で課題解決のグループを育成しながら仕事を進めます、という時代だったんです。その手法はまだ確立されていなかったみたいです。国でも四、五県をモデル県にしてというところに、長野県の飯野先生が優秀だったから、長野県が実験県に入った。飯野先生は、実施地区のなかでも、一年に三、四人の生活改良普及員をモデル普及員にして活動をはじめたんです。当時、優秀だなっと思う普及員さんが順に実施モデルになっていったんです。今でも名前が浮かぶですがね。何年もやって、多くの人たちが実施モデル普及員になったかな。三から六か月くらいかけて調査して出てきた共通課題には緑黄色野菜をとりましょうっていうのが多かった。家計簿をつけましょうとかね、台所改善も出てきましたね」。この農家調査の調査基準に用いられたのが、同年（昭和三十四年）に出された「よりよい農家生活への当面目標」だった。

池田さんが実施モデル普及員になることはなかったが、第二の赴任地である下水内農業改良普及所での二年間（昭和三十八年から四十年）は、濃密指導対象となった南部地区を担当し、前任者から引継いだ緑黄色野菜の課題に取り組んでいる。

その後、池田さんは、昭和四十年より同普及所北部地区の担当となり、普及員としての大きな転機を迎える。下水内農業改良普及所、次の下高井農業改良普及所での普及活動を経て、昭和五十三年からは専門技術員となり、問題解決学習という普及方法を用いて県下の農村女性たちの意識形成に深く影響を及ぼしていくことになる。[11]

さて、池田さんが普及員という職業を知り、「寄り添う」普及員として歩みはじめた戦後から昭和三十年代の、長野県の生活改善普及活動はどのようなものであったのか。戦後から昭和三十年代の長野県における生活改善活動について、資料（『長野県普及職員協議会生活部会そよかぜ会』一九八六年）から簡単に見ておこう。

2、長野県生活改善普及活動の概要（戦後から昭和三十年代）

(1) 生活改善普及活動めばえ期（昭和二十年代）

長野県の生活改善普及事業は、昭和二十四（一九四九）年一月に長野県経済部に農業経営課が設置され、生活改良普及員の募集からはじまった。当時、一八名の受験者があり、採用された七名のうち二名は本部勤務、五名は町村駐在という体制をとった。町村駐在の五名は農業改良普及員の協力で関係機関・婦人団体等への挨拶をはじめ、普及員を知ってもらうために「農家の暮らしの相談相手です」と仕事の紹介リーフレットを持って農家訪問を行ない、食事や住環境等の身近な暮らしのなかの問題を一つひとつ取り上げて指導をしていった。一方、本部勤務の二名は必要な資料づくりや必要に応じて県下に出向きPRに努めた。

昭和二十年代の生活改善普及活動は、戦後の食糧増産政策を背景に、活動方法、手段も未確立のまま、個別農家への対応を主に展開されていった。当時の農家の女性は、重労働の農作業のほかに、大家族の、自給自足に頼る手間を要する家事をやらなければならず、とくに炊事は、薪や炭を燃料とし、井戸や川の水を汲みあげ、低い流しで洗いものをしていた。そこで、かまど改善を中心とした台所改善から取り組まれることとなった。また、農業者の健康を守るために農繁期の食生活改善に力を入れ、油料理や保存食を普及した。昭和二十八（一九五三）年に大凶作に見舞われた長野県では、麦の生産量の増加、MSA小麦の輸入、栄養改善法の成立等の背景もあって、節米のために粉食が奨励され、農林省のからの補助金を得て県内各地にパンや麺の加工施設を設置したり、講習会が開かれた。学校給食でも農林省の補助で給食室を整備し、パン食を開始。栄養士、普及職員、学者、研究者総ぐるみでパン食の普及にあたった。衣生活では、繊維事情が好転するものの実用性に乏しく高価であったため、アンゴラ兎や羊を飼って毛糸や毛織物に交換する農家も少なくなかった。

（2）生活改善グループ育成期（昭和三十年代）

昭和三十年代に入ると、農業と工業の格差が拡大するなか、兼業化が進行し、それまでの農村の旧秩序を解体しながら農村、農業、農家が大きく変わっていった。昭和三十六年には農業基本法が制定され、農政は農業の近代化、合理化へと歩みはじめる。このころは耐久消費財の導入が急速に進み、三種の神器（電気冷蔵庫、電気洗濯機、テレビ）が各戸に普及し、燃料も薪や炭からプロパンガスや灯油に代わっていった時期でもある。最も重労働であった水汲み問題は、三十年代には簡易水道・上水道が普及して、ほとんど解消された。水道施設をきっかけに、台所、風呂場、炊事場改善に着手した農家が多かった。

昭和三十年代の生活改善普及活動は、個別対応から集団育成に力が注がれるようになり、多くの生活改善グループが誕生した。昭和三十四（一九五九）年の県下のグループ数は二九六グループ四四八四人となり、地域の活動の核となって大きな力となった。主婦の過重労働の軽減を目的に推進された家事の共同化・社会化の成果が出はじめ、昭和二十八（一九五三）年に木島平村ではじまった共同炊事は三十九（一九六四）年には県下八三か所でみられるほどになった。また、戸倉町のグループでは共同洗濯所が設置され、電気洗濯機が農家に普及する三十八（一九六三）年ごろまでの間、県下に同様の施設が新設され重宝された。

昭和三十年末、各市町村にあった農業改良普及事務所体制（小地区制）から、中地区活動体制に変わり、上述した「地域濃密指導」方式による普及活動が展開されていく。昭和四十年の生活改良員の人員は五四名になり、一普及所に一名の生活改良普及員が配置された[12]。

（3）生活改良普及員の出身地

「1、元生活改良普及員へのインタビューから」で紹介した池田さんをはじめ、多くの生活改良普及員を輩出したのが、長野県農業講習所であった。昭和二十四（一九四九）年に設置され、二十七（一九五二）年度からは国と県との協同事業としてスタートした同講習所は、ブロック養成機関[13]としての任務が解かれる四十六年までの一九年の間、長野県を中心に、関西から北海道まで二〇弱の道府県にわたって三三六人の卒業生のうち、二六六人を生活改良普及員として送り出した[14]。（表2-3-1参照）

表2-3-1を見ると、長野県に生活改良普及員として採用された卒業生のなかで、他県出身者はごくわずかしかおらず、そのほとんどが県内出身者であることがわかる。つまり、長野県の生活改良普及員はほぼ県内出身者で占められていたといえよう。

3、長野県農業講習所教育の特徴

長野県農業講習所は、農業改良助長法にもとづいて設置された「改良普及員」養成機関として、独自のカリキュラムが組まれていた。そこで、次に、その教育内容と特徴について資料（『長野県農業大

表2-3-1　長野県農業講習所生活科卒業生就職先一覧

年度＼就職先		茨城	千葉	栃木	埼玉	群馬	神奈川	静岡	長野	山梨	新潟	富山	石川	福井	岐阜	愛知	三重	京都	山形	北海道	その他	計	総計
27	イ	3	4		2				5													14	14
	ロ																					0	
28	イ	1			2				7		2				1						2	15	16
	ロ		1																			1	
29	イ		1	2			2		6												2	13	17
	ロ						1				2					1						4	
30	イ				3	1		1	3						1						4	13	19
	ロ										2	1	1								1	6	
31	イ			1		1		3	2		3						1			1	5	17	20
	ロ				1						1										1	3	
32	イ			4		3		1	1								1			2	3	15	20
	ロ		1		1						1								1	1		5	
33	イ	2	4			1		1	5						2							15	20
	ロ				2	1					1				1							5	
34	イ					1			6	2										3	3	15	17
	ロ							1													1	2	
35	イ		6						2													8	13
	ロ											3		1	1							5	
36	イ		3						4						3						1	11	15
	ロ				1	1						1			1							4	
37	イ	2	3	1					4				1		2							*12	15
	ロ										1			2								3	
38	イ	2	3	3		2			1					1							1	13	18
	ロ		1	1					2		1											5	
39	イ		4	2		1			3													10	12
	ロ		1						1													2	
40	イ	5	3		2	3			1												2	16	20
	ロ		1								2										1	4	
41	イ				4		1		2												11	18	20
	ロ		1		1																	2	
42	イ		1						4						3						8	16	20
	ロ					1										1	1				1	4	
43	イ	1			2				3						1	2					7	16	20
	ロ		1																		3	4	
44	イ	2	2			1			3						3	3					4	18	20
	ロ																	1			1	2	
45	イ		1						4						3	1	1				8	18	20
	ロ					1															1	2	
計	イ	18	35	13	15	13	4	6	66	2	5	0	0	1	19	6	3	0	0	6	61	273	336
	ロ	0	7	1	7	4	1	1	3	0	11	5	1	3	3	2	1	1	1	2	9	63	

資料：長野県農業大学校創立七十周年記念事業実行委員会『長野県農業大学校七十年史』1983年

注：1.「イ」欄は長野県出身者、「ロ」欄は他県出身者である。

：2.「その他」欄は農協生活指導員、保母、民間会社、自営業である。

：3.「＊」はママ

学校七十年史』一九八三）から概観してみたい。

（1）農業講習所のはじまり

「農業改良普及事業は、単なる戦後の食糧増産の必要から誕生したものではなく、日本の農業教育や農村指導史上、かつて体験したことのない制度として立法化されたものである」。（二八二ページ）

昭和二十二年、教育基本法と学校教育法が公布され、連合軍司令部の意向は、農業技術員（名称改め「改良普及員」とされる）の養成は学校教育において行なうべきものというものだった。対して、農林省は、その養成は農業試験場と一体的な関係にあって、試験研究所者や専門技術員及び県農業技術担当者によって指導されていること、養成にあたっては普及員として備えるべき条件を満足させる教育方法をとるべきであって、通常の学校教育方法では適当でないなどの意向であった。文部、農林両省間での意見調整の後、連合軍司令部に対して、農業講習所は、大学で基礎二年講習所で専門二年の教育を行ない得る単位法を採用するか、現行の大学で教育を行なうより普及事業に責任ある担当局で引続き養成を行なうことが望ましい、と回答した。その結果、原則として都道府県の農業に関する試験研究機関に併設、新制高校卒業者等を入所させ、二年間の講習を行なうこととなったのである。

（2）その教育内容

長野県農業講習所は、その規定の第一条で講習内容について次のように謳っている。

〈長野県長野農業講習所規定〉（昭和二十六年二月第五四八号改正）

第一条　長野県農業講習所（以下講習所という）における講習は本県の農業の特殊性を重んじ試験研

究機関との有機的な結合により左の各号についてこれを行う。
1　農業及び農民の生活改善に関する知識及び技術の習得
2　農業経営に関する総合的な知識及び技術の習得
3　農業及び農民の生活改善に関する普及技術の習得
4　農業技術者の指導力の向上を図る

農業改良助長法で規定した改良普及員養成の主旨は、改良普及員は広範な知識、技能、指導力を有し、その技術をテコにして、個々の農家の自主性に期待しつつ、教育的手法を通じて「人」を育成することが大きな狙いとされていた。そのため、旧来の講習所時代にはほとんどが専門技術教科に限られていたものが、助長法による講習所では六〇%程度となり、一般教養教科と普及教科が重視された。たとえば、

・「農業普及」は各科目の前提となるものであり、また中心となるものであるから現実の事業情況と改良普及員の実践（体験）を採り入れ、先進国を範とし、教授自身も研究しつつ理論と実際につき一つの体系として講習し得るようにすること。当分の間最も優秀な改良普及員を講師とするのも一つの方法である。
・実習教育課程は出来得る限り早期に実施して講習生が実際に現場で当面した問題を更に一層の研究のために持ち帰り得るようにすること。
・この場合は訓練を受けた優秀な改良員のもとに送り、助手的立場において普及事業の実務を修得させることをも留意すること。

などの指導が国からなされた。

こうした国の指導を受けて、長野県では、長野県農業講習所講習規定（昭和二十四年告示第二一六

号）五条において、農業科の履修単位および時間数は、二か年間で学科一一六単位（一七四〇時間）、実験実習三五、五単位（一五九八時間）、計一五一、五単位（三三三八時間）と規定した。学科と実験実習の時間の比率は、学科五二に対し実習四八と、一般の大学等と異なり、実験実習を重視したことは農業教習所教育の特徴である。

（3）実験実習の重視とその目的

■配属実習■

配属実習は、普及員の勤務の実態を見る、普及方法や普及技術の実技を習得する、農村の実態にふれてくる、というものであった。農村を指導者の側に立って見ることや、普及員の働きを見ることによって、実習前と後とでは、勉学態度が変わるという点に十分な意味をもっていたとされる。

配属の時期と日数は、第一学年は、一月末から二月初めの二週間。この時期、町村においては、新年度の事業計画を立てる作業をしているときであるから、見ていると町村における農業指導事業の一年がわかる。第二学年は、七月下旬から八月中旬にわたって三週間。農業においては水田や畑で病害中防除の最中であり技術員が実地指導に動き回っているときであるから、実地研修には好適の時期という狙いがあっての期間設定であった。

ただし、この時期は、農家の女性（婦人）も野良仕事に忙しく、生活面の指導はやりにくいため、生活科講習生が研修をするには必ずしも適当なときではないと考えられた。しかし、農業科講習生と同調する教育計画の都合上、同じ時期での実施となった。

なるべく講習生の出身地とは異なる配属先が選ばれ、配属期間中はほとんどの者が配属先で下宿をした。これはより広く農村を見るような配慮をしたためであり、実習後は体験発表会を行ない、報告し合うことでより広い経験と考え方を得、検討することによって誤った認識を是正する狙いがあった。

■専攻実習■

講習生自らテーマを選び、自学でこれを追究していく学習である。趣旨は二つあり、一つは、自ら求めて学ぶ態度を失わせないため、もうひとつは何かひとつは深く学んで、特技とまではいかないまでも、得意なものを習得するようにということだった。

■所外研究■

修学旅行、篤農家訪問、職業人に近いという性格から一般人を対象に行なわれる各種の講習会に出席・受講する。第一学年は、県内産業事情および各種農業関係研究機関を見学、期間は七日間で県下を一巡する。第二学年は、県外の先進地を見学、期間は一四日間ほどであった。

（4）生活改良普及員の養成

農業助長法の目的は、農業生産の増大および農民生活の改善のためとされ、生産と生活を対等の立場でとらえた、それまでの農政にみることのなかった生活が前面に出た画期的なものであった。

生活科の設置に尽力した当時の副所長はその思いを次のように語っている。「人間は生活する事が目的で、何うしても内容の豊富な、充実した意義の有る生活、生き甲斐のある生活―それを最終的に考へねばいけない。そのための方便として、農業経営をしたり、商いしたり、月給取りをして稼いでいるのであるが、ミイラ取りがミイラに成るたとえの如く方便が目的に成って本当の目的は、或は犠牲になったりし兼ねない。理想と現実を何とか調整し指導する事が最も大事な事だと考え、従来から永い伝統と歴史の上に立って行って来た農業技術者の養成と併行して生活科の養成こそが、その目的を達成する道であろうと考へ、先輩や諸先生の意見を聞いたり考えて貰ったものでした。（中略）どうしても農村の生活改良は、農業経営を本質的に理解し、農業経営の改良即生活改善につながる問題として取り上げなければならぬとして敢て農業講習所に併設した訳で、幾多の批判や叱声も万々承知しながら踏み切ったものでした」。(長野講習所生活科開設の立役者とされる　副所長　清水重美氏)(三一六ページ)

昭和二十六(一九五一)年に新設された生活科は、女子を対象に最初は定員八〇名でスタートした。主として関東、東海、甲信越の各県から入所者があり、「入所生の資質は農業専攻の男子生徒に比べて優るとも劣らない生徒が集まった」。なお、昭和三十三年度からは定員四〇名に変更された。

(5) 生活科における教科課程の考え方

「生活改善とは、その名のとおり、第一に改革でなく改善であること＝修正主義であり、伝承された知識、技術を無理なく改めてゆく、周囲の状況の変化に対応してゆく、生活の水準を向上させていく等の意味である。第二に自分や自分達の手によって具体化していく、精神論のみでなく実践論であり、自己の能力開発という主体性と、学びつつ行うという学習性と、ゴール(到達点)のない継続性とを含んでいる。第三には、個人や家族の生活を発展させ、そのことが農業を発展させる力をおこし、それがまた地域を発展させる活性力になる、というミクロのつみ上げが、マクロを形成する考え方をとっている」。(三一一ページ)

まず普及員は、自体が立派な人間でなくてはならないとの考え方から、人間形成に必要な学問を課し、生活による教育として全寮制を活用しようとした。つぎに普及員は優れた技術者でなくてはならないという考え方から、講義より実習に多くの時間が当てられた。各部門の細部につっこんだ指導は、栄養士なり、保健婦なり、専門の裁縫師なりに任せることとし、生活改良普及員は、生活の改善点の着眼と方向づけをするのを任務とする考え方から、家政、住、食、衣、保健がほぼ同じ比率でおかれた。そして、生活改良普及員は仕事の対象が農家であるから、農業技術や、農家経営について承知していることが前提とされ、農業関係科目が必須科目に加えられた。

生活改良普及員とはこうあるべきというモデルはなく、養成における教科課程については、固定したものとはせず、検討をくりかえして改善していく方針がとられ、事実一〇年間にかなりの変更がなされた。具体的にみると、

第一点は、各教科群の重要性のアンバランスを調製するため、主たる生活技術の充実をはかるべく農業経済科目、保健衛生科目が大幅に削減されたことである。減らした分は家政科目と食物科目、普及技術科目へ充当され、とくに普及技術は大幅に強化された。

第二点は、生活技術科目について、とくに家政科と被服科の分科がなされたことである。従来は衣食住に関しては個々の技術が取り扱われていたのに対し、新しい考え方として生活の仕方が問題として考究されるようになってきたからである。家政学においても、家庭管理や家族関係などの項目が重視され、独立した科目として掲げられるようになった。

第三点は、実験実習時間が多く割り当られたことである。技術の習熟をさせるためであり、また、普及員は実務においては単なる知識ではなくて、技能の上手下手がものをいう事実に対応した措置であった。

一般教養課程においては、倫理学よりは哲学へ、教育心理学よりは教育原理へ、農村社会学は社会学へと、応用部面より原論へと基へとさかのぼっていった。原理、原則をつかんでおくということが必要であって、応用適用は各人の能力と工夫にまかせる。原理、原則をしっかり把握していることが重要なのだという考え方であった。

表2-3-2　教科の内容（昭和32年）

区分 ＼ 学科			教養教科				技術教科							普及教科			特別実習			
			人文科	社会科	自然科	体育及芸能科	農業科	生活基礎科	家政科	被服科	食物科	住居科	保健衛生及育児科	普及基礎科	普及事業科	普及技術科	所外研究	配属実習	専攻実習	計
第一学年	学科	単位	2	2	10		6	3	2	5	6	2				2				40
		時間	30	30	150		90	45	30	75	90	30				30				600
	実験実習	単位			3	2	2	1		3	4	1				1	1	2		20
		時間			135	90	90	45		135	180	45				45	45	90		900
第二学年	学科	単位	8				2	2	9	4	6	1	9	4	2	2				49
		時間	120				30	30	135	60	90	15	135	60	30	30				735
	実験実習	単位				2		1	1	3	4	1	1			1	2	3	3	22
		時間				90		45	45	135	180	45	45			45	90	135	135	990
教科内容			哲学、文学、心理学、倫理学、教育学	統計学、家庭法学	物理学、化学、数学、細菌学、生物学	体育（レクリエーション含む）、音楽、技芸、美術及音楽鑑賞	農業汎論、農業経済学、農業経営及簿記、家庭プロジェクト	物理学、気象学、生理衛生学	家政学、家庭管理、家政学史、家族関係	繊維化学、被服史、被服工作、衣生活設計、被服管理	栄養学、食品化学、調理学、食品加工及貯蔵、食生活設計	住生活建築及設計、家庭工作	保健学、看護学、薬品学、小児学	農村社会学、教育心理学	農業改良普及事業、生活改良普及事業、青少年クラブ育成	普及技術総論及各論	国立試験研究機関、教育研究機関における研究	郡、町、村配属による実務実習	特技の修得	

資料：長野県農業大学校創立七十周年記念事業実行委員会『長野県農業大学校七十年史』1983年

注：長野県農業講習所においては選択を許さず全科目を必修させている。

表2-3-3　講義と実習及び教科内容の時間配分の推移

（単位：時間、％）

		教養教科	技術教科	普及教科	特別実習	計	配分割合
26年	講義	525	1,080	90	-	1,695	46.3
	実習	90	540	120	1,215	1,965	53.7
	計	615	1,620	210	1,215	3,660	100
32年	講義	330	855	150	-	1,335	41.4
	実習	315	990	90	495	1,890	58.6
	計	645	1,845	240	495	3,225	100
33年	講義	330	765	150	-	1,245	38.6
	実習	315	1,035	90	540	1,980	51.4
	計	645	1,800	240	540	3,225	100
35年	講義	285	660	150	-	1,095	36.7
	実習	135	990	135	630	1,890	63.7
	計	420	1,650	285	630	2,985	100
時間計の配分割合	26年	16.8	44.3	5.7	33.2	100	
	32年	20	57.2	7.4	15.4	100	
	33年	20	55.8	7.4	16.8	100	
	35年	14.1	55.3	9.5	21.1	100	

資料：長野県農業大学校創立七十周年記念事業実行委員会『長野県農業大学校七十年史』1983年

注：1.「特別実習」欄には、普及教科から配属実習（33年）を取り出して加算している。

注：2．年間の合計時間数である。

（6）教科の内容

生活科の授業時間数は、昭和二十九年から三十二年は、二年間で約三二〇〇余時間。学校教育では一学年の時間は大体一〇〇〇時間であったから、生活科の授業時間数は三年課程に相当した。これを可能にしたのは全寮制だった。

教科内容は、普通授業の三教科（教養教科、技術教科、普及教科）と特別実習から構成されていた。三教科それぞれに講義と実習があり、その内訳は実習に多く配分された。つまり生活科においても実習が重視されていたということである。

参考に、本節前半で紹介した池田さんが在学していた当時の生活科の教科内容（表2-3-2）と、講義と実習および教科内容の時間配分の推移（表2-3-3）を示しておこう。

ここまで長野県農業講習所における教育内容について概観してみた。

長野県農業講習所における教育内容の最も注目すべき特徴は、実習が重視されていたことである。各教科において講義時間を上回る実習時間が確保されていただけでなく、特別実習では、配属実習という普及活動の現場を実体験してくる実習に力点がおかれている。事実、先の池田さんの例からすれば、この配属実習による教育効果は期待どおりのものであったと推察される。ただし、その内容については、個々の普及員に委ねた実習であること、学生の感性による評価となるため、統一性がなく、到達点がどこにあるのかは測りようがない。興味深いのは、この実習による普及員養成そのものも、まさに生活改善の考え方に則った人づくりであり、ミクロからマクロへと積み上げていく過程のようにとらえられる点である。すると、一般教養科目において、応用適用は各人の能力と工夫にまかせ、原理、原則を重視した原論へとシフトしていったことも当然の流れだったと考えられる。

（7）農家女性に寄り添う生活改良普及員

農林省が昭和三十年に実施した調査によると、農業講習所を卒業した生活改良普及員の特徴として、農村出身者が多いこと、動機が明確であること（生活改良普及員として活動する決心をしていると思われること）、即戦力の生活改良普及員として役立ったことがあげられている。（三一六ページ）これらのことは、先の池田さんの例だけでなく、長野県においても県下のほとんどが農村部であったことから、農村、農家の暮らしや農業と決して無縁ではなく、当事者として、普及員となる何らかの動機や経験、あるいは環境があって、長野県農業講習所に進み、生活改良普及員になった女性たちの存在を想像させる。

本節では、「農家女性に寄り添う」生活改良普及員の思いとそのまなざしに着目した。農家女性、農村女性でもある生活改良普及員は、その当事者性ゆえに農家女性の言葉にできない声までも掬《すく》い取り、核心に迫ることが可能だったのかもしれない。そして、その寄り添い方は一様ではなく、一人ひとりの生活改良普及員の個性に委ねられていたのである。

〔註〕

（1）公民館教育活動を例に見ると、昭和二十四年社会教育法が公布され、長野県下では翌年二十五年に全市町村の約九割に公民館が設置されている。公民館での女性教育は、婦人会とタイアップして昭和二十四年ごろからはじまり、二十七年度には三八〇市町村のうち三〇九か所で、母親学級、婦人学級などの学習会が開設されている。（青木、一九九〇年）

（2）当時の女性たちは、水道敷設やかまどの改良等、生活の改善に必要な経費や活動資金を捻出するために、一日一個の卵の売上げを貯金する「卵貯金」や一日一合の節米、雑穀と野菜の売上げによる月掛け貯金などに取り組んでいた。

（3）水道敷設は女性たちの執念と努力で広がっていった。昭和二十八年三月現在で、長野県下の水道普及率は二九％、井戸が五八％、流水が一三％となっている。農村部の八割が井戸水、流水を飲用していた。（長野県連合婦人会、一九六六年）

（4）旧町村ごとの婦人会を全市的に集結し組織化したもの。昭和三十二年の会員数は約五四〇〇人。なお、飯山市は、明治四年十二月、第一次府県統合で長野県に編入され長野県水内郡飯山町となり、同月水内郡上倉村、奈良沢村を編入。昭和二十九年八月、同郡秋津村、常盤村、柳原村、外様村、下高井郡木島村、瑞穂村を合併し、市制施行。昭和三十一年九月、下水内郡大田村、岡山村を編入して、現在の飯山市となる。

（5）坂原シモさんは飯山市初の女性市議会議員。平成十年に歴代最高得票で当選を果たした。

（6）退職後も現役時代さながらに、昼も夜も休みなく東奔西走している日常と、普及員の醍醐味である「人づくり」の魅力に囚われているため。

（7）「村中こぞっての努力が認められ、次の年（昭和三十五年）からは、村の運営による年間保育園が開設となった。時代の要求もあり、普及員さんの強力な後押しがあってのことですが、今更のように、グループの力の大きさを痛感しました」（木曽郡南木曽町泉クラブ『みどりのむらに輝きを』への寄稿から）

（8）当時の料理講習会は、先に献立を立て、必要な材料を用意して作り方を教えるというやり方が一般的だった。ところが、「池田さんは、家にある野菜を何でも適当に持ってこいと言う。野菜がいろいろ揃うと、どういう献立ができるか、みんなで考えろと言う。すると、この人はこれができるよと、おやきを作る人とか、すいとんを作る人とか、みんな違うわけ。そこで献立を決めて、（栄養）バランスがいいかどうか、みんなで考えろと言う。献立表を作って教えるというやり方じゃなかった」。（長野県農業講習所の学生時代、池田さんのもとへ現地実習に行った元生活改良普及員の話から）

（9）昭和二十年代末から、農繁期の栄養確保と炊事作業・家事労働の軽減をめざした「共同炊事」が長野県下の各地で取り組まれた。農家十数戸～三〇戸が参加し、地域の施設を炊事場として借りるなどして、共同で、一日三食あるいは昼食と夕食の副食づくりを数週間から一か月程度行なった。

（10）当時、飯田下伊那地区での共同炊事の普及はとくにめざましいものだった。昭和三十三年より始まった飯田市伊賀良地区の三日市場の共同炊事は波及効果を呼び、三年後の昭和三十六年には近隣町村二一か所で共同炊事が実施されるまでに広がった。（生活改良普及員　久保田信子『みどりのむらに輝きを』への寄稿から）

（11）本節に掲載した池田玲子さんへインタビューの一部は、トヨタ財団からの研究助成による。昭和四十年以降の池田玲子さんの歩みを含めた長野県四名の元生活改良普及員へのインタビュー記録を、シリーズ『農と人とくらし』（NPO法人農と人とくらし研究センター）にて発行予定。

（12）昭和四十年前後の数年間は、全国の生活改良普及員数が最も多かった時期であり、二二〇〇人前後で推移していた。

（13）岩手県（は昭和三十一年から）、長野県、香川県の三県が、国と県との協同事業として農業講習所を発足した。それぞれに東日本、中日本、西日本の各地域を分担するブロック養成の任務があった。

（14）各県における改良普及員が充足された昭和四十年代からは、県内の農協生活指導員等に就職する者が増加した。

〔引用文献〕

・青木孝寿『信州・女の昭和史〈戦後編〉』信濃毎日新聞社、一九九〇年
・長野県普及職員協議会生活部会そよかぜ会『みどりのむらに輝きを―長野県生活改善普及活動のあゆみ』一九八六年
・長野県農業大学校創立七十周年記念事業実行委員会『長野県農業大学校七十年史』一九八三年
・長野県連合婦人会『戦後信州女性史』家政教育社、一九六六年

第三章　地域における食住生活の変容

一、秩父地域の住まいは第二次大戦後どのように変わったのか
——生活改善普及事業とのかかわりから

坪郷　英彦

第二次大戦後の生活改善運動がどのような内容であり、その運動が戦後の農村生活にどのような影響をもたらしたかについては、多くの研究がある。小論では埼玉県秩父地域において生活改善普及事業がどのような位置づけであったかの考察を行なう。戦後の生活の変化は確かに大きいものであったが、その変化にこの事業がどのようにかかわったかという立場での考察である。国の行なった生活改善普及事業はすべての農村集落を均一に指導するのではなく、重点的にいくつかの集落の改善指導を行なった。これまでの生活改善普及事業に関する研究はこの重点地域に対してどのようなことが為されてきたかの分析が中心であり、国の施策の妥当性を追認するものに終始している。(1) 多くの農村の生活を調べるとすぐにわかることであるが、生活改善普及事業の影響が強く出ているところと、まったくそうでないところとがある。ここでは生活の変化にどのようなかたちがあるかを示すことと、変化

の背景にある、どうして人びとは変えることを決断し、行動をはじめたかの意識を考えることにある。結果として生活改善や似たような他省庁の事業は戦前からつづいていたものであり、村をあるいは家を変えようとするエネルギーは変わらず若者のなかにあったということを述べたい。

述べようとする考えの基になる事例は埼玉県の秩父地域からとったものであり、領域としては住生活改善にかかわるものである。小論では生活改善普及事業による生活改善を生活改善指導と表記し、一般の生活の近代化指向の生活改善と区別する。

1、生活改善にかかわる先行研究

山口昌伴は戦前の生活改善に関する活動を生活改善同盟会の分析から明らかにしている。(2) その端緒は大正八年の内務省民力涵養運動にあり、当初の活動は消費節約宣伝勤倹奨励運動が主であった。そのなかで大正九年一月に生活改善同盟会が設けられる。同会は大正八年に開催された文部省主催の生活改善展覧会に際して設立されたもので、事業として服装・社交・儀礼・食事・住宅ならびに農村生活の改善をあげている。本部は文部省内に置き、全国五一〇〇あまりの生活改善会の団体がつくられた。大正十三年には財団法人化し、昭和八年には生活改善同盟会中央会となる。戦後になるとこの団体は農林省管轄に変わる。山口は生活改善同盟会の具体的な活動の分析から大きな目標は示さず、チェック項目をあげ、その修正を繰り返す方式であり、そのやり方は戦後の活動にも引き継がれると指摘している。

生活の個別の側面を改善するためにはどうしても項目列挙になることはさけられないと思うが、山口論文の重要な点は生活改善運動のはじまりが戦前にあり、国民全体に向けての活動であったが、これが農村に特化したかたちで戦後にも引き継がれているということを明らかにしたことである。久保は戦前発行された『家の光』の記事分析から、戦前においても農家の主体的改善活動が少ないながらも行なわれていたことを示している。(3) その内容は個人、グループあるいは組合レベルでの能率化、活動の共同化をめざすものであった。

市田は「戦後改革期と農村女性」と題する論文で山口県の生活改善指導を取り上げ分析している。(4) 市田は生活改善研究の先行研究の多くは生活改良普及員の実証報告であり、事業を行なった側の視点で書かれていると前置きし、客観的な眼で山口県の生活改善の状況を分析する。その結果としてグループ化の指導に加え、生活改善推進世話人と呼ぶ村内の協力者をたてる方式をとったこと、県の立地、地形的特徴から零細農業構造、多品目少量生産、多就業型の経営がつづけられていたことが特徴としてあり、これらの要因によって生活技術の修得だけにとどまらず、人間関係や経営の見直しに改善の効果がもたらされたと結論づける。さらに市田は活動の進め方、まとまりのあり方からその背景に西日本の講組型社会、東日本の同族型社会の構造があることを指摘している。市田はまた、別の論文で農家女性にはっきり焦点を絞り、生活改善普及事業においてその位置づけがどのようなものであったかを考察している。昭和二十三年から昭和四十一年までの小地域単位の指導体制と昭和四十二年からの広域指導体制を通じて女性を生活に結びつける基本の姿勢があったとする。小地域単位指導体制の期間は農家婦人の地位向上を進め、女性を家庭生活の私的領域に位置づけた。広域指導体制の期間は農村の健全な社会づくり、母性を前面に出した人間性の回復の位置づけを行なったが、いずれにも共通するのが生活のなかの女性であったと述べている。(5)

最近の研究の傾向として市田論文に見るように、農村女性の位置、役割の変化を生活改善指導の成果として見出そうという研究が一つの大きな流れとしてある。たとえば安井は山口県の生活改良普及員及び農村のリーダー的女性をライフヒストリーの手法で描き、生活改善が農村女性にとってどのようなものであったかを考察する[6]。安井の二つの論文では生活改善指導を進める母体として既存の目的別組織（たとえば婦人会や共同炊飯グループなど）が大きい役割を果たしたことが示される。具体的な改善内容の検討から農村女性の自立、共同化に大きく生活改善指導が寄与したという新たな位置づけがなされている。ジェンダーの視点に立った研究の場合も、広く日本の農村全体のなかで生活改善指導の役割がどのようなものであったかという問いには答えなくてはならないだろう。生活改善指導が行なわれた村は確かに成果が認められるが、では隣村はどうであったかという問いに対してである。

2、住生活改善事業の内容

埼玉県で実施された住生活改善指導がどのような内容で行なわれたかを知る資料として、昭和四十三年に埼玉県農業改良普及事業二〇周年記念会によってまとめられた冊子「普及事業の足どり」がある[7]。この冊子の住生活関連の改善事業をまとめたのが表3-1-1である。昭和二十五年から二十七年にかけて改良かまど改善、昭和二十六年から二十八年にかけて台所改善、昭和二十六年から四十二年にかけて便所改善、昭和二十六年から昭和四十二年にかけて作業場と住まいの分離指導が重点的に行なわれた。改良かまど改善は公民館活動の一環としても取り入れられたとの記載がある。作業場と住まいの分離指導は、母屋内蚕室の屋外化及び母屋と畜舎の分離を内容とするものである。

農業改良普及員が担当した農業技術及び経営の改善分野では多くの農業技術の改善とともに昭和二十四年から二十六年に四Hクラブ結成、昭和二十七年から二十九年に四Hクラブ活動助長が行なわれ、次の時代の農業を担う青少年育成が行なわれた。

表3-1-1　埼玉県の住生活改善関連事業

普及事業の足取り（埼玉県農業改良普及事業20周年記念会昭和43年10月刊）より住生活に関連するものを抜粋

活動	内容	時期（昭和）	試験研究や農業施策との関連	活動の効果	農家生活上の特徴
改良かまど改善	二連式、三連式	25～27	公民館活動の一環としても取り入れられる	約10,000基普及。労働・衛生・経済の面に役立つ	消費の効率化
台所改善	配置・窓明・流し調理台の高さ・戸棚・衛生	26～28	生活改善資金	台所改善は1部落を含め3,000戸	
	設備器具	39～42	生活改善資金	資金利用による炊事場食事場の改善174戸	
便所の改善	改良便槽・内便所の設置	26～42	生活改善資金	寄生虫対策・保健衛生に効果をあげる・39～41年に資金利用による改良便槽6戸	保健衛生の関心が高まる
作業場と住まいの分離指導	蚕室と住まいを別棟にする。畜舎と住まいの分離	26～42	生活改善資金	作業と生活のけじめがつき休息の場になる・住まいが衛生的になる・9,500戸蚕室分離	機械化が進む
グループ育成	組織・運営・プロジェクト・生活技術・レクレーション	26～42		生活技術・問題解決能力が高まる・グループの共同の力で共同炊事・共同購入をする・グループ数193・グループ員2,613	共同の力が認められる
自家水道の設置	井戸用ポンプの取付による自家水道	32～35		水汲みの労力と衛生に役立つ	電化が進んでくる
太陽熱利用温水器の導入	各種メーカーの製品を農家の環境により採用	33～42	農家生活技術適応実験・生活改善資金	燃料と労力の節約に役立つ・資金利用による設置168基	各メーカーの製品が出回る
プロパンガス器具の導入	ガスレンジ 瞬間湯沸かし器	39～40	農家生活技術適応実験	90％の農家に普及、家事労働の合理化に役立つ	農村にプロパンガスが広がる
生活環境の整備指導	社会施設の整備 個人住宅の改善 融資制度とその利用 住居診断の仕方	39～42	農村社会生活環境整備総合対策	39年～41年 農民センター　24棟 児童遊園地　17 防犯灯　10地区 生活改善センター7棟 道路　18カ所 簡易水道　6カ所 託児所　1 生活改善資金の利用による改善　39～41年 ・寝室　18　・居間　35 ・子供部屋　32 ・浴室　79　・便所　45 ・炊事場　160 ・食事場　14 ・改良便槽　6 ・太陽熱利用温水器168	農村計画が問題になる

昭和四十二年以降は小地域単位の細かな指導体制から広域指導体制へ方針が変更され、農家個々への指導から集落単位への指導へと性格が変わる。昭和四十二年には埼玉県内にあった三〇か所の農業改良普及所が一五か所の広域普及所に統合整備されており、指導体制の大きな変化を具体的に示している。

小論の対象とするのは、農家個々への指導が行なわれた昭和四十年代初めまでである。取り上げる事例は埼玉県の秩父盆地周辺で行なわれたかまど改善と蚕室の屋外化についてである。埼玉県では全国の動きに沿って国の農業改良助長法公布と同時に県の条例が施行され、食糧増産指導員が昭和二十三年に組織された(8)。昭和二十四年には第一回改良普及員資格試験が実施され、食糧増産指導員を発展的に解消し、新たに農業改良普及員一一九名、生活改良普及員一三名が誕生した。また、同じ昭和二十四年に青少年の農業研修組織四Hクラブが秩父郡吉田町に初めて組織された。

3、第二次大戦後の埼玉県養蚕の概要

埼玉県では明治期からの生業の特徴として多くの農家が養蚕を農家副業としていた。養蚕は住まいが飼育空間として使われ、住生活改善にも大きく関係しているため、少し詳しく養蚕による繭の生産状況を示す。埼玉県全体の産業は農産品と工産品に分けてその構成比を見てみると、大正四、五年まで農産品産額が多かったものが、それ以後工産品の比率が高くなっていく(9)。この大正初期に第一次産業から第二次産業に主体が移ったのである。

第二次大戦までの日本全体の農業は米と繭の農業と言われた。水の便がよいところは傾斜地でも水田がつくられたが、水の便の悪い畑作地帯では副業として行なわれる養蚕が大きな収入源として位置

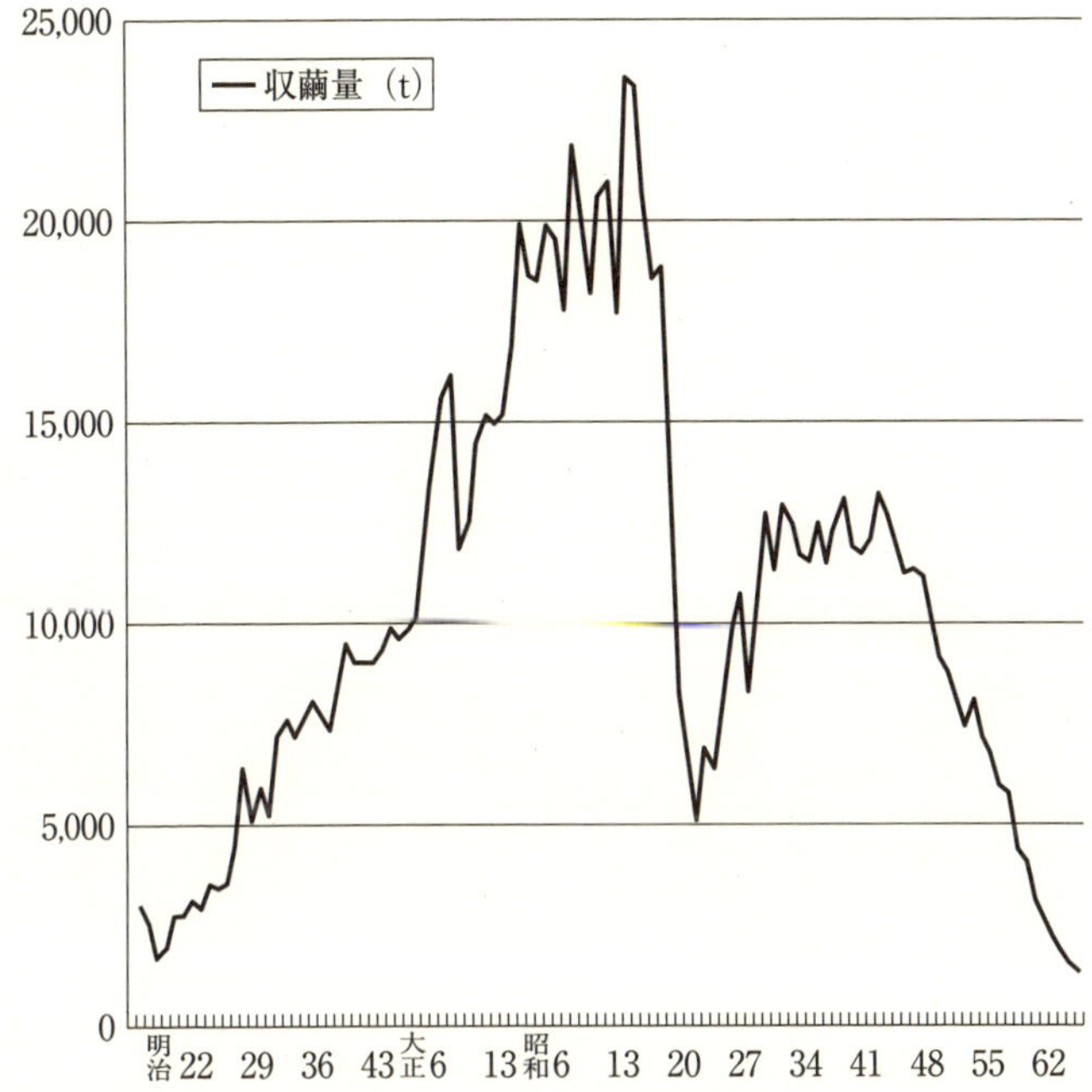

図3-1-1　埼玉県の収繭量の変化

づけられていた。明治期以降、畑は自給用の麦畑を残し大部分が蚕用の桑畑に変わった。埼玉県は繭の一大生産地で、第二次大戦までは全国第三位の生産量を維持していた。図3-1-1は埼玉県全体の収繭量の変化を示したものである。収繭量は明治期から増えつづけ、昭和十四年にピークを迎える。昭和期の初めから第二次大戦に入る前までが最も生産量が多く、戦後はいったん生産量が上昇に向かい戦前の半分程度まで復活するものの昭和五十年代に入ると減少に向かう。戦前は飼育方法や桑の栽培方法に改良が加えられ、労働集約型で住まいを飼育場にかえての生産が行なわれ、関東大震災や世界恐慌のなかでの繭価低落にもかかわらず生産量は伸びていた。戦後はまず食料増産のために桑畑が麦や蔬菜畑に変えられ、その後は酪農、工芸作物、観光農業など都市圏を控えての多様な農業が展開されるようになる。三齢までの稚蚕共同飼育や蚕室の屋外化などの飼育技術が工夫される一方で、都市近郊型農業の進展により繭生産農家が減少し、繭生産量も減少していく。こうした埼玉県の推移のなかにあって、秩父地方では第二次大戦後も盛んに養蚕が行なわれており、昭和三十五年ごろまでは重要な現金収入の手段であった。秩父郡内の小鹿野町では養蚕農家数の一番多かった時期が昭和三十五年で総農家数の六一%にあたる一〇三四人であった。[10]

4、台所改善はイロリ改善

(1) 青年組織主導の台所改善

二つの青年組織

埼玉県小鹿野町馬上《もうえ》地区は旧倉尾村に属しており、群馬県との県境に位置する集落である。馬上地区の人たちは、集落を馬上耕地と呼ぶ。高度成長期以前の換金作物は養蚕で、自家用に麦作をした。日陰の畑に桑を植え、南向きの畑に麦を植えた。畑と畑の間の段のところに楮、タモを植えた。楮は自家用の紙原料として、タモは紙漉の漉きフネに入れる原料として自家用と販売用につくった。ほかに大豆や小豆を作物とした。

終戦後には馬上集落の青少年の組織として青年団と四Hクラブがあった。青年団は文部省関連の組織で公民館活動と連携していた。青年団は戦前からあった青年学校を引き継ぐ形で倉尾村青年団があり、馬上集落は支部として属していた。青年団は旧村内での主要な活動団体で、運動会、演芸会、文芸活動などの文化的活動を行なった。図3-1-2は昭和二十五年十月二十九日に撮影されたもので、倉尾神社秋の大祭で、流星と呼ばれる打ち上げ花火を奉納するための、馬上支部青年団出発の場面である。四Hクラブは昭和二十四年からはじまった農林省関係の組織で、独身者を対象とした農業技術研修団体であった。四Hはheart, head, health, handの四つのHをもつという意味で、新しい農業従事者育成をめざすものと言われており、馬上地区の青年は中学を卒業すると全員加入した。昭和二十四年当初は馬上地区の会員六、七名ではじまり、椎茸栽培などを試したりした。馬上支部青年団の流星奉納の写真の最後尾に並ぶ少年らが四Hクラブの会員でもあった。

図3-1-2　秋の大祭で打ち上げ花火を奉納する馬上支部青年団

生活改善

一般的には生活改善は農業技術指導の一環として行なわれ、その内容は食生活および台所改善であったと理解されているが、馬上地区の場合、違ったかたちで行なわれた。旧倉尾村に隣接する吉田町に農業改良普及員と生活改良普及員の支所があり、馬上集落にも指導に来ていたようだが、台所改善は新生活運動で行なったと話す地元の人が多い。農業技術指導は戦後すぐに行なわれた食糧増産のためのサツマイモ栽培からはじまった。以後こんにゃくなどの工芸作物をつくるようになり、養豚や酪農技術が導入された。一方、公民館活動の一つとして新生活運動が昭和二十年代にはじまり、台所改善と改良かまど改善を主な活動とした。秩父地域でダイドコロと言えば入り口の土間部分と流しのあるオカッテ部分を含めた範囲をさす。台所改善の意味する台所とは具体的にはオカッテのことで、イロリを廃し、煉瓦ブロックのかまどを作るということであった。人の目に悪く、養蚕にも悪影響を及ぼすイロリからの煙をなくすことと燃料消費の節約をはかるという名目であった。形の変更はこのあたりの一般的な間取りであるダイドコロの板敷部分を土間にして、レンガ積みのかまどを作る内容のものであった。低い流しも立ち姿で使う形式のものに改め、土足で使えるようにした。

活動の推進役は四Hクラブであり、同クラブが主催して煉瓦ブロック製のかまど作りの講習会を開いた。講師には吉田町に常駐していた生活改良普及員を招いた。このかまどは一m三〇cm程の幅で、火穴が二つのものであった。資金はかまど月掛け貯金という名目で月々積立てていき、足りない部分は借り入れをした。実施したのは昭和二十五、六年のことで、一年半の間に馬上地区の八割から九割の家でこの台所改善と改良かまど改善がなされた。実施にあたってはレンガなどの材料購入の際、積立貯金だけではとうてい足りないので必要なまとまった資金を地区の資産家から借り入れ、それを少しずつ返還していく方法をとった。昔からデージンと呼ばれる資産家は地区の発展のためにさまざまな社会的支援や資金援助をしたのだという。

実際の施工は青年を中心とした地元の人たちの手で行なわれた。昔からの慣習にとらわれかまどを巽の方向に向けなくてはいけないと親の代が言うので、折衷策としてダイドコロの隅に三角の形をしたかまどを作ることもあったという。図3-1-3は三角形のかまどを作ったH家の事例を示したものである。母屋の間取りは一二畳半のザシキを中心にその裏(東側)に七畳半のナンドが位置する。ザシキとナンドの並び（南側）にトバノデイ（八畳）とオクリノデイ（八畳）が位置する。この二間は、オクリノデイに床が設けられた二間つづきの接客の間としてある。ザシキとナンドの反対側の並び（北側）はダイドコロと呼ばれ、地炉のある間が板間で、入口に通じる部分は土間であった。改善の一つは地炉をコタツに変え、そのまわりに建具を入れて寒さを防ぐものであった。もう一点の改善としてかまどが設けられたが、父親の意見で巽の方角に焚き口を設けるため、三角形のかまどとなった。三点目として穀箱や味噌樽は別棟に移し、そのあとに風呂場を設けた。馬上地区では昭和三十年ごろから酪農をはじめ、各家一頭ずつの乳牛を飼うようになり、このかまどは乳牛の飼料作りにすぐに役立つこととなった。

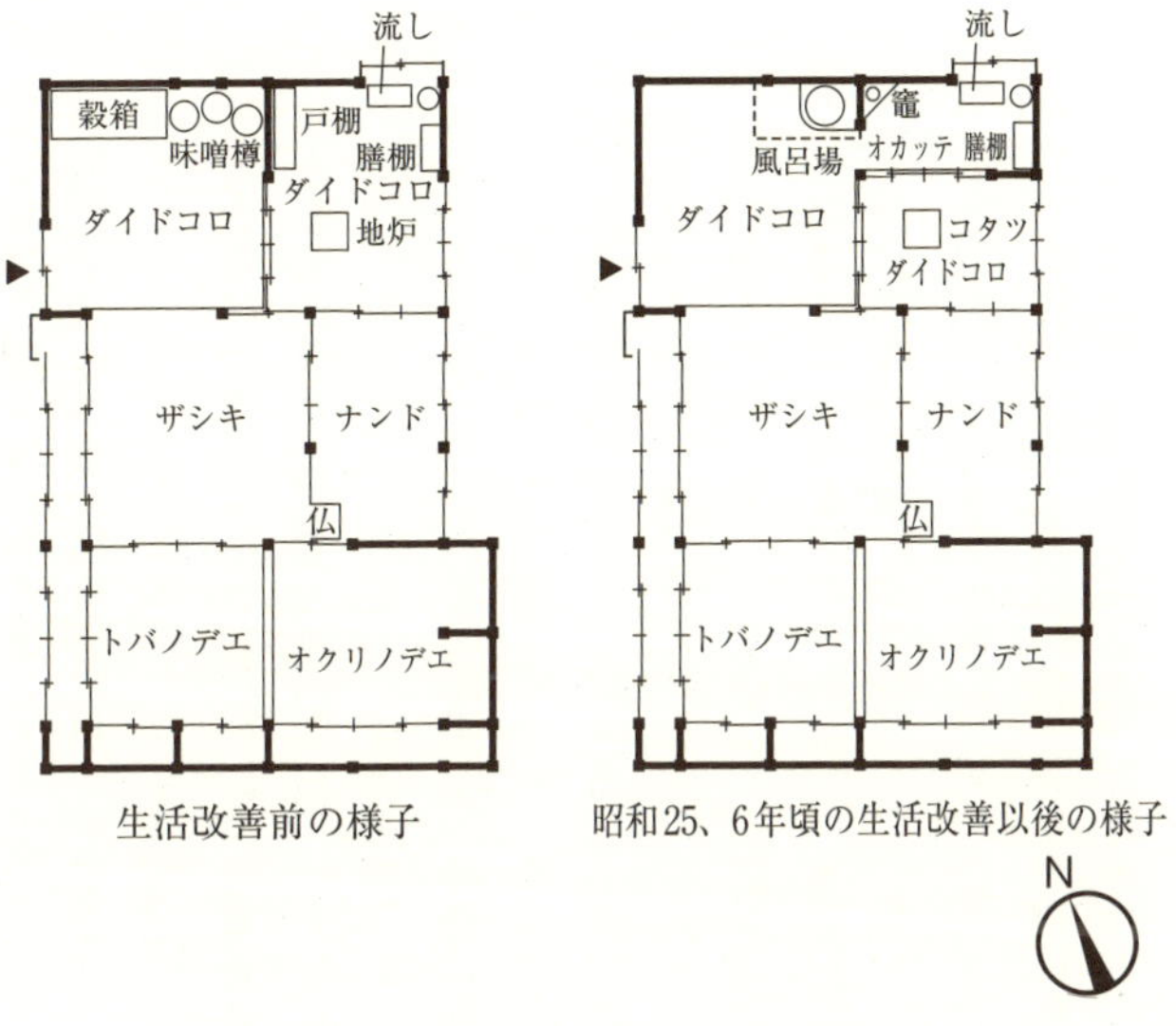

生活改善前の様子

昭和25、6年頃の生活改善以後の様子

図3-1-3　小鹿野町馬上　H家のかまど改善

四Ｈクラブの役割

馬上地区の生活改善は新生活運動として行なわれ、その推進役は農業技術と経営を学ぶ四Ｈクラブによって担われていた。馬上地区の集会所には、昭和二十八年に埼玉県教育委員会から旧倉尾村馬上地区四Ｈクラブに贈られた表彰状が飾ってある。その文面は「新生活運動の実践に優秀な成果をあげられ文化村の建設に貢献されるところ多大」となっている。四Hクラブの初代会長を務めたM氏（昭和三年生まれ）は、このころ盛んに埼玉県内各地での活動発表会に出かけて行って台所改善と改良かまど改善の実践報告をしたと話す。

この馬上地区の事例は「2、住生活改善事業の内容」で取り上げた「普及事業の足どり」に示された改良かまど改善が公民館活動の一環として取り上げられたという記載を具体的に示すものである。また、担い手が公民館に関連する青年団ではなく、農業にかかわる四Hクラブであったことも考えさせる点である。馬上地区の青年は新しい時代の農業技術・経営を学ぶ一環として生活の技術改善を理解し、上下関係のある青年団ではなく、農業の新たな担い手グループを母体に新しい活動をやろうとしたのである。農業試験場等の試験研究を経て打ち出された新しい農業技術は科学的検討をふまえて得られた成果である。農村の人びとは四Hクラブの活動を通じて農業技術を学ぶ過程で、効率や経済性の論理で考える思考を身につけたと推察される。近年進められつつある馬上地区のケンタッキーインゲン野菜のブランド化や、名水毘沙門水の観光資源化は、戦後すぐのころの四Hクラブで学んだ人たちのアイデアの出し合いと実行力で生み出されたものである。新しい技術導入をはかる一方で先祖や親を敬う気持ち、氏神を信仰し祭礼を継続する態度は変わらず継承しようとした。この馬上地区でつづいている諏訪神社旧正月の管粥神事や周囲の山々に集落を囲むように鎮座する山の神を含む一二の神々に対する信仰行事、榛名山や古峰神社への代参講、お日待ちの年中行事の継続など、多くの行事が変わらず行なわれている。M氏は管粥神事などの村の行事をつづけていくことは私たちの精神的な拠りどころであり、農業を行なう生活と結びついていて不可分なのだと話す。合理的に判断できる技術を時流に沿って選択することと生活に埋め込まれた農業を継承することの両方をたゆまずつづけてきたのである。

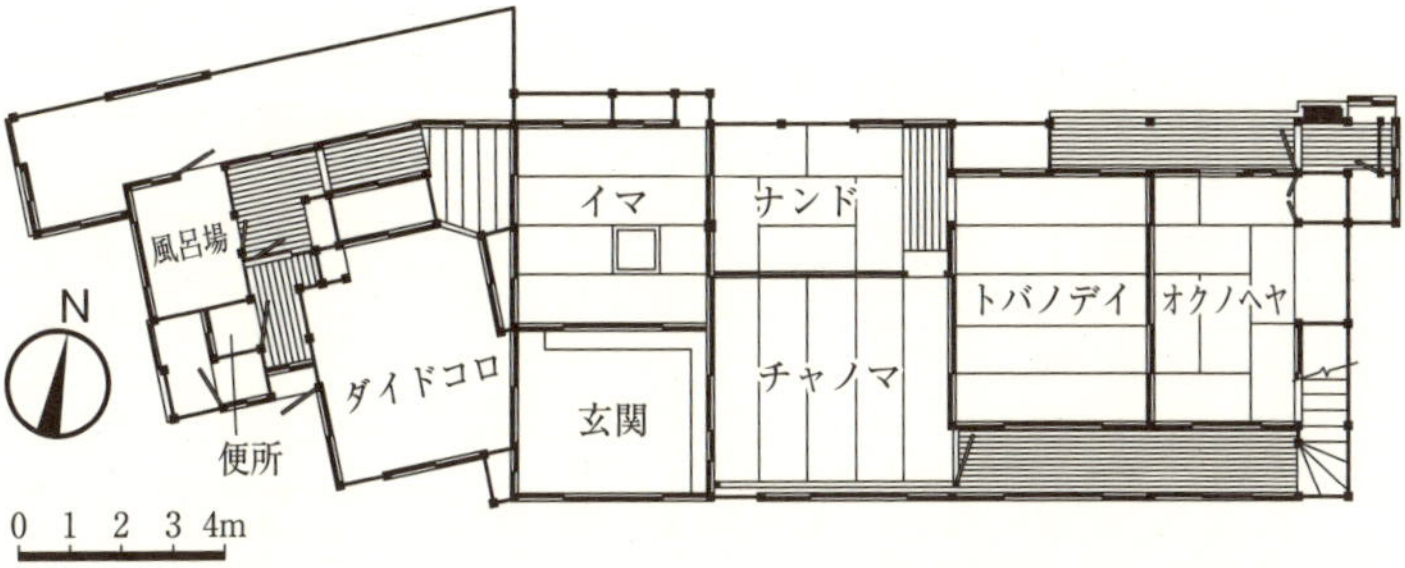

図３−１−４　秩父市大滝村滝の沢　Y家の母屋間取り

（２）川下からの新しい生活の導入

秩父郡大滝村（合併で秩父市大滝に変更）は奥秩父山地にあり、荒川最上流域に位置する。Y家は大滝村滝ノ沢地区にあったが、滝ノ沢ダム建設のため平成三年に横瀬町へ移転した。図3-1-4は昭和十四年建築の母屋間取りである。それまで住んでいた母屋が山崩れで倒壊したため、新しく建てられた。

第二次大戦後の新しい生活として、イロリからかまどへの改善が行なわれた。昭和十四年の建築当初、イロリはオカッテとイマの二か所にあり、採暖と煮炊きに使われていた。戦後イマのイロリはホリゴタツへ変わったがいくつかの段階があった。その過程はまずイロリの煙が蚕によくないこと、人の目によくないことが言われ、イロリの中央にストーブを置いて暖をとるようになる。つづいてストーブをやめてコタツ櫓を置き、消し炭を熱源としたコタツに変える。この変更も最初はもとのままの灰の高さで、足をなかに入れることはできなかった。やがてコタツ縁をブロックで囲んで灰の位置を低くし、ホリゴタツの形式になる。オカッテのイロリはヘッツイに替わり、つづいて煉炭コンロで煮炊きするようになる。

昭和十四年の母屋建築前後のころは食事はハコゼンでとった。イマのイロリが切ってある北側の場所で、家族がカマやナベを囲んで座った。主人だけはイロリのヨコザの位置のままで横を向いて座った。ヨコザの位置はナンドとイマ境の大黒柱のところである。昭和十五、六年ごろには、チャブダイで食事をとるようになる。これは当時の当主が教員をしていたため新しいものを早く取り入れる傾向があり、昭和三年生まれのY氏によれば「父は文明を取り入れるのが早かった」のだという。チャブダイはハコゼンで食べていた同じところに置かれ、家族がこれを囲んで一緒に食べたが、当主だけはハコゼンのままでヨコザの位置で食べていた。客がくるとイロリの手前、すなわち土間よりのところに座らせたが、食事の際は足のない平たいお膳でイロリに対して横向きに食べるように置いたという。

イマのイロリが少しずつホリゴタツへ移行したのは、まず、イロリの煮たきの役割をダイドコロのヘッツイやコンロに移すための期間が必要だったからだとY氏は話す。たとえば生活の習慣としてお客の多い家だったからいつもお湯を沸かしておく必要があり、煉炭コンロの出現までは完全に役がわりができなかったのだという。また、年中行事として頻繁に行なわれるお日待などでイロリまわりでの接待が行なわれたこと、大人数のための煮たきの場としてイロリが必要だったことが理由である。

滝ノ沢地区の各家々で行なわれる集まりとしては古峰さん、山の神、二百十日、二十二夜様（ニヤサマ）のお日待ちがあった。古峰さんのお日待ちは十一月から三月までの毎月十二日、山の神のお日待ちには二つの形態があり、一つは集落全体で行なう年二回の祭礼とその後の飲食で、もう一つは数軒のグループで行なわれるもので、正月、五月、盆の月の十七日に行なわれ、持ち回りで各家に集まり、歓談飲食をした。二十二夜様は女性だけで行なうお日待ちで毎月の二十二日に行なわれた。これらの多くの集まりが講員の家ごとに持ち回りで行なわれ、集う場としてイロリ廻りが使われた。

イロリの自在鉤はホリゴタツになっても横にして天井近くにひっかけておくだけで長く吊してあった。イロリの灰を汚すとバチがあたるというイロリを神聖視する側面や、自在鉤に愛宕様という火傷や火災の守り神を祀ったりしていたため、変化に対しての抵抗もあった。大滝村栃本に愛宕神社があり愛宕様の講をつくって毎年代参していた。

このことはイロリの役割を改めて考えさせる。イロリには煮炊きすること、暖をとること、明かりとなること、そして集まりの場となることの役割があった。一方、かまどは煮炊きの役割を効率的にするものであった。イロリの役割の一つひとつが別々の方法に変わっていったが、最後に集まりの場としての役割が残されていたのであり、集落の集会所がつくられるまで自在鍵は取り外されなかった。

図3-1-5　秩父市大滝村滝の沢　Y家のダイドコロの改善

昭和二十六年に当主の長男であるY氏が結婚する。戦後すぐ行なわれたイロリからホリゴタツへの変更につづき、昭和二十八年に台所、風呂場を改造する。Y家ではオカッテ、風呂場、便所の順で改築していき、つづいてイマの改装、二階の座敷の改装を行なった。具体的改築内容はイマ、チャノマ、ナンドに天井を貼り、ナンド・チャノマ境の間仕切りを入れ、少しおくれて水道を敷き、煉炭コンロを入れ、ダイドコロ・フロバの改善が行なわれる。このイロリからホリゴタツへの変更からはじまる一連の改善は、行政主導の事業ではなく、自主的に行なった生活改善であった。生活改良普及員はこのあたりには来なかったが、酪農指導、養蚕指導、こんにゃく指導を行なう農業改良普及員、養蚕指導を行なう養蚕技術指導員が来ていた。生活改善指導は行なわれなかったものの、地下足袋を履いたまま土間でテーブル式の食卓で食事をすることがはやった。かまどを作り、土間で立って炊事をする方式だった（図3-1-5）。Y氏の話では同じ集落のある家が最初に導入したのだが、荒川の下流のほうで導入された例を見てきてはじめたという。風呂は五右衛門風呂を改修した長州風呂を入れた。底板が浮かない方式の風呂である。酪農グループ、植林グループ、こんにゃく栽培グループといった新しい農業をねざすグループづくりからはじまり、そのグループ仲間で行政に指導されたわけではないが生活改善が広がっていったのだとY氏は話す。こうした住まいの改造は、戦後からの木材需要の高まりで収入が増えたことで実施することができたのだともY氏は話す。

酪農グループ、植林グループ、こんにゃく栽培グループといったグループのもとになるのが、お神楽の仲間であった。どんな職業の人もおつきあいだから加わったし、学校卒業したら必ず神楽をやるという習わしであった。営農のグループもお神楽も七〇歳から中学卒業したばかりの人まで一緒になって活動をした。

昭和三十八年に実施された民俗資料緊急調査報告書に滝ノ沢地区の報告が掲載されている。これによると若衆、若連、ワケイシと呼ばれる若者組とオオナカと呼ばれる壮年グループがあり、オオナカが集落内の行政的役割を担っていたとされ、別に山仕事仲間の組があると記載されている[11]。筆者の行なった調査では集落の構成員は基本的には同族的集団で構成されており、はっきりした年齢階層による区分けはなかった。むしろ神楽という三峯神社奉納神楽という祭礼組織が基礎になっていることが聞き取り調査で明らかとなった。

秩父市大滝滝之沢地区では、酪農や工芸作物など農業技術指導は行なわれたが、生活改善指導は行なわれなかった。しかし、戦後の都市を中心とした住宅ブームでの木材需要により、五、六反の山林の木を伐採して売れば三、四年は生活できるほどの収入があり、その経済的ゆとりのなかで台所改善・改良かまど改善が行なわれた。生活改善指導は行なわれなかったが、新しい生活様式を導入する生活改善が自主的に行なわれた。その方法はまず個人が荒川下流の新しい農業や生活を見てきて導入し、つづいてさまざまなグループの間で広がっていくというものであった。荒川川下の新しい農業や生活が生活改善指導によってもたらされたものかどうかははっきりしないが、江戸時代から江戸の木材需要を担い、経済的につながりのあったこの地域であるから、新しい文化を川下から学ぶ意識は自然とあったのであろう。

図3-1-6　秩父郡東秩父村　O家のカッテの改善

(3) 都市生活の導入

秩父郡東秩父村は外秩父山地に位置する。山地裾野の傾斜地に位置するO家にはカッテのイロリと作業場のヘッツイがあった。カッテのイロリは当主が第二次大戦終了後、仙台から帰ってきてすぐにホリゴタツに改修された。当主が小さいころの食事の仕方はカッテのイロリ側に箱膳を並べて行なう方式であった。また、家族で仙台に住んでいたとき、チャブダイでの食事を経験していたため、戦後帰郷してからはすぐにイロリをホリゴタツに変え、コタツのテーブルを囲んでの食事の方法に変えた。作業場のヘッツイは陶器製の移動式のものであったが、昭和十五年に鋳物製のカマドに替わり、昭和三十年頃から二連式の固定カマドが加わる。昭和四十五年に流しをそれまでのセメントの流しから、ステンレス製のキッチンセットに変えた。そのときプロパンガスも導入した。図3-1-6は戦後すぐの変更につづいて行なわれた昭和四十五年改造のカッテの様子である。流しがセメント製から立式で使うステンレス製のものになり、ガスコンロ、冷蔵庫が備えられ、その周囲は土間から低い板床に改造されている。

家で催す集まりに、馬頭観音の日待ち、女の日待ち、子育て観音の日待ちがあり、順番で各家々を回って開催された。女性の集まりはコタツを囲んで行なわれた。

オカマサマがオカッテ近くの壁に祀ってあり、イロリの変化や燃料の変化があっても変わらずに正月に注連かざりをかけ祀っている。

都市生活の住まい方を持ち込んだ戦後すぐの改修と、昭和四十五年の使い勝手を考えた改修の二つを確認することができた。いずれも夫婦二人の自主的な判断による改修であり、都市的生活経験が基本にあったと言える。

5、作業場と住まいの分離

(1) 飼育方法の変化

N氏は大正十五年生まれで、秩父市山田で、夫と一緒に専業農家として養蚕をつづけてきた。また、長く県養蚕婦人部の指導的役割を担ってきた方であり、県からの表彰も多い。耕地面積は水田四反、畑二丁であり、山林は一丁二反である。戦後すぐのころは五反が桑畑に充てられていた。養蚕の拡大に尽くしたN氏の活動の様子から、生産と生活の分離という生活改善指導がどのように行なわれたか知ることができる。

N氏は昭和二十四年に結婚、そのころの年間の飼育量は春蚕五箱、初秋蚕四箱、晩秋蚕四箱、晩々秋蚕二箱程であった。結婚当初の養蚕は次のようであった。飼育方法は住宅の部屋を密閉しての稚蚕飼育を行ない、三齢になった段階で住宅二階に上げて二段の棚をつくって並べて条桑育に移る。三齢の最初は二段の棚の列が六列だが、蚕の成長に合わせ少しずつ蚕座の枚数を広げていき、最後には母屋二階に七列、一階に三列と広がり、一階も二階も住宅内はすべて蚕で占められた状態だった。母屋は生活の場であるとともに生産の場でもあったのである。

上簇《じょうぞく》は二階にコノメと呼ぶ一二段の棚をつくり、そこに藁簇を並べて蚕を広げた蚕座を差し込む方式で行なった。回転簇は昭和二十四年ごろは高価で、少しずつ買い足しながら増やしていた。

(2) 稚蚕共同飼育の開始

嫁にきた最初のころは義母が中心となって養蚕を行なっており、それを手伝っていた。そのころは家のなかですべて飼育しており、それは義母の考え方にもとづくものだった。昭和三十年ごろから飼育を少しずつ任されるようになる。少しずつ壮蚕期にコナシ小屋などの屋外で飼育するようになる。義母の代には蚕は家のなかで飼うものという観念があったが自分の代で少しずつ変えていったとN氏は語る。昭和三十八年ごろから、よその家の蔵を借りて、稚蚕の共同飼育をはじめた。そこには蚕糸会社、蚕種会社、養蚕連合会の指導員の人たちが来て飼育指導をした。昭和四十三年には養蚕組合高篠支部が稚蚕共同飼育所を大棚という場所に建設する。組合全戸が当番制にして交代で飼育をし、またつねに蚕業技術指導員の人がいたから蚕飼育をしながら仕事を覚えることができた。蔵を借りてはじめた最初のころは共同といっても持ち寄り飼育で、なかでは各戸別々に蚕座を仕立て育てていたが、共同飼育所ができてはじめて共同掃立て共同飼育ができるようになったとN氏は話す。

この共同飼育所が完成した時期にN氏の呼びかけで養蚕農業組合高篠支部の婦人部がつくられる。同時期からN氏の家では屋外に鉄骨ハウスと呼ぶ蚕飼育小屋を次々に四棟、ビニールハウスを一棟建て、飼育規模の拡大をはかり、多い年で二〇〇〇kg収繭するようになる。養蚕をやめたのは平成七年である。

(3) 母屋は生活と生産の場

母屋は桁行九間梁行五間の広さで瓦葺き切妻屋根総二階建てである。母屋は明治三十一年に全焼し建て替えられたものである。建て替えられた母屋は草葺き入母屋造りで中二階を設け、その部分の南面の屋根を切り取った形で、専門的には出し桁造り、地元ではセゲイヅクリと呼ばれる形式であった。二階床は床板が一枚おきにはずれるコマガエシと呼ばれる形式のものであった。現在の母屋への改造は昭和四十年ごろに行なわれ、入母屋総二階建ての形式になった。母屋の間取りは図3-1-7に示すように一階の畳間は四つあり、南側がザシキ、トバノデエ、北側がナンド、オクリノデエに分かれている。もとの土間のほうは大きく改善されており、はっきりとした呼称は用いられていない。ザシキは一二畳半と広い空間で、掘りゴタツがある。かつてはここで稚蚕飼育が行なわれていたのであり、そのための空間の広さであり、暖房としての炉が切られている。北側のナンドとの境にはザシキを向いて仏壇が設けられ、鴨居上には神棚が設けられている。天井の高さが低く、鴨居のすぐ上に天井根

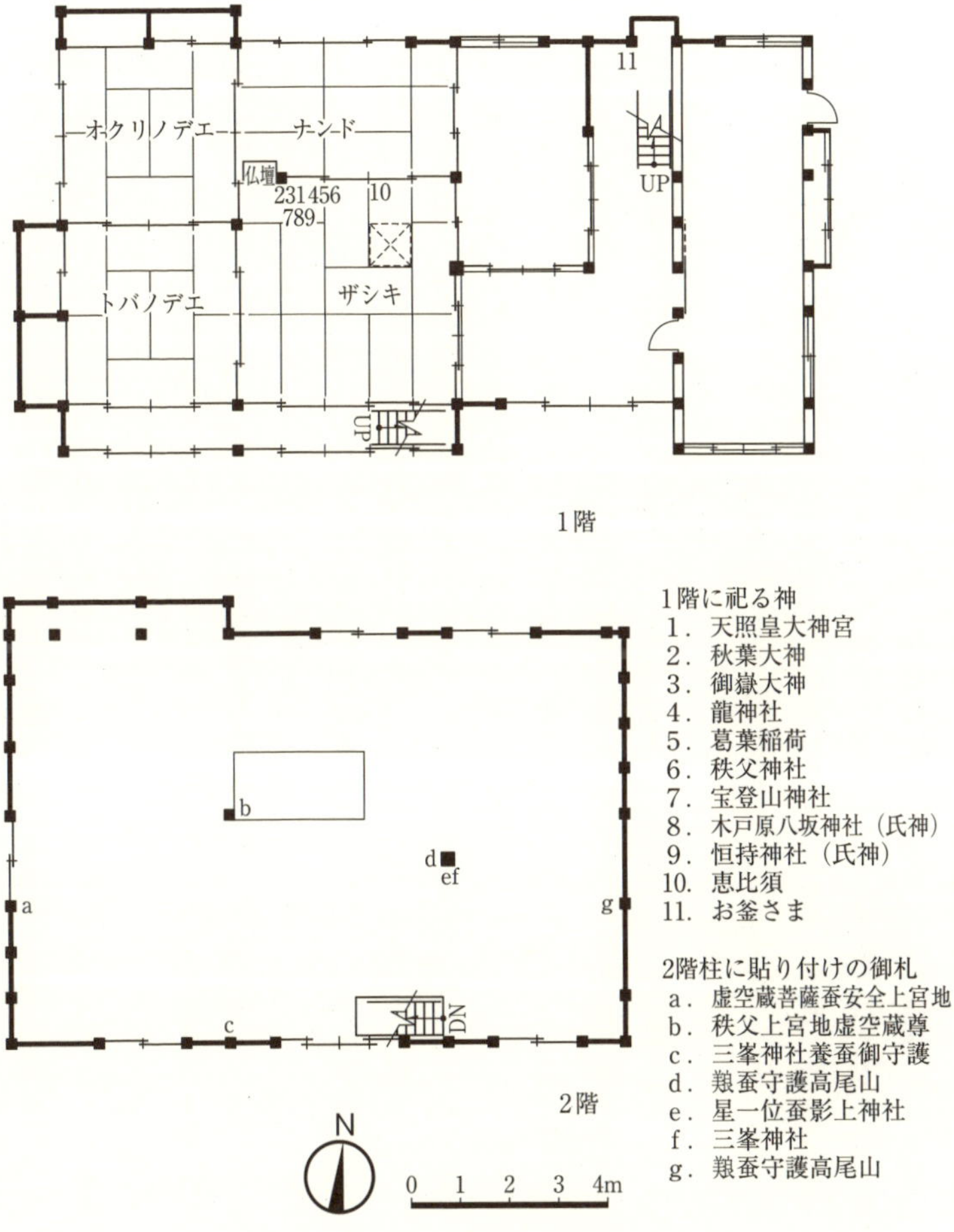

オクリノデエ
ナンド
仏壇
231456
789
10
11
UP
トバノデエ
ザシキ
UP
1階
b
d
ef
a
g
c
DN
2階
N
0 1 2 3 4m
1階に祀る神
1．天照皇大神宮
2．秋葉大神
3．御嶽大神
4．龍神社
5．葛葉稲荷
6．秩父神社
7．宝登山神社
8．木戸原八坂神社（氏神）
9．恒持神社（氏神）
10．恵比須
11．お釜さま
2階柱に貼り付けの御札
a．虚空蔵菩薩蚕安全上宮地
b．秩父上宮地虚空蔵尊
c．三峯神社養蚕御守護
d．翔蚕守護高尾山
e．星一位蚕影上神社
f．三峯神社
g．翔蚕守護高尾山

図３-１-７　秩父市山田　Ｎ家の母屋間取り

太が配され天井が二階床板になっている。そのため、神棚の上に祀られた家屋型の社は二階床上に突出した形になる。この神棚部分は板で囲われ二階床上に箱が置かれた形になっている。一階にはさまざまな神が祀られている。神棚には天照皇大神宮と氏神が祀られ、ほかに近郊の神社のお札が置いてある。神棚横には恵比須・大黒が祀られ、ダイドコロの北側にはお釜様が祀られている。

二階は一階とほぼ同面積であるが、ダイドコロ東側のもとウマヤ部分の上が居室となっており、その西側はすべて蚕室となっている。居室と蚕室の境は土壁で仕切られていて、出入りはできない。それぞれの空間に上る階段が別々についている。

蚕室は桁行七間、梁行四・五間で中央に柱が二本だけの広い一室空間となっている。一階が縁側とオクリノデエ外側の位置にあたる二階部分も蚕室として使えるように一室に取り込まれている。二階周りのいたるところの柱に養蚕のお札が貼ってある。繭の出来がいいように、養蚕が失敗しないようにとの願いのお札であり、年代は明らかでないが秩父市の上宮地虚空蔵尊、八王子市高尾山、秩父郡大滝村三峯神社、星一社蚕影上神社の多くの神社からのものである。N氏は秩父市上宮虚空蔵尊のお祭りである一月十二または十三日の虚空蔵さんによく行ったと話す。義母が中心となって養蚕を行なっていたころはこの母屋の一、二階すべてを使って、掃き立てから上簇まで行なっていたのである。

（4）養蚕の場を屋外の小屋に移す

調査を行なった平成九年時点の屋敷取りの構成は母屋、土蔵、鉄骨ハウス三棟、木小屋及び息子夫婦の新家屋であった。昭和四十年までの屋敷取りは母屋、土蔵及びコナシ小屋の棟、木小屋の構成であった。土蔵とコナシ小屋の棟つづきの一棟は長屋門の形式で、一階部分は土蔵に接して桑蔵と味噌蔵が建ち、つづいて通路部分を経てコナシ小屋、牛小屋の構成になっていた。二階部分はワラの保管

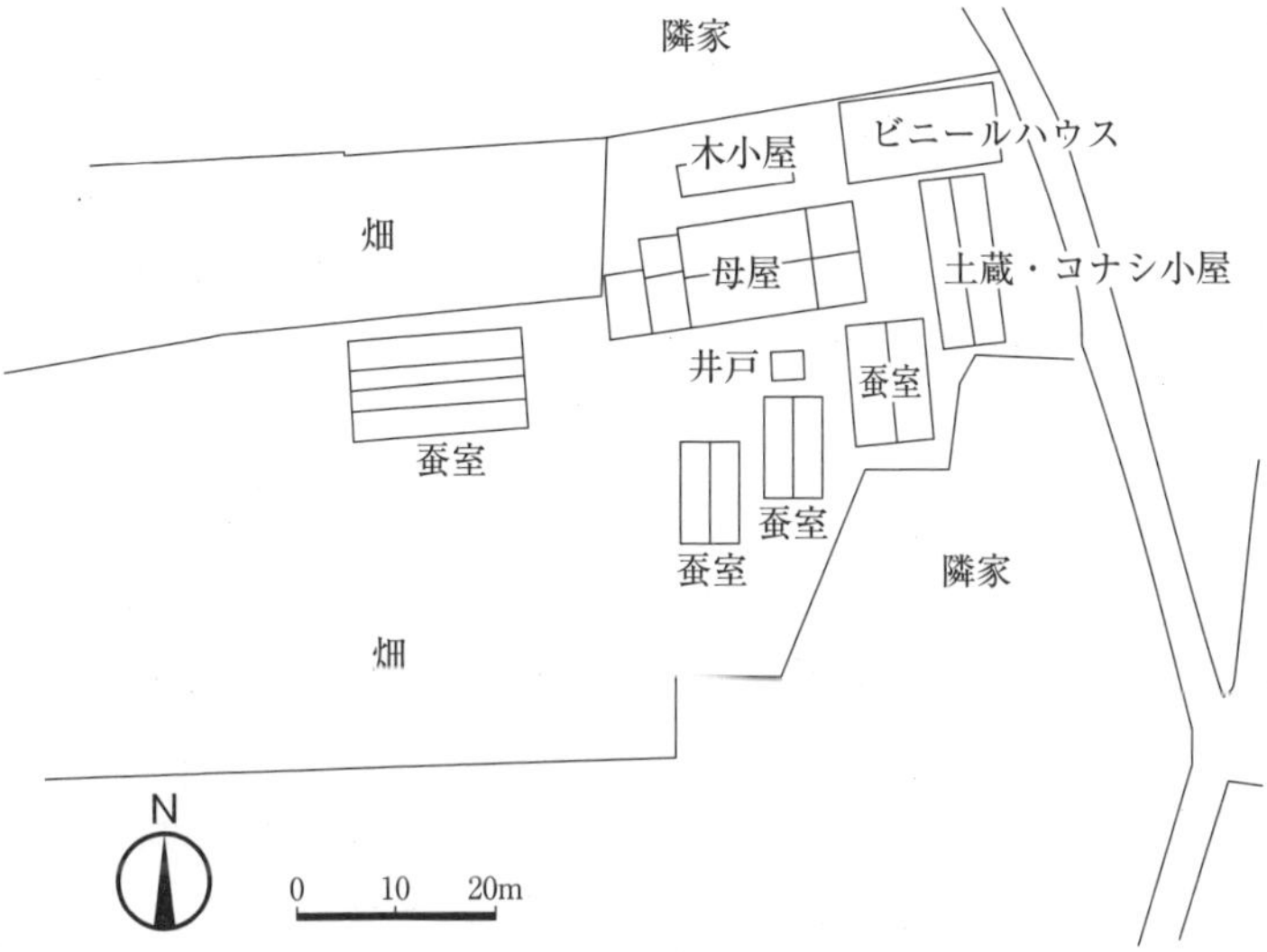

図3-1-8　秩父市山田　N家の屋敷取り

場所となっていた。コナシ小屋とは農具の収納や農作業を行なう場所で秩父地域ではこの名の付属屋を設けるのが一般的であった。

昭和三十年ごろから壮蚕を母屋内から出し、外の小屋で飼育する試みが行なわれるようになる。つづいて鉄骨の飼育小屋がまず四十年代初めに六間×四間の規模のものが一棟、五間×三間の規模のもの二棟が母屋南側に建てられ、つづいて昭和五十年に九間×二間半一棟が西側に建てられた。このころには母屋での飼育は行なわず、屋外だけの飼育となっていた。その後、養蚕とともに稲の育苗にも使う八間×四間の規模のビニールハウスがコナシ小屋の北側に建てられ、合計五棟の小屋が建設されたことになり、大きな生産拡大が行なわれたことをもの語る（図3-1-8）。平成九年時点ではビニールハウスは取り壊され、その場所に息子夫婦のための新住宅が建てられていた。

（5）技術導入と暮らし方の継承

埼玉県の戦後の養蚕技術は桑園の仕立てと蚕の飼育の二つの面で大きな変化を遂げた。

桑の仕立て方は昭和三十年ごろまでは春蚕に対しては桑の根元から切って条桑を与え、秋蚕には葉づみといって一枚一枚を採取して与える方法がとられていた。昭和三十五年ごろからは桑枝の収穫方法が工夫され、春切り法と夏切り法の組み合わせに年間を通して条桑を与えられるようになる。これにより労働力が五〇％も省力化された。

蚕の飼育は昭和三十年代から共同飼育に変わる。共同飼育は郡、村単位で稚蚕共同飼育所を設け、掃き立てから二齢終わりまでの間を育てるもので、これにより労働力の軽減、発病率の低下、作柄の安定がはかられた。また飼育空間の拡大のため、昭和三十七、八年から簡単なバラック建ての小屋を作る方法がとられるようになる。それまでの室内の座敷を片づけていては生産規模の拡大ができないという理由からである。簡易な飼育小屋建設には国や県の補助金が全額の三分の一ついた。

N氏の活動は養蚕に関連した県の表彰を何度も受けていることが示すように、戦後の養蚕経営の近代化を邁進した一つの姿として位置づけることができる。

大きな節目でとらえた変化は次のようにまとめられる。

①持ち寄り共同飼育から組合化による稚蚕共同飼育に進んだこと。

②ほぼ同時期に増産と技術研修のために婦人部が結成されたこと。

③経営規模の拡大が飼育の屋外化につながったこと。

このなかで①、②への指導は蚕糸業に関するものとして行政内でも別の受け持ちであったが、③は住生活改善指導として行なわれた。「普及事業の足どり」には作業場と住まいの分離の指導という重点活動があげられ、その内容として蚕室と住まいを別棟化、畜舎と住まいの分離が示されている。これを実施する際は近代化資金の融資が受けられるとしている。そして活動の効果として九五〇〇戸の蚕室分離の実績数が示されている。

経営変化の節目には大きな家族組織の変化や経済的変化の動きが引き金としてあったということを指摘したい。この事例では一つは義母中心の経営から嫁であるN氏の経営にしだいに移っていったことであり、その代替わりには共同飼育仲間の婦人部で培われた技術と技術経営指導員との交流が大きく役立った。しかし新しい経営への移行に至る決定的な理由は、義母を中心とした時代の蚕は家のなかで飼うものとされ、オコサマと呼んで敬い大切にする態度があったのに対し、N氏の代になるとそうした心情から解き放たれ、科学的な知識のもとでの養蚕に移ったことにある。③へ至るためには蚕への古い意識から科学的な考え方の変化が前提としてあるのであり、それは①や②にかかわる実践的な技術習得のなかで少しずつ獲得されたということは容易に理解される。その一方で、母屋内の神々や蚕を祀る神への信仰は継続して行なわれていたということは重要である。新しい技術に沿って飼育するという科学的思考と、これに並行するかたちで生き物への素朴な愛情や飼育につきまとう不安を祈りのかたちで表す心をもっていたと考えることができる。

6、合理的技術改善と心の継承

「4、台所改善はイロリ改善」の項においては生活改善が現場では行政の事業枠に関係するもの、あるいはまったく無関係に実施されたものがあることを示した。新生活運動や生活改善指導が実施されたもの、川下からの新しい文化の伝播として実施したもの、都市生活の経験を持ち込んだものの三つの例のなかで、二例は具体的に実施する青年グループがあり、成果があがったことに注目したい。青年のグループの新しいものを導入するという意識に、たまたま住生活の改善が取り上げられたと言えよう。そこには女性の自立につながるような事例は見出せない。村のなかでは青年が中心となり、各家々では若夫婦の意志で事業が進められた。

秩父地方ではかまど改善はイロリ改善にほかならなかった。イロリの役割は多く、煮炊きの効率化だけのかまどを導入する過程でイロリのほかの役割が電灯、ストーブを代替えとして取り込まれていったが、最後まで残ったのは人が集まる場としての役割であった。また、大滝村滝ノ沢地区の事例で自在鉤が長く残されたのはオカギサンという神がいる場所であったからである。ほかの事例では火の神はおかまど様としてかまどにそのまま移されている。集会の役割とともに神のいる場としての意識がイロリの廃止を拒んだのであろう[12]。この事例が語ることは、生活改善指導という事業の効果があったか否かの判断は難しいが、さまざまな手つづきを経て農村では確実に生活が変わっていったということである。一つの事業効果の判断を越える大きな生活の変化が起こったのであり、いろいろな方法で取り込まれていったのである。

「5、作業場と住まいの分離」の項では、蚕室の屋外化は新しい技術・経営の導入の背景に蚕に対する意識の変化があったことを示した。屋外化は技術・経営と蚕へ対する信仰を別のこととして考えることを促した。そして、生活のなかでの信仰は変わらず継承された。また、屋外化は母屋の生産空間としての役割を切り離し、人間の生活の場にしたことの意味を含んでいる。蚕室の屋外化は、秩父地域と同じように山梨県や東京都多摩地域あるいは埼玉県内でも遅れていたようである。今和次郎が昭和十一年の八王子市恩方村で行なった養蚕農家調査での生活空間と生産空間の分離提案は、小文で取り上げた事例では約五〇年後に実現されたことになる[13]。五〇年は蚕に対する意識改革と経営世代交代の二重の条件を越えるためにかかった時間である。

古くから養蚕は女性を中心とした仕事であった。男性は畑や山仕事を担い、子どものように育てる蚕は女性に任された。義母から嫁へと担い手は移り、その際に新しい技術が導入されたこと、すなわち世代交代と技術導入が対応していたことを事例で示したが、共同化はどのように進められたかを明らかにすることが残された問題である。取り上げた事例で最初蔵を借りてはじめたころは同じ空間で別々に家ごとの掃き立てを行なっていたが、それがやがて個別に分けることをせず、共同で掃き立てからはじめ、作業分担を行なうようになる。これは自分の蚕（子）という意識の払拭につながり、やがては飼育の屋外化につながるものであったと考えられる。グループづくり（共同化）からはじまった意識の変化は単に生産の技術導入にとどまらない大きな意味をもっていると考えられる。グループ化がどのように行なわれたかは生活改善の入口として重要と考える。

三つの生活改善事例に共通することは、個人やグループが新しい技術に対して合理的な思考で判断し、飼育小屋や立式の流し・改良かまどなどの新しいかたちを導入していったことであり、その一方で個々の家や地区の祭礼や年中行事、火の神・蚕神にまつわる信仰を変わらず継承してきたことである。戦後新しいかたちを取り込もうとする背景には新しい生活の技術とそれにかかわる合理的考え方を取り込もうとする心意が醸成されたのである。そしてもう一つの心意として信仰や年中行事は変わらず継承していこうとしたことを事例から読みとってきた。これは地区のさまざまなつながりを維持していこうとしたのであり、その根底には馬上地区M氏の言葉にあるように「農業と一体となった暮らしを継承していくこと」という意識が根底にあったのである。

［註］

（1）市田知子「戦後改革期と農村女性—山口県における生活改善普及事業の展開を手懸かりに—」『村落社会研究』

第8巻1号、二〇〇一年、二五ページ
(2) 山口昌伴「生活改善同盟会を解読する」『生活学』第23冊「台所の100年」所収、ドメス出版、一九九九年
(3) 久保加津代「一九二五―一九三五年の『家の光』にみる農村住生活改善」『日本家政学会誌』468 vol55、二〇〇四年
(4) 市田知子、前掲書(1)二四―三五ページ
(5) 市田知子「生活改善普及事業に見るジェンダー観―成立期から現代まで―」『村落社会研究』(年報)第30巻、農文協発行、一九九五年、一一一―一三四ページ
(6) 安井真奈美「村の暮らしを改善する―ある生活改善専門技術員の聞き書きより―」『山口県史研究』第14号、山口県史編さん室、二〇〇六年、及び安井真奈美「農村女性にとっての生活改善とは―山口県下関市菊川町における戦後の共同炊事より―」『山口県史研究』第15号、山口県史編さん室、二〇〇七年
(7) 埼玉県農業改良普及事業二〇周年記念会編『普及事業の足どり』埼玉県農業改良普及事業二〇周年記念会、一九六八年
(8) 埼玉県農業改良普及事業三〇周年記念会編『三〇年の歩み』埼玉県農業改良普及事業三〇周年記念会、一九七八年、五ページ
(9) 埼玉県編「解説」『新編埼玉県史』(別編五「統計」所収)埼玉県、一九八一年、二〇〇―二一一ページ
(10) 小鹿野町統計資料
(11) 埼玉県教育委員会編『埼玉の民俗』埼玉県教育委員会、一九六六年、二七三―二七四ページ
(12) 榎本直樹、「埼玉県のかまど神と産飯」『西郊民俗』163、164号所収、西郊民俗談話会、一九九八年、二九―三〇ページ
(13) 今和次郎「三、武蔵南多摩恩方村(養蚕技術の変遷に伴う家屋の変化)」『日本の民家』所収、相模書房、一九五四年、三三二―三三三ページ

二、共同炊事と食生活の変化に関する検討
――群馬県における生活改善普及事業を事例として

吉井勇也

農村社会を歴史的に俯瞰すると、農繁期に共同炊事が実施されていた地域がある。これは農村における「中食化」（他人が料理した加工・調理食品を家もしくは外で食べること）の先駆けとして位置づけられる事例といえよう（松崎、一九九五年、三一ページ）。第二次大戦後においては、生活改善普及事業の普及活動の一つとして、共同炊事が指導されている。本稿の目的は、生活改善普及事業が推進した食生活改善について、農村生活に与えた影響を検討することにある。そのための検討対象として農村部における共同炊事によって、調理者と消費者とが分けられていく事例を取り上げていく。検討対象とする年代については、生活改善のための「生活技術」が集積され、地域を限定した濃密指導が効果をあげ、改善実績が蓄積されていった昭和三十年代を中心に検討する。

1、先行研究と問題の所在

食生活の改善と農村社会の関係性について、近年、矢野敬一は生活改善普及事業を取り上げ、とくに味噌の自家醸造への関与について論じている（矢野、二〇〇七年、五五ページ）。矢野は新潟県の村落で自家醸造されていた味噌に着目するが、かつての味噌は財の指標としての意味があり、長く寝かせ

て色が濃いものがよいとされ、味や栄養への関心は希薄であり、自給的でかつ生産活動と消費活動とが未分離な状況下では、自家醸造にあたって男性の労力が不可欠であったと特徴を整理している。ところが昭和初期における新たな道具の導入により味噌造りが女性の作業として分担されていくという過程を経たのち、第二次大戦後の生活改善普及事業において、味噌の指導が実施されていく。その内容は、製造方法や塩・麹などの分量の変更、カルシウムやビタミンの添加などであり、栄養学的な知識が講習を通じて指導されるようになった。こうした改善指導について矢野は、農業改良普及所が農家女性に対して、「『栄養』や『健康』に配慮し家族に細やかな気配りをする『主婦』役割を規範として提示していく過程でもあった」としている（矢野、二〇〇七年、八三ページ）。

一方で同じ生活改善普及事業で進められた共同炊事に注目すると、農繁期における一部の調理を、農家の主婦以外の女性に請け負わせる事例が見受けられる。たとえば共同炊事を糸口にして農家女性の家事労働について検討を行なっている増田仁によると、栃木県氏家町では、大規模農家の女性たちが農繁期の炊事負担を減らすために行政に働きかけ、役場が有償で一括して炊事を請け負う共同炊事が実施され、炊事の共同的外部化が実現したとしている（増田、二〇〇八年、四四二、四四六ページ）。また、農林省の『普及事業十年』で取り上げられた香川県高松市の事例によると、農繁期の主婦の炊事時間を省くためにグループ員が相談して、副食とおやつを共同炊事し、「炊事人はグループ員の姑さんと、別に若い人を一人頼み、献立は二、三回グループ員が集って作」ったとある（農業改良普及事業十周年記念事業協賛会編、一九五八年、一九一ページ）。

栃木県氏家町の事例では、役場に一括請け負いされることで、炊事が農家の女性の手から離れてしまっている。後者の香川県高松市の事例では、農村内の人物が炊事を担当しているものの、「グループ員の姑」や「若い人」に炊事を請け負わせ、グループ員自らが炊事を担当しているわけではない。献立作成にグループ員がかかわり、栄養や健康に関する気配りをすることはあっても、調理担当者をグループ員以外の人物に専任化する方式が採られているのである。本稿で検討を行なう事例も、農家の女性以外の人物に調理を委ね専任化する方式を採用している。

こうした例をふまえたうえで先述した「主婦」役割に論を戻すと、農繁期などの繁忙期に共同炊事を実施することで、調理が外部化された農村における「主婦」役割の実態について、改めて検討を行なう必要があると言えよう。本稿では一時的に炊事が主婦の手から離れる事例について、いかなる目的・方法によって実施されたのかまず検討を行なう。その一方で「栄養」や「健康」といった知識や思考方法に基づく食生活改善の指導が、共同炊事の場などにおいて具体的に実践された点もあわせて検討を加える。こうした検証をふまえ、生活改善普及事業が推進した食生活改善について、農村生活に与えた影響を考察していくことを全体の目標とする。

2、共同炊事による「中食化」の実施と労働の軽減

本項では、共同炊事がいかなる目的・方法によって実施されたのか、調査地での内容に即して明らかにしていきたい。

(1)調査地の概要と生活改善普及事業

検討を行なう群馬県高崎市足門町は平成十八（二〇〇六）年の町村合併以前まで群馬郡群馬町の大字であり、榛名山東南麓のゆるやかな傾斜地に位置している。足門は東組・下組・上組に分かれ、組ごとに区長をおいている（群馬町誌編纂委員会編、一九九五年、一四〇ページ）。

昭和二十五（一九五〇）年、県内に地区農業改良普及事務所が設置され、群馬町にも普及所が設けられるが、昭和四十二（一九六七）年に高崎農業改良普及所と統合されている（群馬県農業改良普及事業20周年記念会編、一九六八年、九～一〇ページ）。群馬地区農業改良普及所時代には、昭和三十三（一九五八）年の時点で農業改良普及員が五名、生活改良普及員が一名配置され、担当地区の農家戸数は四〇〇六戸であった（群馬県農業改良課編、一九五八年、一ページ）。

同普及所の生活改良普及員の活動内容を示す記録として、高崎市役所群馬支所に所蔵されている『群馬町報』（昭和三十年八月十五日創刊）の二十八号（同三十三年三月）に、「部落内に生活改善グループを」といった記事が、同地区の生活改良普及員名入りで掲載されている[1]。村落内でグループをつくり自主的に改善したり、計画的な会合を実施したりすることが少ない点を述べ、生活技術を普及する場所としてグループ会合の場が最も適していることを説いている。二十九号（同三十三年四月）には生活改善グループの性質・運営方法・発展の条件を取り上げた「生活改善グループとはどんなものでしよう」という記事、つづいて「生活をよりよくしようとする目的の勉強」のために、「何人か、同じ目的の人が集つて勉強する」方法が最適とし、その意義について紹介する「生活改善グループは〝勉強の会〟」といった記事も確認できる。当時の生活改善普及事業の主流が、重点地区にグループを結成させて指導を行なう「濃密指導」方式にあったことから、同記事はそうした全国的な動向に即したものとして位置づけられる（農業改良普及事業十周年記念事業協賛会編、一九五八年、一五五ページ）。このほか『群馬町報』には、生活改善に関する記事が頻繁に登場している。記事の分析は後に行なうが、普及所による普及指導の一つとして、町報のような地元に密着した活字メディアを利用した啓発活動が行なわれていた点を指摘できる。昭和三十年代前半から旧群馬町内の各村落に対し、生活改善の拠点たるグループ結成の呼びかけが行なわれていた点を確認することができる。

(2) 村落における共同炊事の開始

次に普及所指導による共同炊事が、村落で実施されていくまでの経過をたどっていきたい。『群馬町報』二十号（昭和三十二年五月）に「農繁期に大切な栄養と休養」と題した記事が掲載される。農繁期の多忙・疲労と粗食への対策として、共同炊事の実施や十分な栄養の摂取などの必要を訴えている。それから二年を経た昭和三十四年に「農繁期の共同炊事行う　足門東組　生活改善グループの副食加工」という記事が『群馬町報』四十四号（昭和三十四年十一月）に掲載される。足門では、現在までに東組、上組、下組の三か所で共同炊事が行なわれていたことがわかっている。なかでも東組での共同炊事が最も初期に開始されたとされているため、同地における共同炊事実施に至る経緯について明らかにしておく。

東組で生活改善グループの活動にかかわっていた女性によると、農家は忙しいため金古（普及所の所在地）まで生活改良普及員の話を聞きに行くことができなかった。このため足門まで普及員のA氏に来てもらったという(2)。A氏からは料理講習やワラマット作り、女性の貯金などについて指導を受け、改善結果を発表する工夫展への参加も勧められた。こうした普及指導の一つに共同炊事があった。共同炊事の実施にあたっては、同地の別の女性が「普及員が来て指導し始めたころ、実家のムラ（前橋市清野町）で共同炊事をやっていたのを思い出し普及員に話したところ、やってみようということになった」と回想している。女性の実家のある前橋市清野町では「五百貫蚕」とも呼ばれるほどの大規模養蚕経営を行なっていた当時、小学校付近で共同炊事をやっていたとされている。

足門東組の場合、生活改良普及員の自発的な招聘が行なわれ、さまざまな普及指導が実施されるなかで昭和三十四年に共同炊事が試みられるに至った。それでは足門東組において共同炊事を実施する目的はどのような点にあったであろうか。

（3）共同炊事の目的

共同炊事の目的について、前掲『群馬町報』四十四号、足門東組の記事に次のような記述がみられる（図3-2-1）。まず一つ目として「農繁期の重労働に対し適正な栄養を確保し生活水準の向上をはかる」、二つ目に「全員が安心して時間一ぱい仕事にはげみ農業生産の増大をはかる」、三つ目として「最底《ママ》の値段で最大の栄養をとり、栄養と経済の進展をはかる」の三点があげられている。農繁期における「適正な」栄養摂取、労働への専念と生産増大を掲げ、これを最小の経費負担で行なうことを目標としている。

大きな特色は共同炊事が農繁期対策として導入されている点である。東組の共同炊事指導を引き継いだ生活改良普及員B氏からは、農繁期の食事について次のような内容の聞き書きを得ている。B氏は群馬県の生活改良普及員に採用される以前、長野県で栄養士や生活改良普及員として勤務していた経歴をもつ。昭和三十年代前半、養蚕業を営む農家は、五齢期の桑くれ（桑を与えること）から上蔟（熟蚕を蔟へ移す作業）に至る一週間が夜も眠れないほどの忙しさになった。こうした現状を見て、B氏は「この時期の食事や健康を何とかしようと思った」という。のちに普及員として赴任する群馬町も、大規模養蚕経営を行なう農家の多い土地であったため、こうした農繁期における食の改善はB氏によって継続されることになる。またB氏の

昭和34年11月25日発行　群馬町報　（第44号）

農繁期の共同炊事行う

足門東組

生活改善グループの副食加工

時　第一回　九月十七日より九月二十三日迄

第二回　十月二十日より十一月十一日迄

図3-2-1　足門東組共同炊事の記事（『群馬町報』44号）

後を継いだＣ氏によると、昭和四十年代に入っても農家の人は忙しく、田植どきには手植えをしていて地下足袋のままお昼を食べ、昼寝をする時間がなかった。共同炊事をして主婦の労働を軽減し、たとえ一食だけでも栄養が摂れるようにと呼びかけたという。足門東組を担当した普及員の回想をまとめれば、農繁期での主婦労働の軽減と十分な栄養摂取が目標とされていたことがわかる。

一方、東組在住者から聞き書きを行なうと、「油や肉などを使った料理を、みんなして同じに食べたほうが良いという考えになった」「共同炊事をはじめたころは蚕が主だったが、多角経営といって、鶏・和牛・豚なども飼っていた。嫁が自分で材料を買ってきて料理をするのは大変ということで、共同炊事をはじめた」という。

従来賞味する機会が皆無もしくは限られていた、油や肉を材料とする「栄養改善された」料理を、日常食として摂取するための方法として「みんなして同じに食べ」ることが選択されたと言える。また多角経営の導入により、種類が広がった生産労働をこなしていかなければならなかった女性にとって、新たな料理の習得と実践は負担の増加であった。ここでも女性に対する負担の軽減と、栄養の摂取という二点を成し遂げるために、共同炊事が支持されたとみなすことができよう。

以上、足門東組で行なわれた共同炊事の目的について、諸資料にもとづき整理を行なった。そこから栄養の摂取、生産活動への専念、主婦労働の軽減などの目的があることがわかった。労働量という点では炊事作業の軽減に主眼がおかれ、その効果を生産労働に反映させるという考え方を見出すことができる。そして何より農繁期対策であることが念頭におかれたものであった。

（４）農繁期の特色

ここで足門における農繁期の特色について整理を試みる。昭和三十五（一九六〇）年当時における群馬町の作付面積は、水稲四四五〇反、陸稲二六九七反、小麦五六三九反、大麦三四五八反、桑園四七一〇反とあるが、利水条件の悪く水田を開くことが困難だった町北部では、水稲と陸稲の割合が逆転していた（農林省群馬統計調査事務所編、一九六一年、三四、四四、四五、一一六ページ）。聞き書きによると、足門においては用水整備による水田化が進展するまで陸稲の割合が大きく、並行してわずかに水稲を栽培していた程度であったという。陸稲は畑地で栽培し、その生産量向上を目的とした農業改良普及所の指導も行なわれていたという。

養蚕については、群馬県内の養蚕農家数は昭和三十三年をピークとして減少に転じていくものの、収繭量は昭和四十年代末まで高水準を維持しつづけた（宮﨑、二〇〇九年、一五八―一五九ページ）。足門で聞き書きを行なうと年間三回の飼育は珍しいものでなく、昭和四十年代になると五回飼育を行なう家が現れる。また一回の飼育規模が大きく、春蚕に八〇gから一〇〇gの蚕種が掃き立てられた（孵化した蚕を飼育場所に掃き下ろす作業）。養蚕の繁忙期には雇用労働者を雇って飼育にあたる家があったほか、昭和三十九年ころには稚蚕共同飼育所が設置され、自宅に別棟で蚕室を設ける家が見られた。

昭和三十年代における足門の農業経営については米麦作と養蚕を主軸としていたと言われている。なかでも養蚕は大規模飼育、稚蚕共同飼育所の設置などにみられるように、主要な生産活動としての位置を占めていたと考えられる。このため養蚕の繁忙期が、ある程度同地の農繁期を特色づけると言える。給桑量が大幅に増加する五齢期から、時宜を逃さず短時間でズウ（熟蚕）への対処を求められる上蔟が済むまでの期間が、繁忙期となる。作業レベルでは五齢期の桑取り（桑を伐採あるいは採取する作業）と桑くれ（蚕に桑を与える作業）、上蔟の際のズウ拾い（熟蚕を探し拾い集める作業）と蚕アゲ（集めたズウを蔟に移す作業）の約一〇日間に集中して労働力が費やされた。しかし桑くれの省力を目的とした条桑育やそのための施設は十分に導入されず、当初は棚で飼育する農家が多かった。また稲作や麦作の諸作業が連続・並行する初夏繁忙期の場合、農繁期の労働は加重なものとなった。

一方足門では昭和三十年代以降に養蚕から酪農へと転換をはかる家も現れた。昭和三十年代初頭における糸価の下落や昭和四十年代の繭価低迷などがあり、また国の酪農振興政策が同時期行なわれていることと無関係ではない（宮崎、二〇〇九年、一二四、一四五、一六二ページ）。先に紹介した足門の多角経営農家が先駆けとなり、乳用牛などを飼育する農家が増加していく時期でもあった。

（5）共同炊事の方法

つづいて共同炊事実施の具体的方法について、『群馬町報』や聞き書き内容をもとに、設備・運用の点から明らかにしたい。

設備

足門東組では、個人宅の下屋にかまどを設ける形式で開始されるが、数年後に別の個人宅の敷地内に二間×三間（約三・六×五・四m）ほどの炊事場がつくられる。普及員がグループ員の家に泊まりがけで指導を行ない、地域の男性が建材用の古材を購入してくるなど、男性の協力を得て普請が行なわれた。煮炊き用のかまどは直径一mの鉄釜をかけることができ、燃し火を起こして使用するものだった。これと別にパン焼き用のかまどが設けられた。流しは高さ一mくらいのコンクリート製のものが置かれ、簡易水道が敷かれていた。照明用に電灯がついていて、壁は二面が全面板張りで、ほか二面にはガラス障子が入っていた。必要器具はグループ員が持ち寄り、副食を配るために、氏名と人数が明記された容器が用意された。このほか食品を掬《すく》うためのショウギや木製のオタマ、分量を量るための計量器、バットと呼ばれる木製の入れ物などが使用された。また三人がけの長椅子が三脚用意され、この上に板を置いてまな板をのせて食材を切ったとされている。共同炊事場の器物・建物はグループ員の共有とされた。

足門下組では、道路に面した個人宅裏手の竹やぶを、男性に手伝ってもらいながら開墾し、二間×三間（約三・六×五・四m）ほどの炊事場を建てた。普及所から共同炊事場をつくりましょうと指導を受けたという。煮炊き用のかまどとは別にパン焼き用のかまどが作られた。流しには簡易水道が敷かれていた。炊事場中央に一〇人がけの大机と椅子が置かれ、壁には黒板が掛けられていた。

足門上組では、個人宅の敷地内入口付近に炊事場をつくった。二間×二間（約三・六×三・六m）くらいの広さで、古材を利用して建てられたのではないかという。燃し火で使うかまどがあり、水道や照明用の電気が敷かれていた。炊事場中央にテーブルが置かれ、クッキーなどの生地をこねて伸ばすなどの作業をすることができた。また共用の器やそれを収納するための棚があった。設備はグループ員の共用だったが、求めに応じてほかの村落の人に貸すことがあった。

運用

足門東組では、生活改善グループが主体となり、農繁期だけ共同炊事を実施した。『群馬町報』によると初回が昭和三十四（一九五九）年九月十七日から二十三日までの一週間、二回目が同年十月二十日から十一月十一日までの二十三日間行なわれ、一〇年間くらい継続したと言われている。一日当たりの配食数は昼の一食分で、副食（おかず）だけを一品調理した。初回の参加戸数と人数は一七戸六〇人、二回目は二四戸一〇八人であった。調理は「炊事担当者グループ員」として地域内の非農家女性が担当している。食材は「自家生産品は、各自持寄、他の食品は農協及商人から購入し、なるべく現金支出を少くする」とあり、料理に使う野菜などは持ち寄っていた。燃料と必要経費は、一人一日分の換算で各自負担した。燃料となる燃し木は、屋敷林の立ち木を伐った薪や桑の根などを持ち寄った。また経費を増やして、カレー・シチュー・ギョウサなど肉を使用した調理をすることがあった。配食方法は、昼食時に各戸で容器を持って共同炊事場に集った。共同炊事の効果として「時間的に安心して充分に働けた」という記述が『群馬町報』に見受けられるほか、「共同炊事で女性は助かった。昼食分の労働が減ることで、一生懸命働くことができた」「人手のない人からもっと共同炊事の回数を増やしてほしいと言われた」といった聞き書きが得られた。

足門下組で共同炊事がはじまったのは昭和三十八（一九六三）年ころとされ、昭和四十五（一九七〇）年ころ終了している。文書記録が確認できないため聞き書き資料に基づき記述すると、田植・稲刈・春晩秋蚕の農繁期において、一週間から一〇日間を共同炊事した。大規模養蚕経営をしていた農家では、蚕のオオアゲ（上蔟）が済むまで料理を頼んでいたという。一日当たりの配食数は昼の一食分で、副食だけを一、二品調理した。飯や汁物は各戸で調理した。共同炊事に参加したのは下組の生活改善グループ「かえで会」の成員で、同地域に居住していた一七軒前後の農家であった。調理担当者は地域内の非農家女性を頼み、普及員の指導内容を応用して調理を行なっていた。土地でとれる食材は持ち寄ったり、経費を各戸で負担した。あらかじめ必要な人数分を伝えておくと調理の担当者が料理を作ってくれた。これを各戸が鍋やドンブリを持って取りに行った。(3)

以上、共同炊事実施の方法について述べたが、炊事場はいずれの地域も個人宅敷地内に設置され、二間×三間ほどの広さの建物に、煮炊き用のかまどのほかにパン焼き用のかまどが設けられた。施設面では昭和三十六（一九六一）年に開始された群馬町広域簡易水道を敷き込み、流しを設けて水まわりを整備した。ガラス窓や照明を使って、炊事場内の明るさ確保にも留意している。器材面では、大机と椅子、計量器、黒板、食器の収納棚などが見られた。大机と椅子の活用は、田植のときなどの食事場所の改善という理由で、同地域で戸別にも使用が奨励されていた。計量器の使用は、副食の適正な分配とその手段としての数値化を浸透させるために使用されたものと推測されるが、日常生活に秤の使用を普及させるねらいや、尺貫法廃止にともなうグラム単位の励行といった意図も考えられる。整理を目的とした収納棚の使用も含め、共同炊事場が生活改善に関する実演体験の場となっていたと言える。こうした施設・設備はいずれも地域の生活改善グループの共用とされたが、一部で外部への貸し出しも行なわれていた。

運用面について足門東・下組では、農繁期に限定して昼食の副食だけを一、二品共同炊事していた。期間は一週間から二〇日程度と幅がある。調理担当者には地域内の非農家の女性を依頼している。自家の農作業が忙しいため農家の女性が調理を手伝ったことはなかったとされ、調理の外部化が行なわれていた。昼食時に分配された副食を家に持ち帰り、家族で食べるという「中食」の形態が導入されたと言える。こうした効果として、炊事作業が軽減されることで生産活動へ専念することができたとする意見や、人手の少ない家から実施回数の増加を求める声があったことを確認した。

足門では農家生活における年間のあらゆる食の場に対して、農家女性が「主婦」役割を果たしていたのではなく、農繁期において部分的に、その「主婦」役割の機能を外部化していたと言える。つまり「主婦」役割を厳しく規範化することなく、状況においてはそれを回避できる仕組みが、生活改良普及員によってもたらされていた。その「仕組み」が本項で検討した共同炊事である。共同炊事導入の背景として、養蚕業を中心とした生産活動に欠くことのできない労働者としての女性の姿があった。調理を農家女性間で持ち回りする方法をとらずに、村落内の非農家女性を調理担当者として迎える方法を採用することで、農繁期の過重労働を軽減するという目的を達成している。

3、「栄養」と「健康」の食

共同炊事によって、農繁期には食の準備の忙しさから個々の農家の女性が解放される。一方で、生活改良普及員により「栄養」や「健康」といった観点から改善された食が、農村に暮らす農家の女性へ普及指導されていた事実も存在する。そこで次に、栄養学的な知識にもとづく食生活改善の指導が、農村において具体的に実践された点を検討する。

(1) 食と身体を結ぶ思考

まず昭和三十年代において、食と身体がどのように関係づけられることで、農村に対する食の啓発に利用されたのかといった問題について検討を行なう。資料としては、前項で扱った『群馬町報』を使用する。

農繁期対策に話題をしぼった内容として、「農繁期には保存食」（九号、昭和三十一年五月）という記事が掲載されている。養蚕麦刈田植えなどの農繁期労働や睡眠・休養不足によって、さまざまな病気にかかりやすくなること、とくに主婦は家事労働が加わることで一層の過重労働になる点を述べ、その対策として家事労働の軽減、睡眠や休養をとることとあわせて、脂肪やたんぱく質が多く含まれる保存食の摂取を奨励している。農繁期での身体の冷えや疲労、多忙による粗食や偏食の対策としても、十分な栄養、各種栄養素を含んだ食事を勧めている。保存食の調製や活用は同時期に群馬県内の他地域でも実行されており、農繁期の食をめぐる「生活技術」として、広く指導されたものと考えられる。

農繁期に期間を限定せずに、疲労や身体上の問題への対策を扱った記事も多く見受けられる。三十二号（同三十三年八月）には「肩こりの原因はビタミン不足」と題した記事がある。農村に肩こり症の人が多いのは、米麦の過食によるビタミンB1不足や筋肉の酷使による血液循環の悪化などによるとあり、予防法として新鮮な野菜を十分に摂り、ビタミンB1などの不足を防ぐと解説されている。また四十号（同三十四年六月）の「梅雨どきから夏を健康に」で、高温多湿による身体のだるさのほか、「疲れやすい」「両足が重くて、力が入らない」「肩がはったり、筋肉がいたむ」「指さきや口のまわりにしびれを感ずる」「ふくらはぎをつかむといたい」といった「病状」が出るのは、ビタミンB1欠乏の徴候であることを指摘している。身体の違和感を病状として説明し、栄養素の欠乏として解説する点は具体性に富みわかりやすい。四十八号（同三十五年四月）、五十三号（同三十六年一月）では「農夫病」や「農村病」と呼ばれる病気について取り上げている。疲れやすい、身体がだるい、早く老いるといった農村病ともいえる症状は米の過食によるビタミンB1不足によるとされ、対策としてビタミン、脂肪、麦、大豆を多めに摂る一方で、デンプンの過剰摂取は好ましくないとしている。

記事の内容は身体の変調や違和感を扱ったものだけにとどまらず、身体そのものや活動力をつくりだすための栄養という内容も見られる。「牛乳と栄養」（三十五号、同三十三年十一月）によると、日本人の体格が欧米人と比べて小さいのは、カルシウムとビタミンA・B群の摂り方が少ないことが原因の一つとされ、たんぱく質や豊富なカルシウム、ビタミンB2を含む牛乳や乳製品を勧め、その際これらをパンの副食として摂ることを提案している。「色を食べよ」（五十三号）では、赤色の食品（血や肉をつくる）、黄色の食品（働く力をつくる）、緑色の食品（身体の調子を整える）について、一色に偏らずに数多くの色を摂れば身体を補強し、健康を保持できると説明している。発育途上の子どもには赤色の食品を多く摂らせるというように、年齢によって三色のバランスを調節することも補足している。この記事は第二次大戦後に広まった「栄養三色運動」の考え方を取り入れている（岡田、一九八九年、六ページ)。「色を食べよ」が食品の組み合わせ方の紹介であるのに対し、「強化食品のはなし」(三十八号、同三十四年二月)はビタミンやカルシウムを加えた食品について取り上げ、強化食品の紹介と購入時の注意を扱っている。このほか寒さ対策の記事として「油一さじシヤツ一枚」(三十五号)として、「一日一さじの油摂取がシヤツ一枚分に相当する」といった内容が掲載されている。

昭和三十年代における『群馬町報』掲載記事を紹介したが、とりわけ農業従事者を対象に過食批判やバランスのとれた食事の推奨が行なわれている。米や麦といった主食の過食や偏食を改め、各種栄養素の摂取や「栄養三色」に見られる多様な食品を摂ることを勧めている。これは主食で摂ることのできない栄養を、多様な食品の組み合わせが可能な副食の改善によって摂取させようとする取組みと言える。家の食を司る人びとに対し、主食(穀物)の管理だけではなく、副食に対する意識改革が求められたと言えよう。

一方、ビタミンや脂肪といった栄養素の働きに注目し、副食を改善するにあたって重視すべきものとして取り上げている。食に対する認識方法を、簡明な栄養素のレベルに置き換えるとらえ方は、当時としては都市部を除いて目新しいものであったのではないかと考えられる。記事では身体に対して「疲労」「老化」「だるさ」などの諸症状を見出し、要因としてどのような栄養素が不足しているのか、あるいは食事のあり方に問題があるのかといった点を解説している。同様に身体を維持したり、活動力を生みだすためには、どのような栄養素が必要なのかといった点も取り上げている。そのうえで、問題解消のために、どのような栄養素を含む食品を摂取すべきかと推奨を行なうパターンが多い。栄養学的な知識の有効性を突然もちだすのではなく、身体の問題などの身近な事例に読み手を引きつけ、関心や納得を得ようとする意図がうかがわれる。身体の諸問題には、食と栄養のあり方によって十分に対処できるものがあるという思考が、栄養学的な知識とともに農村へ浸透しはじめる一つの契機とみなすことも可能であろう。

(2)「栄養」食の普及指導

それでは、こうした栄養学的な知識や思考が具体的にどのようなかたちで農村に流入していくのか、生活改良普及員による共同炊事や戸別の食生活改善の事例を通してより具体的に検討を行なう。

まず旧群馬町足門地区における生活改良普及員の食生活指導について述べる。足門の共同炊事を直接指導した生活改良普及員B氏・C氏から聞き書きを行なうと、当時はバランスのとれた食事、一日一回の油料理、動物性食品の摂取の励行やパン食の啓発を行なったり、塩分を控えるように呼びかけを行なっていたとされる。一方、足門在住者へ生活改良普及員による食生活改善全般について聞き書きを行なったところ、足門全地域で料理講習が行なわれていたことがわかった。足門東組ではA普及員時代に、毎月一軒ずつ各戸がヤド（当番）になり、交代で料理講習を受けていたという。料理講習の具体的内容についての印象は話者によってさまざまであり、油物・肉類・漬物・塩分・野菜・海藻・大豆料理・酢料理など具体的な食品についての指導があったという内容や、栄養バランス、カロリーの工夫などの指導を受けたという内容が聞かれた。なかには普及員から素麺を使った冷し中華の作り方を習った際に、麺の上に具を盛りつけて飾る料理は初めてで驚きだったという回想も聞かれた。日常食のなかに「栄養」だけではなく「飾り」や「見ばえ」という「見て楽しむ」意識が組み込まれていった。

改善は炊事の場や道具についても行なわれている。足門東組では普及員の勧めで女性による貯金がはじめられたが、この資金を元手に台所改善を行なった家がある。専用の貯金箱を使って一日一〇円ずつ生活改善グループ員が集金して農協に貯金した。女性が貯金通帳や自由に使えるお金を持つことができたのは、当時の周辺農村では珍しかったといい、こうしたお金を持つことが「女の人の楽しみ」になったとされる。またフライパンや圧力鍋といった調理道具の購入斡旋も行なっていた。生活改良普及員のC氏によれば、油を使った調理のために、「一日一回フライパン運動」としてフライパンの使用を勧めることがあった。このほか足門で行なわれた食生活改善の成果について、前橋市で開催された生活改善の工夫展に出品したことがあった。

食生活に関する普及指導は、農家女性に対する戸別料理講習などにおいても実施されており、個々の食品や調理法のほか、食のバランス・カロリーなど栄養学的知識にもとづく指導が行なわれていた。また食生活改善を戸別に実行するための設備・調理道具の改善やそのための資金獲得の方法の教授に及んでいる。農繁期共同炊事により一時的に食の外部化を実践したとはいえ、食の管理者としての女性の育成も同時に行なわれていたといえる。しかし戸別の食生活改善は各戸の環境や経済状況、個人差に応じて受容されると考えられ、その実践の度合いは多様であったと推測される。

次に地域ぐるみの共同化により炊事場をつくることで環境整備を果たし、重点的に普及員の指導を受けつつ、十数軒へ一律分配された共同炊事の献立について、その実態を明らかにしてみたい。

（3）共同炊事の献立

足門東組の農繁期共同炊事を取り上げた『群馬町報』四十四号の記事（図3-2-1）では、先に引用したように栄養についての言及が繰り返されていたが、同時に初期の献立例も掲載されているので整理して紹介する。

献立　第一回

（九月十七日）玉子入り油みそ、（十八日）野菜と鯨肉の中華風煮、（十九日）大豆の煮物、（二十日）

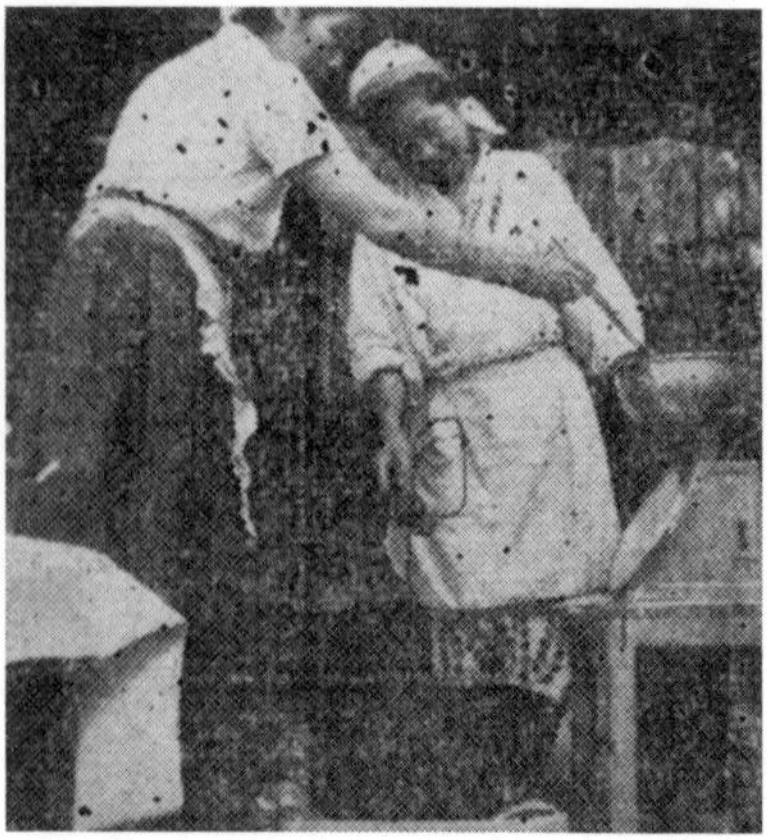

図3-2-2　共同炊事のようす（『群馬町報』44号）

カレー、（二十一日）野菜サラダ、（二十二日）、ひじき煮物、（二十三日）わかめ酢のもの

第二回

（十月二十八日）野菜てんぷら、（二十九日）鯨肉入きんぴら、（三十日）サンマと野菜中華風煮、（三十一日）白菜とハムとエビ煮物、（十一月一日）記載なし、（二日）鯨肉のジクセール、（三日）大豆五目煮、（四日）サンマフライ、（五日）おでん煮込み、（六日）カレー、（七日）ひじきの煮物、（八日以降）以前の献立から三種を選択。

献立について足門東組で聞き書きを行なうと、野菜や海藻を使った料理、具体的にはひじきのあえもの、酢豚、鯨の角煮、秋刀魚、サラダ、天ぷら、おから、きんぴらなどを作り、経費を増やして肉を使って、カレー、シチュー、ぎょうざなども作ったとされる。またジャガイモを出し合って煮たりしていた。同様に下組で聞き書きを行なうと、共同炊事で作られたものは、肉じゃが、イモなどの煮物、野菜の天ぷら、魚を揚げて漬けたマリネ（南蛮漬）、酢豚、揚げ物などがあった。とくに鯖などの安い魚を使った料理や煮つけが作られた。鯖の南蛮漬が出たことは良く覚えているとされ、家によっては「今までに食べたことはなく、子どもも喜んだため自宅でも作るようになった」という。サラダは生野菜サラダではなくポテトサラダのことで、ニンジンや魚肉ソーセージが入っていたという。

こうした献立について元普及員B氏によると、普及員が各炊事場の調理担当者と相談して決めたという。B氏が逐一カロリー計算をすることはなかったが、共同炊事実施中は各炊事場を巡回していた。共同炊事中は農繁期のため地域で会合を開けず、農繁期後に反省会を行なって意見を聞いたり指導を行なったりしたとされる。

共同炊事の目的にあるように、重労働に見合った栄養を最小の経費で摂取するという内容は、高カロリーな食事を現地生産物あるいは安価な購入食品でまかなうことを意味する。先に紹介した普及員からの聞き書き内容を交えれば、食品バランスに留意しつつ、油の使用を意識した料理によって健康的に農繁期へ対処しようとしていた。実際に共同炊事で作られた料理には、天ぷらやフライのほかカレー・シチュー・ジクセール（「ピカタ」のこと）など調理で炒める過程をともなうものがあり、油を使用したものが目立つ。油の使用は『群馬町報』上や普及員の回想でも重要視されており、農繁期の重労働にかなうように、カロリー量を高めに設定した献立が作られたと言える。また食材に注目すると海産物を使った献立が作られている。とくに秋刀魚や鯖・鯨肉など安価なものが選択されていた。調理方法は中華風煮や南蛮漬など従来の農村では珍しい方法が採られていた。南蛮漬についてB氏に尋ねると、煮るのよりもボリュームがあって分けやすく、調理が楽だったという利点があったとされる。コストを抑えつつ、農村で摂取量が少なかった動物性たんぱく質の確保をめざしていると言えよう。このほか海藻類としてひじきやわかめを使った献立が作られていた。野菜類では、肉じゃがやイモの煮物・サラダなどのイモ・ニンジン、きんぴらのゴボウ、煮物に大豆が使われたりした。「ひじき煮物」にも多くの大豆が煮こまれていたという。『群馬町報』における食生活改善の記事にあるようなビタミン群の摂取などがねらいの一つとなっていたと考えられる。

（4）共同炊事以外での展開

足門全域での聞き書きでは、共同炊事場が共同炊事以外の目的で使用されていたことも明らかになった。

まず共同炊事場を使用してのパン・お菓子作りがあげられる。専用のかまどを使用して小麦粉・ふくらし粉・牛乳などを材料として、農家女性自ら焼いていたという内容を、足門全域で聞くことができる。足門東組では雨が降って農作業ができないときにクッキーを焼いたため、子どもがそれを楽しみにしていたという。乳牛を飼っていた家の女性の話では、子どもが部活動で運動をしてお腹をすかせて帰ってくるので、おやつに焼いておいた牛乳入りのパンを食べさせていた。牛乳は自家で得ることができ、買い食い防止にもなったという。足門下組で尋ねると、パンはホットケーキを少し固くしたようなパンで、ふわふわしていて子どものおやつ代わりになった。牛を飼っている家から牛乳を入手し、栄養が摂れるようにしていたという。

一方足門下組では、共同炊事場を使って共同の味噌造りを行なっていた。昭和四十五年ころに共同炊事を中止するが、その三年くらい前から味噌造りをはじめたとされる。その後、「味噌炊き」の場所を個人宅に移し、生活改良普及員C氏から麹の作り方の指導を受け、旧生活改善グループ員以外の女性も加えながら、現在まで共同の味噌造りを継続している。(4)

このほか共同炊事場を冠婚葬祭の際の調理場として使用する場合もあった。足門東組では共同炊事を終了したのちも、こうした用途で共同炊事場を使用しつづけたという。婚礼や葬儀をだした家の炊事場に年輩者格の人物が入って指揮をとり、嫁入りして間もない女性は共同炊事場で調理を手伝ったという。

足門全地域において、共同炊事以外の炊事場活用法として、パンやお菓子作りが行なわれていた。

農林省の『普及事業十年』によると、全国的にも昭和三十年代初頭で農家における地粉を使用した製パンやパンかまどに関する試験や研究がされていて、共同製パン所の指導をしたり、パンの主食化をグループに指導する事例も見られた（農業改良普及事業十周年記念事業協賛会編、一九五八年、一八七、一九七、二一二、二一四ページ）。学校給食だけではなく、農家生活のなかに、地元生産された小麦を使ったパン作りとその消費法が普及指導されていった動向がうかがわれる。足門においても同様、自家で得た小麦粉や卵であったり、自家や近所の酪農家から入手した牛乳などを使用して、パンやお菓子が作られていた。B氏によると当時はおやつを買う余裕がなかったため、パン焼きのかまどを作り、パンを大量に焼けるように指導していたという。

共同炊事との相違点を述べると、副食の調理の場合は非農家の女性に依頼していたのに対し、パンやお菓子作りは農家女性が行なっていた点である。話者自身や近親者が自ら調製を行なっていたためか、詳細で具体的な内容を聞くことができる。その語りのなかでパン作りが子どものためのおやつ作りと言われているが、牛乳を使用することが栄養の摂取につながることとして説明されている。牛乳に含まれる栄養素レベルでの理解がどの程度当時の農村に一般化していたか明らかにすることは難しいが、子どもの成長に関して栄養に注意を払い調理を行なう姿勢を確認することができる。雨天で農作業ができない時間を子どものお菓子作りに費やす姿勢からも、子育て重視とも解釈できる思考の一端をうかがい知ることができる。しかしB氏によると当時牛乳は食品としては高価だったとされることから、酪農の浸透による牛乳の自給が、ある程度の必要条件であったと言える。

また共同味噌造りのような、食に関する新たな女性同士の集団の再編や、冠婚葬祭での共同炊事場利用など、共同炊事をきっかけとした地域的展開を確認することができる。

本稿の目的は、生活改善普及事業が推進した食生活改善を対象として、農村生活に与えた影響を検討することにある。そこで農村部における共同炊事によって、食をめぐる調理者と消費者とが分けられていく「中食化」の事例を取り上げた。

まず農村における共同炊事の目的・方法を、調査地での内容に即して検討した。昭和三十年代、特定の農村における濃密指導方式をとっていた農業改良普及所は、農村内に生活改善グループを結成させようとした。そうしたなか、旧群馬町足門東組では、生活改良普及員から生活改善の普及指導を受けるなかで、共同炊事が試みられるに至る。その目的は、栄養の摂取、生産活動への専念、主婦労働の軽減などにあることがわかった。共同炊事の実施にあたり、地域ごとに共同炊事場がつくられ、普及員の指導のもと地元の生活改善グループによって運用が開始される。農繁期に限定して昼食の副食だけ共同炊事が行なわれたが、調理担当者は地域内の非農家の女性に依頼するという分担方法がとられた。ここから農家生活における年間のあらゆる食の場に対して、農家女性が「主婦」役割を果たしていたのではなく、農繁期において部分的に、「主婦」役割の機能を外部化していたことが明らかになった。「主婦」役割を厳しく規範化することなく、状況においてはそれを回避できる共同炊事という方法が、生活改良普及員によってもたらされていたのであった。共同炊事導入の背景として、養蚕を中心とした生産活動に不可欠な存在としての女性の姿があるため、調理を農家女性間で持ち回りせずに、村落内の非農家女性を調理担当者として迎えることで、女性の過重労働を軽減するという目的を達成している。

一方で、「栄養」や「健康」といった観点から改善された食が、農村に暮らす農家女性へ普及指導されていた事実も一方で存在する。当時の広報誌記事の分析から、身体の諸問題に対して、食と栄養のあり方によって対処できるという思考が農村に発信されていたことを明らかにした。また群馬町足門における戸別の食生活改善について農家女性に対する料理講習などが実施され、食のバランス・カロリーなど栄養学的知識にもとづく指導が行なわれていたことがわかった。食生活改善を戸別に実行するための設備・調理用具の改善やそのための資金獲得の方法にも指導が及んでいた。農繁期共同炊事により一時的に食の外部化を実践したとはいえ、食の管理者としての女性の育成も同時に行なわれていたと言える。同様に足門地区の共同炊事における食の改善実態についても検討を行ない、低コスト・高カロリー・食品バランスといった条件をそろえ、農繁期重労働に従事する人びとの健康を維持することを目標として献立が作られていたことを示した。

そのうえ、共同炊事場はパンやお菓子作りといった共同炊事以外の目的で使用されていた。共同炊事による副食調理の場合は調理を非農家の女性に委託していたのに対し、パンやお菓子作りは農家女性自身が行なっていたという相違点が見られ、牛乳を入手して食材に使用するなど、農家女性が自ら子どもの成長に関する栄養に注意を払い調理を行なう姿勢を確認することができる。

以上の内容から足門の女性たちに対しても、栄養学的な知識にもとづく生活改良普及員の指導により、「主婦」役割が広められたと言える。それは台所改善やパン作り、共同炊事の献立を自家の料理に取り込む場合など、みずから調理を実践する場において、「主婦」役割としての機能を発揮した。話者によっては生活改善普及事業を契機とした食生活改善や女性の貯金を引き合いにだしながら、同地域の女性の先進性を誇る場面も見られた。「料理に秀でる」主婦像評価を通して、「主婦」役割を肯定的に受け止めていると受け取ることができる。しかし農繁期の共同炊事においては、調理担当の職掌を他者に委託する方法が採用され、当時の足門の女性たちは「主婦」役割に拘束されることもなかった。この「主婦」役割の行使をめぐる両面性が矛盾することなく並立するのは、状況に応じた「ゆるやかな規範」としての性格をもつものとして「主婦」役割が指導・受容されたためと考えられる。

［註］

（1）原文の旧漢字個所は新漢字に改めた。以下同じ。

（2）足門を担当した生活改良普及員については、初期のA氏、昭和三十年代半ばからのB氏、昭和四十年代半ば以降のC氏の存在が明らかになっている。

（3）足門上組で共同炊事場がつくられたのも昭和三十八年ころとされている。同地も生活改良普及員の指導で実施されたが、現地での聞き書きによると、共同炊事による副食作りは行なわれていなかったという。

（4）同地での味噌造りは自家消費用のもので、販売目的ではない。他地域や小学校からの見学も受け入れている。共同炊事後の味噌造りの詳細については、別稿にて改めて検討を行なう予定である。

［参考文献］

・岡田正美「栄養改善実践の想い出」『群馬の栄養改善史』社団法人群馬県栄養士会、一九八九年

・群馬県農業改良課編『普及十年』　群馬県、一九五八年

・群馬県農業改良普及事業20周年記念会編『普及興農』一九六八年

・群馬町『群馬町報』（高崎市役所群馬支所蔵）

・群馬町誌編纂委員会編『群馬町誌　資料編四　民俗』群馬町誌刊行委員会、一九九五年

・農業改良普及事業十周年記念事業協賛会編『普及事業十年』一九五八年

・農林省群馬統計調査事務所編『第8次群馬農林統計年報』群馬農林統計協会、一九六一年

・増田仁「農家女性の家事労働における共同化の意味─栃木県2地区の共同炊事に関する事例調査から─」『社会学評論』五十九巻三号、日本社会学会、二〇〇八年

・松崎憲三「近・現代における食習俗の変化」『食の昭和文化史』おうふう、一九九五年

・宮﨑俊弥『群馬県農業史』下、みやま文庫、二〇〇九年

・矢野敬一「「主婦」役割の編成と味噌自家醸造法の改善指導」『「家庭の味」の戦後民俗誌　主婦と団欒の時代』青弓社、二〇〇七年

三、七生村（東京都日野市）における戦後の生活改善の取組み
――守屋こうさんと平山青年団ＡＨＳクラブ

北村澄江

七生村《ななお》は、明治二十二（一八八九）年四月、江戸時代よりの落川・百草・三沢・高幡・程久保・南平（平）・平山の七つの村が合併して誕生した。昭和三十三（一九五八）年日野町と合併、同三十八年市制施行により日野市域の一部となった。平山の一部を除く大部分の地域は、浅川の南側で多摩丘陵に位置している。

丘陵地で平地の少なかった七生村は、経済的にはあまり豊かとは言えない地域であったが、昭和七（一九三二）年には農山漁村経済更生計画町村に選定された。翌八年三月に策定された「南多摩郡七生村更生計画」には、生活改善の項目があり、時間励行・日常生活の簡素化と節約などが掲げられている。

経済更生計画は、昭和十二年まで行なわれたが、助成金の不足もあって十分な効果をあげることができず、一部に分村をともなった満州への農民移民政策が、本格的に推進された。十四年四月には、七生村程久保に満州農業移民志望者への訓練を目的とした東京府拓務訓練所が開設された。

戦後の七生村では、農村生活の向上のために、戦前とは異なるさまざまな生活改善の試みが行なわれた。本稿は、当時先駆的な試みとして注目された守屋こう氏の台所を中心とする住居の改善の取組みと、平山青年団ＡＨＳクラブにおける農業経営・品種改良などに対する改善活動の取組みを紹介す

るものである。

1、リッジウエイ大将の七生村視察

昭和二十六（一九五一）年九月二十日、連合国最高司令官リッジウエイ大将が、夫人と共に七生村を訪問した。彼は、同年四月マッカーサーの後任として赴任したばかりだった。リッジウエイ大将の訪問の目的は、占領軍による農村民主化政策の成果を視察するというもので、七生村が選ばれたのは、首都近郊の七生村で行なわれていた先駆的な農村生活改善の取組みが、占領軍にとって十分評価できる水準に達していたという判断が下されたからである。

リッジウエイ大将の視察の様子は『朝日新聞』（同年九月二十一日付）によれば次のようなものであった。

（見出し）リ大将夫妻七生村へ　農地改革はどう？　しっかりやって……と激励する

二十日リッジウエイ最高司令官夫妻は、南郡七生村を訪れ、農村経営の実情を視察した。最高司令官の農村視察は今までにないことでもあり、沿道に総出で迎える村民の喜びは大きかった。戦後目ざましく向上した日本農民の生活に触れ、「非常にすばらしい。しっかりやってください。」と激励、視察というよりは気軽な日米交歓―農繁期を迎える村人たちは大きな力を得たよう……ウロコ雲飛ぶ空の下には重く稲の穂がゆれていた。

○この朝多摩川沿いにひろがった緑のタンボを黒い自動車の列がやってきた。武装MPの先払いもなく、リ大将夫妻を乗せた車が先頭を走ってくる。内外記者でごったがえしている七生村百草守屋一作さん（四〇）宅前にぴたりと停まった。（略）

○二三年生活改良の座談会でヒントを得た守屋さんは、三年計画（工費九万円）で十坪の台所を改造、電化した井戸水の引揚流し、炊き場、食器ダナからハッチまである能率的なものにした上、物置、応接間までその空間を利用する手際良さに一行は感心。（略）

○夫人にとって興味深かったのはやっぱりシルク。繭になるばかりの蚕、できた白い繭など手に取って、織物になるまでの行程を熱心に尋ねる。（略）

○「どうだね。農地改革後の暮らし向きは……」リ大将が落川部落志村惣一さん（四九）方で尋ねた言葉。二反歩の小作農から一町四反の自作農になった志村さん。「これからは果樹を植えて多角的な経営を―」とモモの畑に一行を案内する。（略）中村峰造さん（七〇）のところでは改良カマドや養蚕の情況を視察した。（略）

○農協では陳列された雑貨、供出麦の倉庫、製粉所、みそ、醤油の醸造所などを視察。ことにコウジを手にとって、リ夫人あかずにながめていた。（略）

○平山小学校へゆく途中道路脇にある平利男さん（二七）の試験田をみる。農林一号、四十七号などを植え水稲の品種比較をしているところ。「新品種をつくる交配法は……」大将の質問はなかなかこまかい。

○平山小学校についたのは予定よりかなり遅れて十時二十分、日米両国の手旗をもった児童に迎えられた一行は小林晟さん（二四）の指導する4Hクラブの研究会に臨んだ。会はグランドの片すみ、二十五名の青年は男女別に分かれて研究する。男たちは普通より二割（反当千四百貫）も増収した今年のスイカの品種改良や糖分検査について、女子はズボン式に改められた作業服、ことに手甲の改良について、熱心に討議する姿に「あなたがたによって日本はしっかりします。がんばってください。」とリ大将は励ます。

○一行は了って同校で休憩。高橋七生村会議長は英語で、土方村長は日本語で歓迎の辞をのべると夫妻はどちらにも肯きながら聴き入った。そして「この村の視察はほんとうにうれしかった。一生七生村の名前を忘れないようにしましょう。」と語る。（略）

（リ大将一行はこのほか毎日新聞の観光百選に入選した高幡山金剛寺も訪れている。
―予定外）

リッジウエイ大将の訪問・視察により、七生村の取組みは世間の注目を浴び、その後新聞・雑誌の取材や見学が相次いで行なわれる結果となった。

図3-3-1　七生村を訪れたリッジウエイ大将夫妻一行

図3-3-2　七生村農業協同組合で麹をみる夫妻

図3-3-3　平山小学校での平山ＡＨＳクラブ男子部によるスイカの糖度測定

2、守屋こうさんの生活改善の取組み

リッジウエイ大将が最初に訪問した守屋一作氏の妻が守屋こうさんである。大正二（一九一三）年日野町川辺堀之内の伊藤家に生まれたこうさんは、昭和十一年（一九三六）に浅川を挟んで対岸にあたる七生村百草の守屋家に嫁いだ。十五年に姑が亡くなってしまったため、農作業・子育て・家事のすべてがこうさんの肩にかかり、その生活は過酷なものだったという。

戦後の民主化のなかで、こうさんは、これまでの我慢と辛抱がなにより尊いとされる生活に疑問を感じるようになった。もっと人間的な生活をするために、どうしたらよいのか。家事の負担を軽減して、生活にゆとりを生みだしたいという思いは、切実なものになっていった。

こうさんは、昭和二十四年、三六歳のときに巡回してきた生活改良普及員と知り合って、初めて「生活改善」という言葉を知るが、その前後から、夫の協力を得て自宅の住居改善の取組みをはじめる。のちにそのころの状況を振り返って次のように記している。

「（略）私の家では、その前年の二三年から三年計画で住居の改善を始めました。一年目は自家水道の設備、流し、調理台、戸棚、二年目はカマド、三年目は土間の改善等と次々に取り組んでおりました。主人がカマド改善に取り組んでいる時、婦人会の会合で、生活改良普及員の岩見さんにお会いでき、それ以来、色々アドバイスしていただいて、守屋式カマドを完成いたしました。岩見さんの後任の遠藤さんが、また、とても熱心な方で我が家の三ヶ年計画に非常に協力してくださいました。予定通り住まいの改善の出来あがった翌年、時のアメリカ司令官リッジウエイ大将の七生村視察ということに

なりました。そして私方では、台所改善と養蚕を視察するとのことでした。その日は、晩秋蚕の最盛期で明日あたり上簇する筈の丸々と太った蚕を、リ大将夫妻は、大変珍しそうに手に取って色々と私に話しかけられました。改善した台所では遠藤さんや私の説明に大きく頷き、終始上機嫌で視察を終えました。家の内外は記者で身動きも出来ない状態でした。リ大将夫婦が、日本の農家のささやかな生活改善の実態をどこまで理解し、どのように受け止めたかは私には判りませんが、このことがあって以来、私共には見学者が後を絶たず、特にカマドの作り方を教えて欲しいという手紙は、毎日何通も来て、返事を書くのが仕事でした。たまりかねた主人が、カマドの作り方と土間の改善の様子を謄写版で何百枚も刷って欲しい方にさしあげました。

その頃、田畑一・三haを私たち夫婦と義父の三人で耕作し、養蚕は年三回、これは主に私の仕事でした。現金収入は大体養蚕に頼っていたので、飼育の上手、下手が一年間の経済を大きく左右しました。私が心おきなく養蚕に励むためには、家事に要する時間をできるだけ省くこと、そんなところか、ら義父や夫を説得し協力を得ました。その頃の農家の嫁の立場は今は、若い方には全く想像もつかない事だろうと思います。その嫁の側に立って、助けてくれたのが生活改良普及員の方々でした。衣食住は勿論のこと、嫁・姑の問題から子供の教育等、あらゆる機会を通じて相談にのって貰いました。（略）」（守屋こう「農家生活改善の今昔」『東京都の農家生活改善』農家生活改善実績集、昭和五十年）

守屋こうさんの生活改善の取組みの目的は、無駄を省いた合理的な生活をして、仕事に専念できる時間を生みだすということにあった。そのために、三年計画で、水汲みの負担を軽減し調理の時間を短縮すること、燃焼効率のよいかまどの改良、土間を農作業と生活の両方に使いやすい空間に改善することの三点に取り組んだ。改善の費用には、こうさんが主となって行なっていた養蚕の現金収入を充てたが、住居改良のモデルとなったのは、結婚前に行儀見習いに行っていた、都内在住の某政治家の家庭で経験した、合理的で洗練された都会の生活の体験だった。それまでの生活との落差に驚きながら、いつかは自分もこのような暮らしのスタイルを取り入れたいという思いがあったという。

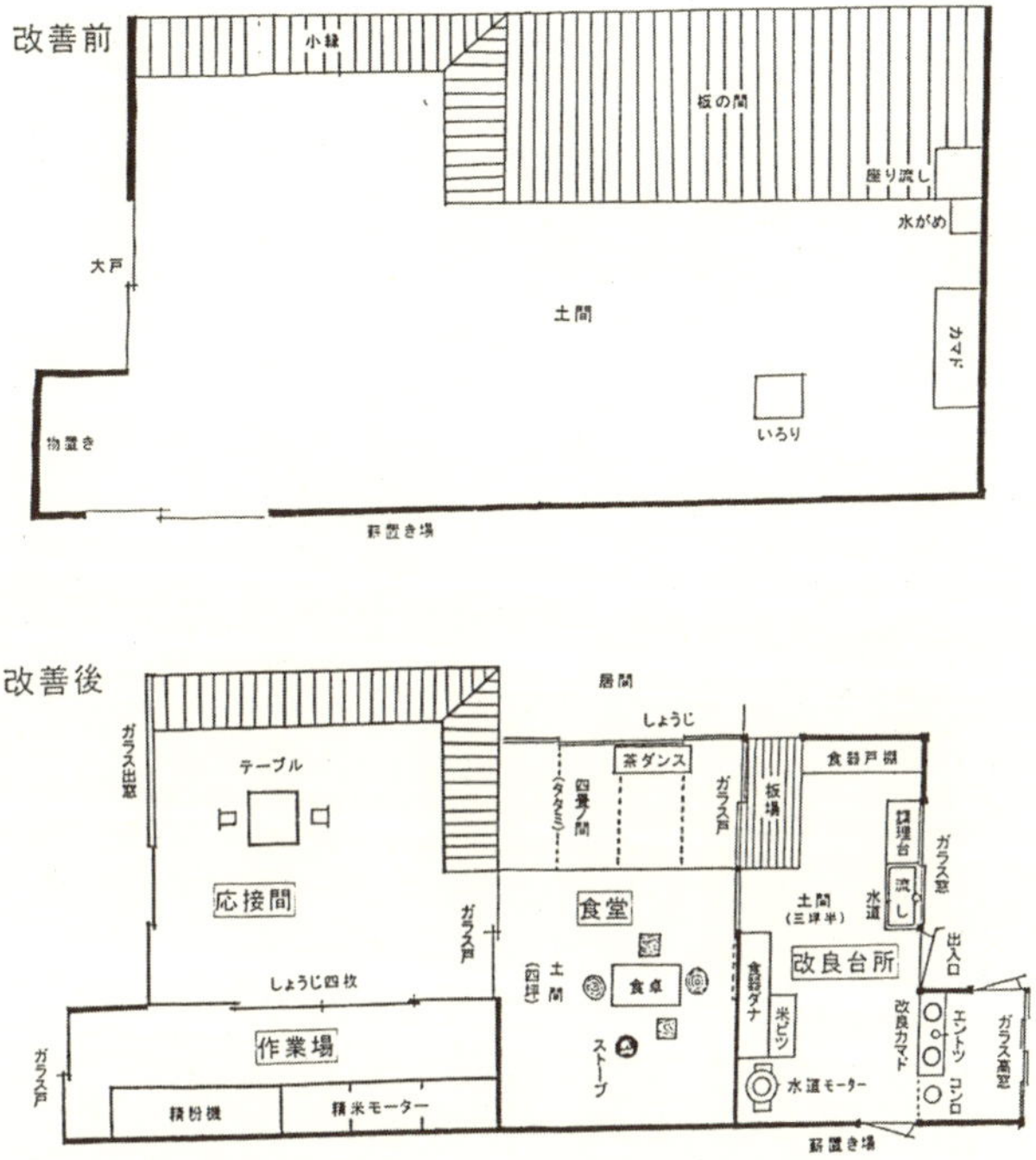

図3-3-4　守屋家の土間の改善、前後

守屋家の取組みは、リッジウエイ大将の視察により、一気に世間の注目をあびることとなった。各種新聞報道の外、『家の光』昭和二十六年十二月号、『主婦と生活』同、『女学生の友』昭和二十七年三月号などに取材記事が掲載されている。

なかでも、夫の一作氏と取り組んだ「守屋式改良かまど」は評判を呼び、見学者は一八四四人におよんだという。このときの訪問者名を記した芳名帳が現在も残されているが、各地の生活改善グループ、青年団、お茶の水女子大など

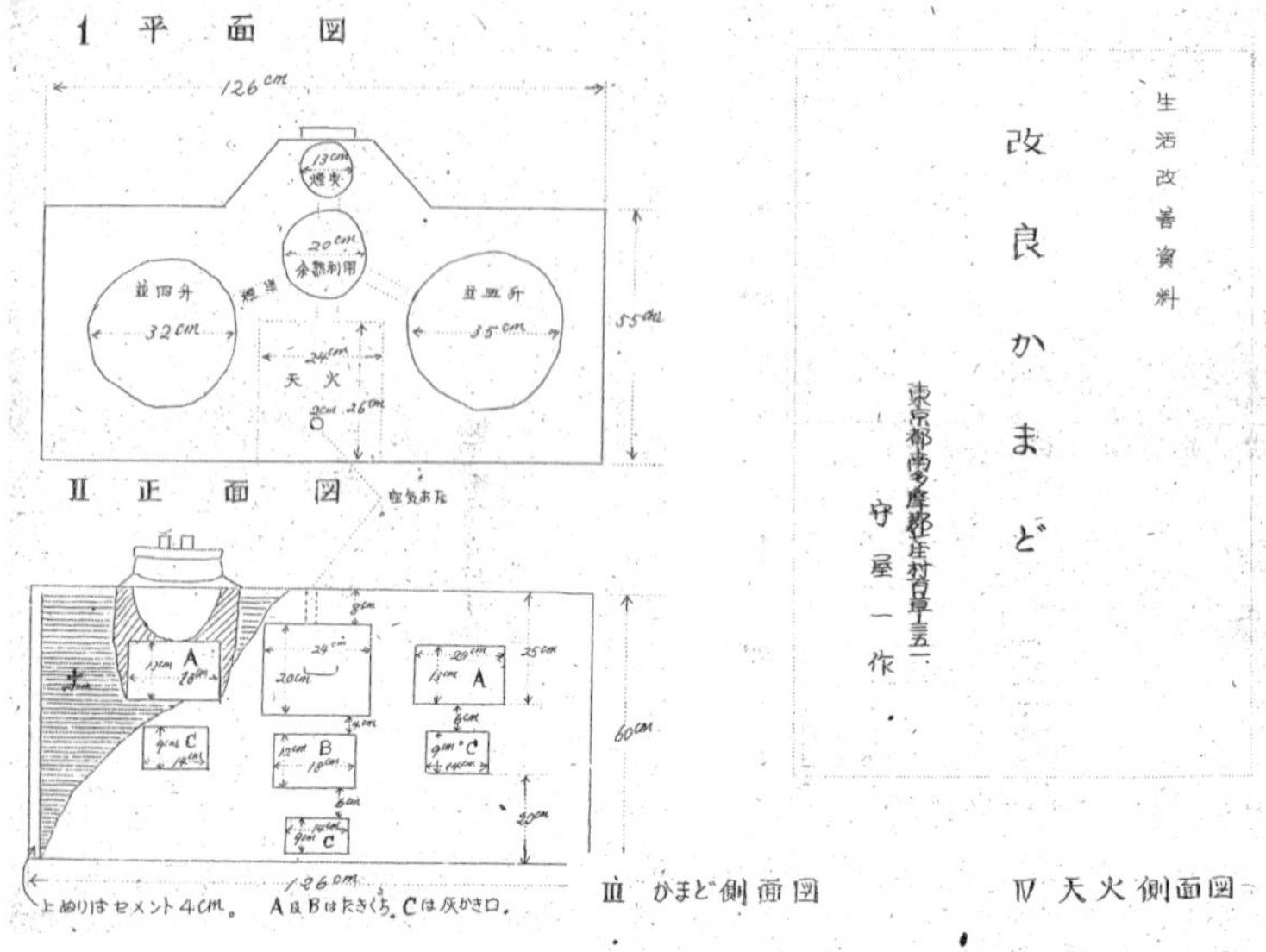

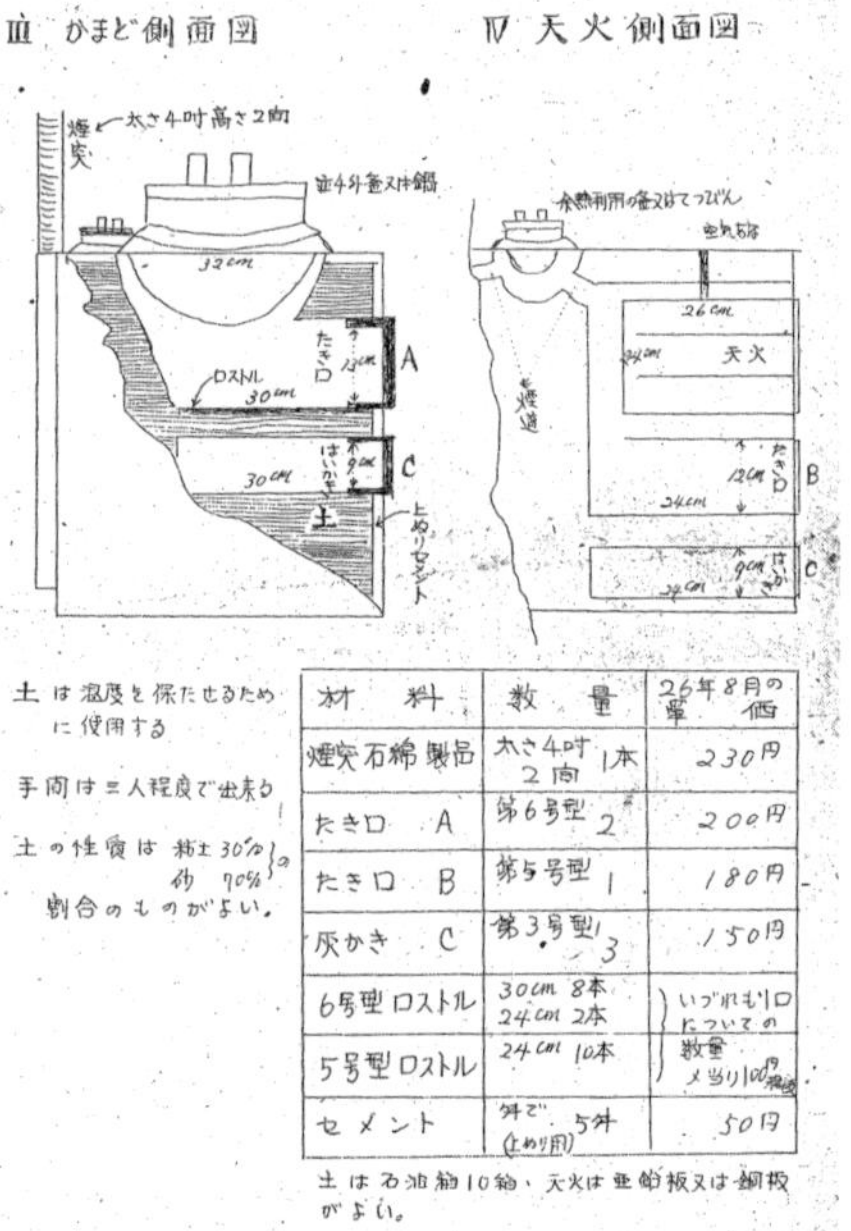

材料	数量	26年8月の単価
煙突石綿製品	太さ4吋 2間 1本	230円
たき口 A	第6号型 2	200円
たき口 B	第5号型 1	180円
灰かき C	第3号型 3	150円
6号型ロストル	30cm 8本 24cm 2本	いづれも1口についての数量 メ当り100円程度
5号型ロストル	24cm 10本	
セメント	升で5升(上ぬり用)	50円

土は石油箱10箱、天火は亜鉛板又は銅板がよい。

図3-3-5　守屋式改良かまど

の大学教員、学生、研究者、行政関係、報道関係、外国人など、多岐にわたっている。手記にあった一作氏作成の土間の改善図と改良かまど製作図は現在も残されており（図3-3-4、図3-3-5）、製作費もあまりかからず、燃料費も三分の一に抑えられるとあって、多くの人が改良に取り組むこととなった。

　なお、守屋家の生活改善の実際は、その後製作された『生活改善のための幻燈スライド』（製作・教育スライド研究所　発行・学芸社）シリーズの「台所のくふう」「住居のくふう」のなかで紹介されている。具体例がよくわかるので、守屋家の紹介がされている部分（図3-3-6 (1) (2)）を紹介する。

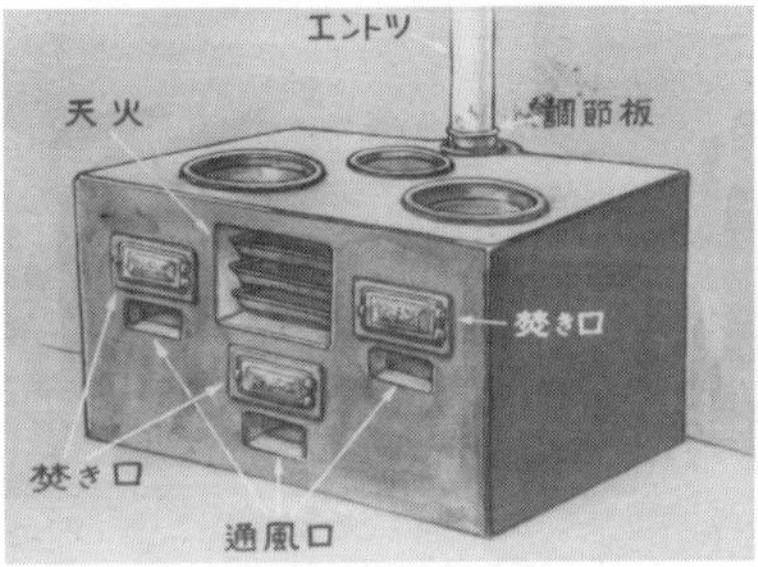

スライド（1）－2　このカマドは焚き口が三つ、その下にそれぞれ通風口がついています。焚き口と通風口の間がロストル（火棚）になっていてこれまでのクドと較べるとずっと燃えがよく、おまけに燃料も少くてすみます。そのうえ火力が天火やその他に利用できるようにくふうされ、火力が調節できるというのも特徴です。カマドの形は地方によってちがいますが、どれもこういった条件にかなえばいいわけです。
（註）これは東京都下南多摩郡七生村の守屋さんの例です。カマドの改良のやり方は地方の事情によっていろいろですが、大事なのは次の点です。

1　燃料が完全にもえるようにする
2　燃料と釜や鍋との距離を適当にする
3　焔や煙のまわり方に注意する
4　熱を保つようにする

スライド（1）－1　こういうカマドに改良したらどうでしょう。焚き口が三つあって、左右の二つには2升釜がかかり、まん中には湯わかしがかかるようになっています。その手前は天火で、オヤツや料理をつくるのに、とても重宝するそうです。こういうカマドは焚きつけてしまえば、あとは手がかからないし、カマドのまわりも片づいてきれいになります。

図3-3-6（1）『学芸スライド　台所改善のくふう』（30カット）のなかに、守屋家の台所改善のようすが紹介されている

スライド（1）－3　ところで、カマドには必ず煙突をつけますが、それは煙を出すためだけでなく空気をよんで火の燃えをよくするのにも必要なのです。煙突はまっすぐ立てるのが普通ですが、草ぶき屋根の時は火の用心のための工夫が大切で、写真のようにワラやねと離して立てることが必要です。
（註）横引煙突の場合は、横の長さの一倍半から二倍の立煙突がどうしても必要です。

スライド（1）－4　カマドの工夫のついでに、燃料置場の工夫の一例をお目にかけましょう。燃料は毎日使うもので、その置場がないとどうしても乱雑になりがちですから、一定の置場を作ると便利です。それもこの写真のように外から入れられるようになっておればずいぶん重宝します。

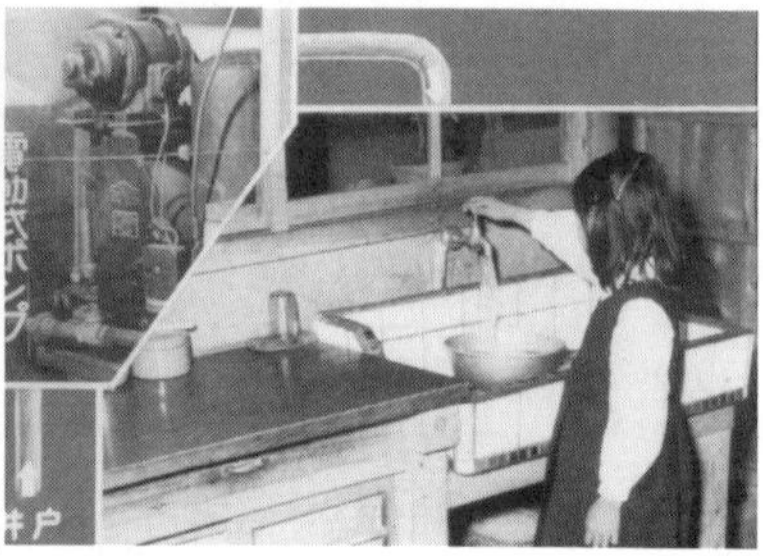

スライド（1）－5　この写真のようにモーターを利用して、井戸の水をすい上げる方法もあります。蛇口をひねれば水がじゃあじゃあ出て来ます。これは東京都下七生村の農家で実際にやっている工夫ですが、ここまでくれば文句はありません。水をうんと使うことが出来れば自然にきれいになります。
（註）これはカマドを紹介した守屋一作さんの台所の例です。

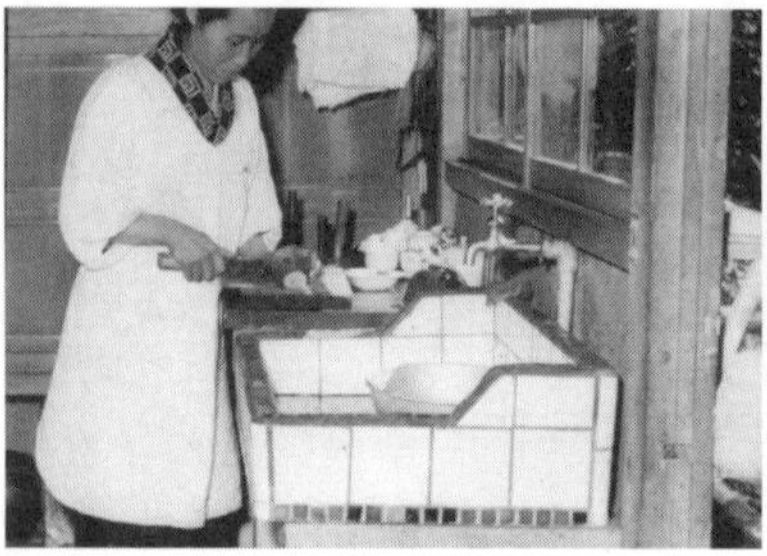

スライド（1）－6　流しがあまり低すぎると、腰をかがめなくてはならないので、腰が疲れます。中腰でもやはり、疲れやすいようです。そうかといって余り高すぎると、腕の動作がにぶくなります。自分の背丈にあわせて丁度よい高さにすれば、仕事もやりやすく、疲れも少いのです。

スライド（1）−7　どうです、この流しと調理台をみて下さい。

流しの大きさは、小さすぎると仕事がしにくいし、あまり大きすぎると乱雑になって、かえって仕事がしにくいようです。流しだけでなく、料理をするための調理台があれば便利ですね。調理台は流しに近い方がよろしい、まな板やほうちょう、その他料理に必要なものをここに置くことはもちろんです。

スライド（1）−8　戸棚もまた台所にはぜひほしいものです。調理台の側にある戸棚をあけてみますと、どうです、お皿やお鉢類がきちんと整理されていますね。これなら出し入れも具合がいいことでしょう。戸棚もただ内側が広いだけでは使いにくいようですが、出来るだけ棚を多くし、中に入れるものによって棚のつけ方、整頓のしかたを考えれば、非常に使いやすくなりますね。

スライド（1）−9　台所には必ずハカリをおくようにしたいものですね。ハカリは農作物を売るときだけでなく、物を買うときにももちろん使うようにしたいものです。

スライド（1）−10　食事が出来上がると、配前台でもりわけますが、食卓が次の部屋にあるときには、写真のようなハッチをつくるのも一つの工夫でしょう。

スライド（2）－1　これは東京都下の南多摩郡のある農家ですが、ちょっとみたところ普通の農家と変りがないようです。けれどもよくみてください。玄関の脇のガラス窓の作りなどはなかなか気がきいていますね。ちょっと内部を見せてもらいましょう。
（註）これは「台所改善のくふう」でも紹介した東京都七生村の守屋一作さんのお家です。

スライド（2）－2　入口をはいると、そこはきれいに片づけられていて、入口の脇のガラス窓のところに事務机と腰掛けがおいてあります。ちょっとした来客の応接や記帳などは、ここで気持ちよくできるというものです。ガラス窓のおかげで、部屋も大変明るいようですね。
（註）守屋さんは田畑あわせて１町６反、それに養蚕も少しやっておられるとのことです。いままでの住居を何とかして住みよい働きやすい住居にしようと、ご夫婦で相談して土間や台所を改造し始めたのが昭和22年、それ以来ぼつぼつ改造して、こんなに便利になりました。

スライド（2）－3　御覧なさい。これまでのだだ広い土間が３つに仕切られています。いままでごちゃごちゃになっていた台所と作業場と玄関とが、きちんと区切られると、それだけでも土間がきれいに整頓され、働きやすくなります。

スライド（2）－4　これが、その作業場です。手前の仕切りからこちらが玄関の土間になるわけですね。いま製粉の最中のようですが、ワラ仕事やホコリのたつ荒仕事などは、別棟の作業場でやるんだそうです。

図３－３－６（2）『学芸スライド　住居のくふう』（30カット）にも、守屋家の実例が紹介されている

3、守屋こうさんのその後の取組み

こうさんが取り組んだ生活改善によって浮いた時間は、一日に二時間ほどだったという。その時間がすべて自分の時間になったわけではないが、農閑期には勉強の時間がもてるように努力した。話題になるとともに、見学者が増えて対応に追われ、かえって時間がなくなるという皮肉にも見まわれたが、多くの人に出会い視野が広がったことで、学んだことも多かった。

その後も、こうさんの生活改善の取組みはつづいた。長女の小学校入学にともない、PTA活動を行ない、同じ悩みをもつ母親たちと「杉の子会」を結成し、会報を発行した。また、昭和二十四年に地域の婦人会の役員になり、地元の七生中学校で評論家丸岡秀子氏の講演を聞き感銘を受けた。丸岡

スライド（2）－5　こちらが、食堂と台所です。土足のままで食事ができるように食卓も腰掛け式になっています。この向う側が台所で流しや調理台があります。

スライド（2）－6　これが、その流しと調理台です。タイル張りの清潔な流しで蛇口をひねれば水がじゃあじゃあ出てきます。調理台のまわりには料理に必要なものがきちんと置かれています。これならお嫁さんもどんなに楽なことでしょう。

氏を婦人会の講演に招いたことで交流が広がり、昭和二十七年九月にはラジオ、三十五年にはテレビでの座談会に同席するという経験もした（当時のテレビ台本が残っている）。

昭和三十八年七月、婦人学級で生活改善を学んだことがきっかけで、三十九年に農家生活改善グループ「新樹会」を結成した。生活改良普及員の助言を受けて衣食住の改善・育児・嫁姑の問題などを勉強した。そして、次第に社会の問題にも目を向けるようになり、近郊農村としての都市化の問題や、後継者の問題、老後保障の問題、農業政策に対する不満・要求などについても考えるようになった。生活改善といえば台所・かまどの改善と考えていた時代から、戦後の世の中は急激に変化した。そのなかで、物が人に優先するような生活改善ではいけないことを学んだと言う。文集『あざみ』を刊行し、活動は平成になるまでつづいた。

一方で、昭和三十八年に、夫の一作さんが交通事故で急死し、守屋家の生活は大きく変化した。義父は八〇歳になり、これ以上農業をつづけていくことは困難と判断、離農を決意した。田畑を売り、貸家・アパート・貸し店舗を経営、生活改善した家も建て直した。（守屋こう自伝『野の道—三多摩（日野市）に生きて』崙書房刊、一九八九年より）

こうして農家の主婦という立場を離れたこうさんであったが、その後の生き方も、戦後の生活改善運動の先鞭を切った人にふさわしく、開明的かつ先駆的なものであった。晩年は、短歌に出会い、保護司などを務めたが、平成十九（二〇〇七）年、九四年の生涯を終えた。

4、平山AHSクラブとリーダー小林晟さんの取組み

リッジウエイ大将が、視察を行なった平山AHSクラブの活動について紹介する。

平山地区は、七生村を構成する七つの村の一つで、八王子市と境を接し、七生村のなかでは一番西の地域である。

平山ＡＨＳクラブ（平山農業家政研究クラブ）は、アメリカの四Ｈクラブの活動にならって、平山青年団のメンバーによって結成された。ＡＨＳは、Agriculture Home Studyの頭文字をとったものである。

リーダーとして先駆的な活動を指導した小林晟《あきら》さんは、昭和十八（一九四三）年、東京都が募集した満州建国勤労奉仕隊の一員として満州へ渡った。これは、開拓団とは別に、新京（現長春）の東京

図3-3-7　平山ＡＨＳクラブ女子部（小林和男氏提供）

図3-3-8　改良作業着姿の女子部員　着物から洋服へ、一反で上着・ズボン・前掛けを採って布地を節約、ボタンで付ける手甲、若者向けの白襟、作業中に背中が見えないように丈を長くなどの工夫を重ねた（小林和男氏提供）

図3-3-9　昭和26年11月、新生活賞受賞（小林和男氏提供）

図3-3-10　品種改良のための苗の選別（小林和男氏提供）

報国農場において六か月の勤労奉仕隊として農場の仕事に従事するというもので、七生村からは、一九歳以下の青年男女が二一人同行した。小林さんたちは、終戦を現地で迎え、数多くの困難の末、昭和二十一年七月に帰国した。

帰国後、小林さんは平山青年団長に就任し、文化部に農芸班をつくった。二十三年四月、これを母体として、農業改良普及員の指導のもと、農業関係者有志によって結成されたのが平山ＡＨＳクラブである。初期のメンバーは、一八～二五歳の男子一一名、女子一二名であった。四Ｈクラブでは、アメリカと同じになってしまうということで、ＡＨＳクラブとした。

男子部の活動

大橋敏彦農業改良普及員の指導のもと、農業改良と経営の合理化に励んだ。新品種の試験的栽培、換金作物であるトマト・キュウリの栽培、スイカの接木法の導入（ゆうがおに接ぐ）などに取り組んだ。種を蒔いて苗床や成長の様子を皆で研究したが、ＡＨＳクラブが成功すると、村の人びとも導入を決め、農協ともタイアップして、苗や種の共同購入、作物の共同出荷、共同消毒などさまざまな事業を行なった。このようにして改良されたスイカは、七生スイカと称され、ほかのスイカよりはかな

図３−３−11　平山地区での共同防除作業（小林和男氏提供）

り高く売れたという。また漬物用の干し大根の販売なども行なった。

女子部の活動

遠藤倭文《しず》生活改良普及員の指導のもとに、生活改善に取り組み、作業着の改良と栄養調査などを行なった。身近な材料で作れるバランスの取れた食事の工夫を実践、クッキー、甘食パン、饅頭、さつま芋の茶巾しぼり、かりん糖、イチゴジャムなどを作った。守屋こうさんの改良かまどの見学にも行き、長沼（八王子市）にあった煉瓦工場に棄てられていた煉瓦を拾って、実際に改良かまどを製作した。

男子部・女子部とも、昼間は農作業があるので、夕食後地域の公会堂に集まって寄り合いをした。皆で集まるのは楽しく、ＡＨＳクラブの会合だといえば、女の人も夜の集まりに出してもらうことができた。

昭和二十六年には、読売新聞社主催の新生活モデル町村衣生活改良部門で新生活賞を受賞した。リッジウエイ大将の視察により、ＡＨＳクラブの活動も有名となり、各地からの視察が相次いだ。守屋こうさんの項でも紹介した『主婦と生活』昭和二十六年十二月号には、詳しい訪問記が掲載されている。

小林さんは、昭和二十九年に結婚し、ＡＨＳクラブの活動に区切りをつけた。その後まもなくＡＨＳクラブ自体も解散され、活動は終了した。近郊農村だった七生村は、このころより開発が進み、ベットタウンとして都市化が進んだ。大規模団地がいくつも建設され、AHSクラブのメンバーだった人のなかにも、農地を売って工場に勤める人もいた。メンバーの女性で、農家に嫁入りしたのは、二名である。

小林さんは、その後も専業農家として農業をつづけ、地域のリーダーとして活躍した。平成十五（二〇〇三）年に亡くなったが、毎年AHSクラブの同窓会が行なわれ、ずっとメンバーの交流はつづいていた。

日野市の七生地区における、昭和二十年代の生活改善の取組みを紹介した。本稿では省略したが、七生村農業協同組合もリッジウエイ大将が激賞した民主的経営で、村の人びとの改善の取組みを支えていた。自前の精米・精麦・製粉機械のほか、麹や醤油造りを行ない、農作物の換金化にも取り組んだ。また、平山AHSクラブの活動には、地域の学校である平山小学校も活動の拠点としての役割を果たしていた。当時の平山小学校には、南多摩地区における綴り方教育の指導者として大きな足跡をのこした田宮輝夫先生が赴任していた。田宮先生もまた、子どもたちが抱える生活の問題の解決を考えるなかで、親たちの意識改革が必要であると考え、綴り方教育を通しての生活改善を実践した。子どもたちにとっては、兄・姉世代となるAHSクラブのメンバーとの交流のなかで、多くの知識を学び、家の問題・村の問題について自分たちが考えたことを作文にまとめた。田宮先生の活動は、「母親たちの若妻学級」「おじいさん、おばあさんのための授業参観」「青年たちとの農事研究会」など、幅広く行なわれ、学校を地域の改善の核にしようとした意図がうかがえる。当時の学校文集『つくし』、学級文集『土の子』『むぎめし』などにその実践の成果がたくさん記録されている。（田宮先生の活動については『坂道をのぼれ　田宮輝夫綴り方の仕事』に詳述されている。）

なお、本稿で紹介した内容は、平成十四年に日野市ふるさと博物館で開催した小企画展のための調査を基にしている。調査は学芸員の秦哲子氏と筆者が行なったが、秦氏が育児休業中であったので、本稿は筆者がまとめた。

守屋こうさんの項は、こうさんが書き残されたものや、報道記事、こうさんへの聞き取り調査をもとにまとめた。守屋こうさんの戦後の生活改善を中心とした資料の一部は、平成十四年に日野市ふるさと博物館（現日野市郷土資料館）に寄贈され保管されている。本稿掲載の図版は、すべて寄贈資料より引用した。

平山ＡＨＳクラブの項は、小林晟さん、生活改良指導員の遠藤倭文さんへの聞き取り調査のほか、平成十三年に行なった、平山ＡＨＳクラブのメンバーと遠藤さんを迎えての座談会の記録などをもとにまとめた。

遠藤さんの聞き取りのなかで「地元にしっかりした人がいれば、生活改善は地元に根づく活動になる」ということをうかがった。守屋さんや小林さんの活動を見れば、納得される言葉であるが、これらの人たちにとっても、立案した生活改善を実践していくことは、容易なことではなかった。地域の年配の人びとの、現状を変えることへの抵抗感は並々ならないものがあり、知識不足からくる無理解は、さらに抵抗に拍車をかけるものであった。それが、金銭の負担をともなうものであればなおさらである。多くの反発のなかで、少しずつ理解をしてもらいながら、地道な活動をつづけた結果の成果であることを忘れてはならないと思う。

四、塩尻市旧洗馬村での生活改善への取組み

田中　宣一

筆者はかつて、長野県の塩尻市誌編纂委員会の依頼によって塩尻市洗馬《せば》地区小曽部《こそぶ》の民俗調査をしたことがある。[1] その際、塩尻市には、昭和三十年代に町村合併した旧町村の役場文書が相当量保管されていることを知った。塩尻市は、昭和三十四年に塩尻町、片丘村、広丘村、宗賀村、筑摩地村という一町四か村が合併して誕生し、昭和三十六年にはそれに洗馬村が加わって現在の塩尻市となったのである。

役場文書は、当然、市誌編纂委員会の「近代・現代」の執筆担当者が積極的に利用したが、民俗世界を説明する資料としても貴重なので、筆者も洗馬村の文書を大いに活用させてもらった。[2] その過程において、洗馬村の役場文書のなかに生活改善諸活動関係の資料が少なからず含まれていることを知ったのである。まとまったものとして、「昭和二十六年七月・生活改善関係綴」（以下、「昭和二十六年綴」と略す。ほかの資料も同様の略し方をする）「昭和二十七年度・生活改善関係綴」「昭和二十八年度・生活改善関係綴」「昭和二十九年度・生活改良関係綴」「昭和三十年度・生活改良関係綴」「昭和三十一年度・生活改良書類綴」がある。表題にはすべてに「洗馬村農業委員会」というゴム印が捺されており、これらは農業委員会の管轄資料だったことがわかる。綴の表題が昭和二十八年までは生活改善関係で、昭和二十九年から生活改良関係と変わっているのは、関係組織の名称変更があったためである。

各綴の内容は、洗馬村を含む東筑摩郡の東筑農業委員会が洗馬村農業委員会に宛てた文書であったり、それら文書の内容や生活改善に関する村（あるいは農業委員会）の考えを、村内の各集落や青年団、婦人会に伝達した文書（あるいはその写しや下書き）である。他村からの願いごとや保健所（松本市の保健所）からの文書なども混じっている。要するに、生活を何らかのかたちで広く改善しようとするような事柄についての、各種伝達文書の綴である。ただ、年度によって数量には多寡があり、これらの綴にその年度のすべての関係文書が丁寧に集積されているのかどうかについては、筆者は若干の疑問をいだいている。しかし当時の関係者がほとんど見つからず、住民の記憶もおぼろになってしまった現在、これらの綴はかつての洗馬村の生活改善諸活動の実態を知りうる重要な資料群である。

さて小稿は、洗馬村の役場文書に含まれている昭和二十六年度から昭和三十一年度までの生活改善関係綴の文書を主たる資料として、生活改善諸活動が地域（小稿では洗馬村）の伝承生活にどのような影響を与えようとしていたのかを、具体的に検証することを目的にしている。同時に、中央（政府および政府関係機関）にあっては農林省の生活改善普及事業として、また新生活運動協会の新生活運動として、はたまた厚生省の保健所活動、文部省の公民館活動として明確に区別されていた事柄が、末端の地域においては、皆一括りの生活改善として理解されていたのだということを述べるのも、目的の一つである。差違を探せば言えるとしても所詮はひとつことなのに、中央においてはいくつもの窓口から指示をだし実施啓蒙に努めていた生活改善諸活動というものの実態が、ここにあるのである。

なお、長野県内の地域を対象にした生活改善諸活動については、管見のおよぶかぎりすでに弓山達也氏と小林将人氏の有益な研究があるが(3)、小稿は洗馬村を対象にして右の目的をもって行なおうとするものである。

1、生活改善関係の組織

洗馬村において新生活運動協会の新生活運動の兆候が見えはじめるのは、昭和三十一年一月のことである。村長名で、生活改善関係の各種団体の長や村民に対し左のような呼びかけがなされた(「昭和三十一年綴」)。

(前略)国が新生活運動を行い今後益々研究改善に努める事になり、したがって最近の生活改善の動きも各処に活発になって参りました。本村にても尚一層の研究をなし改善致さねばならない点が多いので、今回県の専門技術員の稲田技師を招き講演会を開催する事になりました、云々(後略)

(註:原文のままであるが、句読点を加え明らかな誤記誤字のみは改めた。以下の文書引用の場合も同様にする)

この講演会は昭和三十一年一月二十九日に、小学校の裁縫室で行なわれた。

このようであるから、小稿で対象としている年代にはまだ、洗馬村においては政府肝入りの新生活運動協会の新生活運動というものは展開していなかったのである。

洗馬村の生活改善は、自らの生活の反省に立つ内発的なものではなかった。各文書の内容から、行政上の上部機関である東筑摩郡さらには松本市をも包括する地方事務所などからの指嗾指導によってはじまり、継続していったことは明らかである。洗馬村には上部機関から生活改善を促す通達が次々と届き、さらには、それら機関が主催する会議・講習会への出席が促されていたのである。おそらく上部機関も長野県からの通達によってことを運んでいたのであろうし、県は県で国の諸機関の方針を受けて生活改善をはかろうとしていたのであろう。

このような図式のなか、洗馬村において生活改善を主導しつづけたのは農業委員会だったとみてよい。年次が進むにしたがっていろいろな組織が生まれていったが、大なり小なりすべてに農業委員会が関与していたからであり、その会長は村長が兼ねていた。昭和二十五年には洗馬村公民館が、時間の励行、婚儀の改善、葬儀の改善、出産・病気見舞等についての改善を柱とする「生活改善要綱」を定めているから（「昭和二十八年綴」）、早くから公民館も活動の一環として生活改善に取り組んでいたのであろう。実践主体は、もちろん個々の家ではあったがとくに頼りにされていたのは婦人会と青年団であった。このようにして洗馬村の伝承生活が、いわば「官」の力によって変えられようとしていったのである。

農業委員会も公民館もそれほど大きくない役場のなかに同居していたし、ともに戦後に設置されたまだ新しい機関なので、当時、そこでの仕事が村の行政一般の仕事とどれほど截然と区別されていたかには疑問がある。筆者のみるところ、上部機関から次々と発せられる生活改善関係の仕事は（そのなかには村長宛のものも多かった）、大きく村行政の一部として取り扱われていたのではないかと思われる。

昭和二十六年九月六日に、役場の会議室において料理講習会打合せ会が開かれたが（「昭和二十六年綴」）、ここには生活改善に取り組もうとする初期の洗馬村の姿がうかがえるので、紹介しておこう。

出席者は婦人会と青年団の役員、公民館の生活改善委員数名、それに普及員である。この普及員は男性なので、農業改良普及員であろうか。会議の冒頭、普及員から講習会の経費は農業委員会の会計から支出する旨が報告され、会議は普及員と公民館生活改善委員がリードするかたちで進められていく。そして最後に生活改善展示会に話がおよび、衣は婦人会、食は青年団女子部、住は青年団男子部が担当したらいかがかと提案されている。そのほか他村の例も引き合いにだしながら、婚儀の改善、台所の改善、栄養食、乳幼児の衣食住、衛生（受胎調節）、迷信打破、公衆衛生についてもいずれ話し合っていきたいとして、会議は結ばれている。これから何をどのようにはじめたらよいのかという、生活改善模索時代のやりとりがうかがえて興味深い内容である。

右の会議から公民館に生活改善委員会が設けられていたことがわかるが、これとは別に洗馬村の農業委員会には生活改良専門部会があった。筆者は当時の公民館関係の資料を探しあてていないので確かなことは言えないのであるが、村全体の生活改善関係の仕事は、農業委員会のほうが主導して進めていったように思われる。

昭和二十六年十二月十三日の農業委員会において、洗馬村生活改善協議会の設立が決定した。会長には村長が就任し、構成員は村、公民館、区長、農業委員会、農業協同組合、婦人会、青年団で、下部組織として各集落に部落生活改善協議会が置かれることになった。村全体の実行主体は農業委員会生活改善部（註：生活改良専門部と同じであろう）が担当し、各集落（部落）においては区長が部落生活改善協議会長に就き、実行主体は婦人会と女子青年団、農業委員などが担うことになった（「昭和二十七年綴」）。生活改善は村をあげての事業だったのである。

右の組織をみて、最末端の集落において婦人会と女子青年団が実働するようになっていることから、生活改善とは、農村女性にかかわることを主たる対象とする農林省の生活改善普及事業と深くかかわるものだとの認識のあったことはわかる。しかしそれだけではなく、村レベルでは村長が会長に就任しさらには公民館も加わるというように、また集落レベルでは区長が会長を務めるというように、洗馬村における生活改善はもっと広い概念でとらえられていたと言えよう。

昭和二十八年三月二十日の会議において、生活改良実践委員会の設立が決定している（「昭和二十八年綴」）。先の生活改善協議会の組織を踏襲し名称を変更しただけの組織であるが、ここでは新たに実施事項が確認され、それには日常生活の改良、社会生活の改良、諸行事の励行、婚礼の改良、葬儀の改良があげられている[4]。このように洗馬村における生活改善は、早い段階から、生活改善普及事業よりも広い概念として理解されていたことがわかるのである。

昭和二十九年にはY・S氏（女性）が洗馬村農業委員会生活改良委員に委嘱されている（「昭和二十九年綴」）。職務内容や彼女が改善にどれだけリーダーシップをとることができたかは未詳であるが、上部機関が主催する会合に出てその結果を村の委員会にて報告している。Y・S氏は婦人会長であり、婦人会長であるがゆえに委嘱されたのである。生活改善とは女性主体との考えがあったからであろう。

その後、生活改良推進協議会なるものも設けられていくが、基本は変わることがないので説明は割愛したい。

世の中のどの団体どの運動体においてもそうであろうが、右にみてきたように洗馬村の生活改善においても何回かにわたって組織いじりが繰り返された。しかし肝腎なのは組織の整合性ではなく、何を実践するかである。次にいくつかの実践例をみていこう。

2、端午の節句について

昭和二十七年四月十六日付で、松筑教育事務所長・東筑農業委員協議会長・東筑摩郡社会教育運営協議会長の連名にて、管内町村の村長・農業委員長・公民館長・学校長・PTA会長・婦人会長・青年団長に宛てて、左のような通達がだされている（「昭和二十七年綴」）。

「端午の節句」を「子供の日」に実施する件について

従来、六月五日に実施されてきた「端午の節句」を、一ヶ月繰上げて五月五日の子供の日に併せ実施する件案については、昨年来関係各方面に於て種々検討されてまいりましたが、今回、東筑摩郡農業委員協議会が中心となり、各町村の強い要望に応えて「松筑生活改良申し合せ事項」として左記の通り申合せを行い、農村生活諸行事の改良の線にそい強力に啓発運動に乗出すことになったから、本趣旨に御賛成下され関係各種機関団体に十分なる御連絡の上、公民館運動背景の下に全村揃って実行が出来得ますよう趣旨の徹底と実践方法等につき、御高配を願いたく御通知申上げます。

記

松筑生活改良申合事項

「六月五日の端午の節句を五月五日の子供の日に行う」趣旨

（1）従来、六月五日に行ってきた端午の節句は農繁多忙期であるため子供を中心として一日を有意義に過す祝日としての行事が困難であり、おざなりの年中行事としておわってきた。

（2）更に国を挙げて祝い合う雰囲気から時期はずれにおかれていると、環境の醸成が十分でなく成果が挙げられなかった。

（3）五月五日の子供の日には各家庭は勿論、部落村等に於ても子供を中心とする内容の充実した行事を計画実施するように努めたい。

この通達を受けた洗馬村では、生活改善協議会長名でただちに各集落の生活改善協議会宛、通達の内容を知らせ趣旨の徹底を呼びかけたのであった。

ところで、五月五日が国民の祝日のひとつ「こどもの日」に定められたのは、この通達のほんの数年前の昭和二十三年七月成立の「国民の祝日に関する法律」によってだった。そこでは、国民に浸透し長い慣行をもつ端午の節句を念頭において、五月五日が子供の日に定められたのである。しかし明治六年の改暦以来、農村部においては新暦一か月遅れの六月五日を端午の節句として男児の成長を祝いつづけている地域が多かった。このほうが菖蒲も生育して旧暦五月五日の雰囲気に近いからである。洗馬村をはじめこの地域一帯でも明治以降そのようにしていた。しかしそれでは、新たに設けられた五月五日の子供の日と六月五日の端午の節句が別々の祝い日となり、国民の祝日としての「こどもの日」の趣旨を十分に生かすことができず、学校教育上家庭教育上よくない。というわけで関係者は、地域の慣行を国の行事日に合わせようとしたのである。[5][6]

行事日の合理的（と考える）改変や新暦の採用統一は、昭和三十・三十一年以降の新生活運動において全国的に盛んに啓蒙される内容である。であるからこのような措置は、農林省の生活改善普及事業とはほとんど無関係の事柄である。したがって文書通達者には、東筑農業委員協議会長とともに教育事務所長や社会教育運営協議会長の両者が名を連ねているのであるが、洗馬村においては教育委員会や公民館ではなく、生活改善協議会（実行主体は農業委員会生活改良専門部）がこれを引き取って会長名（会長は村長）で各集落の生活改善協議会（会長は区長）に実施を依頼したのである。そして、昭和三十年には「（端午の節句を五月五日に祝うことは）現在では各家庭が大部分行って居ります」（「昭和三十年度綴」四月二十七日付文書）というほどまでに洗馬村の家庭に浸透定着し、現在にいたっている。[7]

右の事例において、地域の生活改善が、慣行として長くつづけられてきた行事日の改変という事柄を積極的に推進し実施にこぎつけたこと、それが農業委員会主導のかたちで村をあげてなされたことが明らかになった。

3、結婚式の簡素化について

冠婚葬祭の簡素化は、明治以降しばしば申し合わされてきたことであった。しばしば申し合わされなければならなかったということは、なかなか実効があがらなかったことの証でもある。そして、小稿が対象にしている昭和三十年前後の生活改善諸活動においても、依然として盛んに申し合わされていた。このことは洗馬村にかぎらず、全国的な傾向だといってよいであろう。

ここでは、結婚式の簡素化にかかわることを三つの具体例をあげて述べてみる。

(1) 花嫁衣裳の共同利用

結婚式での花嫁姿は女性にとって一生一代の晴れ姿ではあろうが、きらびやかな花嫁衣裳は高価であるうえにほかに使い道がなく、何とも贅沢品である。というわけで、村が花嫁衣裳を揃えるので、それを共同利用するよう呼びかけられていた。

ちなみに、洗馬村公民館が昭和二十五年に定めた「生活改善要綱」(「昭和二十八年綴」)の「二、婚儀の改善」欄には、婚約に際しては健康証の取り交わしをすること、手締は酒一升の代金を超過しないこと、結納は着物一着または帯一本程度の額に抑えるべきことが謳われている。調度品としては、式服は各人で新調せずに備えつけられている共用の衣裳を利用し、嫁入り道具も箪笥一棹、盥一個、鏡台一台、蒲団一組程度を限度とするのがよいとされ、結納の披露、花嫁の荷物披露も行なわないようにと定められていた。

それまでの結婚式の場合には、話がまとまると、手締といい仲人が柳樽を持って嫁方に出向いて式に至るまでの段取りを話し合い、後日、結納持参というかたちが多かった（手締と結納を同時にすることもあった）。結納の際には、結納品のほか財力に応じて婿や婿の親から嫁あてに衣服・装飾品などいろいろな贈り物がなされていたのであり、結婚式の日にはそれに釣りあうように多くの嫁入り道具が長持歌とともに婿方に運び込まれていたのである。(8) 財力に応じてとはいえ、各家ともどうしても無理な出費をしてしまう。結納の品物や嫁入り道具は近所の人びとに披露されるのが慣わしであったから、見栄をはってしまうのであった。「生活改善要綱」はそのような見栄としての出費を抑えるために、各家一律にしようと申し合せたのである。当時これがどれだけ厳格に守られたかはわからないが、各年度の「綴」を見るかぎり、花嫁衣裳の共同使用については、ほぼ守られるようになっていたようである。

その経緯をたどると、昭和二十九年九月十八日の生活改良委員会（「生活改良実践委員会」のことか）において、婦人会長から婚礼の共同衣裳購入について提案があり、約一五万円の予算で三着設けることや、村からの助成で足りない分は各戸から寄付を募るというように具体的に話し合われ、同年十一月九日には結婚式服（女子）管理並貸付規程が協議されている（以上「昭和二十九年綴」）。昭和三十年二月二日の会議にはその購入会計報告がなされ（「昭和三十年綴」）、どのような体裁の衣裳だったかはわからないが、一着一〇〇〇円で貸しだされている。利用者がそれなりに多かったことは、昭和三十年四月二十七日の会議において前年の十一月六日からすでに三〇戸が利用したと報告され（同前）、翌年一月十三日には花嫁衣裳の会計残高が九万四二三〇円あり、今後とも貸し付け料は一着一〇〇〇円とするとの報告がなされていることからわかる（「昭和三十一年綴」）。

衣裳の管理は生活改良実践委員会の婦人委員が担当していたようで、昭和三十年七月二十日付で、会長から各委員にあてて次のような要請がなされている（「昭和三十年綴」）。

花嫁衣裳の整理について

花嫁衣裳につきましては、貸出しも一段落つきましたので、一応、整理虫干ししまして来る秋のシーズンに備えたいと思いますので、御多忙中とは存じますが、左記に依り実施致しますから、御出席下さるよう御通知申しあげます。

記

一、日時　七月二十二日　午後一時

二、場所　洗馬村役場会議室

夏季は農作業が忙しく、また式場の冷房設備など思いもよらなかった当時にあっては、結婚式は農閑期である秋末から春にかけて行なわれるのが一般的だったのである。

なお、塩尻市役所洗馬支所職員の話によると、花嫁衣裳の貸出し希望は昭和五十年ごろにはまだ稀にはあったそうである。現在でもその衣裳は倉庫に保管されており（とくに整理などされないままで）、ときには祭りの際の時代劇風の仮装行列などに利用されることがあるという。

（2）祝儀馳走の食べきり

生活改善が叫ばれる以前の、式が家で行なわれていたころの結婚式の料理は、おおむね次のように用意されていた。

料理の主なものはイタノマシ（板前）と呼ばれる人に頼んでりっぱにつくってもらった。尾頭付きの魚・羊かん・りんご・ごまめ・煮物・吸い物などで、その場ではほとんど手をつけず持ち帰る料理が多かった[9]。

要するに、汁物や一応の食品はその場で口をつけたが、手のこんだ二の膳の相当数の食べ物は持ち帰られていたのである。これらの調理に手間ひまと費用がかかったわけで、結婚式の簡素化はこれら持ち帰り食品をもターゲットにしていたのである。そのため昭和二十六年にはすでに「持返りなしの其の場限りの馳走」（「昭和二十六年綴」）とすることが申し合われ、その後しばしば「食べ切り」とか「持返りなし」が奨励さることになった。祝儀を賑やかにするこれら地域の長年の慣行を廃すことに物足りなさを感じる人は多かったようであるが、次第に定着していったようである。

「食べ切り」は不祝儀の食事についても言われていたし、祭りに際しても同様だった。祭りについては「秋祭り　昨年に準じ食切りとし赤飯のみ持返りとす」（「昭和二十九年綴」）と記されている。赤飯だけはどうも持ち帰りが認められていたようなのである。

（3）他村からの呼びかけ

結婚は他村との間にも行なわれるわけで、その場合、改善の内容について相互のすり合わせが必要だったであろう。昭和二十八年三月十一日付で洗馬村長は、波田生活改善推進委員会長・波田村長古田孫十から次のような申し入れを受けている（「昭和二十八年綴」、実名はイニシャルに直す）。

婚礼の改善に対する協力依頼について

左記の通り縁談成立届けがありましたので、本村の生活改善要綱により実施致し度につき、貴村関係者に対し至急此の旨御通知の上改善に協力下さいます様、別紙の通り生活改善要綱抜粋を添えて御願い致します。

記

東筑摩郡洗馬村　（世帯主）Ｋ・Ｔ　（当事者・婿）Ｓ・Ｔ
東筑摩郡波田村　（世帯主）Ｔ・Ｆ　（当事者・嫁）Ｉ・Ｆ　（以下、略）

この場合、ほかの欄に式場は波田村のＴ・Ｆ宅すなわち嫁方と明記されているので、入り婿のケースであろうか。そしてこの申し入れ書の備考欄には「Ｋ・Ｔ氏方へは当方よりも直接書類を以て御依頼申上げてありますが、貴職よりも宜敷御願い致します」と記されている。婿方にはすでに伝えてあるが、村長からもこちらの生活改善要綱にそって運ぶように伝えておいてほしいというわけである。「波田村生活改善要綱」も添付されている。(10)

その「波田村生活改善要綱」中の「婚礼の改善」の内容は、両人は健康診断書を交換するのが礼儀であるとか、手締の費用や持参品の制限など、洗馬村の内容とほぼ同じなので改善について問題は生じなかったかと思われる。そして、箇条書きの内容の最後に「縁談成立の時は、この旨委員長に届出、委員長は村の生活改善要綱を相手方に通知し協力を求める」と記されており、右の申し入れはこの箇条を遵守したことになる。

以上、結婚式簡素化の具体例をみてきたが、これらは掛け声に終ることなく、当時、徐々にではあるが一定の成果をあげていったようで、それまでのように両家を式場にするとか、結納や嫁入り衣裳・道具を競うとか、近隣を招いて幾日も飲み合うというような慣行は、比較的早くから影をひそめてしまったようである。その意味で、改善は奏効したと言えよう。ただ、簡素化という当時の申し合せがどれほど長く守られていたのかには疑問が残る。高度経済成長とともに婚礼に商業資本が介在するところとなって、式は専門の式場やホテルで行なわれるようになり、かえって華美さを増したとみることもできる。経済的に豊かになるにしたがって、式のもつ祝祭性が蘇ったということであろう。儀礼上は地域の慣行から解放されて個性的になったと考えることもできよう。[11]

4、その他

紙数の関係もあって、端午の節句の改変と結婚式の簡素化という二事例についてしか述べることはできないが、洗馬村においてはほかにもいろいろ考えられていた。その二、三を簡単にみておこう。

(1) 衣食住の改善

衣生活についてはとくに試みられなかったようだが、食生活・住生活の改善は考えられていた。食生活に関してはしばしば料理講習会が開かれ、婦人会員や女子青年団員が参加していた。手近かな食材を活用しての栄養十分な献立や農繁期の食事などが工夫検討され、正月料理をはじめとする儀礼食の簡素化が唱えられていた。このようなことが各家庭でどれくらい実行に移されたか定かではないが、先に述べた結婚式料理の「食べ切り」のように、定着していった事柄も多いと思われる。

住生活については、かまどの改善や台所を明るくすることをはじめ、いくつかの改善が試みられていた。昭和三十年に、かまどには煙突がついていること、便所には蓋があって汲み出し口が落とし口と別にあること、湯殿（風呂場）には洗い場があり排水設備のあること、水道は台所に引水できることという内容の改善が実行されているかどうかを調査したところ、これらのうちすでに何らか（すべてではない）の改善がなされている家は約三〇％だという結果が報告されている（「昭和三十年綴」）。当時、生活改善がいかに焦眉の急であったかがうかがえる調査内容だと言えよう。

（2）新生活モデル町村への挑戦

読売新聞社では昭和二十六年に「新生活モデル団体・地区の表彰」を開始しており、その第三回目の昭和二十八年に太田集落が挑戦し、村の農業委員会がその推薦者になっている（「昭和三十年綴」）。そのいきさつについては未詳であるが、村の生活改善はこのようなことにも関与していたのである。

（3）生活改善グループの育成

農林省の生活改善普及事業の実践にあたって、生活改良普及員と生活改善グループは欠かせない存在である。しかし役場文書には生活改良普及員の影はまったくみられない。生活改善グループについては、昭和三十年七月二十二日の生活改善協議会（生活改良実践委員会）婦人部会議において話し合われたことが（「昭和三十年綴」）、最初だったようである。昭和二十八年に上部機関からこれについての問題提起はなされていたが、改善グループ結成が洗馬村の事柄として話し合われることはなかったようなのである。また、昭和三十年に話し合った結果がどのようだったのかは未詳である。

生活改善グループの結成は、生活改良普及員の活動と連携して自発的になされるはずのものである。しかし洗馬村においては、婦人部会が取り上げたとはいえ、上部機関からの勧めによって村の組織がこれの結成に動こうとしていたということであった。内発的ではなかったのである。

旧役場文書にもとづき、それに若干の聞書きの結果をも加えて、洗馬村の昭和二十六年から三十一年までの生活改善諸活動への取組みをみてきた。

全国的にみると当時はまだ、本格的な国の新生活運動は展開されておらず、農林省の生活改善普及事業が、公民館や保健所の活動とともに、地域に浸透しつつあった時期である。しかしながら洗馬村においては、生活改善を農林省の生活改善普及事業の内容に限定せず、物質・精神両面にわたり広くとらえようとしていた。具体的に言えば、衣食住の改善や乳幼児の健康など農家女性を念頭においた改善という枠組みを超え、のちに新生活運動が取り上げる冠婚葬祭等の見直しなどをも含む広い概念として理解し、推進しようとしていたのである。

組織としては、農業委員会の生活改良専門部会が実践主体となりながらも、村長―区長（集落の長）のラインが推進の柱となり、村をあげ集落をあげて取り組もうとしていたのである。それだけに、実践内容は、国（中央政府）の段階では区別されていた生活改善普及事業、文部省の公民館活動、厚生省の保健所活動を、村段階では一括りのものとして改善に努めようとしていたことになる。さらには、昭和三十一年から中央において本格的にはじまる新生活運動もまた、そのなかに取り込もうとしていた。何もかもが皆、生活改善だったのである。

ただ、生活改善諸活動は世に激変を求めるものではないため、洗馬村においてそれがどれだけ奏効したのかの判断はなかなか難しい。

洗馬村（現・塩尻市洗馬区）の生活は、当時と五〇年後の現在とでは大きく変わっている。各種伝承生活もだいぶ変化してしまった。小稿で扱った年代のすぐ後には、高度経済成長の波が押し寄せており、変化はこれを要因とするものも大きい。しかし、結婚式の簡素化ないし合理化や食・住生活の見直し等々、改善諸活動が影響を与えたものも確実にある。たといにわかには改善できなかったとしても、改善しなければならないという意識の高まったことは、無視できないであろう。とはいえ、少しずつ経済的に余裕が出てくるにつれて、結婚式などは「官」の呼びかける簡素化が伝承的祝祭性復活の動きに抗しきれずに、従来とは異なったかたちとはいえ、華やかさに戻っていったことも事実である。

生活改善という活動のあったことは現在では忘れられぎみであるが、地域の人びとに、凡々と繰返されていた生活を直視させて改善の眼を覚醒させ、改善意識を植えつけようとしたその意義は無視できないのである。

［註］

（1）調査結果は、『塩尻市誌　第四巻〈民俗・文化財・史資料等〉』（塩尻市刊、平成五年六月）の「第一　民俗」の「第二部　村の生活」に、「第一章　山峡のムラ」として掲載されている。

（2）洗馬村とは、江戸時代には信濃国筑摩郡内の高遠藩領の本洗馬村・岩垂村・小曾部村という三か村が、明治七年に合併して誕生した村である。そして昭和三十六年の塩尻市への合併まで長野県東筑摩郡の洗馬村という独立した自治体として存続し、現在は塩尻市の洗馬地区となっている。

（3）弓山達也「農村における生活改善運動の諸問題」（『國學院大學日本文化研究所紀要』第六十九輯、平成四年三月所収）、小林将人「生活改善運動とむらの変化―北信栄村・長瀬の事例―」（『信濃』第四十六巻一号、平成六年一月所収）

（4）分析している生活改善関係の役場文書のなかで、後の新生活運動が取り上げるこのような内容が、先取りするようにして検討されようとしているのはなぜであろうか。筆者が推測するに、新生活運動の前史とも言ってよい昭和二十二年の「新日本建設国民運動」が、長野県においては取り入れられていたからであろう。「新日本建設国民運動」は、提唱した片山内閣が早くに退陣したため国段階では実行には移されなかったが、その趣旨に賛同する都道府県では実行する例が少なくなかったのである。

（5）節句は、本来の意味としては節供と記すのが正しく筆者は平素は節供と表記しているが、一般的には節句が用られ引用文書でも節句となっているので、拙稿でもそのように記す。

（6）祝日の名称としては「こどもの日」であるが、引用文書では「子供の日」と表現しているので、便宜上、拙稿でもそのように記す。なお、国民の祝日全体については、拙稿「『国民の祝日』の選定」（『儀礼文化』第三十七号所収）を参照いただきたい。

（7）生活改善諸活動が地域の行事を変えたり、祭礼日を統一していった例は各地に枚挙に遑《いとま》がない。その一例は、拙稿「生活改善諸活動と民俗の変化」（成城大学民俗学研究所編『昭和期山村の民俗変化』名著出版、平成二年三月所収）などに述べておいた。

（8）前掲註（1）同書、二〇五―二〇七ページ

（9）前掲註（1）同書、一八八ページ

（10）筆者は今回、当時の状況を尋ねようと思って洗馬村のK・T氏宅を訪ねたが、家を親戚に譲って村から出てしまっていてうかがうことはできなかった。

（11）結婚式の簡素化のその後については、前掲註（7）にあげた拙稿において若干分析をしておいた。

第四章　生活改善、新生活運動から地域づくりへ

一、昭和二十年代の村づくり運動と生活改善
――山梨県東八代郡富士見村（現笛吹市）の試み

山本多佳子

山梨県富士見村は昭和二十年代半ば生活改善普及事業の草創期に、台所改善の先進地として山梨県内はもとより全国的にも有名になった村である。各人の創意をもって改造した台所は公開され、その機能的かつ近代的なたたずまいに感銘を受けた見学者は自宅の台所改善に走った。同村の生活改善は台所にとどまらず、村民レクリエーションとしてのテニスの導入や、青年たちの結婚純化同盟による結婚改革運動、「村にふさわしい作業衣を作ることを通じて考える婦人になるため」の野良着コンクールを契機にした衣生活改善、山羊の飼育や自家製味噌・醤油の製造など栄養を考えた料理を研究する食生活改善、農家主婦を対象とした農業技術指導など多岐にわたった。そして、その活動は多くのマスコミに取り上げられた。生活改善関連の各種パンフレットや関係出版物はもとより、一般の新聞、雑誌、社会教育映画（主婦の農業技術講習会が「母ちゃんたちの生産学級」という映画になった）、改

善した台所見学に一〇〇〇人以上がバスを仕立てて押しかけている様子がニュース映画になるなど画像メディアにも登場した。また、野良着で行なう村民テニスが昭和二十四年の第三回全国レクリエーション大会で表彰されたほか、昭和二十六年には読売新聞新生活賞全国第三位、山梨県第一位として表彰、新生活モデル町村選定と中央表彰の際は農林大臣賞を得るなど多くの表彰を受け賞賛を得た。

本稿では富士見村における生活改善運動の展開に則して、敗戦後の農村の急激な変貌のなかで人びとが自分の生活をどうとらえ、どのように変えようとしたのか、何をめざしたのかを探ることを目的にしている。山梨県の生活改善普及事業について大門正克は、政策理念と生活改善を実行した女性たちの「受容」とのあいだにズレ・落差があったと指摘している(1)。富士見村の場合、生活改善運動は村の生活のなかで、村人たちの考えで開始された自発的なものであったから(2)、政策内容とは質的に違いがある。この違いについてとくに考えたい。それは、この違い(自発性)のなかに戦後の農村に存在した一つの可能性が示されていると考えるからである。

本論に入る前に富士見村についての概観をしておく。富士見村は甲府盆地の中央部、甲府市の南東に位置し、昭和三十四年に北接する石和町と合併して石和町となり、平成十六年の合併で現在では笛吹市となっている。笛吹川と平等川に挟まれた場所にあるため昔から両河川の氾濫による水害に毎年のように見舞われ、土砂流入で地形が変わり河身変更することも数回あった。明治四十(一九〇七)年の大水害の際も、上流の山地崩落による土砂で村全体が深く埋まり、復旧に長い年月を要した。水害の痛手から幾度となく立ち上がってきた歴史は村民の性格に影響をおよぼさないではおかない。筆者が「石和町誌」編さん事業に携わっていた昭和六十年当時、「富士見根性」という言葉が近隣地区で聞かれた。これは、富士見の人びとが団結して地域利益を守るために最大限の努力を払うことに対して言われており、彼らの粘り強い敢闘精神が近隣の人びとに幾ばくかの圧力として感じられていたことを表している。こうした敢闘精神は、大正末から昭和初期、小作争議が頻発した時期に有数の小作争議村となったことや、生活改善運動が全国的に有名になったことにも気質的に影響したと思われる。

生活改善運動が盛んに取り組まれていた昭和二十五年の富士見村の総戸数は五〇五戸、人口三一九五人（国勢調査）で、人口の九割が農業に従事し、耕作面積も広いため生産年齢人口で他産業へ出稼ぎするものは九％にすぎず、農業を主要産業として振興がはかられている村であった(3)。当時、すでに米麦養蚕の農業から、甲府市向けの野菜栽培と、水害で流入した砂地を利用しての果樹栽培による農業の多角化がはかられており、昭和二十七年の時点で農用地面積のうち一二・三％が果樹、二七・六％が畑となっていた。昭和二十一年に農村電化指定村、同二十四年には農業増産五カ年計画指定村となり、客土や排水改善による土地改良、公民館設置などを内容とする生産増強五カ年計画が策定されていた(4)。

1、農事懇話会と稲村半四郎

富士見村において節倹規約制定ではない、合理性にもとづく生活改善がされるようになったのは昭和十年代のことで、女子青年団の団服採用、寄生虫駆除のための改良便所の普及などが実施された(5)。戦時下の小さな改善の経験が戦後に受け継がれていったわけだが、富士見村の生活改善活動が大きく進展した理由は、敗戦直後につくられた農事懇話会（発足当時は食糧増産懇話会）という村民組織が果たした役割を抜きに語れない。結成の経緯について、発起人であり中心人物であった稲村半四郎氏（以下敬称略）は次のように書いている。

「……勝つまでは勝利の日までと苦しさに耐えてきた人たちが、突然の降伏で、しかも、これからどうなるやら見通しもつかぬなかで明けても暮れてもヤミ売りとヤミ値の話しばかり。私はそんななかで自分たちの農業経営をこれから一体どのようにやっていったらよいかと考えた。……政治がどのようになろうと、おれたちは農業で生きる以外にない。……とにかく当面は食糧をつくることだ。そのために勉強しながら実際にやっていく仲間をつくろうと私は考えた。村の翼賛壮年団の人であろうと復員者であろうと、この人はやれると思う人たちの間を私は一人一人話してまわった。そして昭和二〇年の秋に村内八部落から各二、三人ずつ計三〇年人ぐらいの賛成者を得て、富士見村食糧増産懇話会という農業研究会をつくった。そして私はその中心世話人となり村内の会員の家を次々とめぐって毎月一回の例会を持ち、話し合ったことでやれることは、みんながすぐにやるという活動を始めた[6]」

懇話会の結成について稲村が「富士見村公民館報」(以下「公民館報」)紙上で「翼賛壮年団実践部で結ばれ敗戦で解体された村の壮年層の人たち二、三〇人が集まってつくった[7]」と記述しているので、翼賛壮年団の下部組織を母体として組織化されたのであろう。戦後民主化推進組織が戦時下にそのオリジンをもっていたことは興味深い。

稲村は一〇日に一回、増産技術や農政に関する情報・解説を内容とするガリ版刷り一枚のニュースを作成して自ら会員宅に配るなど、全力を傾けて懇話会を形作っていたが、そのエネルギーはどの辺りにあったのだろうか。彼のプロフィールは富士見村生活改善運動を理解するうえで、一つの鍵となる。

稲村半四郎は明治三十九年、自作農の長男として富士見村小石和に生まれた。県立農蚕学校卒業後、家で農業に従事していたが、昭和初め農民組合運動に参加し、社会民衆党系民衆青年同盟員としての活動を皮切りに、農民運動各派の離合集散のなかでより過激な方向へ進み、昭和七年三月の山梨共産党事件で検挙され、執行猶予つき懲役刑の判決を受けた。彼は獄中で転向し、出獄後は自らの公判での発言、「自分は一個の忠実なる農夫になりたいと思ひます。自分は共産党を今も正しいものと信じてゐるが、それが日本に於いては所詮合致しないものと信ずるものであります[8]」の言葉どおり、家で農業をする日常に戻った。

本来、何事も徹底的に極めるまでやらないと気がすまない性格の人だったのだろう、農蚕学校卒の農業技術者としての実力と研究熱心さは篤農家として次第に村人の注目するところとなり、戦時下の労働力不足と供出に悩む農村において食糧増産に果たした功績により、昭和十七年には総理大臣表彰された。共産主義を奉じた人物が東条英機から表彰されたとは矛盾を感じさせるが、稲村自身は、農民運動にせよ、食糧増産にせよ、「農民のしあわせ」を求めていた点は変わらず何ら矛盾はないという考えであった[9]。農事懇話会が農事研究・農業経営研究にとどまらず、農家の生活改善に力を注ぐようになったことは、稲村の存在抜きには考えにくい[10]。そして後述するように、富士見村の生活改善運動が、農村の近代化、農民の封建的考え方の改変、各自の精神的な自立、村民相互に尊敬し合う村づくりといった精神的価値にこだわったことに、農民運動家であったころに培った近代主義的価値観の反映が見てとれる。

2、かまど改善と新生活モデル村指定

農事懇話会が台所改善に乗りだしたのは昭和二十一年ごろのことで、燃料価格の高騰への対応策として煙突のない昔ながらの「くど」を燃費の良いかまどに変えることからはじまった。当時は台所改善関係の情報もなく、甲府市の民家のかまどを見に行くなど手探りで研究して煙突つきの煉瓦かまどを作り、懇話会会員の家々のかまどを次々に実験場にして試作を重ねた。稲村家では数回、かまどを

作り替えたという。かまどを変えれば流しや調理台など台所全体に改良が及ぶことになり、会員の妻たちも加わっての台所改善が進められた。

こうした民間の活動が県の注目するところになり、山梨県で生活改良普及員の正式採用がされた昭和二十四年四月に富士見村は県の新生活モデル村に指定され（この年は同村のみ）、県生活改良普及員や農林省からの支援を受けるようになった。早くも、昭和二十四年五月には農業改良普及局生活改善課長の大森（山本）松代と同課のアドヴァイザーでGHQの天然資源局職員G．E．ローロフ（Roelofs）が県生活改良普及員の竹口はる子とともに富士見村を訪れて、六月号の『普及だより一一号』に「生活の改善　生活改良の実際を見る――山梨県富士見村にて」という訪問記事が出ている（彼らは同年十一月にも来訪して講演会を村内で開いている）[11]。同年十一月には県の特別配慮で大量のガラスとセメントが改善用に配給され、村内の台所改善が大幅に進展した[12]。さらに二十五年には高松宮賜金一〇〇〇〇円、県知事から農事研究会奨励金三万円が出されて資金的にも援助がされた。こうした手厚い援助がされたのは、農林省の生活改善課が生活改善を農村に根づかせるための取りかかりとしてかまど改善に重点をおいていたこと、県においても「生活改善の面は余計もののように扱われている」[13]状態で、富士見村農事懇話会の先行した取組みは格好のモデルケースであったためである。

富士見村では新生活モデル村指定を受け、食糧増産懇話会は農事懇話会と改称され再組織化された。会員数は増加し（一六二人。農家の三分の一）、主食・畜産・園芸・生活文化の四つの専門部門をもつ会となり、連絡場所に役場が使われるようになった[14]。このことは私的な団体だった懇話会がなかば公的な性格をもったことを意味している。また、同じときに、富士見村は山梨県増産五カ年計画指定村になり、土地改良部・園芸部・主食部・畜産部・文化部・農業経営部の各専門部会を擁する富士見村生産増強五カ年計画推進委員会が発足して、婦人会や青年団などの各種団体を網羅した「全村動員の態勢（傍点引用者）」[15]が形成された。そして農事懇話会の主要メンバーが生産増強五カ年計画推進委員会の中枢を担った。推進委員会即農事懇話会ということではなかったが、行政と村民組織が結びついた効果は大きく、一年のうちに、二度にわたる生活実態調査の実施、村内での台所見学会や座談会の開催、台所改善を行なう村民のために農事懇話会文化部と婦人会員による台所改善相談部の設置など、改善のための体制づくりが急ピッチで進んだ。一部部落では資金調達のために「改善無尽」がはじめられた。

昭和二十四年十月の台所改善調査ではかまど改善したものは一九％、ガラス窓に改めて明るい台所になったもの一六％、コンクリートの床となったもの二六％であったが、一〇か月後の二十五年七月にはかまど改善は五％増加の二四％、明るい台所は一一％増えて四五％、コンクリート床の台所は一二％増の三八％と大幅に改善が進んだ[16]。そして昭和二十五年一月、県農業改良課は富士見村台所見学と研究会を二日間にわたり富士見中学校で開催し、集まった県下町村の関係者に「文化的」な農村生活の姿を実見させた。これは県当局者の狙いどおり大きな反響を呼び、県内外から二十五年度一年間で一万二〇〇〇人を超える見学者が訪れ、富士見村は「文化村」として生活改善の先駆者の地位を占めることとなった[17]。

だが、その後の改善の進捗を見ると、昭和二十八年秋に県立教育研修所が行なった調査では（社会教育面からの詳細な調査がされ「全村教育計画の運営」という冊子が出ている）コンクリート床台所二八％、明るい台所四二％、かまど改善三六％、一か所も改善していないもの二八％で、階層別に見ると上層農家の一〇％、中層農家では二〇％、下層農家で四一％、非農家で六三％が非改善だった[18]。貧困は、モデル村であっても克服しがたい生活改善上の障害となっていた。

3、公民館を拠点にした村づくり—公民館報と文化祭

富士見村農業五カ年計画は各部門で基本方針や実施方策が立てられていたが、文化部門の「文化向上計画」の基本方針は、「古い生産手段と共に残存してきた封建的な残滓を揚棄して新しい時代に即応する村の文化の推進を企図する。これがために村全般の教養を高め文化施設、保健衛生施設の拡充と創設を図る」[19]というもので、農業の近代化と同時に農村の封建的あり方を変え、新しい時代にふさわしい村の文化を推進するという村づくりの目的が明確にされていた。ここでいう文化施設とは公民館のことで、計画実施一年後の昭和二十五年六月に中央公民館が開設され、村民の活動をバックアップする態勢が整えられ（各部落にも公民館分館が開設して地域住民の活動拠点となる）、村民新聞として月刊「富士見村公民館報」の発行が開始された。自治体広報の発行は、当時、各市町村が着手しはじめていたことであるが、富士見村の場合、編集に中央公民館長であった稲村半四郎ほか五名が携わり、行政の行なう広報編集とはひと味違う「公民館報」をつくりあげた。

「富士見村公民館報」を一見して気づくのは、行政側のお知らせや首長・議員などの挨拶文が少ないことである。その替わりに村民の意見や感想のほか、村当局や農事懇話会などへの批判的意見すらも積極的に取り上げられた。前出の山梨県立教育研修所の調査者は、公民館報記事から「村の人たちの批判精神があることに気づかざるを得ない」[20]と評しているが、男女を問わない村民のありのままの意見・感想が掲載されることで、問題意識を深め、情報を共有するうえで効果があった。難しいことを平易に、時にはユーモアも交えて書く才能に恵まれていた稲村館長も多くの記事を書いており、彼の考え方を村民に伝え次の実践を喚起することにも役立てられた。公民館報は読みやすさ、親しみやす

さ、有用さに配慮して紙面がつくられており、毎回、子どもを含む村民の文芸作品や各団体・部落の活動情報、具体的でわかりやすい農業・農業技術関連情報を掲載した。公民館報は広く村民に読まれており、県立教育研修所のアンケート調査では、詳しく読むと答えたものが六〇%、ざっと読むと答えたもの一二・五%、読まないもの三・五%（無回答二四%）で、村ではバインダーを作って全戸配布し、公民館報の保存・再読を呼びかけていた。

また、公民館は、村民文化祭の中心を担った。昭和二十四年秋に小中学校と公民館を会場にはじまった文化祭は、子どもも大人も一緒に参加する祭典で、前夜祭には音楽や演劇が上演され、運動会では青年のフォークダンスや婦人会の民謡踊り、部落対抗綱引きやリレー、各種競技が村民総参加で挙行された。こうした光景は昭和二十年代の農村で普通に見られたものであろうが、富士見村の場合、運動会・演芸会に並行して開催された文化祭に特色があった。

文化祭は「一年の活動の集大成」と位置づけられて、個人や学校生徒の絵などの各種作品とならび、農事懇話会や青年団などの団体がそれぞれの活動を展示した。衣生活改善を狙った昭和二十八年の婦人の野良着コンクール（五人一組で婦人会や青年団のグループが各々考案・工夫して野良着を作り、文化祭当日、全員着用して運動場でデモンストレーションをして生活改良普及員の審査を受けた。布地代は村から補助）や、二十七年の食生活改善のための料理コンクール（五人一組で農繁期の食事や郷土の食材を使った料理を栄養や経済面を考慮して考案、調理したものを出品し、生活改良普及員が審査する）は、文化祭に向けて活動が計画されたものである。また、改善のためには村の現状を把握すべきであるとして、統計コンクールも毎年実施された。統計コンクールには中学生も参加して種類の違うかまどの燃費を比較研究して発表したり、結婚改善に取り組む青年たちが村内の結婚の現状をレポートしたり、生活改善に関係する問題提起や現実を物語る具体的なデータが提示されることが多かった。公民館報では文化祭の報告と反省記事が毎回出されたが、苦言や批判もそのまま掲載され、それぞれの活動を自省しようとする真面目な姿勢で貫かれていた。

文化村としての村づくり運動は村民全員の参加が期待され、文化祭や各団体・部落のなかの活動を通じてそれが果たされていたということができよう。その活動の中心となっていた農事懇話会は会員数を増やし（昭和二十八年には発足後最多の二四〇人）、農事関係でも野菜の栽培品種統一をめぐり品種選択のための研究や、早生林檎の産地として特産地化する試みを進めていった。生活改善と農業技術改良を車の両輪のように結びつける農事懇話会のあり方は五五％の村民の支持を得ており、「村の農業技術の進歩や生活改善に大いに尽し相当の成果を上げている七一％」「会員が研究し合ってすぐ実行するところに会の強みと発展性がある六九％」との高い評価を受けた。

4、考える農民

生活改善事業では、かまど改善や栄養改善などの物質的・技術的な改良自体ではなく、それを実践することを通じて「自ら考え、自主的に行動する農民」となることがめざされていた。富士見村では農事懇話会の会員が外部で技術指導を受けると、それを持ち帰って自分たちで実地研究を重ねていたことからも「考える農民」の存在を確認できると言えようが、生活改善活動のなかから村民はどのような認識を獲得していたのだろうか。

①「『文化村』と……世間からちやほやされていますが、……なるほど立派な活動により相当の成績を上げていることも勿論ありますが多くは生活に直接する部面であって間接に人間の心を高め深めて行く所謂精神文化方面がまだまだ手が届いていないのではないでしょうか？　短歌は百人一

首ではない、いまの短歌は生活がそのまま立派な歌になる……」（「生活そのまま短歌に！」昭和二十七年八月）

②「ある部落の婦人会が『君の名は』の映画を見に行った。凶作の折とんでもないことだと非難の声。そういう世間こそ、人間を人間らしくさせない農村の封建制だ。」（「投書　とかく世間は口やかまし」昭和二十八年十二月）

③「反省してみなければならない農村の環境というものが私たちにとっては『魚に対する水』のようなものであってそれだけにことさら意識するのも正しく反省するのも難しく並大抵のことでない……（ある人が）『文化村であるこの村に封建的な事などある筈がない』というのです。このように文化村の一言で片付けてしまい、その言葉の裏にどんな大きな問題があるかなど考えず、上滑りな意見を出してすましているような場合に良くでくわします。それよりも先ず自分の家庭での事を考えてみても気づかずにそれが当たり前のことのように考えられている場合がよくあるものです。……今までの活動の大部分がうわすべりだった点、大いに反省しなくてはならないのですが、それには一人や二人でなくお互いがもっと不満や悩みをぶちあけあって誰もがするだろう等と考えず自分から進んでやるような意欲を持たなければならないと思います。……お互いが自主性を以てやる気になってやれば幹部だけが動いているような活動は見られなくなると思います。……」（「やる心算でやろう」昭和三十二年十二月）

右は「公民館報」に掲載された村民からの投稿であるが、何をすべきか提言がされていること、文化・人間の心のあり方が問題とされていること、物事の表面だけでなく身のまわりの小さなことに本質を見て共同で問題を解決していこうという運動の要諦を語り得ていることなど、深い思考と鋭い問題意識とを人びとが獲得していたことが知られる。自分の生活を批判的に省みることは、自主的に考え、行動するために必須の要素であろう。当時の富士見村には、村づくりを担う有能な人材が育っていたということである。

5、結婚純化同盟と結婚改善

富士見村における生活改善の諸活動を支える人びとの意識の深まりが顕著に表れたのは、青年たちによる結婚純化同盟の活動である。結婚純化同盟は昭和二十四年十一月に農業雑誌の読書会をしていた有志[21]（最初は男子のみ。二十五年から女子も参加）ではじめられた。彼らは勉強会で婦人問題や家族制度を学び、得た理解にもとづいて従来の結婚のあり方を批判し、自分たちの結婚を「同士のはげまし合いの下に民主社会にふさわしい結婚」とし、「明るい家庭生活と楽しい社会の実現につとめる」[22]ものに変えていこうとした。結婚適齢期の若者たちが進める新しい結婚への模索に対しては、村づくりには家の問題に取り組むことが不可欠であると考えていた稲村半四郎と農事懇話会、婦人会からの応援があり、「公民館報」では幾度も純化同盟の若い人たちの活動に理解を求め、従来の物入りな結婚式を反省し批判する記事が出された。

純化同盟の活動が目に見えるかたちで表れたのが同盟員の結婚式で、昭和二十七年の春から三十一年ごろまでつづいた簡素化した結婚式は、マスコミにも大きく取り上げられた。島田髪に花嫁衣装ではなく、洋服や手持ちの訪問着で着飾った花嫁と背広姿の花婿が簡単に挙式して、三日つづく祝宴ではなく簡素な食事の短時間で終わる祝宴を開き、結婚当日に入籍するといった方式で、恋愛結婚も多く、新婚旅行もはじめられた。県立教育研究所では純化同盟の活動についてもアンケート調査をしており、彼らの活動が村の従来の結婚の形式や考え方に影響を与えていると答える者三六％、影響があることを認める者も三六％に上っていた[23]。

山梨県は昭和二十九年、富士見村結婚純化同盟の活動を社会教育の教材とするために幻灯（スライド）を作成するが、そのシナリオのなかで、結婚の簡素化を通じて自己経済のうえに立った結婚式や花嫁の地位向上などが普及したと書かれ、さらに同盟が青年の野良での立ち話で発足し結婚式の荷物などについて話し合いをしていたと書かれたことにつき、純化同盟から厳しい批判が出た[24]。批判の眼目はシナリオが結婚式の物質的簡素化という外面的なことだけを取り上げて、同盟がとくに力を入れてきた結婚に関する精神面を含めた正しい認識を習得することについて完全に抜け落ちていたことにあった[25]。これは、家制度や性差別の問題を自らに引き寄せて結婚改善を考えていた純化同盟員たちの認識が、結局、それを経済問題としかとらえていなかった行政側の認識よりも先行していたことを示していた。実際、同盟員たちが自分たちの考えるとおりの結婚をするためには親や親族の抵抗と向き合わねばならず、親たちと闘うには理論武装が必要だった。県のシナリオが書くような、立ち話で実行できるほどに簡単なことではなかったのだ。

純化同盟は公民館結婚式を推進し、同盟員自ら実行してみせたが、多くの新生活運動で必ず出てくる、節倹規約を作成して集団的に規制することは頑として拒絶した[26]。村落集団的な縛りに頼らず個人が自由に考え、それを尊重するなかから本当の改善をはかるという彼らの思考からすれば当然のことであったが、一面、それが弱さともなった。青年団の団長・役員クラスがメンバーの大半を占めていた純化同盟は大衆化せず、同盟員といえども他村の人と結婚する場合は従来の結婚式のかたちをとることもあった。このことから純化同盟は村内外への活動拡大を試み、ガリ版両面刷り藁半紙半枚の機関誌「ニュース純化」をつくり、各部落で座談会や講演会を開催し、バッジもつくって啓発活動に努めた[27]。

しかし、農家の収入が増加するにつれて簡素化に逆行する動きが強まった。結婚純化同盟員が恋愛を成就させて、それぞれ個性的な結婚式を挙行して同盟を去っていった後につづく青年はいなかった。公民館報では、嫁入り支度や式の立派さを云々することが「法律よりも鋭い針の厳しさで当人たちを刺す。耐えられぬ弱さ畏れを感ずる人々が苦しさに涙しながら見栄を張り、貧乏の谷底へころげこむ。それを近所中でながめる。こんなみじめな人間性を失った動きがあっていいものだろうか[28]」と結婚改善を呼びかけていたが、大勢は止められなかった。そして時代は、農村の結婚問題を結婚式費用の問題から、農家の娘が農家へ嫁ぐことを忌避する農業後継者の結婚難の問題へと姿を変えてきていた。

6、村づくり運動の衰退

富士見村の生活改善運動が最盛期を迎え読売新聞社の表彰を受けたとき、稲村半四郎は「旗と村の生活改善」と題して、台所が暗いから台所改善、結婚費用がかさんで困るから節約するという改善は「腹の空いた人がご飯を食べるように……大切（で）……痩せ細ってきた過去に比べて一前進ではありますが、私はこれまでの生活改善運動に更に小さくても、ヒューマニズムの灯火をともしたい……おたがいが一人なし尊敬しあいながら平和な自由な生を楽しみ得る村、県、国をめざして進もうと考え（ママ）方が直接要求による生活改善運動と平行して進められなければならぬと考えるのです……」と「公民館報」に書いた。そして、全国表彰を受けるにふさわしい本当の文化村になるため、「1．直接の必要さを満たすと一緒に心の民主化を取り入れて下さい　2．特に経済的に恵まれぬ方や婦人方がこの問題をじっくり考えて下さい　3．一人一人のものの見方考え方の切り替えが生活改善の重要な用件だと云う私の考え方を批判して下さい[29]」とつづけて、今後の活動に何が必要とされるのかについて自らの考えを開陳した。抑圧された弱い立場にある女性と下層の村民が活動にもっと進出すべきこと、心のなかを民主化して自分自身の見方考え方を切り替えること、それも、上から言われたとおりに行なうのではなく相互に批判し合って、それを自分自身の見方考え方として獲得せよというのである。弱い立場の人間を重視する点や個人や地域を変えることが国を変えると思考する点に、稲村が生活改善運動のなかに盛り込んだ強い変革志向を見ることができる。

彼の考えが村民に受容されていったことは前述したとおりであるが、昭和二十年代末になると活動が低調になっていることが意識されるようになった。新生活運動モデル村を選定し表彰することで生活改善運動の全県普及を図っていた山梨県も、昭和二十八年からモデル村育成が一種の流行に乗って、男性を担い手とする改善になっていることから、女性の生活改善グループを育成する方針へと転換した[30]。

富士見村でも違った動きが出てきた。それは、国民健康保険料や村民税の滞納が多く[31]村が財政難に陥ったことや、昭和二十八年の凶作のときに重い供出割当をされて村当局や議員批判が強まったことを背景に、村を良くするには積極的に政治に関与すべきだとの考えから、昭和三十年春、稲村半四郎が村長候補に担ぎ出され当選したことだ[32]。ポスターも選挙事務所もつくらない「理想選挙」で要した費用は三七〇〇円であった。お金のかかる田舎の選挙を、実践をもって批判したことになる。農事懇話会の中心メンバーも同時に村議会議員やその他の村の役職に就任していった。

前出教育研修所の調査者は、農事懇話会が大衆化したことで「会員の意識にズレを生じ、今後活動していく上に大きな壁となっている」[33]と書き、生活改善運動の盛り上がりが逆に農事懇話会を変質させていることを指摘している。懇話会の村行政進出は、この「壁」を乗り越える意味もあったと思われる。そして、昭和三十三年には天野久知事の重点施策であった農業経営総合対策に呼応し、青少年育成会と部落農業振興会を立ち上げた。稲村村長はこれらの組織は県の下請けではなく、「農事懇話会が大部分の部落では活動が低調になっている状況からみても……必要……つまり村の施策と県の施策が合致したところに問題の取り上げがある」と公民館報紙上で説明し、農事懇話会他農業関係団体は「部落総ぐるみの形で部落振興農事研究会へ参加することが望ましい」と書いた(34)。村民の活動力の低下を行政とリンクさせて支えようとしたわけである。

実践面でもほかの町村の後塵を拝しはじめていると村民は感じていた。文化祭での展示も審査員からマンネリ化が指摘されるようになり(35)、結婚純化同盟も解散状態になった。

「このままではいけない……次の問題にとりかかっている村がいくつもある。そして遅れたこの村のみじめな姿が目にうつる。宣伝された台所改善にしたところでこの私たちの村以上の(成果を上げている)……たくさんの村が生まれ…掘り抜き井戸を見てうらやんだ見学者は簡易水道を作ってしまった。農業経営や技術のことにしても……昭和二十四、五年頃までは確かに県下の最先端にたっていたのだが、今は他の村が新農村計画の推進等も併せて共同選果場共同出荷等の態勢をとっているのに、この村は立ち後れである……」(36)

「立ち後れ」は誇張としても、先進性を誇った富士見村の生活改善運動が再度盛り上がることはなかった。経済の高度成長開始前夜において、農業・農村を取り巻く環境は一変し、耕地面積が比較的広いため農家の二三男も農業に従事し、生産力を上げてきた富士見村だったが、昭和三十四年度に中学高校を卒業した男子総数一六九人のうち農業後継者になったのはわずか七人という少なさ(37)であった。稲村村政はそれなりの成果をあげたが(38)、村民自身の活動は低迷したまま、昭和三十四年四月、富士見村は石和町に編入し(39)、村民の各団体は石和町の中に溶解していった。

稲村半四郎は富士見村の活動が不活発になった理由を、町村合併、時代の流れ、中心メンバーが村行政に入った結果、やることがどうしても行政サイドになってしまったことと、後継ぎのリーダーが育たなかったことだと言った[40]。弱体化しはじめた村民活動が行政の関与の結果、行政への依存を強めてしまったということだ。そして、石和町と合併した後はさらに活動は弱くなった。村の生活改善運動は、生活改良普及所の「濃密指導」を受ける生活改善グループや農協婦人部に受け継がれていったが、その担い手たちに話を聞くと、合併した旧町村ごとに組織事情や形態が違ったので全体での活動がやりにくく、富士見村独自の文化祭はなくなり、石和町全体で集まっても知らない人が多く親しみが薄れてつまらなくなったと言った[41]。地域活動においては住民相互の親しみや連帯感が必須だが、町村合併は長年育んできた地域の連帯感を薄れさせ、地域の人びとによる町や村づくり運動の基盤を相当脆弱にしたことが見てとれる。

生活改良普及事業の目標の一つは「考える農民」の養成であったが、富士見村の場合、めざされたのは「考える農民」より一歩進み、自己変革を通じての地域の変革であった。こうした先鋭的な考え方が、それが一部の村民だけだとしても、受け入れられたことは特筆すべきだろう。心のあり方は検証できないが、見学者が年間一万人以上も詰めかけたときから四半世紀後の石和町富士見地区では、近隣地区に比較すればまだ新生活運動が機能していたことや、隣接地区の人びとからは指導者に恵まれている、まとまっているという地域評がされていたことに、村づくり運動の遺産継承を見ることができる。

同村の生活改善は、実践的な部分では女性たちが動員されるようにして衣食住の改善に取り組んだが、発案し実行するのは男性だった。公民館報には女性の地位の低さと彼女ら自身の意識の低さを啓発する記事が何本も書かれていたが、皮肉なことに農事懇話会の世話人たちの家では、多忙な夫のせいで農作業が妻たちに皺寄せられているのが現実だった。ゆえにモデル村育成から女性の生活改善グループの育成へ方向転換した生活改善普及事業の行き方は、女性たちに力をつけさせる意味では正しい。だが、生活改善の担い手を女性に限定したことは、性的分業を固定化したこともだが、男性を生活から除外したことになり、生活のなかに本来含まれていた大きく豊かな内容（とくに家庭から社会へと開いていく部分）を、昭和三十年代の低い女性の地位を反映して、家のなかに（より具体的には家事技術に）閉じ込めてしまったのではないか。富士見村のように、生産面の改良と生活改善とを不可分の関係ととらえ、両方を実行しようとした経験を振り返ると、日本の社会において生活そのものが軽視されていたことから生じた重大な損失に思いを致さざるを得ない。

［註］

（1）大門正克「生活改善するということ─戦後山梨の農村女性たち─」『山梨県史研究』一一号

（2）戦時中の桑園整理で焚き物の自家調達分がなくなったため入会林が遠い富士見村の燃料費は薪の価格高騰で家計を圧迫していた。

（3）「全村教育計画の運営─万沢・鏡中条に於ける『村づくり』の実際と富士見村の実態調査─」山梨県立教育研修所研究紀要第二七集、昭和二十九年、四五ページ

（4）「富士見村誌」富士見村、昭和三十一年、四六五ページ

（5）「或る生活改善クラブ（富士見村生活文化部会の足どり）」山梨県経済部農業改良課、普及資料第二三号、昭和二十五年十月。戦後の新生活モデル町村指定された自治体も同じころに小さな改善を開始している（「台所改善普及大会並に新生活モデル町村の表彰式に於ける講演と体験発表の要旨」普及資料一六号、山梨県経済部農業改良課、昭和二十七年）。

（6）稲村半四郎「農民のしあわせをもとめて」昭和四十年　六五ページ

（7）「わが村戦後十年のあゆみ」『富士見村公民館報』昭和三十年九月

(8)「山梨共産党公判第二日目」『山梨日日新聞』昭和七年十二月二十一日

(9) 稲村の半生を自ら記した前掲「農民のしあわせを求めて」のタイトルがそれを物語る。また、昭和五十六年七月に行なった聞き取りでは次のように語っていた。「ヒューマニストであるとか、地域のために仕事をするとか、そういう基本的動きをするものが敗北主義者とされがちであるが、そういう人びとの力も無視できないと思います。いろんな人の運動の総和が成果をあげるのです。人間というのはそんなに割り切れるものではありません。人間のものの見方、考え方をどう考えていったらよいのか、このことに関しては、転向したといっても一貫して考えていたと思います」。かつての同志には彼が左翼運動を離れ、天野久知事と親しい関係を築いて保守県政に協力したことに対し裏切り者と評する人もいた。

(10) 前掲「全村教育計画の運営」は台所改善に農事懇話会が取り組んだ理由の一つに稲村半四郎という「すぐれた世話人」の存在をあげている（六一ページ）。

(11)「或る生活改善クラブ」一二ページ

(12) 前掲「或る生活改善クラブ」一二ページ

(13) 昭和二十四年四月二十七日の「生活改善事務打合会記録」における山梨県の発言。GHQ/SCAP文書NRS03990

(14) 前掲「全村教育計画の運営」によると農事懇話会には規約がなく、相談しては物事を決めていたという。

(15) 前掲「富士見村誌」四六六ページ

(16) 前掲「或る生活改善クラブ」一〇ページ

(17) 県内の生活改善のいくつかの体験報告には富士見村の台所改善を見たことが刺激になったと書いている。

(18) 九割が農家であった富士見村において非農家には貧しい家が多かった。データは前掲「全村教育計画の運営」六四ページ

(19) 前掲「富士見村誌」四六七ページ

(20) 前掲「全村教育計画の運営」八一ページ

(21) 同盟員であった山県文雄（後掲、幻灯シナリオ批判執筆者）によると、三名は共産党員であったという。当時、甲府の共産党幹部であった雪江雪が執筆した「愉快な人民結婚」という冊子が彼らに影響を与えていた。現状の結

婚式批判、婚姻制度の歴史的移り変わり、「健全な男女の結合」はどうあるべきかなどが、同書の内容である。

(22) 富士見村結婚純化同盟趣旨

(23) 前掲「全村教育計画の運営」五三ページ

(24) 「幻灯シナリオに思う」『富士見村公民館報』昭和二十九年四月

(25) 結婚純化同盟の実践事項は1結婚に関する正しい基礎知識の習得2結婚様式の改善3純化運動推進上の活動となっていた。

(26) 村落共同体的規制について否定的だったのは純化同盟に限らない。ある集落では田植どきに主婦が先を争うように苗代に向かうことで過労が極限に達することを防ぐために午前四時に放送を流して、起床時間を統制したが、これに対して、実践的効果は認めるが、こういう解決法では農家の女性の地位や農村の貧しさは解決しないと批判がされている(杉山清「四時起床放送」『公民館報』昭和三十二年七月)。申し合わせや規約で縛って実行させる行き方は稲村が強く批判するところでもあった。

(27) 昭和二十八年。前出「全村教育計画の運営」五一ページ

(28) 「灯火は消えず」昭和三十二年四月

(29) 「富士見村公民館報」昭和二十七年一月

(30) 前掲大門論文。富士見村を担当する生活改良普及員は「生活改善運動へ男の方だけの力を中心に行われて居りますことに一寸意外の感が致しました」と公民館報に書いている(昭和二十七年十月)。

(31) 昭和二十九年九月に開催された「窮乏の村財政とその対策座談会」では課税方式や基準に問題があるとの意見が出ている。

(32) このとき対立候補となったのは戦前の農民組合運動の系譜をひく日本社会党の伊藤茂であった。

(33) 前掲「全村教育計画の運営」三二ページ

(34) 「青少年育成会と部落振興会と私たち」『公民館報』昭和三十三年九月。稲村が県の新農村計画審議会顧問だったことも関係していると思われる。

(35) たとえば昭和三十二年の文化祭記事では「全体を通じて工夫が足らない様な気がする。四五年前のカロリー計算をして出品した時のような熱心さが見られなかった。……」と生活改良普及員は書いている。

(36)「新しい村づくりの道　この村の人たちはどのように勉強しなければならないか」『富士見村公民館報』昭和三十二年二月
(37)「農山漁村環境整備調査報告書」山梨県、昭和三十五年、六八ページ
(38) 甲府市上水道石和町内釜井取水阻止、複雑な経過をたどった町村合併を分村することなく成就したこと、農家の主婦の農業技術講習会設置など。
(39) 東八代郡内の町村合併は分村闘争が各地で起きるなど難航し、富士見村は英村岡部村とともに町村合併推進法の有効期間内に石和町との合併を望んだが果たせなかった経緯がある。
(40) 昭和五十六年七月三日聞き取り。稲村が村長になることで「懇話会でやりたいことが出来たことは事実だが、人々の自発性による運動ではなくなってしまった」という。
(41) 石和町富士見地区生活改善についての聞き取り（昭和五十八年三月）。

二、千種町いずみ会の地域的展開と「生活改善」の受容

山中　健太

本研究は、兵庫県の北西端に位置する宍粟《しそう》郡千種町[1]（図4―2―1）において、昭和三十年代から四十年代にかけての地域生活の変遷過程で起こった「生活改善」の実態を明らかにすることと、その活動の担い手となった婦人会[2]、千種町いずみ会[3]に焦点を絞り、彼女ら自身の語りから、これらの活動がいかにして展開し地域住民にどう受容されたのかを求めるものである。

昭和四十三（一九六八）年、千種町において、婦人会を母体として千種町いずみ会という会が創設され、栄養改善、衛生改善など、地域生活の質的向上や健康増進運動、地域保健活動に深く関与し、千種町保健婦、栄養士、山崎保健所の指導を得て活動を行なっていた。また、千種町にある十二地区各々にいずみ会員を配置し、中央の千種町いずみ会で話し合った活動のほか、各地区の条件に応じて個別の活動をも行なっていた。本論ではその地区の一つ、西河内地区におけるいずみ会の活動について考察してみたい。

西河内地区におけるいずみ会は、千種町いずみ会発足の昭和四十三年直後に、各地区のいずみ会よりもいち早く結成された。栄養指導による料理教室の実施や保健婦に学んだ保健衛生知識の普及などを主な活動としていた。

この活動の原動力の一つとして、昭和三十年代の千種北小学校における給食の実施が考えられる。

小学校児童の健康診断の結果、成長不良や健康不振などが顕著であり、回虫などの寄生虫保有率が県下でも上位にあったことにより、早急な対策が必要であった。そこで、育友会（保護者団体）、千種北小学校とで協議がもたれ「児童に栄養のある食事を」とのことから、給食がはじまったのである(4)。こうした地域の団結力や子どもの健全な成長という願いが、その後の千種町いずみ会の活動へ多少なりとも影響を与えているのではないだろうか。

さて、この千種町いずみ会の行なった活動を「生活改善」(5)と総称する場合がある。生活改善と呼ばれる活動は戦後、全国各地において、政府各省庁や行政、啓蒙諸団体の手により行なわれた地域生活の向上をめざした活動をさす。この活動は国や行政などが主体となって動いていた。しかしながら、千種町いずみ会の場合、そういった官の生活改善ではなく、地域住民の自発的な活動によって支えられ、行政がそれを補助するかたちで成り立っている活動であった。

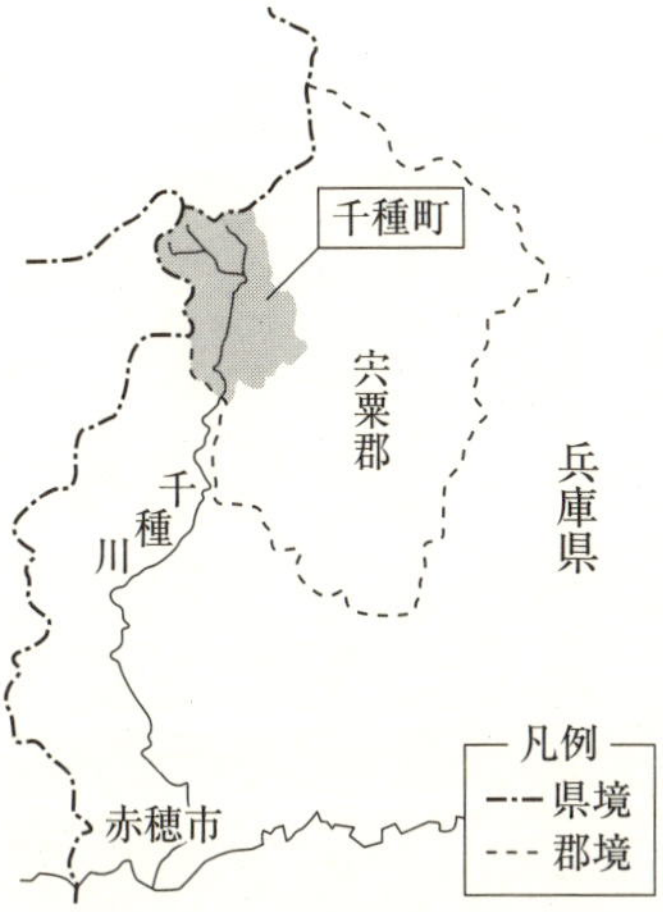

図4-2-1　兵庫県宍粟郡千種町

従来の研究では官の生活改善の仕組みや理論、活動理念についての研究はあっても、こうした地域住民の自発的な活動に関する研究はほとんどない。また、地域で実際どのような活動が起き、それがどのように地域生活に作用してきたのかについても、ほとんどふれられていない。しかしながら、生活改善の実態は千種町の例でもわかるとおり、地域住民とその社会のなかで存在するものであり、官の活動そのものが動いていたのではない。また、その活動を受け入れられるか否かは、住民の意識によるものであり、官側の意図がそのままかたちになるわけではないのである。そこで本研究は地域における生活改善の実態とその受容を明らかにしたい。具体例として千種町いずみ会、とくに西河内地区のいずみ会に焦点を絞り、どのような活動をしてきたのかを追ってみることにする。

本論の作成にあたっては平成十七（二〇〇五）年から二十一（二〇〇九）年にかけて千種町西河内にて、千種町いずみ会の関係者や西河内地区在住の住民、活動にかかわった千種町保健婦らの語りから、昭和四十年代前後の生活の推移、その生活変化の過程における千種町いずみ会の関与について調査を行なった。さらに、活動の公式な記録を求めるため、宍粟市社会福祉部健康増進課の協力を得て、残存している資料[6]数点から活動の動向を明らかにしようとしたが、資料が少なく活動を明確に記したものはなかったので、聞き取り調査で得られた話者の語りを中心に述べていくこととする。対象とする話者は昭和四十年代当時、三十代から四十代で婦人会に在籍し、千種町いずみ会の支部もしくは本部に関与した方々である。

1、生活改善研究の回顧

（1）生活改善と「生活改善」

ところで、生活改善とは一体どのような活動をさしているものなのであろうか。その目的などを簡単に記しておきたい。また、従来の生活改善とは異なる「生活改善」についても述べてみたい。

従来の生活改善は、戦後から高度経済成長期にかけて生じた活動で、生活改善諸活動とも呼ばれる。生活の合理化、近代化をめざした、国および諸団体によって行なわれた諸活動または運動である。これらの活動は農山漁村といった地域に生活改善を行なう地域組織を立ち上げ、生活改良普及員らの指導の下、地域の生活に関するさまざまな改善活動を行ない、地域生活の向上化をはかったのである。こうした政府諸団体による改善活動は官の理念や方針に則った指導によって突き動かされていた。

では、千種町いずみ会が行なった「生活改善」はどう解釈すべきなのだろうか。従来の生活改善であれば主体が、政府諸団体となっていたが、彼らの場合は地域住民が主体である。行政の介入があるとはいえ地域住民自らが地域問題を認識し、地域生活の向上ために尽力していこうとする動きである。さらに、この「生活改善」は政府の理念や方針にもとづいた組織的な活動展開とは異なり、地域の自発性にもとづいた活動である。同じように生活改善と名乗り、同様の活動をしていながらその性質が根本的に異なる。

そこで本論においては、こうした二つの生活改善を、その主体ごとにひとまず区分して分析を行ないたい。まず生活改善普及事業や新生活運動など政府諸団体による改善を官製の生活改善とし、地域住民による改善を民製の「生活改善」として表したい。官製の生活改善は広域な地域を俯瞰して活動を行ない、官の理念にもとづく地域生活の向上を求めている。民製の「生活改善」は各々の地区における環境に応じた住民の自発的な活動によって支えられ、自らの地域生活の向上を求めている。ただし、これはあくまで主体がどちらかにあるかで区分したものであり、その実態は少し異なる。民製の「生活改善」にも行政の関与が見られ、必ずしも地域住民だけが行なった活動ではない。なかば民製と官製の間をとったものとも言える。

（2）生活改善研究の回顧と問題

従来の生活改善研究を見てみると、生活改善は政府・行政諸団体の活動とみなされていることから、生活改善を行なった諸団体側の理念や活動方針の分析によるものが多い。

民俗学における当研究の初見は田中宣一の論であろう。田中は、生活改善の活動母体を生活改善普及事業、新生活運動、保健所活動、公民館活動という四つの活動に整理し、なかでも生活改善普及事業、新生活運動に着目し、それらが行なった古い因習の打破について詳細に述べている。これらの団体は直接的に地域の習俗、習慣に関与し、それを改変または廃止しようとしたもので、地域の民俗の変容に深く関与していた。論中で、田中は人生儀礼に着目し、その変化と非変化をまとめている。田中は生活改善諸活動の習俗の変容への関与に着目し論じている。[7]

このほか、生活改善普及事業の推進のなかで問われた農村女性の地位向上について、生活改善グループの設立および活動方針等から分析した、天野寛子の生活学の論[8]や、生活改善普及事業の設立当初からの活動を分析し、事業方針がどのように推移し、その理念がどう活動に影響を与えていったのかを求めた市田知子の社会学の論[9]などがある。

ここにあげた論はいずれも政府・行政諸団体を主体とした、官製の生活改善の活動理念や方針に偏り、各諸活動の具体的な働きやそれによる生活の変化などについてはまとめているものの、行なわれた現場で生活改善がどう理解され受容されていたのかについての視差はあまりない。

政府や行政諸団体の理念や方針がそのまま地域活動に直結するとは限らない。改善をするということは何かしらの問題が各地域で生じているからであって、中央の政策があってそれをそのまま地域に持ち込み改善するものではなく、各地域の問題に似合った改善手段が講じられなければならず、生活改善が行なわれるに至った背景を含む地域での実態を探ることが必要なのではないだろうか。また生活改善の実施には地域住民の生活改善に対する理解が必要である。そこで理解を得てはじめて地域に生活改善が受容されるのであってこの過程を除いては生活改善を語ることはできない。つまり、生活改善の地域実態とそれを受ける住民の理解と受容を考えることが重要なのである。

こうした住民の理解や受容を考えるとき、官製の生活改善を取り上げるには少々無理が生じる。官は先にもふれたが俯瞰された全体像を見るものであり、生活の事細かなものに対しての活動は把握できていない。把握できていたとしても、それは末端の生活改善実行団体によるところであって、官自体が動くわけではないのである。そこで、直に地域や地区と言った小規模な範囲、その地区の環境における自発的な改善をとる千種町いずみ会の活動、民製の「生活改善」は地域の理解や受容を考えるうえでは重要ではないだろうか。

2、千種町西河内の地理的環境と諸問題

兵庫県宍粟郡千種町は鳥取県若桜町、岡山県東粟倉村の県境に位置し、東西北を急峻な山々に囲まれた山岳地帯で、南側の渓谷にわずかな広がりをもつ袋状の地形を有している。積雪の多い地域のため、南側へ抜ける道が封鎖されれば「陸の孤島」となる可能性を秘め、ダムサイトとして注目されていた[10]。また、町域の中央を北から南へ千種川が流れ、それに沿って若桜南光線と呼ばれる道路がある。集落はそれらを挟んで点在している。本論で取り上げるのは千種川の上流部、町内でも北西端の西河内地区である（図4-2-2）。

急峻な山々に囲まれ渓谷のわずかなところにへばりつくように家が点在し、南北に細長い集落を形成している。生業は稲作と畑作が中心である。田圃や畑も山肌のごく限られた部分を開墾して行なっていたため、栽培できる量に限りがあり市場に出回るほどの十分な量が確保できず、自家で消費できる量のみを栽培していた。また、昭和三十年代は豊富な森林資源を生かして林業が盛んに行なわれた。

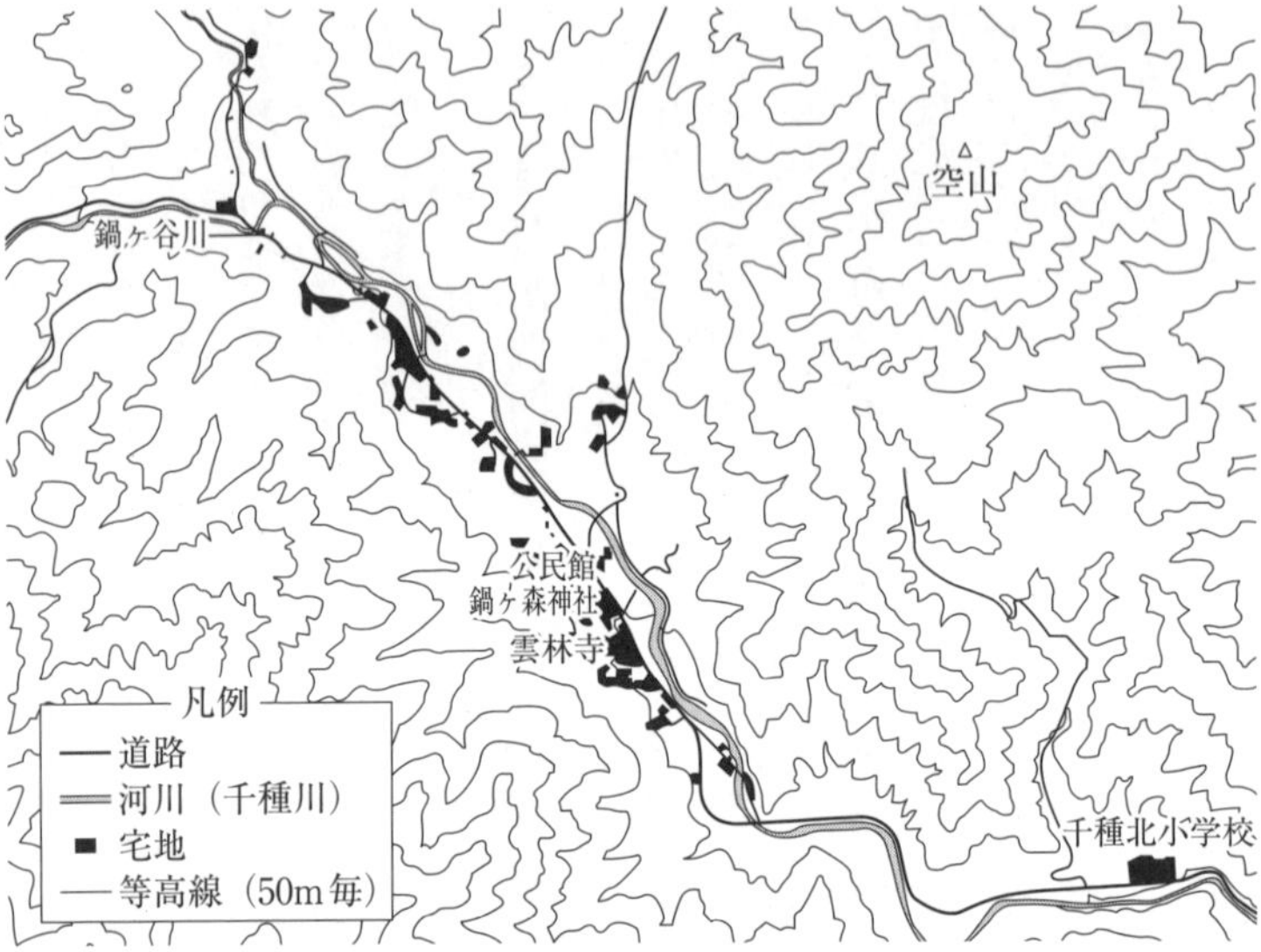

図4-2-2　西河内集落図

杉木の切り出しや運搬が行なわれ、遠方からも多くの労働者を雇い入れ、それに従事していた。さらに、賃金労働として炭焼き業が盛んに行なわれていた。

ところが、こうした地理的環境や労働環境は、一方で深刻な地域問題となっていた。昭和三十二（一九五七）年、児童の成長不良、健康不振から、育友会ならびに学校が協議し昭和三十五（一九六〇）年に給食をはじめるきっかけとなった。一時的とはいえ児童の成長に関する救済策ができたことで、育友会をはじめとする地域住民の間にも安堵の声が聞こえてきた。しかしながら、その後、昭和四十年代に至るまで、給食以外に何か活動があったかと言えばそうではない。そのため、地域における諸問題は先送りにされたままであった。原因の究明から考えれば、そもそもこうした諸問題の背景には何があったのだろうか。具体的にその問題を列挙すると労働における問題、食生活における問題、さらにこれらの問題に対する住民意識の問題の三つがある。

まず労働面の問題をあげると、妻の過労が問題視された。昭和三十年代は戦後の緊急対策としての食糧増産第一主義から、農家経営の安定を求めるようになった時期であった。農家は兼業化が進み、農業以外で少しでも収入を得るためにとほかの仕事に従事する人が増加してきたのである[11]。加えて、成年男子の工業部門への就業が多くなり、かつ工業地帯への世帯主らの出稼ぎが当然のように行なわれていた。そのようななか、農家では「じいちゃん、ばあちゃん、かあちゃん」の三人しか農業に従事していない、いわゆる「三ちゃん農業」が多く見られた。そのため、妻は夫の不在の家で農業労働に従事しなければならず、かつ少しでも賃金を得るため炭焼きを行なうなど過度の労働を強いられ、貧血や栄養不足などで体調不良を訴える者が多く現れた。また妊婦においては生まれる直前まで農作業に従事していることが多く、母体への負担がかなり大きく、死産や未熟児の増加、さらに乳幼児の死亡率（表4-2-1）を高める結果を招いた。

表4-2-1　昭和36年～45年乳児死亡率他

年	乳児死亡率（%）	死産率（%）	未熟児出生率（%）
昭和36年	51.5	11.3	10.3
昭和37年	44.4	66.7	13.3
昭和38年	20.6	0	10.3
昭和39年	19.8	19.8	8.9
昭和40年	38	12.7	15.2
昭和41年	0	16.9	1.7
昭和42年	0	0	6.5
昭和43年	14.5	58	7.3
昭和44年	15.6	15.6	4.7
昭和45年	47.6	31.7	12.7

次に食生活おける問題は、「ばっかり食」と呼ばれる偏食の横行によって引き起こされた栄養不足や成長不良である。当地区の食生活を顧みると主食に米と麦、副食に野菜の煮物、味噌汁、漬物が一般的である。ところが、この材料となる野菜類は、狭い耕地面積と冬季の積雪が原因で栽培できるものが限られ、量もそれほど多く穫れない。そのため、麦飯や米飯で腹を満たすことが多く、副食は少しだけという米偏重型の食生活になっていた。そうなると身体に必要な栄養バランスが崩れ多くの疾患

を招くこととなる。さらに妻の過労により、子どもやほかの家族に対し十分な食事の栄養管理ができず、成長不良児の増加にもつながった。

そして三つ目として地域住民のこれらの問題に対する意識の低さが問題視された。労働面、食生活面の問題によって引き起こされたさまざまな健康被害は早急な改善策を要するものであり、そのため、昭和三十五年より保健婦が回診のたびにこの問題について住民たちに注意を促してきたが、住民のなかでそれほど疑問視する者はおらず、あまり関心がもたれなかった。つまり、住民個々に危機感を抱かせるまでには至らず、昭和四十年代まで問題が先送りされることとなった。

3、千種町いずみ会と「生活改善」

(1) 千種町いずみ会と西河内いずみ会支部組織の登場

労働や食生活面といった地域問題に対し住民側からの関心が示されないので、地域問題はますます深刻化し、さまざまな疾患を誘発することとなった。しかし、昭和四十年代に入り、こうした健康状態に関して行政側からの働きかけが行なわれることとなった。

昭和三十二(一九五七)年の千種北小学校の修学旅行で、旅先で出会った明石や姫路といった都市部の児童の身長と当地区の児童を比較してみると明らかな体格差(表4-2-2)が認められ、「児童の発育が遅れているのではないか」という感想が修学旅行に引率していた教師らから提示された。そこで、昭和三十五(一九六〇)年、給食が実施され一時的な方策がとられた。しかし、問題は根深く、解決には至らなかった。そのようななか、登場したのが昭和三十五から千種町保健婦として活躍した

表４－２－２　昭和41年度千種町児童生徒体格表

男子

種別	校名・学年	1	2	3	4	5	6
身長	北小	111.9	117	123.6	127.1	132.1	135.9
	兵庫県	115.1	119.5	124.7	129.7	134.5	139.6
体重	北小	18.7	20.9	23.1	25.3	29.4	31.7
	兵庫県	19.8	22.6	24.5	28.8	29.8	68.1

女子

種別	校名・学年	1	2	3	4	5	6
身長	北小	109.6	116.2	121.1	122.2	131	133
	兵庫県	113.1	118.5	123.8	129.4	135	141
体重	北小	17.6	20.2	22.4	22.6	28.1	29.1
	兵庫県	19.2	22.5	23.8	24.8	30.1	34.3

図４－２－３　千種町いずみ会の会議風景

ある保健婦（以下、Ａ保健婦と記す）である。Ａ保健婦は毎年行なわれていた児童の身体調査の結果から栄養バランスが悪いことをあげ、地域の食生活に問題があることを説明し、住民たちに食生活を見直すよう求めた。住民たちはそのときはじめて自分たちの地域の危機的状況を理解することができ、それに何らかの対処をしなければいけないという使命感が生じたのである。

そうした地域住民の健康への関心が高まると同時に、婦人会のなかより千種町児童の健康維持と成長不良の改善、ひいては地域生活全体の健康増進を含めた「生活改善」の実行のための小規模な組織が各地区に発足した。その後、それらの組織を束ねるものとして、昭和四十三（一九六八）年に千種町いずみ会（図4-2-3）が結成された。当会は「女性に与えられた天分」という心構えから「家族の幸せは自分たちの手で」「健康で明るく住みよい生活の実現を」とのスローガンのもと母親世代を中心に結束された。A保健婦の講習を受けた者が、いずみ会会員として各地区で婦人会と共に活躍することとなった。西河内地区のいずみ会が結成された当初は四名からなる小さな集まりであった。彼らはA保健婦の指導のもと、食にかかわる「生活改善」を実施し、料理教室による栄養改善をはじめ、台所改善、衛生改善など千種町いずみ会活動の基礎をつくった。

西河内地区は、昭和三十年代に給食を実施し、児童の成長不良の改善に努めてきた背景がある。そのため、当会は児童の食生活を内包する地区の食生活の問題にも関心を寄せ、改善に着手するようになる。これを食生活改善と呼び、「地域の食生活をよりよいものへ」するために、食の栄養や衛生に踏み込んだ改善を実施することとなった。

（2）食生活改善の全容

まず、料理教室による食生活改善（栄養改善）についてだが、この改善はA保健婦や栄養士の指導を受けた会員によって行なわれた活動である。西河内地区の会員の語りによると、西河内地区では発足当時は人数が少ないこともあり、一週間もしくは二週間に一度の割合でメンバーの家に集合し、料理教室が行なわれたという。料理内容については、「ばっかり食」の横行により不足しがちな緑黄色野菜に代表されるビタミン群、肉や魚や卵といった動物性蛋白質、植物性油などの脂質、牛乳に含まれるカルシウムなどを補うような料理が主であった。具体的には『主婦の友』[12]などの雑誌類を参考に肉料理、大豆を使った料理などが試みられた。

これらの活動のほか、食生活にかかわる問題として、ビタミン不足が保健所やA保健婦などによって叫ばれていた。その背景から西河内のいずみ会は保健所からビタミン剤入りの強化米を買い取り、それを各家に売り歩いたのである。これは、不足しがちなビタミン群を、よく食べる米飯からも摂取しようという取組みである。また、同時に栄養知識の普及に努め改善への理解を促したのである。

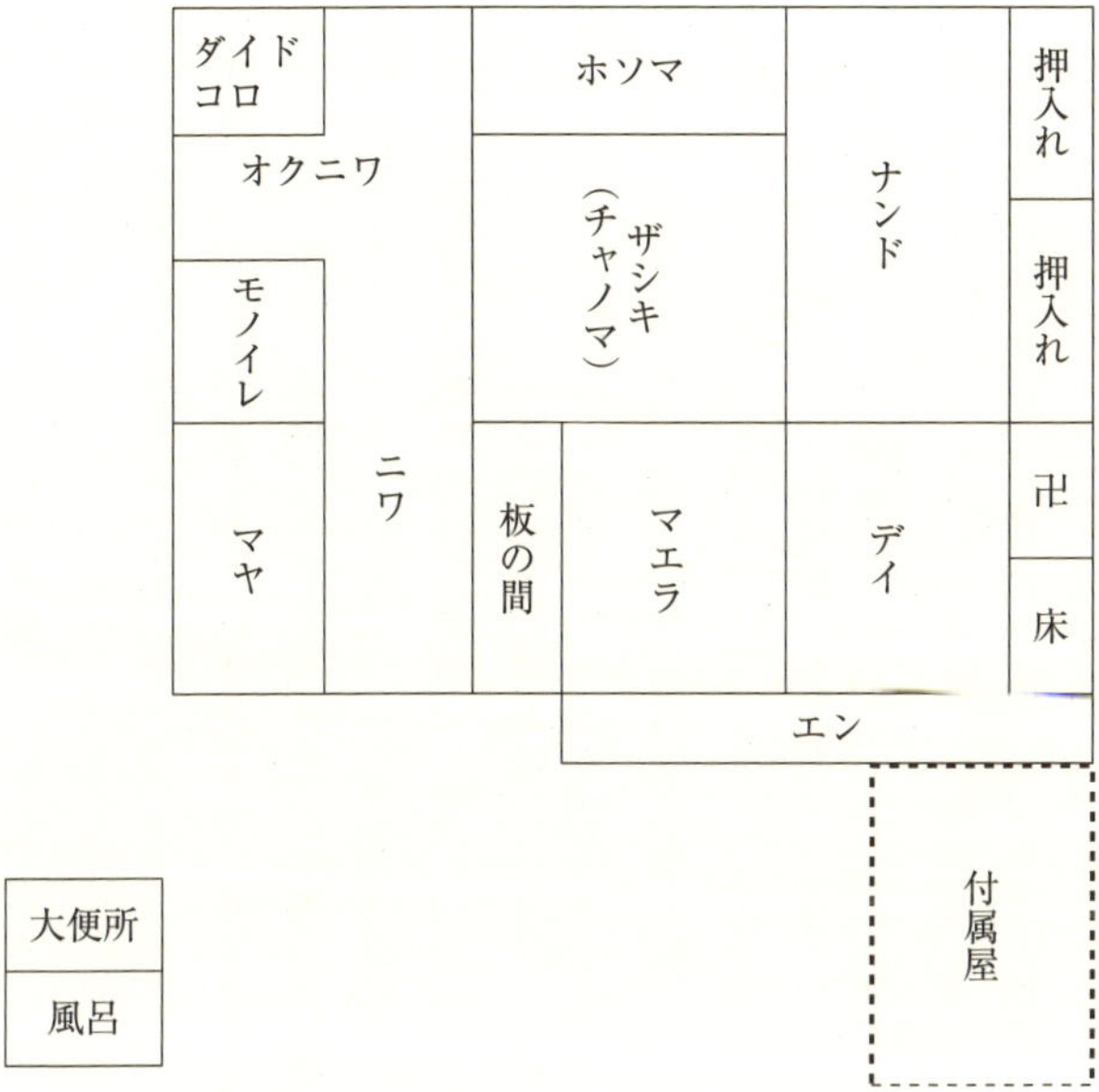

図4-2-4　間取り図

また、栄養バランスの是正のほか、もう一つ当地区の食生活上の問題としてあがっていたのが塩分の過剰摂取である。自家製の漬物や味噌などの加工食品、さらに冬季の積雪のために用意する塩漬け類などの保存食品には、いずれも多量の塩が使用されていた。このため、高血圧症、脳卒中、脳梗塞などの患者が多く、塩分の過剰摂取を抑える必要性があった。これに危機感を覚えた国民健康保険診療所（以下、国保診療所と略す）のW医師やA保健婦は、減塩のための講習会などを定期的に行ない、減塩意識の向上に努めた。千種町いずみ会は、これらの検診の手伝いなどを中心に活動をしていた。また、こうした活動は人が集まらないといけないこともあり、各地区の総会や婦人会総会の折に、W医師やA保健婦が出向き、総会のあとに減塩指導などを行なった。たとえば味噌の塩分量を測るなどし、塩分が過剰に含まれると疑われる味噌に対しては指導がなされた[13]。

次に料理教室を開催するにあたっては、調理や食事の場の衛生環境についても考慮しなければならなかった。当時の調理、食事の場はニワ（土間）に隣接するダイドコロ、ザシキ（チャノマ・茶の間）と呼ばれるところであった。ダイドコロとは調理をする場で、オクドサン（かまど）とナガシ（流し）が置かれ屋敷の北側隅のオクニワ（土間）にある。北側にあるため日が当らず、決して衛生的な環境ではなかった。ザシキは食事をする場でニワから一段上がったところにあり、畳敷きもしくは板敷の部屋である。ニワにはマヤ（牛小屋）が置かれ牛と寝食を共にしていたことから、部屋中を蠅が飛び回り、ザシキにも入ってきて食品衛生上きわめて不衛生な環境にあった（図4-2-4）。こうした住環境のため、チフスや赤痢などの伝染病に罹る患者が多く問題視されていた。

そういった状況下、調理場、ダイドコロの造作（台所改善）ならびにマヤの改築などが行なわれるようになった。この改善については、A保健婦や生活改良普及員、保健所などが連携して行ない、千種町いずみ会はその指示に従って動いていた。ダイドコロは、土間から板の間にして清潔感を保ち、マヤの改築に際しては母屋から離して、人の住む家と家畜小屋を別に設けることで衛生的な食事の場を確保した。しかし、こうした改善には多額の経費がかかり、台所改善を実施しようと試みてはいるものの、なかなか実現することができなかった。後に経済的に余裕のある家から少しずつ改善をはじめていき、その変わったダイドコロなどを見学させるなどして、次は別の家へと徐々に広がりを見せるようになっていった。

さらにもう一つ、保健衛生上きわめて重要な活動として寄生虫の駆除活動がある。西河内地区を含む千種町は、県下でも有数の寄生虫、回虫卵保有率の高い地域であり、寄生虫による健康被害が続出していた。A保健婦によれば、とくに十二指腸虫（鉤虫）の寄生により、貧血を頻繁に起こすなどの健康被害が顕著にみられ、事態は早急な手立てが必要となった。この原因は、農作物に対する下肥の散布にあった。当時、人糞や尿は田畑の貴重な肥料としてあり、野菜などの栽培の際には必ず使用されていた。そのため、回虫や十二指腸虫はその人糞を介して、野菜のなかに潜り込み、それがまた人の体内に入るという悪循環を生みだしていたのである。これに対して、保健所などが下肥の野菜への直接散布を控えるよう、各戸にふれて回った。また、A保健婦と千種町いずみ会は虫下しの実施を小学校児童中心に行なった。虫下しにはマクリと呼ばれる海藻を溶かしたものやサントニンと呼ばれる駆除剤を使用し、児童に一人ずつ飲ませて回った。その後も、定期的にこの駆除を行ない、保卵率は徐々に低下したとされる。

4、千種町いずみ会とA保健婦

（1）A保健婦の経緯と活動

ところで、千種町いずみ会の活動にはA保健婦という人物がしばしば登場する。

彼女は、昭和三十二（一九五七）年から三十五年、兵庫県佐用郡石井村海内（現佐用町）の僻地診療所にて看護婦として活躍した。昭和三十五年、隣接する宍粟郡の千種町域の保健衛生の悪化を受け千種町が保健婦をおくことになり、それを聞いた山崎保健所の婦長の推薦を受け、保健婦として千種町で活動するようになった。当時、千種町は乳幼児多産多死、高血圧症患者の増加、寄生虫による健康被害といった保健衛生上きわめて危機的な状況にあり、多くの問題を抱え、早急な手立てをする必要性があった。とくに、乳幼児の多産多死は緊急性を要していたようで、経済的理由から子どもが産まれても助産婦を呼ぶことができず、地域内のトリアゲバアサンの手を借りて出産することが多かった。そのため衛生面での気遣いができず、子どもが生まれても環境に適応できず未熟ですぐに死んでしまうというケースがよくあった。また一方で、助産婦による衛生面に気を配った出産の介助も行なわれていた。子どもが生まれそうだという一報が入れば、K助産婦が駆けつけ、出産後の経過についてはA保健婦が検診に訪れ、乳児の健康状態を確認していた。

彼女は、地域内を自転車やバイクで回診し地域住民の健康状態のチェックや結核患者や高血圧症患者などのリストを作成し、精力的に各地区を歩き回っていた。そのため、多くの住民に顔を覚えられることとなり、「A保健婦さんが来た」といっては検診を受けるために患者が集い、多数の患者を診る場合は地区の総会の折に、千種町いずみ会とも協力して、検診にあたった。

さらに、彼女は山崎保健所、栄養士、生活改良普及員らとともに西河内地区の活動をバックアップし、料理教室では栄養士と協力して栄養知識の普及に努めた。当時を知る会員のなかには「A保健婦さんがいなかったら何もできなかった」などと語る人もおり、会員たちにとって活動のよき理解者であり指導者であり、この「生活改善」を支え、千種町いずみ会、町行政の健康増進運動などに多くかかわりをもつ人物である。

(2) 行政と千種町いずみ会の「生活改善」

千種町保健婦という立場にあるA保健婦は指導者であると同時に、行政の一員でもある。そのため、彼女が行なった改善活動は民製の「生活改善」とも官製の生活改善ともとらえることができる。本論の冒頭において生活改善は官製のものと民製のものの二種類に分けられると述べたが、それはあくまで主体が行政にあるのか、地域住民にあるのかの違いであって、活動実態とは異なる。活動実態においては、A保健婦の行動からもわかるとおり、官と民の相互間の連携がとられている。つまり、千種町いずみ会及び各支部とA保健婦の行なった「生活改善」は発端が民意からの活動であり行政からの命令ならびに要請ではないため、主体としては民製の「生活改善」となっているが、実態はA保健婦や行政からの資金援助の存在などから官民が協力体制をとっていたと言える。

さらにここで重要なのは、行政のかかわり方である。A保健婦は彼らの活動に積極的に協力してはいるものの、活動の前面に立つのは千種町いずみ会及び支部組織であって、あくまでその後方支援に徹している。官製の生活改善では行政などが主体となって動いており、その下に活動を支援する支部組織が存在するというかたちで行政の意図が上から下へ一方向的に働いている。しかしながら民製の「生活改善」では行政側からの一方向的なものではなく、地域住民の自発的な問題意識の設定並びにそれを解決するための行動から成り立っており、行政がそれを行政の一事業として認め、改善活動の支援を行ない、一致団結して「地域の健康づくり」という目標に向かって邁進していったのである。つまり、行政、A保健婦と千種町いずみ会は単なる支援者と実行者ではなく、互いが協力者同士の関係にあった。

5、千種町いずみ会の活動展開と住民の受容

(1) 千種町いずみ会と行政による健康増進運動の展開

西河内地区で行なわれた千種町いずみ会の支部組織における「生活改善」の実態を追ってみた。本活動は、昭和三十年代から昭和四十年代にかけての千種町域における健康状態の悪化からそれを改善するために発足した。発足以前昭和三十二年の時点で、児童の成長不良、健康不振などが囁かれ、育友会をはじめ千種北小学校が給食の実施のため協議し、昭和三十五年それが実現された。ところが、住民の声を聞く限り昭和四十年代に入るまでは、こうした運動は見られず、給食の実施に成功したが、それは児童への一時的な対策にすぎず、根本的な問題であった地域そのものの食生活習慣にまでは届いていなかったと考えられる。その後、昭和四十三年「家族の幸せは自分たちの手で」「健康で明るく住みよい生活の実現を」スローガンに、婦人会を母体に千種町いずみ会が結成された。この団体の活動は、地域の食習慣を改めるべく、料理教室にはじまる食生活改善活動を展開し、地域住民の保健衛生を視野に入れ、地域生活の向上の実現に向けて邁進した。また、この活動は広域にわたり、十二地区の各支部組織においてもその環境に合わせた活動がなされていた。

こうした活動の契機になったのは何も昭和三十年代の給食の実施からくる期待感だけではない。そもそもこの活動は行政の支援を受けて成り立っている。そのため、活動の展開については行政政策の一環として取り上げられることが多い。それを示すものとして昭和四十四(一九六九)年の行政によって施行された「千種町健康教育振興審議会条例(14)」と、それ以降に行政が設置した「体位向上協議会」

がある。条例は千種町全域の児童の体位低下と地域住民の高血圧症、脳梗塞患者の増加を受けて地域の保健衛生の充実のためと、A保健婦らの地域保健活動の活発化をはかるために制定された。昭和四十三年より西河内地区をはじめ、千種町いずみ会の支部組織、A保健婦によって保健衛生上の改善等は進められていたが、個々の団体もしくは個人の動きだけでは地域を把握することはかなり難しいことであった。そこで、制定されたこの条例はそうした各地区の実情把握とそれに対応した保健衛生の実施を考慮に入れたものであった。

これらの条例ならびに協議会の具体的なその施策を見ると、千種町いずみ会や健康推進委員による活動を活発化させ、各地区において積極的に取り組むことや、学校においては食育指導、体育指導を徹底するなど、行政側からの働きかけにより社会面、教育面からの改善策が盛り込まれた。こうした地域の健康にかかわる活動は後々、健康増進運動となって千種町全域にわたっていく。こうしたなか、行政を主体に地域の健康管理体制の強化をはかるとともに、健康増進を一つの政策としてもっていたと考えられる。このことから、健康増進運動は次第に拡大化し、健康に対する不安材料をいち早く取り除くことを行なったのであろう。

（2）千種町いずみ会の「生活改善」への期待と受容

千種町いずみ会の活動と行政の健康増進運動の展開は、健康に対する意識を住民たちのなかに芽生えさせ、その結果、健康不安の緩和と、地域生活における健康的な暮らしを求めた「生活改善」活動を拡大化させることができたのである。ところで、こうした活動を住民たちはどのように見ていたのだろうか。また、その活動を受容するときどのような作用が住民たちのなかにあったのだろうか。「生活改善」や健康増進運動を行なうということは、住民自らがそれを理解し受容しなくてはならない。

そこで、次に、千種町いずみ会がどのように見られていたのか、また活動をどのように受け止めそれを生活に生かしていったのだろうかという点を、千種町いずみ会会員、婦人会、西河内地区の証言から分析してみたい。

昭和三十五年の給食の実施や、昭和四十三年発足の千種町いずみ会の活動、昭和四十年代からの行政による健康増進運動の展開は、すべて千種町域ならびに西河内地区内の児童や住民の健康不振という、ある種危機的状況下において行なわれたものである。ここで、問題となるのが、住民たちがいかにそれを受け取っていたのかという点である。西河内地区の場合、児童の成長不良という問題が浮上するまで、住民たちのなかではこの問題に対し「なんの問題もない」「普通のことだ」と思われていた。しかし、育友会や学校関係者の手により問題視されるようになると、これまでの態度とは異なり、児童の母親たちは「自分の子どものことであり見過ごせない」問題であると危機感を募らせた。そういった問題の浮上それに対する住民の認識という過程を経て、住民たちは自らの地区の健康に関心を寄せるようになり育友会の給食やその後の「生活改善」の活動の進展に大きく作用した。その下地があったことから、西河内地区での支部活動は住民たちの協力を十分に得て、食生活改善などの具体的な動きを起こしたのであろう。しかしながら、千種町全地区が西河内地区のような反応であったかというとそうでもない。地域住民の受容はその地区ごとに異なり、複雑多岐にわたっていたのである。各支部組織の行動によって「生活改善」を起こそうとしても、それに反対する住民、無関心な住民、賛成はするがそのやり方に反対の住民、それぞれ多種多様な考え方が渦巻き、それをまとめようとするにはかなりの抵抗を予想しなければならない。そこで、支部組織での活動はその地区の自然環境、生活環境、労働環境などあらゆる方面から観察分析し、それをもとに地域住民の健康および生活の改善点を説明し、理解を求めてはじめて「生活改善」を行なったのである。これが地域の理解と受容の構造である。

また、これには結果が必要である。地域住民の健康および生活が実質的に良くなったのかどうなのかの具体的な指標が必要となる。千種町いずみ会とA保健婦は、こうした結果を具体的に提示するために、健康診断とその診断結果を地域住民に対し説明した。さらに、彼女らは一歩進め診断結果から考えられる改善点を提示し、各地区での「生活改善」に役立てようとしたのである。地域住民からすれば、自己の健康管理を行ないつつ、それを補う意味での「生活改善」を享受することができる機会を与えられたことになる。このようにして千種町いずみ会は、地域住民のなかに「生活改善」の種をまいていったのである。

地域住民のなかにはこうした改善に期待を寄せ、千種町いずみ会の活動に賛同していた者もいたはずである。これらの改善のすべてにおいてA保健婦の関与が見られるが、行政としての千種町いずみ会、地域住民としての支部組織その両面がバランスよく結果を出したことが地域住民の評価につながったのではないだろうか。

千種町いずみ会が行なった活動は、食生活を中心とした保健衛生面での改善が主であった。この改善事項は各地区の支部組織においても同様であるが、その地区の環境に応じた活動がなされていたと考えられる。では、何をどう変えていったのかという点であるが、千種町いずみ会の活動の一つに減塩運動がある。これは地域の食生活面でも紹介したように漬物や味噌などの加工食品ならびに保存食品に使われる塩の量が大変多いことから、脳梗塞や脳卒中、高血圧症患者の増加を招いていたことにはじまるものである。このことについては国保診療所のW医師やA保健婦らが積極的に、減塩の講習会を開き、実際に味噌の塩分量を検査したりと熱心に地域住民に対し指導していた。これにより、地域の食における塩分の摂取量に対する知識が住民のなかに広がった。千種町いずみ会もこの活動に賛同し、婦人会を通じて全地区の味噌の塩分量の改善に励んだ。こうしたことにより、味噌の塩分量が過去のものよりも比較的少なく薄味となった。この変化は小さな変化ではあるが、地域の伝統食であった味噌を直接的に変えようと働きかけた運動、さらにそれに対して住民たちが納得して改善に着手し成功を収めたのである。そう思えば、W医師やA保健婦はもちろんのこと、この減塩運動における千種町いずみ会の果たした役割は大変大きなものであった。

当事者の語りのなかでの、千種町いずみ会は地域の生活の変遷過程において、積極的な活動を行なってきた。ただ単に婦人会としての立場からものを言うのではなく、会員個々、地区それぞれの視点から活動が展開されていた。多くの語りのなかに含まれる、「千種町いずみ会は多くの困難を経て活動して」おり「千種町の生活の改善に一役を担っていた」ことは、地域住民に活動が評価され、受容されていたことを示すものである。

千種町いずみ会ははじめ行政の協議のなかで生じた、婦人会の内部団体であった。その後行政の「千種町健康教育振興審議会条例」の制定および「審議会」の設置、ならびに「体位向上協議会」の開催などを通じて、千種町いずみ会は大きく変化していった。条例もしかり、審議会、協議会のいずれも地域住民の健康を促進し、成長不良児の減少、回虫保卵率の低下、児童体位の改善を願い、地域生活の隅々にわたって地域を変えようと尽力してきた大きな「生活改善」の動きなのである。

この論文は千種町いずみ会の関係者、西河内地区の方々、A保健婦、宍粟市役所の協力ならびに証言なしには成り立たなかった。本論は語られた「生活改善」を描いたものであり、単に記録に残った生活改善を追うものではない。そういった意味でも彼らの語りには意味があり、価値のあるものであると考える。そのため、ここで協力者の方々に深く感謝の意を述べるとともに、御礼申し上げたい。

また、本論における反省点を最後に述べておきたい。本論文は千種町いずみ会の活動、とくに西河内地区について詳しく分析したものであるが、その活動にたびたび登場した方々、とくにA保健婦についての経歴や分析がともなっていないのである。A保健婦という存在をもう一度確認するとともに、彼女が行なった活動とそれを手伝った千種町いずみ会、行政との関係性をA保健婦の視点から振り返ってみる必要性がある。また、本論では一二地区ある内の一地区しか活動をあげていない。他地区においてはどのような改善が行なわれ、どう受け入れられていったのかはわかっていない。千種町いずみ会そのもの活動を見るためには西河内地区に限らず、全地区にわたる活動についても分析する必要性がある。A保健婦の活動においても同様であるはずだ。そこで今後は、単にA保健婦だけを取り上げるのではなく、彼女に協力した人物にも焦点を絞り、各地区において彼らがどういった動きをしようとしていたのかを総合的にとらえて、彼らの「語り」を明確に記述したい。

〔註〕

（1）宍粟郡は千種町、波賀町、一宮町、山崎町、安富町の五町から成り立っている。現在は平成十七年に千種・波賀・一宮・山崎の四町が合併し宍粟市となっている。

（2）嫁いだら自動的に入る女性の会。しかしながら例外もあり、姑がまだ婦人会にいる場合には入会が認められない。

（3）千種町いずみ会の名称については、昭和四十年代に記された資料では、昭和三十七（一九六二）年十月に栄養改善法を記念して行なわれた厚生省の標語募集のなかで、豊岡保健所が「栄養も命のいずみ、美のいずみ」という標語が出ており、これが語源に当たると記している。また昭和三十六（一九六一）年より兵庫県一帯を栄養指導車いずみ号と称する巡回し栄養改善の普及に努めていると記されている。

（4）昭和三十五年に開始した給食の運営は育友会を中心に一五年間ほど行なった。しかし、その後保健所等の介入があり、栄養士をおいて学校給食にあたらせた。町行政がかかわってきたのは昭和五十年代に入ってからと言われている。
(5) この「生活改善」は後述する官製のものとは異なり、民製のものをさし、区分するため地域での呼称をそのまま括弧書きとした。
(6) 資料としては「健康推進委員のあゆみ」「いずみ会活動を中心とした千種町の健康増進対策」。
(7) 田中宣一、一九九〇年参照。
(8) 天野寛子、二〇〇一年参照。
(9) 市田知子、一九九五年参照。
(10) 兵庫県教育委員会、一九七二年参照。
(11) 『宍粟のあゆみ』、二〇〇六年参照。
(12) 主婦の友社編『主婦の友シリーズ四十九　農村の食生活』(主婦の友社、一九六二年)に記載されている料理を栄養指導にのっとって調理していた。
(13) W医師の減塩対策については「高血圧症、脳卒中、そして千種町はいま」(千種町国民健康保険診療所、一九八三年)を参照。また、この運動は千種町いずみ会の協力も受け、地区ごとの塩分検査がなされていたという。
(14) この条例は千種町教育委員会から出された条例であり、六条からなるものである。第一条には「千種町健康教育の振興を図るため、地方自治法(昭和二十二(一九四七)年法律第六十七号)第一三八条の四第三号の規定に基づき、千種町健康教育振興審議会を置き」、第二条では「審議会は(中略)千種町の児童生徒の体位向上を図るための健康教育及び一般町民の健康増進を図るため成人者教育の基本的事項について調査審議する」と明言している。また、この条例は保健婦の増員をはかったものであったともいう。

[参考文献]

・田中宣一「生活改善諸活動と民俗の変化」成城大学民俗学研究所編『昭和期山村の民俗変化』名著出版、一九九〇年
・田中宣一「新生活運動と新生活運動協会」成城大学文芸学部編『成城文藝』第一八一号、二〇〇三年

・田中宣一「生活改善諸活動と民俗―『官』の論理と『民』の論理」（相模民俗学会『民俗学論叢』第十九号、二〇〇四年
・天野寛子『戦後日本の女性農業者の地位　男女平等の生活文化の創造へ』ドメス出版、二〇〇一年
・市田知子「生活改善普及事業の理念と展開」農業総合研究所編『季刊　農業総合研究』第四十九巻第二号、一九九五年
・千種町史編纂委員会編『千種町史』千種町、一九八三年
・兵庫県教育委員会編『兵庫県民俗調査報告四　昭和四七年三月　千種―西播奥地民俗資料緊急調査報告』一九七二年
・『宍粟のあゆみ』宍粟環境事務組合・宍粟市安富町、二〇〇六年
・主婦の友社編『主婦の友シリーズ四十九　農村の食生活』主婦の友社、一九六二年
・農林省振興局生活改善課編『農家生活白書』大蔵省印刷局、一九六二年
・和辻襄『高血圧、脳卒中、そして千種町はいま』千種町国民健康保険診療所、一九八三年

三、冠婚葬祭の簡素化は可能か
――山形県南陽市の贈答記録を中心に

山口　睦

生活改善諸活動のなかで繰り返し強調されながら成果があがらなかった項目のひとつに冠婚葬祭の簡素化がある。そのうち、葬儀や結婚式においては、場所や手順に一定の効果が見られたが、なかで贈答慣行については見るべき成果がないという。そこで、本論では、宮城県伊具郡丸森町筆甫地区の新生活運動と山形県南陽市の贈答記録を事例として、冠婚葬祭の簡素化がどのように試みられ、とくに贈答慣行においてなぜ成果をあげ得なかったのかを検討する。そのために、まずは生活改善諸活動における冠婚葬祭の簡素化の条項について概略を述べた後、具体的な事例を検討したい。

1、冠婚葬祭の簡素化とは

（1）生活改善諸活動と冠婚葬祭の簡素化

本書は、主に戦後の生活改善諸活動に焦点を絞るものであるが、戦前には、報徳社運動（幕末～明治期）、町村是調査運動（明治二十～三十年代）、地方改良運動（明治四十年代）、農村経済更生運動（昭和初期）、生活改善同盟会（大正期）、戦時動員体制化の生活改善運動（第二次大戦期）などがあった（水野、二〇〇二年、三九-四〇ページ）。本論では、戦前の生活改善同盟会、戦中の国民精神総動員運動、戦後の新生活運動を取り上げる。具体的な項目に入る前に、生活改善諸活動の目的と、そのなかでも冠婚葬祭の簡素化がもつ意味についてふれておく。

生活改善諸活動については、「国民の伝承生活に直接手を突っ込み政府の考えで伝承生活をひっかきまわす」（田中、二〇〇四年、四ページ）という評価がある一方で、小山静子は国家と家庭という対立軸でこれらの運動をとらえた。小山は、生活改善諸活動が取り上げたテーマが「社会と一線を画する私的な家内領域の問題であり、ごく一部の救恤事業を除き、本来は政治が関与すべき対象ではなく、個々の家族が内部的に処理すべき事柄とされていたのではなかっただろうか」（小山、一九九二年、一〇四ページ）と疑問を提示する。そして、家内領域になぜ国家が関心を払うようになったのかという問題を、文部省主催の生活改善展覧会の仕掛け人である棚橋源太郎、文部省官僚の乗杉嘉寿らの言を引き答えている。つまり「欧米に対抗できる国家の建設のためには、日常生活の改善こそが重要であると考え、このような視点から、家事への科学の導入、生活の合理化・能率化の推進が図られた」（小山、一九九二年、一一四ページ）のである。

昭和初期までの生活改善諸活動は、衣食住や保健衛生などの生活卑近の問題と、勤倹貯金・良風善行を促そうとする精神主義的なものに分けられる（田中、一九九〇年、二〇五ページ）。そのうち、冠婚葬祭の簡素化、そこに含まれる贈答習俗の簡素化については、精神主義的なものに分類され、国家が国民の私的領域である人生儀礼のあり方、ひとづきあい、消費行為に介入するものだった。つまり、家庭経済の合理化をめざす国家の意図を反映した生活改善諸活動が、家庭の消費としての冠婚葬祭、贈答習俗に制限を加えるものでもあったのである（小山、一九九六年、五八-五九ページ）。

では、生活改善諸活動がめざした冠婚葬祭の簡素化においては、具体的にどのような規定が含まれていたのかを次に検討する。

(2) 戦前・戦中・戦後期における冠婚葬祭の簡素化とその共通点

大正期に行なわれた、文部省の外郭団体である生活改善同盟会による国民生活の合理化運動は、「第一次世界大戦後の西洋の改革思想を移入した観念的」(田中、一九九〇年、二〇六ページ)なものであり、当時からすでに批判があった。しかし、だからこそ政府がめざした「近代的な家庭生活のあり方」や、当時の日本社会の問題点が先鋭化しているとも言える。『生活改善調査決定事項』には、住宅改善、服装改善と並び「社交儀礼に関する改善事項」の三項目が記載され、そのなかの小項目として結婚、葬儀、宴会、贈答、訪問接客送迎、年賀回礼時候見舞に関して細かい規定がある。また、大正九(一九二〇)年の文部省主催の生活改善展覧会については、写真、図表を含む豊富な資料が残されている(文部省編纂『消費と経済』)。

国民精神総動員運動は、昭和十二(一九三七)年から第一次近衛内閣、その後は大政翼賛会などが推進した。昭和十五(一九四〇)年発行の国民精神総動員本部事業概要によれば、冠婚の新様式として「断乎永年の虚栄的形式を排し、我国独特の家族制度の美風と礼儀を失せざる限り、冗費節約の徹底的手段を講じ、以て時弊を一掃し、簡素にして厳粛なる冠婚様式の普及徹底を期す」(小松、一九四〇年、一八三ページ)とあり、結婚、葬祭、出産、お宮参り、節句、個人間の贈答について述べられている。また、戦時下の特徴として、参列者が平服の場合は、国民儀礼章をつけること、挙式の際は宮城遙拝を行なうなどの項目が見られる。全体的に非常時における倹約をめざすという色が強く、繰り返し強調されるのは、「贈物は衷心祝意を表するためのもの」「祝儀品は外観だけ飾りたてたものよりも、心を込めたものを」といった精神性の強調である。

新生活運動は、昭和三十年設立の財団法人新生活運動協会が推進した。昭和三十（一九五五）年の年末年始における官庁新生活運動についての申し合わせとして、門松、年末年始の挨拶廻り、形式的な年賀状、年末年始の宴会、職員間の歳暮等の廃止があげられている（新生活運動協会、一九八二年、二二九ページ）。また、財団法人としての新生活運動協会の設立時（昭和三十一年）には、社会生活環境と習俗の刷新として、「冠婚葬祭の簡素化」「祝儀不祝儀の返礼の廃止」「虚礼の廃止」があげられている（新生活運動協会、一九八二年、二三一ページ）。このような全体の規則にもとづいて各地の細則が定められた。たとえば、弓山達也が検討した長野県上水内郡中条村における昭和三十四（一九五九）年の中条村公民館運動方針・事業計画によれば、結婚改善、葬儀の改善、迷信因習打破がある（弓山、一九九二年）。迷信因習打破の項目として、出産祝、節句祝の改善、病気見舞、快気祝、火事見舞についての項目がある。

このように推進主体が異なり、運動が行なわれた世相の違いもありながら、戦前、戦中、戦後の生活改善諸活動における冠婚葬祭の簡素化の条項には、いくつか共通点がある。そのなかでも主な四点をあげて説明する。

①簡素化の対象とされた行事

まず、簡素化の対象となる行事として、結婚と葬儀がそれぞれ独立した項目になっている。生活改善同盟会によれば、結婚、葬儀に加えて、宴会、訪問接客、年賀回礼時候見舞があげられる。国民精神総動員運動では、結婚、葬式のほかに、出産、お宮参り、節句があげられる。新生活運動では、年末年始、歳暮、出産、節句、病気見舞、快気祝、火事見舞について言及されている。

結婚と葬儀について、生活改善同盟会の規定を見てみる。結婚については、健康診断書を交換すべき、仲人任せにせず本人同士が知り合う期間を設けるべき、結婚費用は年収の三割以下にすべし、入籍手続きを挙式当日に行なうべし、結婚式は宗教施設（「神聖な場所」）で行なうべし、披露宴は近親者のみを招くべし、色直しは廃止すべし、祝儀返しの廃止などがあげられている。葬儀については、死亡通知を親近者に限る、霊前の供物を質素にする、香典の金額、出棺や儀式の時間の厳守、会葬者への食事を質素にする、酒類の禁止、途中の葬列の廃止、葬儀の短縮、山菓子の廃止、香典返しの廃止などである。

上記に見るように、結婚や葬式はそのやり方、場所、衣装に至るまで細かい規定が設けられるのに対し、その他の機会には主に祝いの仕方、贈り物、返礼の廃止などが述べられるだけである。

②金額や数字

結婚式の費用や香典の金額などの数字が具体的に示される点も共通している。たとえば、前述の弓山が調査した中条村において、昭和五十六（一九八一）年「中条村生活改善・環境対策申し合わせ事項」は数字が細かい。結婚式については、村内にて公営で行なう、ご祝儀の額は一律三〇〇〇円以内、会費制とする、披露宴の経費・記念品などを四〇〇〇円以内でまかなう、色直しは一回、ご苦労およびをしないなどである。葬儀についても、香典は三〇〇〇円以内、香典返しは三〇〇〇円以内、おときや控室には食べきり料理として折詰を出さない、花輪は廃止、供物は近親者のみ、会葬者へのお礼葉書の廃止するとある。病気見舞は二〇〇〇円以内、快気祝いは廃止しハガキで謝意を表す。出産・入学・節句などすべての祝い事について、できるだけ廃止をめざし、祝儀金は一〇〇〇円以内とする（弓山、一九九二年、一三七―一三八ページ）。

生活改善同盟会でも、香典については、近年三円、五円は普通で、一〇円に達する例もあり、一円を超えない程度に収めるべきと金額が定められている。国民精神総動員運動では、先述したように、精神性が強調され、さまざまな儀礼や贈答が廃止の方向性だが、結納は具体的な品が提示される。友白髪、指輪、袴、帯、小袖などは廃し、鰹節、鯣《するめ》、鹽物《しおもの》、末廣、熨斗《のし》、昆布などのうち、一種または数種を組み合わせることとある。

このように数値を提示することは、具体的な目標を立てられるというメリットと、一律上から課せられた数字は、地域差を無視し、実行性を薄めているというデメリットがある。

③返礼

新生活運動では「祝儀不祝儀の返礼の廃止」が謳われている。返礼、引物の廃止は、戦前の生活改善同盟会のころから再三主張されている。文部省が行なった生活改善展覧会の内容をまとめた『消費と経済』には「贈答に関する日米比較」という図がある（文部省、一九二二年、二三四ページ）。そこでは、結婚、結婚記念日、出産、誕生日、年玉、節句、イースター、歳暮、クリスマス、中元、訪問、送別、卒業、病気、災害、死亡、神仏事の一七項目について「贈」と「答」を、一般に行なわれる、一部に行なわれる、ほとんど行なわないものの三パターンで分類している。その図によると、日本独自のものとして、年玉、節句、歳暮、中元、訪問、神仏事があり、アメリカ独自のものとしてイースターがある。それ以外の日米両方に見られる一〇項目中、七項目において日本では「贈」と「答」があり、アメリカでは「贈」のみである。つまり、この表の目的とするところは、日本が贈答の機会が多いこと、そして、返礼が多くなされることを指摘するものである。

葬式の香典返しの廃止は、「（香典とは）本来の性質は故人に対して哀悼の誠意を表するため」「遺族はこれに対し香典返しをする理れもなく」（小松、一九四〇年、一八八ページ）と強調されるが現在に至るまで成果はない。つまり、日本の贈答は、贈り物の贈与とその返礼がセットになっており、その連環をたち切ることは難しいのである。これを互酬性と呼ぶ（サーリンズ、一九八四年）。

④簡素化から除外される場合

生活改善同盟会には、「謝恩又は同情其の他誠意の籠ったもの」「老人子供等に対する歳暮年玉或はクリスマス等の贈物」は簡素化の対象から除く、といった記述がみられる。老人子どもは、おそらく互酬性の範囲からはずれているからであろう。

また、香典の減額については、「遺族に対する慰籍又は援助といふ様な意味のある場合」は除くと書いてある。国民精神総動員運動の「(香典が) 遺族に対する経済上の援助といふ特別の意味を含む場合は、この限りないことは勿論である」という文言は、上記の生活改善同盟会の事項と似通っている。つまり、いずれの時代においても相互扶助的な贈答については簡素化の対象とはしないということである。

以上のように、全体として、冠婚葬祭の簡素化についての項目は、戦前から戦後まで似たような構成になっていると言える。では、これらの冠婚葬祭の簡素化は、どのように住民に受け止められ、実行されたのだろうか。以下、具体的な事例を取り上げ、検討してみる。

2、山村における新生活運動：宮城県丸森町筆甫地区の事例

ここでは、山村における新生活運動の事例を取り上げる。宮城県丸森町筆甫地区は、昭和十（一九三五）年に柳田國男が行なった山村調査の調査地の一つでもある。ここでは筆者が平成十三（二〇〇一）年に行なった調査の成果にもとづいて事例を提示する（山口、二〇〇四年）。

（1）地区の概況

宮城県伊具郡丸森町筆甫地区は、宮城県と福島県の県境に位置する山村であり、阿武隈山地に囲ま

れた寒冷な地域である。現在、八地区からなり、OM氏やMM氏、KO氏が住むB区は中央部、KK氏が住むA区はその西隣に位置する戦前からある地区である。年間平均気温は一〇℃であり、山林が地区の八八％を占めるという条件は生業形態に影響を与えている。昭和初期の当地区の主要産業は、木炭・養蚕・農業であった。木炭業は、一九六〇年代にエネルギー需要が石油にシフトするまで、広大な共有林を基盤に「木炭ハ本村々民ノ生命線トモ謂フベキ重要産物」（丸森町史編さん委員会、一九八四年、六一三ページ）であった。昭和二十九（一九五四）年には、約四〇〇世帯中三三〇世帯が木炭業に従事しており、販売収入は年間総収入の五割以上を占めていた。人口も、これと前後する昭和三十二（一九五七）年の、二六〇〇人がピークであり、調査の前年（平成十二年国勢調査）には一〇五五人、三一八世帯まで減少した。

木炭、養蚕の衰退に替わり導入されたのが酪農である。昭和三十年代に、酪農を取り入れた多角的農業化、村外への出稼ぎ、移住、会社勤務などへと転換した。話者のKO氏（四十代男性、公務員。調査当時、以下同様）によれば、昭和四十三（一九六八）年前後に相次いで企業が丸森町に進出したことがひとつの画期だったという。それにより住民がサラリーマン化し、減反がはじまり、経営拡大か廃業かという酪農の二極分化、冷蔵庫の普及により食物購入がはじまるなどの変化が訪れたという。さらに、農機具の機械化によりユイがなくなり、共同作業の消滅にともない田植えを祝うサナブリもなくなり、調査当時には棄農地が出現していた。調査当時（平成十三年）における丸森町全体の産業別就業者割合は、第一次産業一七％、第二次産業四五％、第三次産業三八％であり、農業は生産額の七割を米に依存している。

次に、この筆甫地区で行なわれた新生活運動と、冠婚葬祭の簡素化についてみてみる。

（2）新生活運動の事例

①筆甫地区の新生活運動

ＯＭ氏（八二歳、女性）は、農業と酪農の兼業農家で息子夫婦、孫夫婦、ひ孫二人と暮らしている。新生活運動に関しては、昭和三十年代くらいから行なわれていて、役場からも指示が出ていたという。「封建的生活をとりのぞく」というふれ込みで、それまでは家長である家督が白といったら黒くても白で、なんでも言うことを聞き、家長が財布を持っていたが、「女の人もものを言えるようにしましょう」という運動だったとＯＭ氏は受け止めている。台所は、かまどが二つだったのがガスになったことを鮮明に記憶している。冠婚葬祭については、もともと質素だったので、新生活運動後もあまり変化がなく、「結婚式の引物は、マス一匹くらいで、お膳は家でつくった。家でやったからもともと簡素」だったという。

②病気見舞の簡素化

ＫＫ氏（七七歳、男性）は、農業を行ない、妻とＫＫ氏の妹と暮らしており、分家四軒をもつ本家である。彼が記憶している新生活運動は、病気見舞いについてである。ＫＫ氏が住むＡ区（六〇戸）のなかのＨ部落[1]一九戸の親睦会「沢会」で、病気見舞いをもらったときに、ハガキで退院の知らせをして、その後バスタオルなどの商品を快気祝いとして贈ることに決定した。ところが、あるとき、部落内の趣味の大正琴を通した知り合いが、見舞金の半額以上を商品券で返してきたという。金券は、快気祝いとして禁止されていたが、普通郵便で、退院の知らせと一緒に入って送られてきた。そのようにして、徐々に「沢会」の決定はやぶられ、「いつのまにか、『半返し』になった」という。知らせのハガキを出さずに、いきなり商品券を送ってきたり、ハガキと商品券を同時に送ってくるようになった。病気見舞の金額自体も二〇〇〇円、親戚は五〇〇〇円と決めたが、いまでは一〇〇〇〇円になった。丸森町全体でも、各戸に新生活運動に関連する何かでお知らせの紙を配ったが全然守られなかったという。これらの掟破りに対して、KK氏は、「しかし、一人が破ったら、俺もやらないわけにはいかない」という。また、葬式の際には、花輪を紙に書いたものにするようにという指示があったが、これも守られなかったという。

③年始会の簡素化

同じくKK氏によれば、年始については、H部落でまとまって集まり挨拶することにして、贈り物は省略された。昭和初期の山村調査によれば、当時は切り餅を一〇個藁で結んで、十五日までの間に歩いて廻ったと記されている。部落の年始が簡素化されたのに対して、親戚に対する年始の挨拶は、品物が変化していった。餅は、お菓子屋で購入できるようになった「しおがま」という落雁の一種になり、その後手拭になった。手拭は、呉服屋が一軒あったので、そこで「印とか何もない。模様も、もみじでもなんでもよかった」ものを購入した。この年始祝いの変化は、次のように説明される。「今は車だからなんぼ重くてもいいけど、昔は歩いて廻ったから重いものは持てない。軽い方がいいでしょ。」「一人やると、みんなしてそのあと追っかけでやったのよ。」現在は、相手が欲しいものをあげるという。KK氏ならビールをもらい、妻の実家や兄弟なら酒をもって訪ねているという。相手からも同じように訪ねてくる。

MM氏（七九歳、男性）は、息子夫婦、孫夫婦、ひ孫の六人家族で農業、酪農を行ない、若いころには農協に勤めていた。昭和十一（一九三六）年ごろまでの新年会は、一月十一日の「農のはじめ」までに新年の挨拶をした。年始は、歳暮よりも大事で、三〇軒ある部落全体（B区のK部落）を手拭を一本ずつ持って訪ねた。裕福な家は、前掛けやタオルなどであったという。お互いに訪ねあい、ご馳走して、あちこちに酔っ払いがいた。また、子どもを招いて餅を食べさせ、夜には、ランプの下でかるたや百人一首をした。そのような新年の風景が変わったのは、「戦争が一つの契機」であったという。余裕がなかったから、戦争が烈しかった最後の一〇年間で自然と簡素化したという。

終戦直後から昭和三十年ごろにかけて、地域の「契約」会で話し合い、元旦の午前中に夫婦で一堂に集い、部落や隣組などの単位で集まることにした。「いそがしいし、一軒ずつではわからねから（大変だから）」、挨拶の品は何も持っていかないという。MM氏が住むK部落は、調査当時三七戸で五班まであり、一班ずつ当番制で会費（夫婦二人で三〇〇〇円）を利用して、飲み物、皿盛、刺身、汁を福島県相馬市から来る行商の魚屋に頼んでいる。部落ごとに「あっちでもやってるから、うちでやらねのもなんだし」「公民館でもなんぼか指示があったけども」基本的に、自主的に簡素化したと認識されている。

ここで、筆甫地区の新生活運動についてまとめてみると、簡素化の成果が出た行事とそうでない行事があることが明らかになった。つまり、年中行事である正月の年始挨拶についてはとくに部落間では簡素化の成果が見られ、病気見舞や葬式などは成果がなかった。なかでも、病気見舞とその返礼である快気祝いについての簡素化の取り決めが、徐々に破られ高額化していくさまが浮かび上がった。「一人が破ったら、俺もやらないわけにはいかない」という語りに象徴されるように、部落の決まりや法よりも慣習、一度贈り物を受け取ることにより発生する義理（負債意識）が実際の行動をより強く規制している様子が伺える。これは、贈答の「答」の部分、つまり贈与行為の原理である互酬性の存在が、「贈り物を簡素に」という規制の実現を阻んでいたともいえる。無論、高度経済成長期において消費は美徳であり、弓山が指摘するように、「このように生活水準が高まっていくなかで、冠婚葬祭を質素に行ったり、消費を迎えたりすることに意義を見出せるであろうか」（弓山、一九九二年、一二三ページ）ということもある。筆甫地区でも、病気見舞が高額化したり、親戚に対する年始の贈り物に

「相手が欲しいもの」をあげるというように、豊かさが簡素化とは逆方向に人びとを導いてきた。
では、次にこの断ち切りがたい贈答の連鎖を維持するシステムについて、山形県南陽市の事例をもって検討する。

3、冠婚葬祭の簡素化と贈答記録：山形県南陽市Ｙ地区の事例

本論で述べる「贈答記録」とは、香典帳や祝儀帳などの冠婚葬祭の記録である。これらの記録を使った研究は民俗学、文化人類学、歴史学、社会学などで蓄積があり、記録の呼び名も不幸音信帳（有賀、一九六八〈一九三四〉年）、慶弔帳（増田、一九九九年）、祝儀・不祝儀帳（森田、二〇〇一年）、吉凶帳（中井、一九七九年）、葬式見舞受納帳（石森、一九八四年）、悔帳（板橋、一九九五年）、香典見舞帳（大間知、一九六八年）とさまざまである。ローカルタームと一般用語が混在し、学術用語として統一されていない。このなかで、慶弔帳と吉凶帳は、ほかの用語が葬式と結婚式に限定されているのに対して、「人生の節目に行われた儀礼」（増田、一九九九年、九七ページ）としてさまざまな通過儀礼や年中行事、つまり冠婚葬祭の記録を含む上位概念となっている。これらは、贈り物だけの記録だけでなく、儀礼自体の記録でもあり、贈与行為が含まれない場合もあることには注意しておかなければならない。また、物だけでなく、労働力の交換の記録でもある。この記録を分析することにより、冠婚葬祭の簡素化を阻んできた贈答の原理である互酬性と、記録のもつ力を明らかにできる。

では、この贈答記録とはどのようなものか、山形県南陽市の一農家であるＡ家の事例をみてみる。なお、本資料は、平成十五（二〇〇三）年八月から平成十七（二〇〇五）年四月に行なったＡ家での調査にもとづいている。

（1）地区の概況

A家が位置する山形県南陽市Y地区（旧Y村）は、人口一九〇〇人、四八三世帯（平成十七年国勢調査）であり、置賜盆地に位置している。平成十七年において、南陽市の産業別就業者数割合は、第一次産業一二%、第二次産業三四%、第三次産業五四%である。農業生産は、ぶどう、さくらんぼ、りんごなどの果樹、豚などの畜産、米、野菜などがほとんどを占めている。江戸時代には、漆、紅花、青苧が特産物で、大正末には養蚕が盛んになり近隣に製糸工場ができた。A家でも、養蚕に力を入れ、昭和八（一九三三）年開催のシカゴ万博に生糸を出品したこともあったという。日本全体における養蚕業の衰退とともに、砂地であることを生かして白菜などの蔬菜類の栽培に重点を移してきた。人口は、昭和二十五（一九五〇）年の三四四二人がピークであり、筆甫地区ほどの過疎化は進んでいない。

A家は、享和年間（一八〇一～）から明治期まで旧Y村で肝煎りを務めた。初代当主は、一五㎞ほど離れた地域から婿養子に迎えられ、その妻は隣接する本家の長女であったという。稲作、蔬菜を主とする地主農家でもあり、当時の小作人、常雇いとは農地改革後も私的なつきあいがつづいている。昭和初期まで養蚕を行ない、その後は名産の白菜栽培に力を入れた。旧Y村史によれば、明治期以後も代々のA家当主は、組頭、村会議員、常設委員（区長）などを務めており、A家は村の中心人物を輩出してきた家と言えるだろう。現八代当主は妻と同地区に引きつづき居住しており、区長、檀家の総代を務めていた。

当該地区における生活改善諸活動について簡単に述べると、昭和初期には「旧Y村経済厚生計画」として、産業及び経済、金融及び高利債、精神方面としての生活改善がめざされた。生活改善の具体策として、生活用品の自給自足、栄養改善、冗費節約、農家簿記の記帳奨励、婚礼改善（共同服式使用）、禁酒禁煙などがあげられた。昭和三十一年の鳩山内閣による新生活運動協会設立にともない、山形県の県公民館連絡協議会、県婦人連盟、県連合青年団、県福祉協議会が「山形県新生活運動連絡協議会」を設置、各市町村単位でも協議会が組織された。Y地区近隣の公民館でも町政座談会、地区長を集めての村づくり町づくり研修会が開催された。また、終戦直後の昭和二十年十二月に発足した婦人会が中心となって、講座・講習会などの学習活動、レクリエーション、研修旅行、社会活動のほかに、新生活運動として一円貯金、蝿蚊駆除、台所改善などを行なった。現当主によれば、公民館結婚式も行なわれていたが、自分たちは従来通りのやり方で自宅で行なったという。

次に、A家が保存している贈答記録とはどのようなものか。

（2）A家の贈答記録

A家が保存している文書群は、大きく二つに分けられる。第一に、昭和五十二（一九七七）年に南陽市史編纂のために提供した村の行政に関する文書、一二六〇点である。[2] 数年後に目録が作成され、文書とともに返却され、南陽市内のほかの文書とともに南陽市史、史料編に参考資料として掲載されている。これらの行政文書は、ダンボールに入れられ土蔵に保管されており、筆者が調査を行なったのはそれ以外の文書群である。筆者が初めに資料を見たとき、農薬のダンボールに紐で結んだ二つの資料の束と、その他の資料が雑多に入っていた。そして、これらとは別に現八代当主が頻繁に利用するものは住宅に保存してあった。順に資料群一：一一〇点、資料群二：八一点、資料群三：六四点、資料群四：四二点となっている。資料群一、二は、六代当主がそれぞれ一括りにし、蔵のなかの取りやすい場所に保存、参考にしていたという。

贈答記録の様式は、和紙に墨書である。これは、現代に至っても変わらず、むしろ好んで用いているようだ。八代当主の話では、「はじめは違う紙に書いたけど、和紙だともつし、こっちのほうがいいからあとで替えた」「おれがすきだから」と説明される。記録、保存という実用面だけでなく、様式美にこだわる姿勢は、当主曰く「文字マニア」と表現され、また「文書フェティシズム」（菅野、一九八六年）的側面をもつ記録であるためといえる。贈答記録がもつこの点は、後述する近火見舞の事例においてとりわけ際立つ。また、現当主の父親が「これ（香典帳）を書けば一人前（ひとりまえ）」と言ってたという。

帳面の形式は、香典帳は長いもので縦三〇cm×横一五cm、そのほかの帳面は縦二〇cm×横一五cmであり、綴じ具としてこよりが使われている。文書の構成は、各行事に共通している。表紙は、年代、表題、受け取り手（行事の主催者）の三種類の情報が記載されている。表題には、行事と該当者の名前が載せられている。個人名が記載されるか、病気見舞いや死亡時の記録に「母」「老母」「父」「祖父」「祖母」「親」など記録者からみた親族呼称が使用されているものもある。記録者は、不特定であり、表紙に表示されている受け手、つまり当主とは限らず、直系の子孫や親族と考えられる。表題を見れば、何時、誰が、何をしたときの記録かはほぼわかり、中身は、贈り物と贈与者氏名による定式化した記録形式となっている。結婚用の帳簿を除き、一冊の帳面で構成されている。贈り物は、金額、品物の種類、量、状態などが詳細に記録される。冠婚葬祭の記録であっても、A家の場合は、かなり贈り物の記録に特化していると言える。

では、A家の贈答記録は、どのような機会に記されていたのだろうか。

（3）A家の贈答記録の機会

A家の贈答記録は、明和九（一七七二）年から平成十四（二〇〇二）年までの三〇二件である。機会ごとの内訳は、葬式・法要一一三、結婚五八、出産一七、入院・病気三五、天災一〇、旅行関係四、

表4-3-1　贈答記録にみる贈与機会の比較

	A家の文書 山形県南陽市旧Y村	福島県只見町 ［増田　2001］	山梨県山梨市旧下尻井 ［太田　2007］
冠婚葬祭	葬式、法事、結婚、年祝、軍隊、就職、普請、天災、入院、病気	婚礼、葬礼、家普請、成長、病気見舞、代参講	七夜、養子縁組の披露、髪置、戒名控え
年中行事		正月	歳暮控、年末謝礼
その他	旅行	道中記	

資料：［増田　2001］［太田　2007］をもとに、［ベフ1984：40-43ページ］の贈与契機リストを参照して筆者が作成。

普請九、年祝・年直し一三、軍隊関係六、その他三七である。

表4-3-1は、本論で扱う山形県南陽市A家の贈り物の記録がつけられた機会を、増田昭子による福島県只見町の事例（増田、二〇〇一年）、太田素子による山梨県山梨市旧下尻井村の事例（太田、二〇〇七年）と比較したものである。冠婚葬祭に当てはまるものとして、葬式、法事、結婚、年祝、成長儀礼があげられる。A家のみにある軍隊というものも大きく言えば「冠」に含められるだろう。その一方で年中行事の記録は少ない。

これらの記録をなぜ長年にわたりつけているのか。この質問に対する現当主夫婦の答えは、「ジンギは借り物」「みんな五分だ」「みんなすれすれの生活をしっだがら、貰ったものは返す」ためだという。ジンギとは、この地域の冠婚葬祭の贈答行為をさし、「贐《はなむけ》」と書くという。

A家の贈答記録には、本論の第一節で述べた冠婚葬祭の簡素化の対象となる機会（結婚、葬式、出産、お宮参、節句、年末年始、歳暮、病気見舞、快気祝、火事見舞）がすべて記録されている。それは、A家のみならず、ほかの家の習慣も含めて考えるとき、簡素化がめざされる機会には儀礼が付随し、それにともなう、贈答の記録がつけられていたと考えられる。記録がつけられ、繰り返される贈与のプロセスに、生活改善諸活動が介入する余地はあったのだろうか。最後に、人びとがどのようにこれらの記録を利用してきたか、さらに言えば、記録が贈与の連鎖を

表4-3-2　近火見舞の見舞品リスト

年代	件数	見舞品
1917	13	金10銭（1）、手拭1本（3）、手拭2本（8）、さけかん2つ（1）
1932	6	手拭2本（5）、タオル2本（1）
1933	9	中折1帖（1）、中折2帖（3）、手拭2筋（5）
1970	65	金500円（2）、金300円（3）、金200円（24）、金100円（23）、手拭2本（4）、手拭1本（4）、タオル2本（2）、御茶2本（1）、不明（2）
1987	47	金3,000円（2）、金2,000円（2）、金1,000円（32）、金500円（8）、タオル箱入2本（1）、タオル1本（1）、水羊羹箱入1（1）
1997	6	金1,000円（6）

註：（　）内の数字は件数

維持してきた様子をA家の近火見舞を事例に提示する。

（4）近火見舞

近火見舞とは、近隣で火事があった場合に、被害がなくとも見舞を贈る、受け取る習俗である。近火見舞に関する記録は、大正六（一九一七）年から平成九（一九九七）年まで六冊ある。表4-3-2は、近火見舞の年代、見舞の件数、見舞品を表にしたものである。戦後の二件（一九七〇年、一九八七年）が見舞の件数として突出しているが、品物は金銭、手拭、タオルなど共通している。

近火見舞を贈ってくる相手には、現当主が「近火見舞だけの関係もある」というように、通常の社会関係がなくても贈与することがある。その理由は、「昔近火見舞を貰ったから、あちらの部落で火事があれば返さなければいけない」と説明される。このときに、参照されるのが以前の近火見舞の帳面である。つまり、今はつきあいがないのに、昔の近火見舞の帳面には、見舞をもらった記録があるから、お返しとしてこちらが近火見舞を贈らなければならないのである。

A家の近火見舞の事例では、記録が人びとに贈与させているかのように見える。通常の贈与行為は記録だけではなく、贈与者との現在の社会関係や交際の記憶が付随しているため、記録と記憶は相互補完的に働く。しかし、実際には火事が不定期に起こる機会であるということと、A家の火事ではなく被害もないという緊急性が薄い状況であることを考えてみても、贈与者と被贈与者間に生じる継続的な関係性は薄いと言える。つまり、記録があるがゆえに、以前近火見舞をもらった相手には、たとえ現在はつきあいがなくても贈与するという状況が生まれる。

近火見舞の帳面は、贈り物を受け取った記録であり、その反対贈与として同様に近火見舞を贈るわけだが、「記録にあるから贈る」という認識からは、記録が人間に贈与させる根拠となりうることがわかる。先述した、和紙に墨書という現当主に尊重される記録の形式も、権威を補強する要素となっているのだろう。

また、近火見舞にかこつけて、「これを機会に近づきになりたい人が贈ってくる」場合もあるという。これは、先述した実際に火事の被害にあったわけではないという緊急性の欠如、同地区内からは贈らないという贈与者の地理的範囲の制限などの結果、近火見舞がA家とのつきあいへの新規参入が可能な贈与機会であることによる。

ただし、一般的な贈答記録の運用はA家の近火見舞にみるように単純ではない。つまり、記録にある金額の貨幣、量の品物をそのまま次の機会に贈与者に贈るというわけではない。たとえば山田慎也は、和歌山県東牟婁郡串本町古座区では、葬式における「テッタイ（手伝い）」が過去の記録ではなく「今のツキアイ」を基準に行なわれ、血縁も地縁も含めて日頃のツキアイが重要であると述べている（山田、二〇〇七年、一二一－一二三ページ）。このように、記録や記憶、さらに現在のつきあい、関係性、状況、心情などさまざまな要因が贈与行為の応酬には影響していることを明記しておく必要がある。

日本の贈与交換を表す用語としての「贈答」は、英語でいうところのgift - exchangeを一言で表す。冠婚葬祭の記録は、家を記録・保存の主体として、長期保存される。また、和紙に墨書という形式は呪物性をもつ。そして、その贈答記録が示す過去の贈与は、現在の社会関係をも翻し贈与させてしまう。こういったA家の事例や先行研究で示される贈答記録という文字記録に支えられた根強い互酬性の維持は、日本の贈与交換の大きな特徴のひとつと言える。そして、「文字記録に支えられた根強い互酬性の維持」という日本の贈与交換の特徴があったがゆえに、生活改善諸活動によっても贈答が簡素化することが難しかったのではないだろうか。

本論では、生活改善諸活動における冠婚葬祭の簡素化について項目と実践の両側面を検討してきた。国家が人びとの私的領域に介入しようとした生活改善諸活動であるが、年始会の簡素化など一部を除き、とくにその精神主義的な項目である冠婚葬祭の簡素化については、今回示した筆甫地区の事例では失敗に終わっていたと言える。それを受けての村内の取り決めも、商業主義や顕示的消費、ハレの日の消費という要素の前には無力であった。

冠婚葬祭の簡素化に成果が上がらなかった理由として、次の二つが考えられる。第一に、儀礼自体を簡素に行なうことのデメリットである。冠婚葬祭とは「人生に不可欠な儀礼」であり、そこでは人びとが大いに振舞うオゴリが派生し、財産を費やして競い合いになる（宮田、一九九九年、一二ページ）。筆者が調査した筆甫地区の事例にもあったように、地区の取決めは遵守されず、祝いは高額化し、返礼もなくならない。

第二に、冠婚葬祭に含まれる祝いや慰霊の贈答が、たとえば山形県南陽市A家の事例に見たように世代を超えて記録、保存される記録によって支えられる互酬性、物のやり取りの連鎖からなっているため、廃止、改変されにくいことである。自分一人の習慣なら改めるのも簡単であるが、こと、人とのつきあいでは、以前もらったお祝いを次の機会に返さないわけにはいかない。参加人数が多く、不定期な冠婚葬祭においては、とくにその傾向が強く、記録がよくつけられ、記録と記憶をもとに「贈」と「答」がくり返されたのである。

以上のように、本論では主に生活改善諸活動の冠婚葬祭の簡素化に関する項目と、それを受け止める側に焦点を絞った。この項目を各活動の普及員がどのように推し進めたかについては今後の課題としたい。

〔註〕

（1）集落の意味。現地用語である。

（2）当時作成された文書目録は次のとおりである。A村政・村入用二五二点、B年貢二六二点、C土地七九点、D村一点、E農業四点、F商業・金融三三点、G水利一四点、H産業八〇点、I林野・林業二二点、J普請・土建六九点、K身分六点、L鷹場・鉄砲二点、M貸借関係五三点、N戸口三一点、O交通・運輸一八点、P助郷五点、Q宗教一五点、R治安・訴訟三七点、S県・郡政一一点、T制規四点、U国政・幕藩政九〇点、V家関係、W凶災・救恤、X雑。

〔参考文献〕

・有賀喜左衛門「不幸音信帳から見た村の生活」『有賀喜左衛門著作集』未来社、一九六八（一九三四）年
・石森秀三「死と贈答―見舞受納帳による社会関係の分析―」伊藤幹治・栗田靖之編著『日本人の贈答』ミネルヴァ書房、一九八四年
・板橋春夫『葬式と赤飯―民俗文化を読む―』煥乎堂、一九九五年
・太田素子『子宝と子返し―近世農村の家族生活と子育て』藤原書店、二〇〇七年
・大間知篤三「新島若郷の葬儀―「香奠見舞帳」より見たる―」『民間傳承』三十、一九六八年
・小山静子「第一次世界大戦後の生活改善問題」『立命館言語文化研究』八（二）、一九九二年。同「生活改善問題と

女性」『女性学年報』十七、一九九六年
・マーシャル・サーリンズ『石器時代の経済学』法政大学出版局、一九八四年
・菅野文夫「本券と手継―中世前期における土地証文の性格―」『日本史研究』二八四、一九八六年
・小松東三郎編「国民精神総動員本部事業概要」長浜功編『国民精神総動員運動民衆教化動員資料集成　第二巻』明石書店、一九四〇年
・新生活運動協会『新生活運動協会二十五年の歩み』財団法人新生活運動協会、一九八二年
・生活改善同盟会『生活改善調査決定事項』一九二一年
・田中宣一「生活改善諸活動と民俗の変化」『昭和初期山村の民俗変化』成城大学民俗学研究所編、名著出版、一九九〇年。同「生活改善諸活動と民俗」『民俗学論叢』十九、二〇〇四年
・中井信彦「講帳と吉凶帳」『飲食史林』一、一九七九年
・南陽市史編さん委員会編『南陽市史』下、一九八七年
・ベフ・ハルミ「文化的概念としての『贈答』の考察」伊藤幹治・栗田靖之編著『日本人の贈答』ミネルヴァ書房、一九八四年
・増田昭子「会津の慶弔帳を読む」『会津若松市研究』一、一九九九年。同「南会津における祝儀・不祝儀の『野菜帳』」『史苑』六十二(二)、二〇〇一年
・丸森町史編さん委員会編『丸森町史』丸森町、一九八四年
・水野正己「日本の生活改善運動と普及制度」『国際開発研究』十一(二)、二〇〇二年
・宮田登『冠婚葬祭』岩波書店、一九九九年
・森田登代子『近世商家の儀礼と贈答』岩田書院、二〇〇一年
・文部省編纂『消費と経済』南光社、一九二二年
・山口睦「山村における贈物の変遷―儀礼的贈与から個人的贈与へ―」『国際文化研究』(東北大学国際文化研究科)10、二〇〇四年
・山田慎也『現代日本の死と葬儀―葬祭業の展開と死生観の変容』東京大学出版会、二〇〇七年
・弓山達也「農村における生活改善運動の諸問題」『國學院大學日本文化研究所紀要』六十九、一九九二年

四、大宮講から若妻学級へ
――高度経済成長期における農村女性の覚醒

佐野　賢治

1、広井郷幼稚園の閉園

平成二十一（二〇〇九）年三月三十一日をもって、五〇年間にわたり二〇〇〇余名の園児を世に送った山形県米沢市六郷町西藤泉にある広井郷幼稚園（園長・山田東助）がその歴史の幕を閉じた。米沢市域に隣接し置賜盆地のほぼ中央に位置する稲作農村に立地する幼稚園も、少子化の波には立ち向かえなかったと言える。この幼稚園は、六郷町若妻学級が昭和三十一（一九五六）年ごろから積雪期を除き月に一度の日曜日、自主的に青空幼稚園を開設したことが機縁となって、昭和三十四（一九五九）年四月に地域住民の浄財を基金に、国庫助成を受けて設立された。純農村地帯での幼稚園の開設は山形県下でもまれであり、学校法人立としては県下で三番目であった。

若妻学級は昭和二十九（一九五四）年七月、山形県西田川郡西郷村（現・鶴岡市）で、その前年に開設された公民館の社会学級に参加した婦人会員が、嫁たちにもこのような集まりが必要と開設されたのが嚆矢《こうし》となり、山形県から全国に広まっていった公民館を拠点とする生活改善運動としてとらえることができる。本論で取り上げる山形県米沢市六郷町の若妻学級は、昭和二十九年に発会、翌三十年に正式に発足し、今日までその活動をつづけているグループである。

この半世紀余は、農村にとっても激動の時代と言えた。六郷町の若妻学級が結成された昭和三十(一九五五)年から昭和四十八(一九七三)年までの約二〇年間、日本経済は年平均一〇%を超える急成長をつづけ、国民総生産ではアメリカに次ぎ世界第二位となった。いわゆる高度経済成長であり、農村部から都市部に向けての人口移動が起こり、この地区でも兼業農家が増加した。農業自体も、昭和三十六(一九六一)年の農業基本法の制定を受け、「たんぼ」が圃場と呼ばれるような農業構造改善事業が進み、化学肥料・農薬・農業機械が導入され米の生産過剰を招き、それにともない食管制度の赤字が深刻となり、昭和四十五(一九七〇)年からは減反政策が行なわれるようになった。この間、六郷地区でも囲炉裏の消滅が象徴するように、消費革命の波が衣・食・住など生活面のすべてにおよんだ。

また、「三ちゃん農業」の言葉が表すとおり、家や村を離れることのできない若妻たちは男たちに代わり、農業・農家経営に主体的に取り組まざるを得なくなり、現実を見る目も厳しくなっていった。学級に参加した若妻たちは、嫁仲間同士として連帯し、子育て、家族関係のあり方、生活改善、農業技術、保健衛生、料理、洋和裁の課題などに意欲的に取り組んだのである。このように〝学級〟と名づけられたとおりの学習活動は、ほぼ昭和三十年代前半までつづき、三十年代後半になると、その内容も、研修旅行、他地域の若妻学級との交歓会、スポーツ・趣味教養講座などレクリエーション的行事が中心になるなど変容していった。

終戦後の結婚ブームに嫁となり、若妻学級にも参加した六郷地区の一老婆は、育児の心象を、山形県の代表的土産物となったエジコ(嬰児籠)に篭められたオボコ(乳幼児)の姿から、ベビーブーム世代の子としてわが子が賑やかに遊ぶようになった広井郷幼稚園の光景として、記憶している。六郷地区のこの世代の女性にとって、広井郷幼稚園の閉園は若妻時代の大切な記憶の拠り所の一つを失ったことになる。戦前・戦後の落差も含め大きな時代の移り変わりを体験してきた世代である。そして、迎えた子どもの声の聞こえなくなった現代のムラ社会。六郷小学校も幼稚園の閉園に連動して二〇〇九年度四月入学児童は、ゼロとなった。

高度経済成長期は、ムラ人にとっては伝統的なものと近代的なものが相克、大きく入れ替わった時代であり、その影響を最も受けたのは生産労働・消費生活の中心を担ったムラの若妻たちと言えた。置賜地方の各農村の若妻学級のあり方、その差は、大仰に言えば各集落における近代化への対応の一面を示しているといえる。

この小論では、ムラの公民館、先輩婦人の支援を受け誕生した若妻学級に焦点を絞りながら、若妻たちがどのようにしてムラの女性全体の地位向上に燃え、生活改善を通して家族の幸せを願い、ムラの新生面を切り開こうとしたのか、高度経済成長期におけるその活動の軌跡を不十分ながら取り上げ、一考してみたい。

2、六郷町若妻学級の発足

戦後、学校教育に対して、青少年および成人に対して組織的に行なわれる教育活動、いわゆる社会教育の規定が昭和二十四（一九四九）年、「社会教育法」として法制化され、同法四十八条に「社会学級」講座の開設に対する国、地方公共団体の支援体制が盛り込まれた。「戦後強くなったのは女性と靴下」という言葉どおり、社会学級のなかでも「婦人学級」の開設は全国的に目を見張るものがあった。(1)

しかし、婦人学級に集う学級生は多くは中年以上の婦人であった。とくに農村部においては、二十、三十代の女性は生業労働に加えて、①乳幼児を抱え育児による疲労、②姑、夫の無理解など家庭内における人間関係、③学級講座の内容がこの年代層に合致しないことなどが要因となり、この年齢層の婦人の参加意欲を減退させていることが指摘された[2]。

こうした状況下、東北地方の山形県で昭和二十八、九年に「若妻学級」・「若妻会」と呼ばれる嫁さんたちの学習集団が誕生し、やがて全国的に波及していった。山形県下では、西郷若妻学級（鶴岡市　昭和二十九年）、六郷町若妻学級（米沢市　昭和二十九年）、五十川若妻学級（温海町　昭和二十九年）、若妻会としては、むつみ会（最上郡大蔵村　昭和二十八年）、四つ葉会（西置賜郡白鷹町　昭和二十八年）、久田読書グループ（東田川郡余目町　昭和二十九年）が早い時期の開設として知られる。多くの、若妻学級・若妻会が、婦人学級・婦人会を母体にして生まれたため、正式発足は発会の一、二年後となっているが、若妻学級の推進者であり、社会教育学・民俗学者であった江田忠は、「教育的空白の状態におかれていた農村の嫁たちが、こうした学習の場なり集団なりを持ち得たことは、生涯教育という視点からも婦人教育の上でも一つの前進であった[3]」と高く評価している。今回取り上げる、六郷町若妻学級は、西郷若妻学級に次ぎ開設された歴史をもつが、現在もその活動をつづけている。西郷若妻学級は平成十二年三月で閉級した。

まず、六郷町若妻学級の成立過程と高度経済成長期における活動の概要を、聞き書きと『明治百年記念　六郷町公民館誌』（昭和四十七年）、学級文集『草の実』の事業報告の記事を参照、構成し年度ごとに年表化してみる。

昭和二十四年　十月二十九日、社会教育法の制定を受け、六郷公民館設立。当時の村長、遠藤英馬（初代館長）が土地を提供。初代主事、山田東助。建物は旧郷倉を転用。

昭和二十九年　町村合併促進法により旧米沢市と合併、今日に至る。婦人会の若年層を中心に若妻

昭和三十年　学級が発会する。

昭和三十一年　一月二十日、六郷小学校で事務局会議を開き、「新しい家庭建設と生活の理想像を追いながら、夫とともに家庭をよりよく理解し、これと調和して生産技術または子どもを健全に育成する若妻であるべき」との意見を受け、若妻学級の設立を公民館活動として承認。一月二十七日、第一回若妻学級、六郷小学校裁縫室で発足、終戦後結婚した若妻を中心に八五名参加。三月二十九日、第二回若妻学級、四〇名参加。七月、学級文集『草の実』発刊。会誌名として「むつみ」など他の候補もあったが、踏まれても踏まれてもたくましく生えてくる「草の実」とした。提案者は、坂野イネさんだった。ガリ版印刷であった。その後、製本は六郷の印刷所に頼んだ。印刷費用は公民館が負担した。

昭和三十二年　四月二十二日、若妻学級、幼稚園開設準備。毎月一度日曜日、中央幼稚園の指導を受けて青空幼稚園を開設する。若妻学級二五回、役員会二回開催。

昭和三十三年　この年一月より、若妻学級の級長一名、副級長二名、支部役員一二名の役員組織、活動内容など体制を整え、かたちのうえでも公民館活動の一環から自主的活動組織となる。事務局は公民館に置いた。事業内容として、育児と受胎調節、農事講習、講演会、作業着の作り方、料理実習など。活動費は、公民館から年間一〇〇〇円の補助金と、若妻の学級費（月額五円、年六〇円）でまかなう。人形劇鑑賞、生花・料理講習、講演会開催、若妻学級指導者会参加、山形県農業祭参加など活動を盛んに行なう。

昭和三十四年　二月にＮＨＫの取材を受け、三月三日、のびゆく農村の番組で「手をつなぐ若妻たち―若妻学級のあり方―」として全国放映(4)。若妻学級一六回、役員会二回開催（図4-4-1）。

昭和三十五年　十一月、千葉県婦人学級と中央公民館で交換会。窪田地区若妻会、若妻リーダー研修会、六郷青年団との座談会など交流会を盛んに行なう。若妻学級一七回、役員会二回開催。

昭和三十六年　十一月、徳島県、栃木県婦人学級との交換会。化粧と着付けの美容教室。芋煮会を開催。若妻学級一一回、役員会一〇回開催。

昭和三十七年　選挙棄権防止運動に協力。東南置賜地区若妻リーダー研修会参加。若妻学級一二回、役員会七回開催。

昭和三十八年　七月一日、市長と若妻学級の座談会。規約原案作成。衛生処理場見学など現地研修実施。NHK婦人学級米沢のつどいに参加。公民館主催の編物学級が十二月二日から二月八日針供養の日まで、年末年始を除いて開かれる。若妻学級一二回、役員会八回開催。

昭和三十九年　若妻学級バイク運転免許・交通法令講習会九回、六郷公民館で読書会が『家の光』読書会を含め九回開催される。若妻学級一一回、役員会六回開催。

昭和四十年　洋食テーブルマナー講習。若妻学級生として絣の上着の着用推進。若妻学級八回、役員会六回開催。

昭和四十一年　若妻学級六回、役員会七回開催。

昭和四十二年　中央公民館での家庭教育学級研修会に参加。手芸教室開催。若妻学級七回、役員会七回開催。

昭和四十三年　指圧療法講習。中央公民館での農協婦人部若妻研修会に参加。
昭和四十四年　三月二十五日、運営方針と学習内容についてアンケート調査実施。九月一日、中央公民館での若妻研修会に参加。虚栄廃止・献杯の禁止運動の推進。十一月十八日、南陽市にて若妻集団活動研究集会参加。学級七回、役員会四回開催。
昭和四十六年　バレーボール練習盛んに行なわれる。九月三日、山形県民ホールにて第二〇回全国農業コンクール参加発表。学級六回、役員会二回開催。
昭和四十七年　十月二十八日、高畠町中央公民館にて若妻集団指導者研修会。二月十四日、米沢市中央公民館にて生活改善グループ交歓会参加。学級四回、役員会一回開催。

公民館活動の一環としてその活動を開始した六郷町若妻学級が、昭和三十三年には、役員組織を整え自主的な村の若い婦人学習集団を形成し、以後各地の同様のグループとの情報交換をはかり、従来の家の嫁という狭い立場ではなく、広く社会を見聞する機会を積極的にもとうとした意欲が読み取れる。読書会が盛んに行なわれ、日々の生活を内面的に考える機会づくりから、バイク講習など実用的な技術獲得まで幅広い活動が行なわれている。しかし、若妻学級の活動が最も盛んだったと考えられる発足時からおよそ一〇年間、昭和四十三年度以前の学級誌『草の実』が現在、散逸し残っていないために、その時期の活動のようすが残念ながら十分にわからない。そこで当時の学級生の一人に若妻学級の記憶をたどってもらった。

図4-4-1　六郷町若妻学級（昭和34年２月８日　六郷小学校裁縫室にて、中央は公民館長・遠藤太郎）

3、追木さと子氏の話

六郷町若妻学級は現在も六郷コミュニティセンターを活動の場にして持続している。若妻学級の活動記録と学級員の感想は『草の実』にその一端が記され、知ることができる。その記事の背景を分析することは、日本の高度経済成長期から今日に至る少なくとも東北地方の農村の若妻の生活実態の一面を明らかにすることにつながるが、それは、別の機会に譲る。ここでは、若妻学級の発足当時を知る追木さと子氏（六郷町桐原在住、昭和七年十二月八日生）が、記憶が薄れたと恐縮しながらも、平成二十年夏（二〇〇九年八月十日）に語られた話を以下紹介しておきたい。

農家の嫁さんたちの集まりには、古くからの大宮講と戦後はじまった若妻会がある。安産、子育ての大宮子易神社の掛け軸を祀って集まる嫁の集まり、大宮講への参加は、加入している家の姑から嫁へ引き継がれ、六郷町桐原集落では、新規の参加は認められなかった。分家筋の家に嫁いだ私は大宮講には入らなかったが、桐原集落では、九軒の家の嫁さんたちで講は行なわれていた。毎月宿めぐりで講が開かれていたが、年に一度は小野川温泉に行った。小国町にある大宮子易神社には、個人的に安産祈願に行き、子どもを成《な》すとお礼参りに行った。大宮講は現在も、公民館で集まりをしている。

三十代を中心に農家の嫁が誘いあって集まる若妻会は、六郷町の若妻学級の桐原支部となっていた。六郷公民館の裁縫室（畳約二〇畳の広さ）を活動の場所として、正月とお盆、農繁期を除いて年に六〜七回活動を行なった。そのうち一年に一回は、日帰りの旅行だった。福島や岩手県方面に行った。一回二時間ほどの集まりであった。六郷町若妻学級の下に、六つの集落ごとに若妻会があった。役員として、一年一期で級長一名、副級長二名が最初からのメンバーのなかから推薦で決められ、各集落より二名ずつ、一二名の支部役員が選ばれた。役員になると姑からなぜそんな役を引き受けるのかと嫌味を言われた。文句を言われないように「稼ぎまし」をして、若妻学級には参加した。六〇人ぐらいの参加者で、とにかく、仲間と顔を合わせることができるのが楽しみだった。

年代的にも、子育ての最中で、オボコ（赤ん坊から幼児までの呼称）の健康管理などが集まりでの話題の中心になった。エジコにオボコを入れて農作業に出るような時代であった。エジコといえば、近所に作る名人がいた。エジコには、一番下にクタダ（藁くず）を敷き、その上に萱を束ねたものを置いて、一番上にぼろ布を置いてオシメ代わりにした。二、三歳ぐらいまで入れたが、クル病になるなどと言われ、使うのをやめた。子どもを構ってやれないほど、農家の嫁は忙しかった。若妻学級では、月の第三日曜日を「家庭の日」とすることや昼寝の時間にはほかの家を訪問しないなど、嫁の立場からの提案を公民館に対していろいろした。「家庭の日」は、農村のモデル地区の一事例として取り上げられ、天童市まで行って報告したことがあった。

話題を提供してくれる講師は、置農（置賜農業高校）、東高（米沢東高校）、山形大学工業短大の江田忠、吉田義信、徳永幾久、渡部久子の各先生、保健婦（色摩シンさん）が務めてくれた。また、お花や手芸、化粧、指圧の講習会も開かれた。

料理講習は、年一回ほどあり、漬物の上手な地元の主婦を講師に頼んだりしたが、後になると生活改良普及員(5)(高畠町和田からきた添川芳子先生)に頼んだ。カボチャのスープ、サラダとドレッシングの作り方などを習った。長橋集落では、料理好きの若妻七、八人が八日会を作ったりしていた。思い出に残っていることでは、昭和四十年ごろ、若妻学級で、バイクの免許を取るとるための講習会を一か月ぐらい開いたことがあった。講師は、我妻二郎さんで、警察から教則本なども借りてきて、八〇点以上の人は試験を受けに行った。

また、地区の老人たちに手づくりの品物を渡すことなどもして、喜ばれた。若妻学級は子どもが中学生ぐらいになると退き、その後は、地区の婦人会、農協婦人部に活動の重点を移したが、構成メンバーはほとんど同じであった。

4、大宮講と公民館――六郷町若妻学級成立の背景

昭和二十九年十一月、六郷町は米沢市に合併、市制下、第二代公民館長として、昭和三十年一月、遠藤太郎(明治三十七年~昭和五十二年)が就任する。早速、一月二十七日、公民館の若手の課長や若い父親からの若妻を中心とした集まりをつくるべきだとの提言を受け、六郷町若妻学級が六郷小学校裁縫室で正式に発足した。公民館側は館長・遠藤太郎、主事・山田東助(大正十一年~)、当時担当を課長と呼び習わしていたがその一人、市川孫衛門が中心となって開設の準備にあたった。すでに、西田川郡西郷村で婦人会の主催で若妻学級が開設されていたことは聞きおよんでおり、そこで、姑さんたちの年齢層で構成される婦人会との協力関係を第一と考え、開設の知らせと嫁さん参加の要請文

図4-4-3　大宮講の絵馬（同）

図4-4-2　大宮子易神社（高円寺・六郷町西江股）小国町の大宮子易神社から勧請

も婦人会幹部の意見を聞き作成するなど、さまざまな気配りをして準備にあたった。こうして、六郷町若妻学級は、各家から競うようにして若妻が参加し、誕生した。ちなみに、遠藤館長時代の公民館運営委員兼事務職員の担当を見ると、増産学級、活力、寿学級、ボーイスカウト、管理、若妻学級、青年学級となっており、時代の息吹を反映した公民館活動の躍動ぶりが伝わってくる。

六郷町若妻学級が公民館の肝煎りでそれなりに姑や夫たちの理解を受けて発足した背景に、姑や若い夫たちも戦後、再編された婦人会や青年団で活動し、その体験がプラスに働いたと考えられるが、何よりも、米沢盆地を中心とする置賜地域には、子授け、安産、子育ての平安を願い西置賜郡小国町大宮に鎮座する大宮子易神社への代参を目的とする大宮講と呼ばれる嫁講が早くから結成されており、農家の嫁さんたちの数少ない集まりの場となっていたことが大きな要因として考えられる[6]（図4-4-2、4-4-3）。

置賜地方の各地で若妻学級への助言・指導をし、実情を知っていた江田忠（大正二～昭和五十五）は、置賜地方の大宮講を、次のように類型化している。

表4-4-1　大宮講の今後について婦人会員・若妻会員考え方（江田忠　1967）

考え方／年齢層／調査対象	①大宮講はこれからも続けるべき				②大宮講は続けてもよいがもう少し行事内容を改めるべきだ				③大宮講はやめた方がよい				計			
	20〜29	30〜39	40〜49	50〜59	20〜29	30〜39	40〜49	50〜59	20〜29	30〜39	40〜49	50〜59	20〜29	30〜39	40〜49	50〜59
飯豊町婦人会員及び若妻会員	6	16	3	3	8	5	0	0	1	1	0	0	15	22	3	3
	28				13				2				43			
白鷹町婦人会員及び若妻会員	4	9	3	2	1	3	0	0	0	1	1	0	5	13	4	2
	18				4				2				24			
米沢市三沢地区婦人会役員	0	1	5	5	0	2	3	2	0	0	0	0	0	3	8	7
	11				7				0				18			
高畠町若妻会員	7	12	0	0	1	0	0	0	0	0	0	0	8	12	0	0
	19				1				0				20			
計	17	38	11	10	10	10	3	2	1	2	1	0	28	50	15	12
	76				25				4				105			

Ⅰ　原初型　大宮子易神社の代参講・参詣講としての性格が明瞭であり、集会の神事も、掛物、唱えごとなど旧来の習俗を継承し、また、「女の契約」としての機能を果たすもの。

Ⅱ　契約型　代参講的性格よりも「女の契約」として、集会の神事と共同飲食に重点が置かれ、代参者を送ることはあまり行なわれなかったもの。

Ⅲ　社交娯楽型　集会の場所も次第に公民館などが利用され、行事も神事よりも共同飲食に重点が置かれるようになったもの。

Ⅳ　改良型・学習型　名称は大宮講であるが、集会の行事内容は婦人の共同学習的な性格なものに変わりつつあるもの。

江田は、ⅠからⅣの流れが時間軸での大宮講の変質過程を示すものと考え、また、Ⅲ、Ⅳ型が戦後の農村社会の変容のなかで現れてきたと指摘している。[7]

置賜地域には、集落ごとに家々の戸主により「契約」講が形成され村組として大きな機能を果たしていた(8)。若連中がつくる「若衆契約」が戸主の契約と重複、並行する地域もあり、各集落の社会構造を反映していたが、大宮講はその女性版といえるものであり、信仰的講集団のかたちをとりながらも、嫁として一年の算用など農家経営の実質的なことも話題にしていた。時代が下るにつれ、男たちの契約と同様に、慰労・娯楽を目的に集まるようになっていった。

戦後農村部では、婦人会、農協婦人部、そして若妻学級と新しい婦人の集団が誕生した。それらの会員でもある大宮講員に江田忠はその存在意義をたずねている。多くは大宮講の存続を願い、そして時代に合わせた改善の必要性を認めた（表4-4-1）。大宮講をやめたほうがよいという意見では、若妻会があるからとの回答もあり、その性格の類似を示している。

若妻学級の成立は、戦後期の大宮講のⅢ、Ⅳの移行期に並行する。大宮講にとっては、嫁の息抜き、姑の悪口を言う場というように、非生産的なとらえ方がなされるような古いイメージからの脱皮が内外から求められていた。村における嫁講として、大宮講と若妻学級の関係は、並立している地域も多いことから直接移行していくというのではなく、嫁さんたちの意識変革という面において、伝承的講集団・大宮講が時代の思潮のなかで衣替え、新たに脱皮をした農村婦人の学習集団が若妻学級と考えられるのである。

5、若妻学級の持続—教育懇談会と一行日記

若妻学級も昭和四十年代に入ると、大宮講の轍を踏むかのように、娯楽教養講座、スポーツ講座、研修旅行などがその活動の主流となっていく。「最近は会員の減少と行事のマンネリ化によって行きづ

まりの傾向がみられる。このことは、若妻学級だけではなく、婦人会、青年団も同じ」（昭和四十四年度『草の実』）と、時の公民館長・遠藤千代太は、社会教育活動自体の停滞を憂いている。

その一方、農家の嫁を取り囲む現実は相変わらず厳しく、夫の出稼ぎ、その不在を寂しがる子どもを前に、「今年こそは地元で何か良い仕事をと思っても、家では冬期間だけですのでなかなか見つかりません。来年こそは本当に出稼ぎをせずに、家から通える所で働けたらと、その日の来る事を願ってやみません。」（羽賀静子　昭和四十六年度『草の実』）と、生活環境改善への志向は持続している。

このような状況のなか、リーダーである学級長の務めは大変であった。昭和四十六年度学級長の長谷部昭子は、「今年は農家にとりまして最悪の年であったように思います。春から悪天候に見舞われ、減反調整の実施、作付、銘柄の統一化等と不利な条件が重なり、その努力にもかかわらず結果が秋の減収となって、表われてきた時に、私達農家のみじめな姿だけが残ったように思われます。そんな生活のなかに若妻学級が少しなりとも、役に立つような学習内容にしたいと望みだけは大きくもったのですが、どれだけ得るものがあったかと思うと心苦しく思います。四月の畑作講習、手芸、料理、いけ花、着付講習と、その時期にあう計画をしたつもりですが、それをどの様に活用して下さるかは、皆様次第だと思います。そこから何か一つでも覚えて良かった、して良かったと思う事があれば、皆さんが自主的に毎月の事業を各部落が当番しみんなの力でやってくれたおかげだと思います。そんな、みんなの力が私を引っ張ってきてくれたのです。これからも、この若妻会が同じ目的を持ち同じ立場にある者が集まり気軽に話し合い学習出来る様に自分達で考えていかなければなりません。それには何よりも家庭の暖かい理解があればこそ出来るものです。私達がその暖かい家庭をつくり上げていく大きな役割を持っている」と学級の意義を再確認すること、会員の自発的活動を促している。（昭和四十六年度『草の実』）

このようななか、六郷町若妻学級は一貫して、一年に一度、二月に開催される六郷町教育懇談会へ積極的に参加、さまざまな課題に取り組んできた。教育懇談会は昭和三十七（一九六二）年一月に、当時の六郷小学校長・手塚貞蔵が、「教育は学校だけのものではない。家庭との充分な共通理解と協力態勢が必要」と考え、父母授業参観日の懇談会を拡大して実施したのがはじまりとされ、今では、六郷地域全体で実行委員会を組織し取り組む行事となり、平成二十一年で四八回を数えている。教育懇談会では、「住み良い元気あふれる町にするために、子供の健やかな育成と地域の問題を考えよう」という標語の下に、家庭と学校（幼児・低学年、高学年・中学生）、健康と食生活、地域の活性化の四つの分科会に分かれ、それぞれテーマを決めて話し合い一年間の努力目標としている。平成十九年二月十一日開催の第四五回の第一分科会では、若妻学級の副学級長と広井郷幼稚園PTA代表の二人が話題提供者となり、命、食事についてさまざまな意見交換を行なっていた[9]。

先述したように、若妻学級は早くに、米沢市内の中央幼稚園の指導を受け、公民館を利用して青空幼稚園を昭和三十一年七月から三十三年まで月一度日曜日に自主的に開き、昭和三十四年四月一日、広井郷幼稚園の開園（初代園長は公民館長・遠藤太郎）にこぎつけた実績を有しており、また学級内で「家庭教育学級」を開催、多い年昭和五十八年度には七回も開くなど育児・教育を常に活動の中心に位置づけてきた。育児、子育てへの関心は、大宮講の〝子易〟の流れに連なることにもなる。毎年度末の三月に刊行される学級誌『草の実』には、会員による「教育懇談会に参加して」が必ず掲載され、また、巻頭には、六郷コミュニティセンター長、六郷小学校長、若妻学級長が必ず寄稿するように、子どもは地域社会で育てるとの姿勢が貫かれている。

また、『草の実』には会員の一行日記が取り上げられる。これは、昭和五十三年六月、江田忠が講話で「生活を記録する学習」を提言、会員間でただちに実行に移し、以後、『草の実』にその一部を掲載

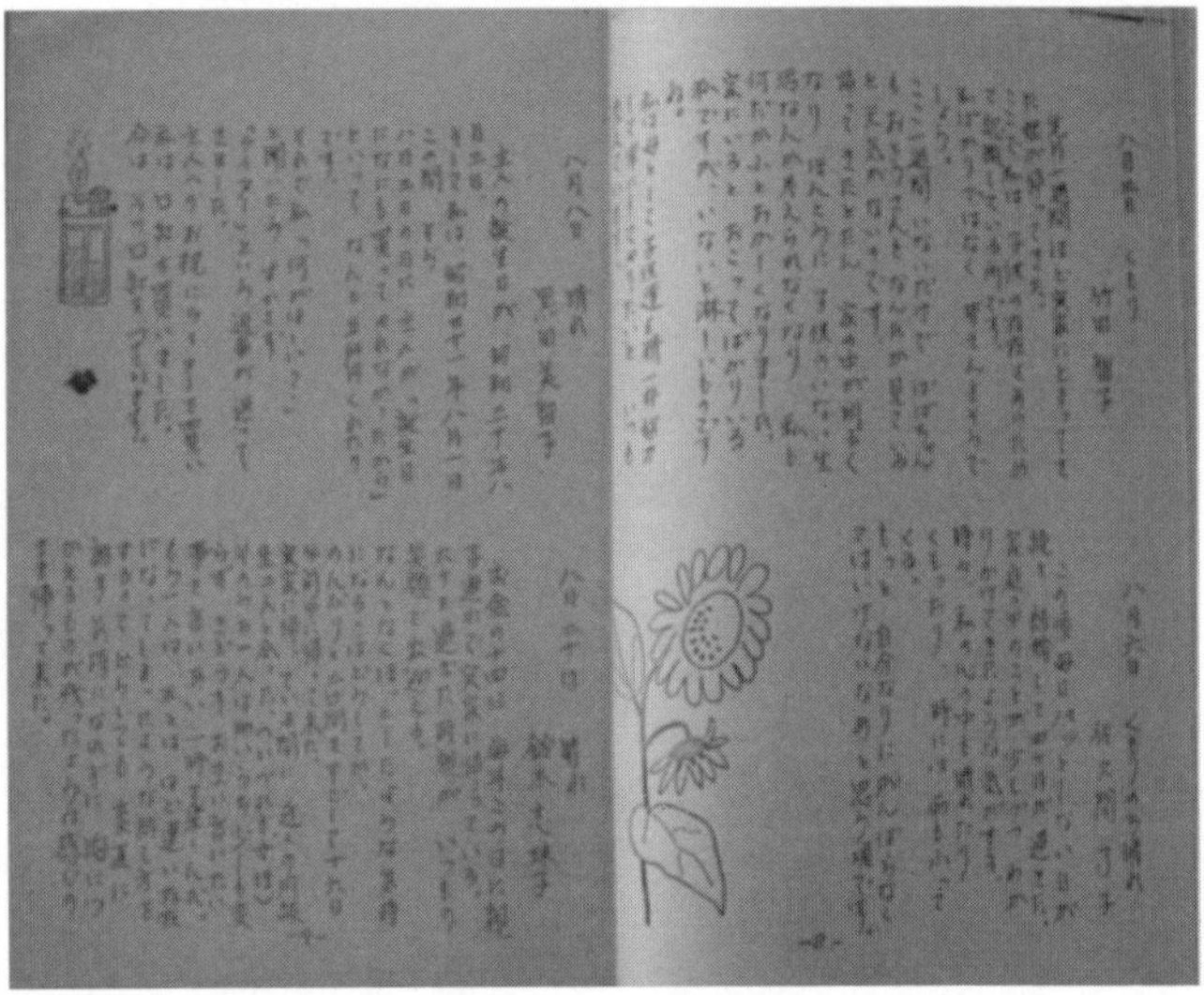

図4-4-4　一行日記（昭和55年度版『草の実』）

するようになっていった。生活記録運動は、山形県下では小中学校の作文教育でその実践が行なわれ、戦前・戦後、国分一太郎、無着成恭らの活躍が全国的に知られていたが、青年団における生活記録運動も、山形県米沢市綱木集落で昭和二十七年ごろにはじまり、全国に広がっていったことはあまり知られていない[10]。

江田忠は、マンネリ化に陥っている若妻学級生に内面から生活を把《とら》えることを勧めた。江田は、京城帝大卒業後母校に奉職、敗戦後は米沢に引き上げ、米沢東高、米沢女子短大、山形県教育庁社会教育課を経て、昭和二十九年、山形大学工業短期大学部（夜間課程）の開学と同時に着任、以後四半世紀にわたり勤労青年の教育にあたるという、社会教育、成人教育のエキスパートである。と同時に、昭和四十一年、置賜民俗学会を結成し初代会長を務め、武田正、奥村幸雄らとともに置賜地域を隈なく歩き、その民俗性、地域性を理解しようと努めた民俗学者でもあった。社会教育家として国県、市町村の行政サイドの施策と村の民俗との間を取り結ぶ役割を果たした人物と言えるが、江田が若妻学級・若妻会といった若い農村婦人の学習集団に期待したのは、「若妻たちがお互いの生活体験に基づいたさまざまの問題や悩みを話し合う中で、一人一人が仲間と共に自からの内に問題意識をもった存在になるということ、もっとわかりやすく言えば、自分で考え、自分で行うことのできる人間に成長する」[11]ということであった。

ここで、一行日記の一例を昭和五十五年度『草の実』で紹介しておく。実際は一行ではなく自分の考えを短い文章で端的に表現することをめざしたものだとわかる（図4-4-4）。

八月三日　「母として子供たちを精一杯努力して幸せにしてやりたいと、いつも考えています。」

八月六日　「時々、私の心の中も晴れたり、くもったり、時には雨も降っている」（新婚四か月の新妻）

八月八日　「主人にライターを買い私は、口紅を買いました。今はその口紅をつけています。」（夫との誕生日が近い若妻）

八月二十日　「そのうち一人は、幼いうち少しも変らず、きどらず、お互いに言いたいことを言いあい、一時を楽しんだ。もう一人は、……」（盆の帰省で会った対照的な二人の旧友の印象）

と、公開を前提にしているにもかかわらず心情を素直に綴っている。

昭和六十三年度の学級長、新藤美幸は、一行日記の意義を「自分の心を整理し、確かめ、また他人に意思を伝え、説明するなど、この他にも文章の果す意義はいろいろあると思う。そうなると矢張り、一体自分は何を考え、思っているのかということを、第三者にもわかってもらうために、文章の組み立てや、文字の選択や、使用の仕方をどうしたらよいか、というような問題がでてくる。こうして自然に技術的なことを考えるようにもなってくる。できるだけ多く書き、そして反省検討することにより、次第に、遅々たるものであっても、前進することができるものである」と思うようになってきたと作文の効用を記している。

このように六郷町若妻学級は、教育懇談会への参画、会員が学級誌『草の実』へ一行日記を載せることに象徴される生活記録運動を核として現在、持続しているといえる。

6、継続は宝なり

以上、高度経済成長期の農村・農家の生活の変遷（連続性→改良）を中心に、その変化（非連続性→革新）の様相を含めて、六郷町若妻学級を事例に取り上げてみた。六郷町若妻学級が村の新生を志向する公民館活動の一環として誕生し、持続してきた背景には、従前から安産、子育ての伝統的な嫁講、大宮講が置賜地域には存在し、嫁の集まりを容認する社会環境があったからだと言える。若妻学級は伝統的講集団、大宮講の、新しい時代に即応した再構成・再編成ととらえることができ、若妻学級が山形県下においてもこの地域で盛んであった理由とも言えた。

このような地域の伝統的な講集団と公的な制度や施設の利用など時代の新しい動きとを結びつけたのは、村の優れたリーダーたちであった。六郷町若妻学級の場合では、公民館長・遠藤太郎、主事・山田東助らであり、さらに恵まれていたのは社会教育、成人教育を専門とする学識経験者、江田忠が近くにおり、指導助言を得ることができたことであった。

多くの若妻学級は時代が下がるとともに、学習集団から趣味教養・レクリエーション行事の集まりにその性格が変わり、やがて閉級を迎えるなかで、六郷町若妻学級が今日まで持続してきたのは、六郷小学校と連携し教育懇談会に積極的にかかわるなど、子育てに連なる伝統を中核にして活動をしてきたことにある。

六郷町若妻学級の活動の足跡を記す文集『草の実』は現在、欠本の年度もあるがほぼ昭和四十四年度から平成十九年度分までの号が、六郷コミュニティセンターに所蔵されている（図4-4-5）。残念ながら、創刊時の昭和三十一年度からほぼ一〇年余にわたる昭和四十三年度分までの号は、関係者に呼び掛けても集まらないという。家の建替えなどの折に紛失したと考えられ、このこと自体も高度経済成長期のムラの変わりようの一面を表している。

平成の時代に入っても、学級生は若妻学級の原点の再確認をしながら、活動の継続を力説する。

図4-4-5　六郷町若妻学級文集『草の実』（六郷町コミュニティセンター所蔵）

「若妻を通して、横のつながり、あるいは、社会勉強といった意味で、この若妻学級はなくす事の出来ない大きな学級だと思います。皆様もどんどん参加して又、行動しやすいように改善し合い、意味のある、自分達の学級にしてほしいと思います。」（平成二年度『草の実』新藤美幸）

「若妻学級の在り方を原点に立ち返り、地域とのつながりを大切にし、今一度見つめ直し、自分たちに合ったやり方を見い出していかなければならないと思います。子育ての中心は家庭、家庭の中心はやはり母です。自分の人生を楽しみましょう。何事も前向きに、子供たちは見ています、そんな母親を」（平成十三年度『草の実』森谷美由樹）

現在では、六郷若妻学級は学齢期児童の母親の集まりという趣を呈しているが、「母親として、一家の主婦として、職場人として、一人三役の立場で大変なことだと思いますが心豊かな人々が住む街づくりと地域発展の中心的な役割を果たす原動力は若妻学級だとの自覚」（平成十一年度『草の実』公民館長・島貫昭典）をもって活動して欲しいと、若妻学級に対して地域社会からの期待も高い。平成九年度学級長の加藤富貴子は、「継続は宝なり」と若妻学級のモットーを言い表したが、そこに時代の思潮を盛り込みながらのさらなる持続を期待したい。

最後に、この小論には、昭和三十年前後、山形県の農村で若妻学級・若妻会の名称で誕生し全国に広がった農家の嫁さんたちのグループ学習活動の紹介の意を込めた。私自身、一九七一年六月より毎年、「置賜通い」をつづけるなかで[12]、六郷町若妻学級の設立にかかわった故遠藤太郎、故江田忠、そして当時公民館主事であった山田東助氏に直接話を聞く機会が多々あった。しかし、その流れのなかにあって、その意義を十分認識せず、そのチャンスを生かせなかったことを恥じている。なかでも、若妻学級の活動に助言者として直接関与し、講演や著作を通してその意義を説いた民俗研究者、初代置賜民俗学会長、江田忠の名を、民俗研究の目的が見失われている今日にあって、民俗学の科学的目的と実践的目的を合致させた好例として、広く知らしめたかった。

高度経済成長期は、より古態の民俗を求めてムラを訪れる民俗学者とムラ生活の新生面を切り開こうとした公民館主事、農業改良普及員、生活改良普及員、保健婦さんが鉢合わせをする場でもあった。地域社会の生産・生活の向上を志向しない民俗学では単なる守旧派と把らえられてしまう。伝統をふまえ、新たな時代に地域にふさわしい改良・改善を提示した江田忠の実践は柳田國男の説く民俗学の目的にまさに合致していた。

今回、田中宣一先生が主宰する戦後の生活改善に関する研究会が六郷町若妻学級に関する一文を記す機会を与えてくれた。記して感謝すると共に、当事者である六郷町若妻学級創設時の学級生からの聞き書きの分析など、意識面からの考察は別の機会に寄せたいと考えている。また、本稿をなすにあたって、六郷コミュニティセンター長・古山好樹氏はじめ、山田東助、遠藤宏三・正子夫妻、追木さと子氏ほか六郷地区の皆様のお世話になったことを記して感謝したい。

［註］

（1）文部省社会教育局編『社会教育十年の歩み』一九五九年
（2）文部省社会教育局編『婦人教育の課題』一九五五年
（3）江田忠「戦後東北農村における婦人学習展開過程―とくに若妻の学習集団を中心として―」『農村文化論集』1、（財）農村文化研究所、一九七八年
（4）この折の取材クルーは、公民館長遠藤太郎宅に宿泊した。番組は新築落成した広井郷幼稚園の場面で終了した。NHK総合テレビ番組『のびゆく農村』は昭和三十三年にスタート、その後昭和三十八年に『明るい農村』にタイトルを変更、昭和六十年まで放映された。情報提供は、農林漁業通信員として農協や漁協職員が委嘱され、全国各地の近代農業への取組み・試みを時代背景、四季の風景と絡ませて取材構成した。テレビの普及期と重なり農村生活・農事紹介の好契機となった。昭和三十八～五十七年に放映された『新日本紀行』など映像アーカイブの検証とその史資料として民俗学的視角からの利・活用が待たれる。
（5）生活改良普及員は、昭和二十三年制定の農業改良助長法（法律一六五号）にもとづき、農業改良普及員とともに都道府県が設置する農業改良普及所に所属して農家の生活改善全般について総合指導を進める地方公務員である。昭和三十五年度でみると全国で、一八二〇人の生活改良普及員が普及所に配置されていた。
（6）大宮講は、山形県南部（東西置賜郡、米沢市、長井市、南陽市）から新潟県北東部（岩船郡、北蒲原郡）に分布する。大宮講中が寄進した文化六（一八〇九）年の常夜燈など奉納物の年代から江戸時代後期には置賜一円に広がっていたと考えられる。
（7）江田忠「置賜地方のヨメ講―大宮講について―」『置賜の民俗』2、置賜民俗学会、一九六七年
（8）武田正「契約講」『置賜の民俗』14、一九八七年

（9）分科会は午前中、六郷小学校で開催され、テーマごとに、最適任の話題提供者、助言者、座長、記録者が頼まれる。助言者は村外の有識者にも頼んでいる。筆者も、当日講師として「ヒトから人へ―大人になる意味―」と題して講演した。

（10）寒河江善秋「農村の婦人活動」『農村文化』7、一九七七年。寒河江（当時、日本青年団協議会副会長）によると、綱木青年団の文集一〇〇冊ほどが、日本青年団協議会を経て全国の青年団に配布され、それを機に生活記録研究会が組織され、青年団における共同学習運動や青年問題研究集会が活発化したという。

（11）江田忠「若妻による学習集団の歩みを考える」『農村文化』7、一九七七年

（12）佐野賢治「置賜通い」『あるく・みる・きく』247、一九八七年

〔参考文献〕

・江田忠『若妻学級』医歯薬出版、一九五九年
・江田忠『実践的社会教育論』遠藤書店、一九六六年
・江田忠「置賜地方のヨメ講―大宮講について―」『置賜の民俗』2、置賜民俗学会、一九六七年
・江田忠「戦後東北農村における婦人学習展開過程―とくに若妻の学習集団を中心として―」『農村文化論集』1、（財）農村文化研究所、一九七八年
・佐野賢治「置賜通い」『あるく・みる・きく』247、近畿日本ツーリスト、一九八七年
・須藤克三『村の青年学級』新評論社、一九五五年
・武田正「産神としてのオタナサマ・大宮子易信仰―大宮講の変遷を中心に―」『農村文化論集』4、（財）農村文化研究所、一九八七年
・米沢市六郷町公民館『六郷町公民館誌』一九七二年

五、「書く女」への軌跡
——自立していく女たちの記録集

増田　昭子

アジア・太平洋戦争後の生活改善諸活動を分析した田中宣一氏は「生活改善諸活動と民俗の変化」で「生活改善諸活動の二大潮流は、主として衣食住の改善や嫁の重圧からの解放をつよく推進した生活改良普及事業と、主として冠婚葬祭の簡素化や虚礼の廃止、迷信の追放等をつよく訴えた新生活運動とがある」とし、おおよそ前者は「即物的改善に」、後者は「慣習面意識面の改善を意図し」ており、後者は公民館活動と結びつく点が多かったという（田中、二一六ページ）。ここに述べる史料紹介と解説は、福島県只見町の明和地区の公民館活動を契機としたあるグループの活動で、田中論文の後者にあたるものである。

史料紹介に重点をおく理由は、①活動の中心になったグループが共同で活動記録を書き、さらに個人的に記録（日記）をしてきて、現在（平成二十一年）も日記を書きつづけているメンバーもおり、②農家の嫁が「書く」ことによって、前世代の女性たちを超える生き方を模索するものとして位置づけられていたからである。解説は当時の農村女性が「書く」ことで、どのように生きる価値を得たのか、という点に絞って行なった。解説を少なくし、当事者の記録を多く、と願ったが、一年分を掲載することができず、抄録である。

1、グループ活動の出発

紹介するグループの名称は、初期は「若妻会」、数年たって「話合いグループ」と改称した（以下、話合いグループと表記する）。公民館では以前から婦人学級講座を行なっていたが、昭和三十三年から公民館主事になったITさん（昭和九年生まれ）は、自主的なグループ活動に切り替え、女性たちに「好きな人同士でグループを作って、好きなテーマで活動する」ことを提唱した。その結果、明和公民館には五〇余のグループができた。話合いグループはその一つで、大倉集落の若い妻たちのグループであった。年齢も昭和五年生まれを筆頭に昭和十一年生まれの七人で（人数の増減があった）、五人が健在である。

各グループの共通テーマは「婦人の生活を豊かにする」であった。明和地区の活動には独自の方式があった。少人数制の各グループは毎月集まりをもって話合いをした。その上部組織としてブラク学級があり、年に一、二回の集まりをもった。さらに中央婦人学級があり、明和地区の七集落のリーダーを対象とした講演会を開いた。明和地区だけで三段階の活動形態があり、リーダーの養成をしていた。さらに、只見町全体の婦人会があり、隣村である南郷村、伊南村、舘岩村（現南会津町）、檜枝岐村などとの西部連合婦人会があった。

2、記録の内容から

記録をグループや中央婦人会の記録集（史料、四〇四ページ参照）などから無差別に拾い出すと、「嫁の座・娘の椅子」「青年団と若妻グループの合同文集発行」「反抗期の子どもを持つ家庭や環境」「グループの持ち方」「育児法」「施政方針演説と婦人学級費」「世代の違い」「衛生講話」「民主的社会を作るには」「子どもの不良化防止」「新暦と旧暦」「所得倍増計画と農業」「農村の生活と向上の問題点」などがある。ほかには講師を招いての料理講習会、公民館主事を含めてグループ独自の話合い、講師の講話、映画鑑賞等々さまざまな活動がある。

注目すべきは、講師の話のなかに高度経済成長期における農業と農村の問題を取り上げ、自分たちの実際に直面している米麦作中心の農業から畜産を入れた複合経営、農業人口の減少、若年層の都市への流出と男性の勤労化、農業の高齢化・女性化する農業問題、機械化と共同化、嫁のなり手不足等々自分たちで考えざるを得ない状況を記録していることである。昭和三十年から四十五年までの高度経済成長期に発生し、その後改善がなされず、現在にも影響を及ぼしている農村問題が記されているのである。高度経済成長という都市の繁栄の裏で、農村の疲弊と過疎化という言葉こそ登場していないが、どのような経過をたどったのか、気になるところである。

3、「世間話をする女」から「書く女」へ

(1)「意識改革」の場としてのグループの存在

「話合いグループができたとき、ＩＴさんは〝ばあちゃんのところに友だちがきて茶飲み話をしている。女もこういうふうに歳をとってはいけない。その茶飲み話を書いてみろ。書き物をする人とか、時代を先取りする人とか、そういう人になれ〟といった。同じ世代のＩＴさんは、そういうことを私

たちにぶつけて指導した。〝ずっと話の記録をとっておけば、農村の女の一代記ができるから、ちゃんと記録しなさい〟ともいった。グループのメンバーはこれを忠実に実行した。当時のITさんは、本気で農村の生活や女性の暮らしを考えたり、勉強したりした。私たちと同じ世代のITさんは当時独身だったから、農村の女の理想像を私らに求めていた」

「みんな、上級学校に行きたかったが、行けなかった。だから、勉強したかった。だけど、結婚して家庭に入って、びっくりした、姑があまりに封建的で。書き物をしたり、書いたものを読んだり、遊びに行ったりするようなことはなかったから」

「コトビ（物日）に実家に帰るにも姑の許可がないと帰れなかった。だから、グループにでて、勉強ができるから楽しかった」

「字も書きたい、料理もやりたい。惨めでないようにしたかった。こうしていてはだめだ、と焦り、なにかしなければといつも思った。何かつかみたかった。だから、ITさんに声をかけられるとすぐに飛びつくのが私たちだった」

「嫁が集まると、姑の悪口を言っていると思われたが、仲間がいるから何を言われても苦にならなかった」

（2）「民主主義」と「矛盾」

「戦後になって〈民主主義〉といわれ、新しい時代がきた、自分も変りたいと思った。だけど、嫁にきたらなんにも変っていない。働くことは働くけど、その代償は正月と盆の五〇〇円くらいの小遣いと実家に帰ることだった。台所改善というけど、嫁には手をつけられなかった。そんなことを言い出せば、オン出される。毎日、家のなかでいろんな『矛盾』にぶつかり、なんとかしたいけども、できない。そういうときには〝T、ちょっと来て話を聞いて〟と指導主事を呼び、みんなで話合いをした」

現在、筆者と話をしていても、「矛盾」などというおしゃべり言葉でない言葉がポンポン飛び出してくる。若いときに培ってきた言葉が現在も生きている。

「婦人会では目上の人のいうことをハイ、ハイと聞くだけで、面白くなかった。若い自分たちが発言するとジロリとにらまれ、目上の人たちの前で話ができなかったが、次第に、地区や村の集まりでも発言できるようになった。グループの人たちが後押ししてくれるから、それが強みで、外部の広い場でも話ができるようになった」

「民主主義」と「男女平等」は戦後の歴史のなかでも時代変革の旗印的言葉である。「時代の価値」がそこにはあった。その言葉を最初に信じて疑わなかったのがこのグループの世代であろう。昭和初期に生まれたグループの人たちは、「女は勉強しなくていい」「女は親や夫に従えばいい」「女のくせに」と言われて育った。そのくびきから解放され、世の中も家庭も「民主主義」と「男女平等」のはずだった。しかし、新しい時代の「結婚」は旧態依然の家父長的家への「嫁入り」であった。戦後の「民主主義」「男女平等」の旗印と実生活の乖離ははなはだしい。「矛盾」という言葉が身にしみて生きるなかに醸成したのだろう。家におれば、舅・姑に、ついで夫に気を遣う毎日。「男女平等」の自己はどこにあるのか。これが「矛盾でなくてなんであろう」と苦悶する毎日であったに違いない。「矛盾」の解決は一つに、舅・姑と夫を自分たちの集まりに巻き込むことだった。料理講習会には出来上がった時刻に舅・姑、夫を招待した。喜んでくる人もあったが、用意した材料を隠す姑もあれば、仮病をつかってフテ寝して嫁が参加できないようにした姑もいた。民謡のおさらいも夫同伴であった。夫たちは協力的で、誰一人として文句をいう者はおらず、集まりの解散が夜の十二時を過ぎても苦情はでなかった。

このグループのすごさは、「みんな同じ」が集まりの議長や司会、会計、書記にも適用されることだった。各グループの集まりだけではなく、地区や只見町の婦人会の場合もその任を引き受けた。字を書くことが苦手でも、話が下手で司会など一番やりたくない人も全部仕事は平等に回ってきた。これもITさんの指導であった。苦手だから、といつも逃げていたら、一生できないままに終わってしまう、無理にでもやれば、慣れがこの仕事を支えてくれるようになる、というのがITさんの考えであった。指導者も偉いが、それを実行したグループの人たちも偉いと思う。逃げない、例外を認めない、その厳しさがこのグループを次の段階に進ませた。そうした過程をITさんは「意識革命」と呼んだ。記録のなかに「筆を取ることも一つの自己修養とし、冬季間丈でなく農繁期になっても此の会のつながりともなり、お互いに知識を豊富にする為にも必要で」（昭和三十六年一月三十日）、外部の講師の話を聞くことは「お互いに教養を高める為に自分達ばかりの話合いよりもいっそう効果的」（同日）とその抱負を書いている。

（3）書くことは自己認識、そして他者への説得・自己確立へ

人の前で話すこと、書くことで話合いグループの人たちは何を獲得したのであろうか。共同の記録をもった只見町の話合いグループも「話し言葉」「書き言葉」の双方を通じて「言葉」を獲得した。民主主義を標榜した戦後日本ではあったが、現実は簡単ではなく、旧態依然の嫁・姑の位置関係、家族内序列という家父長制の実態は、昭和三十五年前後になっても変わらなかったことがわかる。グループの記録に「方法は幾変となく度重ねて廻すうち家庭で認められ又協力して頂ける様になったらこれをテーマに家庭会議などひらく事の効果的という事」（昭和三十六年二月十一日）と、少しずつ変革の様子を書きとめている。

話合いグループが指導者とともに、仲間で話合いをし、励まし合い、それを家庭に持ち帰り、トラブルを覚悟で夫や舅・姑に話しを持ち出していく訓練——自己の意識革命をした事実は重い。自己も家族をも変えるのは「言葉の力」であった。トラブルを恐れ、黙することもあったろうが、つねに仲間が後押ししてくれるから、との意識が恐れを乗り越えさせた。農村の主婦という立場では、「言葉の力」は生得的に保持していたものではない。グループリーダーSSさんは子どものときから「アクダラ」と言われたきかん気の女性であった。そのSSさんでさえ、夫に話しをして、夫が怒りそうのない顔だと「よし、やろう」と決心してやったという。

「言葉の力」とは、最初は内実をともなうわけではなく、その言葉に対する憧れであったかもしれない。たとえば「民主主義」という言葉には、解放感と平等意識、とくに男女平等の、なんでもできる世の中というワクワクする期待感のあふれたものがあったはずだ。憧れと矛盾との狭間でもがくうちに、内実がともなってくるのが「言葉の力」である。「言葉の喚起力」である。話合いグループの人たちは戦後民主主義のなかで「変わりたい」という自己変革をめざしていた。それを引きだしたのが言葉を意識化させる「話すこと」「書くこと」であった。記録集のもつ意味はここにある。

（4）「世間を知る」・「財布は亭主と別」

筆者が話合いグループの人たちと話をしていると、料理講習会や卵貯金・グループ貯金、町議会見学、講演会のことは話題になるが、台所改善やかまどの改善の話は一度も話題に上らない。それよりも、子どものしつけ、舅・姑、村の人たちとのことが話の中心で、村の人を含めたまわりの人たちとどのような関係を結ぶことがひいては自分たちの幸せな暮らしに結びつくか、が究極の目標点になっていた。そのためには只見町議会を聞きに行くこともあった。身の回りの状況や出来事が町という行政にも、ひいては国の施策にもかかわっていることを自覚しはじめていたのである。経済的側面に関しては、農家の経営体としての経済は先世代か夫がもち、グループ員は卵や野菜を売り、家庭内の極小農業者として「財布は亭主と別」というシステムを生みだしていたことも注目されてよい。

話合いグループの会合に夫たちは発言なしのオブザーバーとして同席していた。夫が同席することで、家庭内の出来事、子どものしつけ、教育等の家庭での話合いは、夫婦で、話の考え方や価値観が近いレベルにあったことを想像させる。女性問題は農村・都市にかかわらず、男性のもつ価値観によって、大きく左右する。天野寛子氏の「女性の地位に関する男女の認識差・意識差が明確にならないために、〝女性の意識を変える〟という方向で改善点がはかられても、〝男性の意識改革が必要である〟という改善点を浮き上がらせない」（天野、一三四ページ）という不安を、この話合いグループのあり方はわずかでも克服する方向に向いていたのである。男性・女性の視点から問題にするなら、公民館活動は婦人会だけでなく、青年団活動もあったわけだから、その研究が不足しているように思われる。男性・女性の合わせた意識改革を問題にしない限り、女性の地位向上はおぼつかない。

生活改善諸活動の基本理念は、農業改良普及事業と生活改良普及事業という生産と消費の二面からの取組みで、前者は農業技術の向上や経営の合理化などをめざし、後者は「農民個々人の健康や農家の消費生活の工夫そのものを独立した問題と捉える思想を植えつけ」るもの（田中、九〇八ページ）であった。後者は「農家生活の民主的な家庭の建設」を目標に掲げ、その内実は「農村・農家の生活の改善」「男女平等」「農村女性の地位向上」である。只見町の話合いグループの活動理念は、台所改善や家計の見直しより民主的な家庭の構築であり、その一環に女性の地位向上があった。近現代の女性問題に卓抜した研究を残した丸岡秀子の研究をまとめた天野寛子氏は、丸岡秀子の考えとして農村の改善されるべき内容の第一に「農村の構造的な貧困に起因する生活の非衛生、非栄養、非合理、非便利な生活条件」（天野、七三ページ）と書いているが、女性地位向上の問題は農村の構造的な生活実態と合わせて考察すべきであろう。

女性が自立するということは、「妻としての女性」や「女らしい女性」像から解き放たれて「自分の内にひそむ〝聖なる母〟の虚像を否定すること」（伊藤、一三二ページ）、一人の人間として「母」「妻」「嫁」「仕事をする人」としての誇りをもって生きることをいうだろう。また、天野寛子氏は、丸岡秀子の言説として「他人に支配されず、労働し、責任を担い、権利を主張し、人を愛し、子どもを産み育て、自身も発達すること」と記している（天野、九六ページ）、「女性の生活者の主体性の回復」（天野、九六ページ）、山本松代も「個人が〝生活の哲学〟をもつことすなわち、他人の判断や風潮に流されることなく、自らの意思で生きること」（天野、九六ページ）と考え、丸山秀子の意見である「食糧増産のために国家の統制に従う農家、家・ムラの生活慣行に流されざるを得ない農民、女性たちの生き方」を改善することにあった（天野、九六ページ）とまとめている。

生活改善諸活動の論文は数多くあるが、この活動を通して女性が自立することをテーマにした論文は管見のかぎり多くを知らない。庄司俊作「戦後山間地における生活改善運動と農村女性の自立」は農村女性の自立を、経済的自立を対象として論じている。女性の自立にとってきわめて重要なことであるが、今回は経済的自立についてはふれず、農村の女性が「話す」「書く」意味を問うものである。

最後に、書くことによって自己認識をし、自立してきた話合いグループと接して思い出すのは、国分一太郎、無着成恭の、生活に密着した体験を自分の言葉で書くことで自立した主体形成をめざす「生活綴方教室」に学んできた鶴見和子の「生活記録運動」である。「自分」や「家」に閉じこもらず、自分の体験を自分の感性で受け止め、それを「書きながら、自分をはっきりさせ、大小さまざまの事件のイミをはっきりつかんでゆくことが、自分が間違いなく生きていくために、必要だということを自覚する」。そのことを仲間と話し合い、人とつながり、「社会的なひろがりをもった自己にしてゆく」。社会的な広がりとは、困ったこと、事件などをどうすればよいか、を考えていくことになり、そのことが「自己改造」になる。「書くこと」は、家族と、仲間と、地域の人とつながり、ひいては社会全体とつながり、問題の解決のために「どうにかしなければならない」「どうすればいいのか」と追求しながら、書いているのだという。「よりよく生きるために書く――自己改造」と書く目的を記している（鶴見、曼荼羅Ⅱ、三三八－三六九ページ）。

話合いグループの「人と話をすること・書くこと」は、単に言葉と文字がノートの上に躍っていたわけではない。自分たちの生きる場であるグループで、家で、村で実践された。その長い蓄積は「よりよく生きるために」意識を変え、生活を変えてきた。グループの一人は夫を亡くし、現在は七〇〇本余のトマト苗を栽培し、首都圏のスーパーマーケットに卸している。朝、目が覚めて畑にいき、無心に野菜の手入をする。穏やかな毎日だという。

最後に、この史料だけでは見えてこない話合いグループの活動がある。今後はそうした部分に焦点を絞って調査をしたい。

史料「只見町大倉の話合いグループ」記録集

凡例　①〈　〉内は増田の加筆・訂正部分
②議題を示す番号などを統一した

③仮名遣い・方言・地方的発音等は原文どおり
④句点は適宜補った。

第一回　若妻グループ会議録

一　日時　昭和三十五年二月十四日
二　場所　大倉公民館
三　出席者　若妻グループ六名
　　　　青年団　　十三名
四　若妻グループ青年団合同座談会
五　テーマ　嫁の座　娘の椅子
　〈青年団と若妻グループの合同文集発行の決定〉

右に就いて青年団側より農家の嫁を望む者は一人も無いとの事。何故かと言いば経済的にも苦しい小農家には魅力が無いとか又嫁務めなどと言ふ事を目前に見て其の困難で有る事を思ふいやになると言ふ様な意見あり。若妻会側から過去の事を反省して見ると現在は農家の嫁となって居るが自分達も若き日考へ希望したのは農家の嫁となる事ではなかったが、自分の希望に向って進む決断力もとぼしくやっぱり落着先は一農家の嫁である。

現在の実情は良くなりつつは有るがまだまだ封建的で有る事から其の打開さくとして、青年団若妻会グループよりきたんなき意見の交換が行なはれた。そして将来の希望としてもつと明るい住み良い村とし嫁も喜んで来て呉れる様な村造りを話合った。

此の様な話合をなほ一層有意義となる為に青年団若妻グループ合同文集の発行を決定した。
六　其の他参　項《(ママ)》　事項

（イ）若妻グループ　次回は三月初め頃の予定
（ロ）グループ運営上資金の必要を感じました。そこで共同作業等も中々困難の事とて野菜等を持ちより此れを金にかへて運営資金にしたらなどの話合をした。

全体会議

一　日時　三十五年二月二十五日
二　場所　大倉公民館
三　出席者　婦人会全員
四　講師　中学校長
　　　　公民館主事
五　各グループの発表
（イ）生活改善グループの発表
もり沢山の計画の中から玉子貯金《（ママ）》の実施や農業改良指導所の所長さん及び馬場さんの農事講話座談会等色々に活躍された様でした。
（ロ）子供の心理グループの発表
月に一度の学校授業見学
テレビ教室、衛生講話と色々計画されてはりきって居られました。
（ハ）私達の若妻グループはまだやっと発足したばかりですが、此の前の青年団との合同会議の様子を発表しました。
私達はグループグループと言ってもまようよな事もありましたが其れ其れの発表を聞いて自信を得た様な気になり大いにはりきってやって見ようと思いました。
六　〈中学校長の話〉

グループの発表が終って次に校長先生の反抗期の子供を持つ家庭や環境についてのお話でした。くはしくプリントされた紙も下されとても良くわかり安く話されて皆な喜こんでおられました。そして私達の一番望む明るくあたたかい家庭を造るに理解と和合がある事を良く教られました。

七　〈公民館主事の話〉

最後に飯塚さんのグループの持ち方について話がありました。其には初からあまり沢山の事に手を出して計画だおれにならない様にとの話でした。

其の後は座談的に講師をはさんでグループごとに質問などされて会散《ママ》。

第二回　会議録

一　日時　三月十四日

二　場所　大倉公民館

三　出席者　六名

四　テーマ

先月計画しておいた文集を持ちより各自で読み合をした。

読み合の結果発行する事に決定し青年団側に発行を依頼する。

五　育児法に就いての話合

私達のグループは中々大きな事を計画しても達成出来ないので極く身近な子供の育て方に就いて皆なで意見の交換をして見る。

（イ）矢張りしつけ方が大切である。

（ロ）子供にもある程度の自由は必要である。

（ハ）無心な子供は唯云小言を聞かす為に叱らずにどうゆう風にしたら良いか自己教育が大切である。

六　各自反省

毎日を無事に過ぎれば其れが良いで終って居た私達もグループ会により色々と見たり聞えたりして尊い毎日を良く反省して自己の教養を高めて行く事が大切である事をつくづく考えた。

（イ）良き指導者に学ぶ
自分達ばかりで何時も集合して居ては中々進歩がないので次回は「タダエ姉」を頼んで話を聞く様にした。

（ロ）時間の厳守

（ハ）会を有意義ならしむる事

（ニ）最後に嫁として各々の立場を良く理解して道を踏外さない様に一歩一歩前進して行きたいと語り合った。

（ホ）話合いの目的（先輩より聞く）

○グループ長及び司会者は最初会の初めに先づ何をテーマとするかをグループ内に話かける。

○話し合いとはお互いに言葉を交はして自分を教育する。
話し合いにより明るく自由なそして自信に満ちた人に成長する。人の話を理解しようとする努力によって「きき上手」に、又話し合いの間に受けるヒントや自分の考えを発表する事によっていろいろ考へをまとめる力が次第についてゆく。

○司会者
話し合いのうまく行くか行かぬかは一に司会者の双肩にかかって居ると言っても良い。

此れが為司会者はつとめて皆なの持っている知識や意見経験が自由にのべられる方法に持って行く事。

○記録
話し合の進行上常に司会と連けいをとって話合い内容発表を記録する。
集り日　場所　出席　要点を良く記入する。

第三回若妻グループ会議録

一　日時　三十五年三月二十五日

二　場所　大倉公民館

三　出席者　七名

四　講師　森　尹枝姉

五　婦人学級の増設について

施政方針演説で今年始め《(ママ)》て、婦人対策に及んで婦人学級費も去年の十倍近く増額される事が明らかにされたとの事です。婦人の意識も確かに低調で、安保条約等の世論調査をしても「わからない」婦人が多く此の様な無知な者が無くなる様、婦人の意識を高める為に此の様な施設が出来たそうです。学級は全国各市区郡に置かれ、いろいろの教養を身につける為に年四十時間以上の授業を予定して居られるとの事です。

六　世代の違い

最近使はれる言葉に世代の違いと言ふのがあります。若い人と話をして居る過程で何かもつれが起ると「世代の違いで」と割り切るあの事だそうです。

世代の違いと言はれると年輩者の方は沈黙してしまはれます。

ますます此の言葉を得意顔に横行して居るが此の様な事は大いに考へるべきで、老いたる人には貴重な経験もあるのですから一がいにきめつける事も無いとの事でした。

大人が若い人達に対してもう少し自信のある態度をとらなければならないと思います。

若い人々と安易に物を考へ行動することを考へて戴きたいと思います。

此の様な事を互いに考いれば世代の違いなどと云ふ言葉は追放出来るでは無いかなどと話されました。

七　育児法に就いて
（イ）子供の心理を理解する
（ロ）子供の質問に対し正しい解答が与へられるだけの自己教育も必要である。
（ハ）感情の激するが儘に叱りとばすと云ふ事よりも悪い点を良く理解させると、案外素直に云ふ事を聞く場合もある。
（ニ）あまりそくばくしないで或る程度の自由は必要である。
（ホ）余暇があったら子供と共にあそんでやる。
（ヘ）子供は何んでも良く見聞きして居るので、日常の言語行動に充分注意する。
八　衛生講話を聞く
九　グループ活動に就いて
（イ）熱し易く冷め易くならぬ様に注意する。
（ロ）会は月に一度位とし、其の時に新聞ラジオ本などで知って皆なに話したい様な事があったら一寸メモしておいて発表する様にする。
（ハ）自分は人の妻であり又嫁であり子供にとっては親である事を良く良くわきまいて行動する様にとの事でした。

閉会

第一回　中央婦人学級〈昭和三十六年〉
日時　一月十三日
場所　福田屋旅館
講師　神野藤忠吉
公民館主事

一　なぜ学修《ママ》を続けてやらなければならないか
(イ)二十才から五十才くらい迄子供の教育に良く相談合手《ママ》となり子供をさゝいて行く上に重大な役目を持って居る。子供と同じく自分も一緒に学修《ママ》を続けなければならない事。
二　民主的社会を作るにわ
(イ)生活改善　一家の経済的水準を高める事。
三　子供に信頼される親となるにわどうしたら良いか
(イ)良き父母となり子供の話を感心して聞いてやり、又間違って居る所を子供の納得の行く様に話してやる事。
第一に家庭での話合が必要である。
四　子供の不良化をどうするか
(イ)中学生くらいの反抗期の子供に自分の云う事を無理に聞かせようと叱りとばしたりしないで反抗期と云う事を良く理解してやる事。
五　乳飲子のなくなった人暇をどう過すか
(イ)暇を上づに使う事
自分と配偶者とが人間としてむすび付く事。
六　中年の性《生カ》　理的変化をどうすれば良いか
(イ)年老いた両親をやさしく今の社会に納得の行く様に話してやる。
七　娘と姑の問題
(イ)第一番に時間を正しく守る事。両親との打とけ合った話合が必要。
八　グループ活動

小林〈集落〉 **＊農家経済グループ**

家計簿の記帳・玉子《ママ》貯金・梅の木を植い付ける・学校給食の味といくらなりとも協力したい。

＊生活改善グループ

料理の講習

梁取〈集落〉　**＊農家経済グループ**

家計簿の記帳・味そつき機械を購入し、グループ員外の人にもかしてやる・毎日十円貯金に行こう。

＊料理グループ

料理丈でわ物たりないのでもっと色々勉強したい。

以上

第二回　中央婦人学級

一　日時　一月二五日

二　講師　朝日公民館主事
　　　公民館主事

三　テーマ

新暦と旧暦が私達の生活にどう組まれて居るか

1　旧歴《暦》は太陰歴《暦》と云う。新歴《暦》を太陽歴《暦》と云ふ事に付いて話されました。

2　全国的に新生活運動が叫ばれて居る時代の流れにそって新しい生活に切替いて行く様に進んで行きたい。

3　二十代三十代四十代と三つの分科会に別れて色々なテーマを当てられ、話し合をされた。

①四十代のテーマ・新正月わ可能だろうか。

よい点：年賀郵便も新正月ですし、ラジオやテレビ等も皆新正月に放送される。それで私達も皆で休んで見たり聞いたりたのしく過す事がよい。

悪い点：新正月ですと雪が降らない事もあり、気分も出ないし、経済的にも出来る丈金取りもしたいので、新正月わいやだと云う事。

②三十代のテーマ・盆の新 歴《(暦)》わどうか。

＊農家の場合草ほしや大根蒔もあるし、第一に養蚕があるので、旧盆の方が良いと云ふ事。

＊否《(非)》農家の場合わ旧盆でも蚕が忙しい事もあり中暦盆ときまれば蚕の方も種のうち加減出来るだろうと云う話。只見町丈でなく川すじ全部が一緒でなければ悪いと云ふ事。

③二十代のテーマとして・祭礼の統一はどうか。

＊経済的にも労力的にもとくに女の人にわ手間もはぶけるので大賛成でした。

＊女の人ばかりでわ出来ない問題で、統一《(ママ)》を男の人に呼びかける事。

レクリィションとして映画を見て会散でした。

以上

［参考・引用文献］

・天野寛子『戦後日本の女性農業者の地位――男女平等の生活文化の創造へ』ドメス出版、二〇〇一年
・伊藤雅子『新版　子供からの自立』岩波現代文庫、二〇〇一年
・柴田和夫『文庫版　昭和の歴史　講和から高度成長へ』第九巻、小学館、一九八九年
・庄司俊作「戦後山間地における生活改善運動と農村女性の自立」『社会科学』五六号、同志社大学人文科学研究所一九九六年
・田中宣一「生活改善諸活動と民俗の変化」成城大学民俗学研究所編『昭和期山村の民俗変化』名著出版、一九九〇年
・鶴見和子編『エンピツをにぎる主婦』毎日新聞社、一九五四年

・鶴見和子『鶴見和子曼荼羅Ⅱ　人の巻』藤原書店、一九九八年
・西川祐子『日記をつづるということ』吉川弘文館、二〇〇九年

六、青年団による公民館結婚式

山崎　祐子

通常、公民館とは社会教育法[1]にもとづき、市町村または社団法人・財団法人が設置し、管理運営を行なうものをさす。公民館と呼ばれる非営利の社会教育のための建物は、第二次世界大戦以前からあったが、各地に公民館が建ちはじめたのは、昭和二十一年以降のことであり、社会教育法が制定された昭和二十四年より、法律で位置づけられるようになった。社会教育法では、公民館の事業に、講習会や講演会、実習会などをあげており、生活改良普及員による講習会、調理実習などを取り入れたところも多い。また、冠婚葬祭の簡素化をはかるため、公民館での結婚式を励行した地域も多い。

さて、このような社会教育法にもとづく公民館ではなく、自治会の所有する集会所などの建物をその地域で公民館と呼んでいることもある。静岡県沼津市では、このような集会所の前身は、若者宿や行屋であった場合が多く、昭和二十年代後半から三十年代にかけて建て直したときに、名称を公民館や公会堂に改めたところが多い[2]。さらに、昭和六十年代以降に再び建て直されるにあたって、自治会館と名称を変えたところが多く、公民館の名称は少なくなった。

このような自治会を単位とする集会所の建設にあたって、一定の限度があるものの建設や改築に沼津市では補助金[3]をだしているが、以前は、地域のなかで費用を捻出し、労働力を提供して公民館を建てていた。地域の拠点として集会所が欲しいという要望は大きく、その建物に、戦後の新しい息吹を感じながら「公民館」の名前がつけられた。

ここで紹介する資料は、昭和二十九年十二月三十日から昭和三十三年四月十七日までの沼津市西浦地区平沢区の青年による「クラブ日誌[4]」である。平沢区では、昭和三十二年に一回目の公民館結婚式が行なわれた。平沢公民館も社会教育法にもとづく公民館ではなく、若者宿を前身とする区有の建物であった。ここでは、昭和三十年に若者宿を区の集会所に建て替えるにあたって、結婚式ができるような間取りにした。「クラブ日誌」には、クラブ員、つまり青年団員が、公民館結婚式を実現するために、多くのことを学び、話し合ってゆく様子が記録されている。公民館での結婚式を実現することによって、青年たちや村の人たちが学んだことは何であったかを考えてみたい。

1、平沢区の青年たち

まず、地域の概要と昭和二十年代の青年団の動きを紹介しておく。沼津市の西浦地区は、伊豆半島の北西側のつけ根に位置しており、昭和三十年に沼津市に合併するまでは、田方郡西浦村であった。ここには区と呼ぶ九つの集落があり、平沢区はその一つである。西浦村では、明治以降、沿岸でのマグロ漁が衰退し、ミカンの栽培が盛んになった。

青年たちが宿に集まって寝泊まりする寝宿の習俗は全国各地にあったが、旧西浦村にも寝宿をともなう厳格な年齢階梯制の若者組があり、御条目と呼ばれる若者規則があった。宿での寝泊まりは、昭和十八年ごろからしばらく途絶えたが、第二次世界大戦が終わると、青年たちは再び宿に集まるようになった。

また、いったん解散していた西浦村青年団は、昭和二十一年に新しい西浦村男女青年団（後、西浦村青年団に改称）として再出発した。男子の宿制度は、第二次世界大戦の激しくなった時期はいったん途絶えたが、戦後、復活し、同じようにつづいていた。この宿制度については、『西浦村青年団沿革史』[5]の昭和二十二年の項に「宿制度を認めたら青年団の民主的運営が可能か？と云ふ青年団の本質的問題をも深く検討せねばならぬであらう」と記されている。そのころ、「宿制度はＧＨＱからにらまれる」という噂があり、村の役職者は宿の存続にどちらかといえば消極的であったという。しかし、地

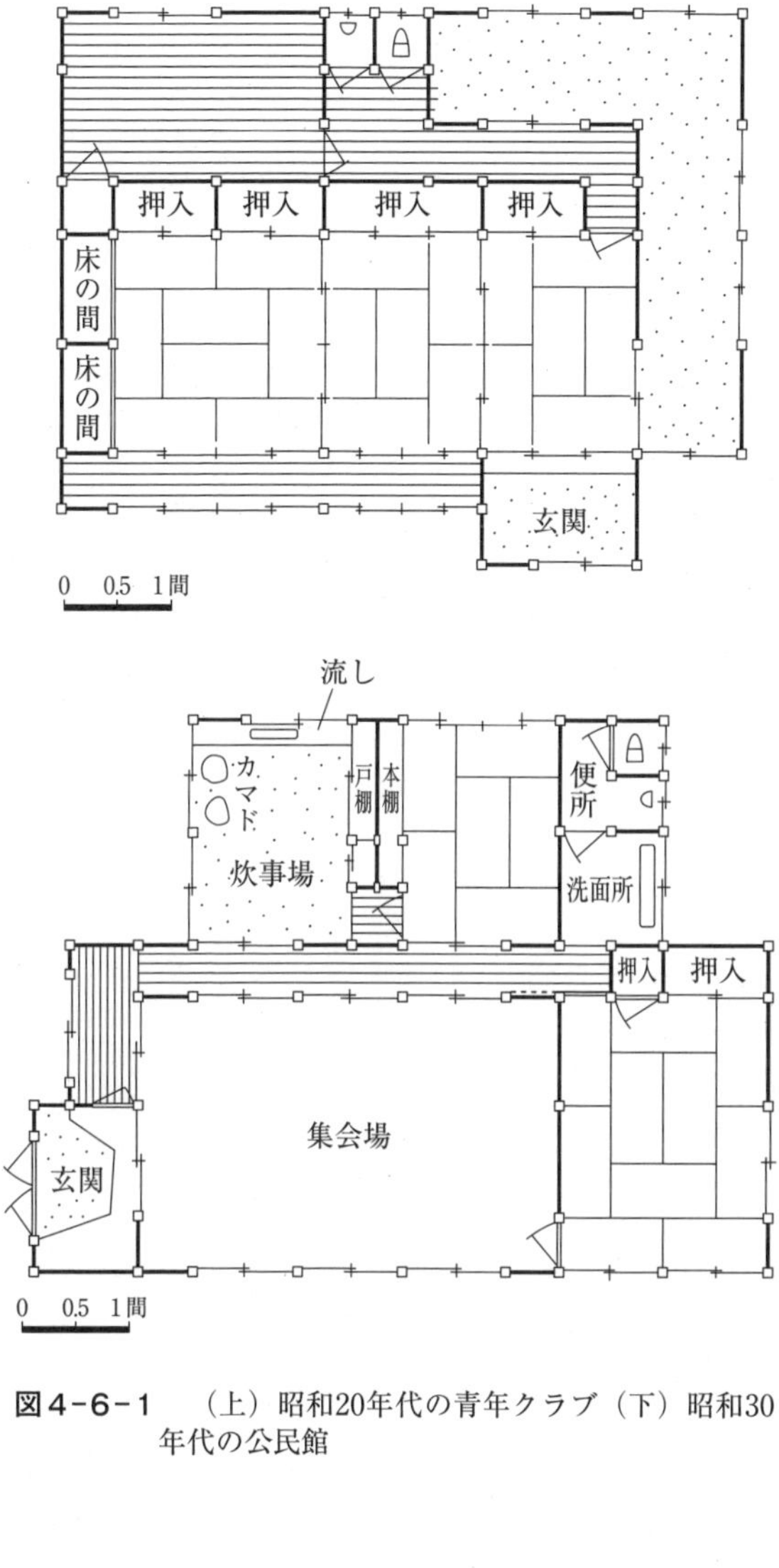

図４−６−１　（上）昭和20年代の青年クラブ（下）昭和30年代の公民館

域の人たちにとって、夜間、若者たちが集まっているという宿は、心強い存在であった。実際に、急病人の搬送や防犯などで活躍をしており、なくさなくてもよいのではと考える人たちもいた。

このような宿そのものの存続についての議論をふまえながら、平沢区では、昭和二十三年一月五日に平沢青年クラブを発足させ、宿にも「平沢青年倶楽部」の看板[6]が掛けられた。クラブという名称にしたのは、従来の宿制度とは違った民主的な集まりであることを示すためでもあった。西浦村青年団平沢支部は、実質はそのままの組織で、平沢青年クラブとして宿での宿泊をともなう活動をはじめたのである。以後、「クラブ」は、宿の建物と組織との両方を示す呼称となった。正式な名称は倶楽部の文字であるが、日誌の表紙を含め、通常は片仮名での表記が通用しているので、本稿では青年クラブと表記する。

旧西浦村青年団では、設立当初から生活改善を活動のなかに組み入れてきた。昭和二十三年の各支部での討論会の議題の一つに「結婚改善について」があがっている[7]。また、青年団の組織のなかにも、昭和二十四年に青年団女子による家庭研究会ができ、二十七年には生活研究会と改称した。西浦村青年団の発足に当たっては、女子が熱心に活動をしたのであったが、次第に女子の活動が低調となり、女子が自分たちの問題を発言してゆけるようにという意図でつくった委員会だという。以後、毎年、女子大会を開いたり、講習会をしたりした。女子大会の議題は、青年団のなかでの女子のあり方などのほか、結婚問題についても毎回のようにあがった。講習会では、生活改良普及員を講師に頼むこともあった。

このころの地域のなかでの大きな問題に、結婚の問題があった。女子大会や婦人会との座談会などで、繰り返しこの話題があがっていた。昭和二十九年の女子大会では、グループでの討論のテーマの一つに「農村女性が農村に嫁ぐのを嫌うのは何故か[8]」をあげている。共同学習では四つのテーマがあがっていたのであるが、ほとんどのグループがこの結婚問題を選んだといい、関心の高さがうかがえる。ここで話し合われたのは、姑・小姑や農村の労働の問題であり、結婚式のあり方が討論されたわけではなかった。

また、同じ年の西浦青年団文芸誌『海岸線』(9)には、田方郡生活研究大会で二位に入賞した西浦青年団の代表の論文が掲載されている。題は「結婚生活に対する問題点の研究」で、ミカン農家の収入と結婚にかかる費用の調査をまとめたものである。その報告には、「立派な式を挙げてもらったとて借財の方式を背負はされる様な方式はやめてもらいたい」とある。まとめとして振舞いの簡素化や嫁入り道具の披露をやめるような提言をしているが、繰り返されてきた農村の嫁不足の問題の指摘にとどまっている。当時、女子会員数の減少がつづき、活動の低迷はさけられなかった。お金をかけない結婚といっても、結婚後、婚家で夫の家族と同居することが前提の結婚では、披露宴の振舞いを簡素化するとか、嫁入り道具を減らすなどは、女子会員一人の考えでできることではなかった。そのような現実を考えれば、結婚問題について女子だけで議論を繰り返すことが、それほどの実りがないことはわかっていることであった。

このようななかで、平沢青年クラブの会員は男子七名のみになってしまっており、いわゆる嫁をもらう立場での結婚の簡素化への取組みとなった。平沢の青年たちが、公民館結婚式を発案したきっかけの一つは、新聞の記事であった。それは興津（現、静岡市）の公民館でオレンジとワインの結婚式をあげたという内容であり、とても新鮮に感じたという。当時、常時青年クラブに寝泊まりしていたのは六人であったが、みな結婚適齢期であった。「他人事ではなく、まもなく自分の問題になることなので真剣だった」という。この時期ははっきりはしていないが、昭和二十年代の終わりごろだったという。

ちょうどそのころ、古くなった青年クラブの建物を公民館として建て直す計画が持ち上がっていた。公民館結婚式をしたいといっても、公民館のない平沢区では実行不可能であったが、この計画が出て、一挙に、公民館結婚式は青年たちにとって、現実感のある計画になった。また、青年クラブの建物を公民館にするということで、青年の発言権もあった。青年クラブは、二間つづきの和室であったが、公民館は、板敷きの大広間を作ろうということになった。設計は、結婚式ができる建物という観点から練ったものだという。

2、「クラブ日誌」の記録

以下の資料は、沼津市の平沢青年クラブの「クラブ日誌」（昭和二十九年十二月三十日～昭和三十三年四月十七日）のうち、生活改善の活動にかかわる部分を抜粋したものである。「クラブ日誌」は、B4版の罫紙を二つ折りにして綴られ、昭和二十九年は二ページ、昭和三十年は五三ページ、昭和三十一年は五〇ページ、昭和三十二年は八五ページ、昭和三十三年は四月十七日までの記載で五ページとなっている。昭和三十年は、公民館が新築された年であり、二月九日に公民館上棟式、三月二十六日に公民館屋移りおよび花見、四月十六日に公民館落成が行なわれたとある。三月二十六日の項には「午前中館の廻りの片付け午后より館内掃除し家移りする。夜は家移り祝ひと花見を兼ね宴会。初夜の心地は旅館にでも宿った様だ。区長より家移り祝として酒一升クラブ顧問山岡登氏より金一封を受ける」とあり、この晩から青年の泊まる宿が公民館になったことがわかる。

日誌は、毎日書いたわけではなく、必要に応じてその年の当番の者が記録した。青年団がかかわったさまざまな集会や打ち合わせの会議録も兼ねられており、公民館結婚式の実現に向けての取組みが詳しく記述されている。表記はすべて原文のとおりであるが、改行は省略した。また、原文では読点がほとんどなかったため、読みやすくするために、読点をつけた。一部、前後の省略や要約した部分があるが、それらは、＊印をつけ、本文中に明記した。敬称は原文のとおりである。

■昭和三十年■

四月二十五日　結婚改善　前々よりクラブ員の希望であり公民館も完成したのでここでの結婚式等出来る様にするため現在江梨部落で改善し公民館で行って居るので実状調査し改善世論調査の参考資料とする。

五月二十九日　江梨婦人会長に結婚改善の世論調査資料とするため江梨での改善による式等細目（規定）を見せてもらひ行き書き写す。

江梨区は西浦の最西端の集落である。昭和二十七年に新しい公民館を建て、結婚式を行なうようになった。公民館だけでは狭いため、結婚式と主な親戚のための披露宴は公民館で、友人などはミカンの集荷場で行なった。江梨区の冠婚葬祭の簡素化は婦人会が強力に推し進め、冠婚葬祭に用いる膳椀や座布団などは婦人会が用意したものを貸し出すかたちで管理した。前述のように、平沢区の青年たちには「オレンジとワインの結婚式」というロマンチックな思いはあったが、具体的な方法はわからず、同じ西浦の江梨区婦人会から情報収集をはじめたわけである。旧西浦村では、青年団の発足当初、昭和二十年代の初めごろから婦人会とタイアップして行事を行なっており、婦人会を訪ねることに違和感はなかった。

七月十二日　クラブ臨時常会　結婚改善世論調査内容について研究。第一段階、第二段階、第三段階と分け、第一段階結婚披露宴、第二段階葬儀悔問、第三段階結婚式として、第一段階より調査をし改善する。

調査内容　1目的。2公民館利用しての結婚披露宴に対する賛否。3炊事場（かまど等）食品類完備公民館への。4料理品数制限についての賛否（希望者のみの話し合ひに依る申し合わせ事項として）。

七月二十六日　臨時常会　生活改善世論調査内容につきクラブ顧問通夫氏、登氏出席願ひ研究する。その結果結婚式披露宴より改善する事としこれ等について改善案を作りそれに対する賛否をとる方法で調査する。又原案はクラブ員に依り作製し顧問の意見も入れるため原案が出来たら顧問のこれに対する意見を聞き調査する。

八月十五日　結婚改善調査参考資料とするため沼津浅間神社で行はれて居る結婚式等について様子を聞きに行く。

八月二十六日　青年団競技会練習あるので雨の日に此の日を結婚改善世論調査についての夜学とする。結婚改善世論調査原案作製の際渡辺柳平氏に現状の結婚式について説明を聞き参考とする。

九月二十六日　文芸部夜学の件。明日（二十七日）の夜学は結婚改善について渡辺柳平氏に現在行はれて居る式等について聞きに行く。改善終るまで此の文芸部夜学を調査準備にあてる。

この時期、クラブ員、つまり青年団平沢支部には男性六人の会員しかおらず、女性はいなかった。沼津市の青年団の西浦支部となったが、日常の活動は西浦支部ではなく、従来のように平沢青年クラブで動いていた。青年団のなかにはいくつもの部会があるが、平沢青年クラブのなかで実質、活動をしていたのは文芸部であった。昭和二十年代後半の西浦青年団の文芸委員長は平沢区から出ており、文芸誌「海岸線」や「西青新聞」では結婚に関する問題提起も多い。ここで文芸部が公民館結婚式の実現へイニシアチブをとるのは不思議なことではなかった。

十月十日　区総会開らかれクラブ提出事項審議（八幡神社祭典）

一　役割は当番制できめ悪かった場合は切り換へる但し支度は若衆がする。
二　消防・区の人達は一しょに作業場で老人は公民館で同時宴会。
三　オコワだけはオリズメとする。レクレーションについてはクラブ員一任とする。組より二
　三人づゝ出場する。
十月十九日　八幡神社祭典前祭　二年前より全村祭日統一されて十月二十日となる。クラブ員は午
后より休日とし祭典準備（トウローハリ）をする。夜は祭当番より二升酒をもらひ宴会。
　祭典改善必要事項
一　お客膳部数の決定は区長又は役員場合によってはクラブよりの代表、祭典当番との話合ひ
　に依る但し費用節約を守りあまりに客数を増やさぬこと。
一　前祭に当番より娘を使って本膳、老人にあいさつ廻りするのをやめ拡声器を利用し宴会、
　式始める時間を知らせる。
一　酒については今迄は本膳七升（内焼酎二升）消防三升老人二升となっていたが人数異動有
　るので一人何合と決める。オカズ、赤飯はオリズメとし労力を最小限とする。
一　礼酒はクラブ員に依りシャクをする。
一　祭レクレーション賞品代（一五〇〇〇円）。
　以上を后日総会に上提する。
十一月二十八日　移動班との座談会。約八十名位集り五グループに別れ座談会開く発言は少数の人
　になったがお互ひに顔をおぼえただけでも親睦の意はあったと思ふ。
「祭典改善」とあるが、つまりは饗応の簡素化である。翌年は酒は一人二合に決められ、青年クラブ
の意見が反映された。昭和三十年の記録の末尾に「クラブ食器枚数　昭和三十年三月六日現在」とい

う記録があり、テーブル10、火鉢8、バケツ3、カマ1、ナベ3、フキン5、オハチ1、盆3、箸13、シャモヂ2、ホーチョウ2、盃52、中皿15、菜皿18、飯茶碗16と記されている。これらは、公民館の備品ではなく、青年クラブの備品であったが、クラブ以外の団体が使うこともあった。

■昭和三十一年■

一月五日　区初会議開催。クラブ提出事項1、炊事場の完備の件。調理台、流し、物置柵作製する。2、水道の件　水栓三ケ所（炊事場、玄関横、便所）。3、火番米の件。4、公民館備品購入の件　ウワバキ三〇足、一足五〇円、計一五〇〇円。食器購入二〇〇〇円（湯ワカシ、飯茶ワン、皿）。5、会議用黒板購入の件。以上を提出炊事場、水道、備品等の件は将来公民館に於いて冠婚葬祭を行ふ様になるとこれらの完備が必要であるとクラブ側より説明。これがみとめられ具体的問題について区役員会により決定することになる。火番米の件は前年と同様クラブ顧問大木茂氏と決定される。

平沢公民館は区の所有であるが、前身が青年団の宿であったことや、当時も一室が青年の寝宿として使われていたこともあり、青年クラブが管理者のような役割を果たしていた。一年前に建物は建っても、まだ備品は十分ではなかった。

一月二十日　結婚改善案について顧問の人達も参加し案につき研究する。その結果調査を行ふ前に区長を公民館に集め案に依る結婚式を「モギ的」に式をやり区民の関心を高めてより調査に移ることとする。

一月三十日　区民を集め公民館利用しての結婚式のやり方、披露宴料理について説明を夜八時より行ふ。「口取り」見本出来て来たので見てもらう（菓子で作った物三種類金額別）

結婚式配役（モギ）　新郎大木省吾　新婦山岡てる子　新郎媒酌人大木通夫　新婦媒酌人大木

茂　司会者山岡登　新郎の父大木一美　その母大木ふじ江　新婦の父渡辺光雄　その母瀬川その　その娘大木保枝　山岡えつ子

配役を見ると、従来、上座に座っていたカネオヤが決められていない。カネオヤを廃止することも公民館結婚式をすすめるなかで検討された事項であった。模擬結婚式の新郎の父の役の渡辺光雄氏は、戦後まもなく西浦村男女青年団が結成されたときに団長をつとめた人である。当時の青年団長は青年のなかから選ばれるのではなく、青年たちの指導にあたるという立場上、村の有識者から選ばれた。渡辺氏が模擬結婚式に出るというのも、青年たちを勇気づけることとなった。配役でクラブ員は新郎役のみであり、ほかは、年齢相応の方に役を依頼している。

二月十五日　夜学。結婚改善世論調査内容について研究し案を作ったが、後日婦人会と座談会を行ひ前日に行ったモギ結婚式についての婦人会の意見を聞き調査案を最終的にまとめることにする。

二月二十日　婦人会との座談会。1、館利用についての意見。希望者は完全利用だが時間的に無理が生じはしないか（お嫁さんが館と婚家と往復が大変だ）。2、会場を二つにすると手伝の婦人が大変だ。3、本膳披露は婚家で行ふ方が良い（お客に来たのに婚家へと行かずに帰る様になるから）。

三月六日　世論調査プリント配布。婦人会総会あったのでその席をかり調査プリントの説明し一戸二部で男の意見女の意見とを調べる。

三月二十二日　世論調査まとめる。

三月二十三日　調査まとめ。プリントの集まらなかった家四戸を除いて全部まとめる。但し案に対する賛否のみで具体的意見については後日まとめる事とする。

四月二十七日　婦人会との座談会。午後八時より開催予定だったが出席者少く九時に開く五月二日、婦人会との座談会。
五月二十一日　クラブ常会。改善準備については都合悪い日のないかぎり続けて行ふ（生活改善委員会を区に設けること会の内容について研究）。
五月三十日　生活改善委員会を区に設け、此の委員会が中心になり冠婚葬祭等の改善を行ふ様にし委員、委員長、任期等につき研究しその結果クラブ員は会活動の中心的役割をはたすことを認むる。
六月一日　生活改善委員会につき研究。
六月十四日　世論調査結果、婦人会との座談会結果、生活改善委員会等につきクラブ顧問を呼び午後十二時迄話合ふその結果、農休みすぎの雨天の日に区総会を開く様区長にお願ひし此の問題につき討議決定する様たのむこと。
八月二十九日　結婚改善について区総会。午後一時より公民館にて開会、世論調査結果と婦人会との座談会結果とを中心にして研究討議最後決定する。生活改善委員として区よりクラブ顧問大木通夫氏、大木茂氏と区長大木清氏の三氏選出さる。
九月十三日　午後八時より結婚改善に関する区総会に依り最終決定事項を区内回覧するため印刷準備する（ガリバン）
九月二十九日　生活改善委員会開会。
1、正副委員長選出の件　委員長清氏（区長）副委員長渡辺なみ（婦人会長）。
2、祭改善について。イ　膳部数（お客も入る）は区長又は役員と祭当番と場合に依りクラブ代表で話合いにする。ロ　前祭の当番よりのあいさつ廻りは止め（娘に依る）拡声器で宴会、式を始める時間等を知らせる。ハ　酒については人数移動あるので一人何合とする。ニ　オカズ・赤飯等オリズメとする。ホ　礼酒はクラブ員に依り行ふ。ヘ　祭レクレーションは賞品代として一五〇〇円計上する。ト　娘等はクラブ員と一つしょに宴会準備等をする。

3、委員会の活動についての具体的問題等については后日話し会ふ事にする。

十月九日　祭改善について区総会開会。委員会（生研）より改善案を上提し審議する。一　膳部数に決定は区長、祭当番、クラブ代表の協議。二　客人への連絡はクラブ員に依る。三　娘等の挨拶まわりは止め拡声器使用する。四　酒は一人二合とする祝儀の酒は当番に返し全体量（一人二合で割り出した全量）は増さない。五　折詰（案通り）。六　礼酒（〃）。七　レクレーション賞品代一五〇〇円計上（五〇〇〇〇円予算の内より）。青年婦人会えの祝儀は祭后予算乃（三〇〇〇〇円）余った場合に出す。八　娘等の問題（案通り）。其の他1、宴会時間―神主の都合に依り適当に定める（宴会十一時始）。2、老人のとりもちは老人宴に座す人で当番組の若い人（老人の中でも）。3、本膳之は娘等も座す無礼講になって依り酌をする。

生活改善委員会が区の委員会として立ち上げられ、青年クラブは、九月十三日の決定を受けて、十七日にガリ版印刷の準備、二十日に印刷、二十一日に改善事項の回覧という仕事をしている。青年クラブでの議論もそうであったが、ここで問題にされている生活改善とは、冠婚葬祭の簡素化であった。一回目の生活改善委員会が九月末という時期であったためか、青年クラブが考えてきた公民館結婚式ではなく、秋の祭礼の方法について話し合われた。祭礼の改善であることは確かであるが、マニュアルに近い内容になっている。

十月十日　祭レクレーションにどんなものをやるか研究する。結婚問題、祭等をあつかった劇を作るかとの案も出たが協議だけに終る。

十月十一日　祭レクレーション研究。結婚をあつかった劇にすることにし内容は封建的な親のため義理と財産が有ることからむりに息子に縁談を押しつけ様とするが息子には愛人があり二人の間には結婚の約束もしてあるこのことを知っている友人達は息子に協力しハッピーエンドとなる。友人の協力に依り封建的な親達を説得すると云ふもの。

十月十二日　祭レクレーションの劇を作る。クラブ員全部の合作とし大部分出来あがる。

十月十四日　劇の練習は十九日迄の他用ない夜は毎夜行ふ。

十月二十日　八幡神社祭典　クラブ員は宴会場の片付け宴席を作る。式は十一時、宴会は十二時すぎ。レクレーションは、子供会、クラブ員の劇、各組代表のおどりで一夜をすごす。

八月二十九日の区総会で結婚改善をすすめることが決まったのではあるが、反対は依然として根強かった。春に行なった模擬結婚式も結婚式の方法を住民に見せるというだけではなく、多くの笑いがあって、余興のような雰囲気であったという。八幡神社の祭礼の劇は、まさにレクリエーションの一つとして行なっている。当時、できることはなんでもやってみようという意気込みであったという。

十一月、十二月の日誌には結婚改善の記事は載っていない。品評会、移動班との座談会、火番の記事が多い。移動班とは、ミカンの出荷時期に、住み込みで働きにくる若者のことをさす。同世代の若者が東北地方などから集まり、青年クラブでは、座談会やレクリエーションを主催した。同世代の若者との交流は貴重であったという。

■昭和三十二年■

一月五日の区の初総会では、クラブが提出していた公民館の蛍光灯の購入と水道設備の補修の予算が通った。九日はクラブ初常会であり、炊事場の備品購入の相談をした。この時期、すでに二月二十八日にクラブ員が公民館結婚式をあげることが決まっており、備品を揃えることが急務であった。また、クラブ初常会の決定事項に「生活改善委員会開催について」とあり、ここで、「昨年から持ち越されて来たもので昨年秋のお祭についての反省と今後の改善委員会の活動方針についてだが、委員会を開く前にクラブ員だけで具合的腹案を話し合っておく方がよいので早急にやる」とある。秋の祭礼が、かならずしも青年クラブの考えていたようにはならなかったことが窺え、区の生活改善委員会に対していっそうのリーダーシップをとろうとしていたことがわかる。

一月十五日は朝六時にどんどん焼きの火の番をした後、炊事場の備品購入の買い物に行き、「飯釜1、シャモジ大2、小3、お玉2、汁さし2、盃30、包丁2、湯飲み20、ヤカン1、炊事場下駄2、チョーク一箱、黒板拭き2」を購入した。このほか鍋、砂糖・塩の容器、ボール、スリッパも購入する予定であったが、予算が足りず買わなかったとある。一月三十日は二回目の買い出しで、購入品は「鍋1、調味料入れ2、ボール2、ビニールカバー金物ザル2、湯のみ10、鍋蓋3、杓子1、水のみ2、せともの印用エナメル1、スリッパ20、調味料用サジ2、茶筒1、石けん・たわし入れ各1」とあり、これらの代金は区の初総会で可決された三〇〇〇円と青年クラブからの一四五五円でまかなった。公民館の備品ではあるが、青年クラブもその三分の一を負担した。青年クラブでは、火番と呼ぶ冬期の夜回りやミカン番と呼ぶ見回りなどで報酬を受けており、それなりの資金があった。

二月三日　生活改善委員会開催の下準備としてクラブ員だけの話合を午後八時より開く。

一　結婚式用の食器類の購入とその取扱ひ方について。

一　三十一年度の秋季祭典に関しての反省。（送膳の問題）村の人には出す方が良いということになる。

一　生活改善委員会の今後の活動方針について。以上の問題について話合った。具体的な事柄については委員会の方の記録簿に明記されてあるのではぶく。

二月八日　雨も降りだしたら中々止まず今日で三日目降り続いた。午前八時より改善委員の方々に集って戴き過日クラブ員が話合った問題について協議する。

一　結婚式用の食器類の購入については、昨年区総会に於て各戸均等割に三〇〇円の徴収が可決されこれを購入の費用とすることになった。尚婦人会もこれに対し六〇〇〇円寄附してくれることになり、大体一五〇〇〇内外の金が集まるのでこれで買うことになる。但、祝言用のものなので単価が高くなるので大勢の分を買う予定だったのだが、本膳用位しか買うことが出来ないので取敢えず二〇人前購入することになる。購入品目、数量等は委員会の記録にあるのではぶく。取扱ひ方は祝言の時だけにこの食器類は使用することとして他の葬式等には使はれない様にして祝言の時は必ず使って貰ってお膳、食器、その他、委員会や婦人会で備えたもの全部を借用してその使用料を五〇〇円とする。尚、その場合に破損亦は損失した場合は当時者が弁償することとする。

一　三十一年度の祭典に関する送膳の問題。村の中の人でもあり、当番としても員数はそれだけ整えるので、止むを得ぬ事情があってこられない場合の人もあるので老人、本膳の送膳は出すことにする（氏子のみ）（他から来たお客等には送膳は出さなくても良いだろう）お寺送膳は先に出すこと。

一　委員会の今後の活動について。結婚式のやり方、料理、備品等も大方完備され今後これにそって実際に行ってから、良悪についてはその都度反省をし改善する所はどんどん改善して行くようにする。その他の問題として冠婚祭等もまだまだ改善の余地が多分にあり、昔からの習慣しきたりを現代社会に相応したものに変えて行くためには我々若い者が先頭に立ち特に婦人達（姑）の頭の改善を計る様に努めなければならないと思う。その為にも婦人会の人達と委員会亦は青年クラブ員とはなるべく多く話合の機会を設けて身近な問題からでも取上悪い点を改善して行く様に努めることにしたいと思う。

二月十五日　神尾清治君の結婚式に関する打合わせを神尾氏宅で行うことになり委員全員出席する。公民館を利用しての改善案に基づく最初のものであるだけに失敗したり悪評を受けたりすることのない様に実際行うに当っての式の進行、その役割、種々の準備品料理等々について家人並に媒酌人を混えて話合った。尚、披露宴と時間との関係（式に招待者等の人数）がはっきりしないのでもう一度寄ることになった。

二月二十日　清治君今月二十八日に結婚式の運びとなって送別会を催す。渡辺幹雄君も四月頃湯ケ島の方へ婿に行くことになって二十二日が「さかづき」とのこと。一緒に招待してやる。料理は例の如くで酒三升で皆んな大いにのんで騒いだ。尚清治君にはクラブより退会記念品を贈る。

二月二十四日　清治君の結婚式も間近に迫り改善委員会として当事者側としても打合わせすることがあるので今晩相方寄って万全を期すべく特に披露宴の問題について話合った。そしてこれは新婦側が予定時刻に到着、式がはじめられれば全面的に公民館を、亦若し遅くなった場合には本膳披露宴のみ新郎宅にて行う様、二つの案を研究。これに依って行うこととなる。会場の準備、飾付はクラブ員が当り、式の進行は大木通夫氏が当り、料理の方は手伝の婦人会の人が夫々責任をもってやることを話合ひ最初のこの改善案による結婚式が意義深いものとして感銘を多くの人達に与えてくれる様委員の方達の御協力を願って十時三十分解散する。

二月二十五日　（＊三月の計画についての記述。省略）清治君来る二十八日結婚式のため本日を以てクラブを退会する旨、退会届の提出あり。これを承認する。尚、これに際し改善委クラブ責任者後任として健吉君になる。亦生改委会計係も同人が担当することにする。改善委員会の今後の活動について具体的に話を進めて行くために早々にその準備をすること。尚清治君の結婚式が近く行われるので改善案による第一番目としてのその成果についての反省会を兼ねて三月に入ってから開くことにする。それについてもクラブ員だけで協議事項を前もって話合うことにする。

二月二十六日　清治君の結婚式式場使用のための日の丸を昼休みに小学校へ借りに行く。二十七日夜、清治君の結婚式を明日に控え公民館の掃除を行う。

二月二十八日　清治君の結婚式に際し、朝、久連の建具屋へいって公民館のガラスが一枚割れているのでそれを入れて貰う。ついでに吉川へ寄って結婚式式場装用造花の紙とテープを買って来る。午後より式場の掃除を簡単に行ひ装飾の造花、テープをとり付け、役場より椅子二ケ花びん台等借り万事受入れ態勢を整え式を待つばかりとなった。

開式予定時刻（三時）が過ぎても新婦並にお客も到着せず披露宴は第二案に依って行うことになり料理など新郎宅へ運ぶ。待ちに待って四時四十五分新婦ようやく到着しそのまま公民館へ入って三十分ばかり休憩の後五時二十分より改善案に基づく公民館利用第一号の結婚式が司会者大木通夫に依ってはじめられた。新郎新婦退場まで丁度三十分、今までとは百八十度転換したこの結婚式に関係者の口からは異口同音に「これに限る」と云う声が聞かれクラブ員も今日に至るまでの苦労のしがひがあった様にその嬉しさは包みきれないものがあった様だ。十五分ばかり休憩後公民館で式場の日の丸をバックに記念写真の撮影が行はれ本膳披露は自宅で、親戚、村人の披露宴は公民館ですぐに始められた。友人、消防は七時の予定が三十分位遅れて公民館十畳間で行はれ、まだ親戚、村人も座が開けずそのうちに酒のよいがまわって来て向うでもこちらでも調子のいい唄が出はじめた。

三月六日　近く改善委員会を開催する予定なのであらかじめクラブ員のみによる具体的協議事項を話合う。二月二十八日に行はれた清治君の結婚式について式、披露宴とその時間について主として話合う。式についてはは大体よかったが披露宴の準備については公民館及びその炊事場のせまいことを痛感せられ炊事の拡張と料理の置場所に六畳間の押入を改良すること等を委員会に持出すことになる。

三月九日　生活改善委員会の開催（夜八時ヨリ）先日行はれた清治君の結婚式を反省し乍らまづかった点、改善すべき事、成功だったことがら等につき三時間にわたって反省会を開く。式については大体良く関係者の方々からもよろこばれたが何しろ時間的なずれのあったが、後の披露宴等に影響したことが欠点だった。披露宴の方も本膳は自宅に変更、親戚、村人は式場で、消防、友人は十畳間で行はれたが料理の置場所、炊事場の不完備、備品の不十分等がまだまだ公民館で料理等を改良し炊事場等ももっと広く働きやすいようにかまどももう一つ購入、その他の物も少しづつでも購入、完備して料理等公民館を使って完全に出来る様区の方へもこれが実現に働きかけることにする。

四月二十一日　成子嬢結婚式を明后日に控へ改善委員会を午后一時より当事者宅にて開き色々話合った。

四月二十三日　結婚式は公民館利用の新型を採用して行ふも披露宴、料理等に於ては改善された案を多少上まわった様に思はれる特に友人（消防等）披露の料理等に於ては十一品の折詰に刺身、生酢等が付けられて早くも改善がぐらつき出したのではないか等と云ふ声も聞かれたが委員会としては改善案利用第一号の前例もあることだからなるべく経費のかからない様にやって貰ふ様に云ったがそれ以上のことについてはその家個人の問題になるのであまり立入ることもどうかと思はれるので……結極当事者の考へ方を待つのみで昔からの付合ひもありこの様な点についても当事者は十分承知していたものと思はれるが。

五月三十一日　常会。五月の反省と六月の計画（＊以下抜粋）生活改善委員会の開催。膳棚作製その他　生改第二次着手について話合うこと（三日の予定）。

六月八日　午後より雨降りとなって計画の食器類の調査をする。祝言用に購入したものと公民館用のものとに分け印のない物は全部印を書いて今後炊事場食器類を借用する場合は備品も帖面も記入して貰ってなくならない様にする。

六月二十七日　常会。七月の計画（＊以下抜粋）生改委員会は葬冠について行うことになっていたが、これも六月の計画にあったが夜学もそうであった様にやれなかったので七月には一つ一つやることにする。尚委員会を開催する前にクラブ員だけで調査し委員会に計る原案の様なものを準備することにする。（＊公民館にテレビを購入することが区の総会で決定。購入はクラブに任せられた）。

七月四日　生活改善委員会の第二次計画である葬冠について調査すべく丁度小雨模様の陽気なのでクラブ員だけでカギヘイのお爺さんの所へ行って葬式の点について改善すべき点があるか否か現在行はわれているやり方から色々話合う。

八月二十九日　午前中雨天（＊一部略）その間健吉君と二人でヤマイチのお爺さんの所へ行って生改の葬式に問題について話を聞こうと思って出掛けたが相肉不在。公民館へ帰ったら丁度正眼寺の守さんがいたので先づ四十九日のことについて伺ったがその意義たるやわかった様なわからない様な……死んだ人の供養とともに残された人（施主）の今後の人生を法力に依って立派に精進する期間云々……

九月十一日　生活改善委員会前九時より。炊事場完備の点。

1　場所がせまいのでこれ以上広帳することは困難であること従って晴天の場合なら組合の炊事場或いは外に釜どを備えて行うよりいたしかたない釜どは大きいのを一つ購入したいが区の方も財政困難な為来年度の初会議にお寺に設けた水槽の改善と併せて提案し解決する様にする。

2　膳棚の設置の件。料理の置場所について前々より六畳間の押入の改良と云うことが提案されていたが色々の面から考へて結極公民館で色々のふるまいごとをする場合その時だけ使ってあとは取はずし出きる様な組立式の膳棚を作って使用すること丶する。尚これは健吉君の結婚式を目前に控えているので十月までに作製すること尚予算は二五〇〇〜三〇〇〇位の見積を久連の井上大工にして貰って作ることになる。

3　委員会活動について。結婚式の方は一応案が出来上って既に二組の縁組もこの案によって行はれ、そのやり方も絶対的とは云えない所もあるがそのような点が時代の移り変りと共に当然出てくることでもありその場合はその時代に適した様なやり方を考へ実行する様にすべきであり大体の事柄については現在これに依って行うことが出来るので今後も委員会として葬式等の問題に研究を進めて行く。そこでクラブ員が現在行はれている部落の葬式のやり方、他部落のやっている方法等を調べた上でこの部落に適した葬式のやり方を委員会で研究する。

葬式の簡素化については、九月二十七日の区常会で、生活改善委員会が雨天時を利用して調査をすることに決まった。また、公民館結婚式の実行に当たって大きな役割を果たしてきたクラブ員二名が退団の時期を迎え、十月十五日をもって退団となったことが記されている。昭和三十二年度の記録は九月二十七日で終わっており、次の昭和三十三年度は一月一日から四月十七日まで記載されているが、生活改善にかかわる記述はみられない。平沢青年クラブが「クラブ日誌」をつけていたのは、この期間だけではないが、残っているのはこの一冊である。日誌の担当である青年クラブ文芸部長は、旧西浦村青年団の文芸部長を務めた人ですぐれた書き手でもあった。青年クラブの建物が公民館に建て替えられた年でもあり、きちんと記録を残したいという思いがあったようである。

3、青年団の自信となった公民館結婚式

この後、クラブ員だった者たちも次々と引退をし、公民館で結婚式をあげた。一回目の公民館結婚式がはじまった後も、親の世代では、公民館結婚式が快く受け入れられたわけではなく、花婿となる青年クラブ員が説得をした。後輩たちは、一回目の成功を無駄にしたくないという思いが強くあり、つづけてこそが本当の成功だと考えていたという。平沢区の公民館は狭いため、ミカンの集荷場も使い二か所での宴会であった。招待客の数を減らしたわけではないが、従来のような三日三晩の大盤振る舞いが、一日で終わる結婚式になった。

宿泊をともなう平沢青年クラブの活動は、昭和四十年ごろまでつづけられた。以後は青年団の支部活動はあっても、宿に宿泊することはなくなった。公民館結婚式も昭和四十年代には次第に減っていった。平沢の青年たちも、このころから、地域の外に就職する者がほとんどとなり、就職先の町で結婚式をあげることが多くなった。

青年たちが、公民館結婚式の実現によって得たものは大きい。なによりも、青年クラブと区常会、

婦人会といった別々の組織が生活改善委員会という組織を立ち上げることによって、地域に横のつながりをつくることができた。世代や性別を越えて、意見交換のできる集まりは地域の風通しをよくすることにつながった。ほかの世代の意見を聞き、集約し、案を練り上げてゆくことを何度も繰り返した。これは、青年だけではなく、他の世代の人たちも青年から学んだことである。従来の青年団のなかで繰り返されてきた討論や研究発表は、ともすれば理想、正論の繰り返しであって、実生活と結びつかない部分があった。そのなかで公民館結婚式が実現できたことは、青年たちの大きな自信となった。青年たちは、結婚によって次々と退団をしていったが、のち、地域のリーダーとして活躍するのである。

公民館結婚式は、冠婚葬祭を当事者の自宅から外に持ち出す先駆けであった。同じ西浦地区の久連区では、昭和四十二年に公民館を新築した。その公民館規約のなかに生活改善をすすめるという目的が掲げられ、「新生活運動」の項目があって、公民館結婚式について記述がある。内容は、式や披露宴のマニュアルがほとんどであり、宴会のメニューも細かく書かれている。興味深いことは、「招待客は自宅に立ち寄らない」という規定があることである。自宅と切り離すことによって、嫁入り道具の披露はできなくなった。また、当事者の家の膳椀を使わず、披露宴が当事者の家格を表すようなものもなくなった。冠婚葬祭の簡素化は、明治時代から繰り返して叫ばれてきたが、自宅で行なわない、というのは大きな変化であろう。

社会教育法による公民館の活動が冠婚葬祭の簡素化に果たした役割はもちろん大きい。しかし、公民館の職員が仕事の一部として行なう結婚式ではなく、西浦地区の公民館結婚式は、何もないところからつくり上げていった公民館結婚式である。冠婚葬祭の簡素化だけではなく、地域のなかでの世代や性別の異なるグループが意見を出し合える場をつくり、青年の世代の役割を一回り大きくすることに貢献したといえよう。
　資料調査を行なったのは一〇年以上前のことである。沼津市の日吉勉氏、渡辺光雄氏（故人）、神尾清治氏、大木省吾氏、大木健吉氏、渡辺勝男氏、沼津市教育委員会の宮下義雄氏には、格別のおはからいをいただいた。記して御礼申し上げる。

〔註〕
（1）社会教育法の第五章が「公民館」は、第二十条から四十二条までがあてられている。
（2）山崎祐子「青年たちの活動」（『沼津市史研究』九、平成十二年三月）
（3）沼津市自治会集会所建設等補助金交付要項が昭和六十二年に制定された。
（4）平沢区有文書
（5）昭和二十九年刊行。西浦村青年団による謄写版印刷の冊子。日吉勉氏所蔵。
（6）「青年たちの活動」（前掲書）に、「公民館」の看板の下に「平沢青年倶楽部」の看板のかかった写真が掲載されている。
（7）『西浦村青年団沿革史』（前掲書註5）による。
（8）『西浦村青年団沿革史』（前掲書）、および「西青新聞」十四号、昭和二十九年四月一日発行の記事による。
（9）十一号、昭和二十九年十月、西浦村青年団の文芸委員会が編集した会誌。日吉勉氏所蔵。

おわりに

平成二十三年三月十一日午後二時四十六分、東北地方太平洋沖地震は大津波を引き起こし、さらに原子力発電所の核燃料溶融までの三重苦の大震災となり、犠牲者は一万人を超え、さらに増えつづけている。大津波に被災した地域の写真を見ると、終戦直後の焼野原の風景をほうふつとさせる。執筆者一同、衷心より亡くなられた方々、被災された方々のご冥福とお見舞いを申し上げる次第である。

本書は、終戦直後の疲弊し混乱した農山漁村の復興期に、農山漁村の人びとを中心に自らの暮らしを復旧していく過程を、「生活改善」という視点で調査研究をしてきた成果の一端を、事例を中心にまとめたものである。「生活改善」は単なる復旧ではなく、より良い暮らしとは何かを模索しながらの民が中心となり、官が支援した活動である。終戦直後の混乱期がある程度収束し、これからの暮らしをどのように整えてゆくのか、という時期に生活改善諸活動が農山漁村に広まった。

本書の題名を「暮らしの革命　戦後農村の生活改善事業と新生活運動」とした。終戦直後、戦後の暮らしをどのように組み立てるのか、全国的な視野で生活改善普及事業と新生活運動がはじまった。とくに、農村の生活改善活動は、一九九〇年代に入り、その成果が農山漁村の暮らしを明らかに変える基盤となったのである。それは、官の政策でもなく、一定の賢者の思想にもとづくものでもない農山漁村の暮らしを良くしようとして生まれてきた民の「ニーズ」によって生起し、瞬く間に全国に広がり、その後も農山漁村を活気づける原動力として機能している。現在では、この成果をもとに、地産地消、六次産業化などという政策上も無視できない事象へと展開した。民から生まれ、平和裏に、騒動もなく、しかも瞬く間に広がった「暮らしの革命」である。この「ニーズから生まれたもの」とは、いうまでもなく、農山漁村の女性たち、高齢者たちが生みだした「農産物直売所」である。

暮らしを向上させよう、あるいは暮らしを変えようという人びとの願いは、農山漁村ばかりではなく、都市でも、個々人の大きなテーマであり、将来も地球上で繰り返し、検討を重ねつづけられていく、そういう意味で基本的なテーマであるといってよい。それは、生き方の模索という言葉にも置き換えることができる。その先は個々人の生き方の選択に帰結するが、個々人だけでは解決できない問題がその前に存在する。現代のように経済システムが個々人の自由を支える体制として充実してきたと言われる時代においてもその課題は、厳然として存在する。こうした時代であるがゆえにも、よりよい暮らし方をどのように実現していくのかが、現在でもなお、大きな課題でありつづけるのである。

終戦直後、戦後の混乱期にあって農山漁村は、旧体制が破綻し、どのように存立したらよいのか、国家のみならず、国民一人ひとりが大きな課題を抱えたのであった。これまでの歴史研究では、国家がいかに混乱と破綻を克服してきたかが、強調されてきたのであるが、今回の研究においては、農山漁村の人びとが、いかにこうした状況を克服していったのか、をとらえることが重要である。ある場合には、地域の指導者とともに、また、ある場合には、官の事業により、そして指導者がない場合にも、住民が協力し合って、この課題を克服してきたのである。

終戦直後の時代において、来るべき時代が民主主義や近代化による暮らしの実現であるという文言が先行するもののどのようにそれらを手に入れるのか、人びとにとっては、具体的に何をすればよいのか、暮らしの基本である食料の確保においてもままならぬ状況下で、生活改善活動では、「やれることからやる」という意識で暮らしを変容させ、眼前の、個々の、家庭の、あるいは地域の課題を解決していったのである。

■生活改善という用語

こうした活動を象徴してきたものが「生活改善」と言われるものである。生活改善という用語は、農山漁村では、明治三十五年（一九〇二年）ごろすでに見られた[1]。しかし、生活という用語は明治の後期にやっと一般化されるので、当時としては非常に新しい用語であった[2]。実際に、生活改善という語を用いる前は「節倹令」という用語が一部に用いられている事例があるが、この内容は「冠婚葬祭の簡素化」を意味していた。終戦直後の新しい動きのなかで、学問分野でも「生活」という視点は、大きく取り上げられ、とくに、今西錦司らは、昭和二十二年に奈良県磯城郡平野町（田原本町）で農村の「生活水準」をとらえようと鋭意努力している[3]。農林省の生活改善は、GHQの指示で米国の農業技術普及の方法を導入して、米国のホームエコノミーのアプローチを「生活改善」としたのである（本書、第一章五、片倉、参照）。なぜ、「生活改善」という用語なのかについては、今のところ不明である。しかしながら、この用語は、戦前からの農山漁村での一連の生活改善運動とも連動し、農山漁村では、受容されやすかったと思われる。

■生活改善と冠婚葬祭の簡素化

本研究において住民の暮らしのレベルから生活改善を見ると官による生活改善よりは、過去からの生活改善の方法や考え方が踏襲され、官の指導が直接反映した地域と官の直接指導がなされなかった地域があり、むしろ後者のほうのウエイトが大きかった。官の指導のパターンから見ると公民館活動の一環として実施されたものは、地域の知識人などがリーダーとなり、推進されてきた。このアプローチに近い方法に「新生活運動」がある。一方、保健所や農林省の生活改善などのように技術者が指導するかたちのアプローチも全国で実施されるが、直接指導された地域は、その技術者の人員からも少ない。このため旧来の生活改善、「冠婚葬祭の簡素化」を軸に生活改善をしていこうとする地域は非常に多く、公民館活動や新生活運動は冠婚葬祭の簡素化のアプローチを踏襲して実施されていく。民俗調査に出向くと「生活改善」という事象に出会い、その内容はまさに「冠婚葬祭の簡素化」であった。冠婚葬祭の簡素化のアプローチは、自治組織などで規約を設定し、個々のイエや個人がそれを実行するという方法論であり、形式的なルールの遵守は、実際の暮らしに合わないことが生じて、持続的な活動には向かない方法であった。富田の研究でもこうした規約遵守の励行がなかなか守れないために期限的な規約にしたり、拘束力を弱めたりするなどの規約改正が繰り返されていた。[4] 冠婚葬祭の簡素化がうまくいかない、という問題は、本書でも山口が取り上げて（第四章三）検討しているし、富田も実際の事例で確認をしている。

かつて、文化人類学者の米山俊直が、名著『日本のむら百年』で、徹底した批判を加えた生活改善は、冠婚葬祭の簡素化をさしていた。「生活のなかからムダを省き、合理化を進めようとする動きが、私が滞在していたころにはかなり進んでいた。それにはこれまでの慣習であった冠婚葬祭や年中行事にともなう、さまざまな出費を節約するために、慣習そのものを否定していくような約束が新しく作られていた。たとえば桃の節句や端午の節句のときに、子供たちのために実家から祝うしきたりなども、制限を受けたし、結婚式や葬儀についても簡素化がむら全体として進められるようになった」と米山は、問題提起をしており、その後段で「私は生活改善というならば、なお考えてみてもいい側面があるように思えた。たとえば、集約的な園芸作物の栽培という技術的側面から、人々の労働はかなり激しいものであったが、これは真剣に楽にすることを考えねばならない」と述べる。[5] 後段で述べた改善は、農林省生活改善での重点活動であり、その後、米山は民俗学者の宮本常一や同じく文化人類学者の祖父江孝夫らとともに生活改善事業推進のブレーンとなるのである。

民俗学の視点で言えば、冠婚葬祭そのものが民俗の重要な構成要素であるので、生活改善と民俗事象との関係性から見れば、一大関心事である。山口（四章三、「冠婚葬祭の簡素化は可能か」）も指摘しているように、冠婚葬祭が地域内の交際のあり方を規定するためにその関係性や互酬性をゆがめる行為を容易に受け入れることはできないということになる。その意味で、生活改善と民俗変容の関係は、今後も民俗学のテーマでありつづける。

■生活改善の主体（男と女あるいはジェンダー）

それに関連して戦後の生活改善諸活動を実施する主体の問題がある。その主体は大きく年齢層と男性／女性に分けられる。とくにジェンダーの問題は、生活改善には大きな要因として存在する。農家女性がおかれていた終戦直後の状況は、きわめて過酷な状況におかれている人びとが多くあった。共同炊事の問題にしても過酷な農作業、家事、夜なべ仕事など女性の過酷な状況をいくらかでも軽減しようと住民の発意で実施されたのであり（吉井　第三章二）、有馬が農業女性から聞きだした終戦直後の状況は、その端的な状況なのである（第二章一）。概して旧来の冠婚葬祭の簡素化は、男性が中心であり、保健所や農林省の生活改善は、女性が圧倒的な推進者である。旧体制の男性中心的な政治機構は、終戦直後も維持されてきた。農林省の生活改善事業さえも、明らかに旧来のジェンダー固定のまま、現金を得る活動（農業生産）は、男性が、それを支えるものとしての女性（生活＝再生産）という図式で推移し、女性の地位向上を一時期まで阻んできた。しかしながら、農村女性が自ら創出した農産物直売所により、ようやく女性が経済活動の担い手であることを自らが示すことによって地位向上が数段と改善されたのである。農産物直売所は、政策でもなく、農協のサービスでもない。生活改善実行グループの女性たちが農産物直売所活動を生みだしたのである。これを開始したときに、それを阻止しようとしたのは、農協であり、市議会でもあった。[6] その後、直売所活動は「地産地消」のベースとして多方面に発展していく。

■農林省生活改善の特異性

農山漁村の生活改善の諸活動は、戦後の生活様式を変容していった。それは、さまざまなかたちで実施され、今日に至っている。とくに、田中の表現を借りれば、即物的な改善を優先してきた農林省の生活改善活動は、その影響力も大きく、農山漁村の生活を一変させた。国による政策の一環ではなく、農山漁村の人びとが、設けた農産物直売所は、地産地消という食料の流通体系も変えることになり、農業政策でも無視できないものに発展した。

このきっかけは、農林省生活改善事業によって育成されてきた生活改善実行グループによる農産物直売所である。戦後すぐには、こうした動きは見られないが、一九八〇年代になり、少しずつ萌芽し、一九九〇年代に全国で活発に展開していった。栄養改善のために自給作物の重要性を普及するために生活改善事業は、家庭菜園を充実させる活動を展開した。[7] 家庭菜園ばかりではなく貯蔵食品加工も推進され、同時に郷土食の重要性を調理方法に各家庭に導入していく。このことが「日本型食生活」の評価の大前提となり、後の郷土食ブームをつくりだす。

■ユニークな農林省生活改善のアプローチ

農林水産省の生活改善は、徹底した衣食住の生活技術による問題解決の方法で実施された。田中の表現では「即物的改善」、片倉の言葉では「プラグマティズム」という特徴をもつ。衣食住の生活技術を扱うアプローチは、米国で発達した行動科学の方法論を用いており、旧来の生活改善とは異なる方法で実施されていった。よりよい暮らしを求めて、一つひとつの問題を解決し、衛生や台所改善、水道など技術の問題から家庭内の人間関係、話し合い、女性の経済活動への参加等々らせん状に問題群が展開し、できることからはじめようということ、生活とは何か、を見つめながら、具体的に問題解決をしていく方法論を確立したといえる。

農林省の生活改善といっても官が指導してきたものではない。農山漁村の人びとがどのような問題・課題を抱えているのか、それを解決するにはどうしたらよいのか、どのような支援をすればよいのか、初めに政策ありきのかたちではなく、人びとがなにを望んでいるのか、それを実現するために官は何をすればよいのか、という図式は、農林省生活改善事業が終了するまでつづいた。ほかの官の事業とは異なるものである。

何よりもこうした生活改善を指導し、住民とともによりよい生活をめざした生活改良普及員のあり方が、人びとを元気にし、もろもろの問題・課題解決に貢献してきたからこそ実現していった。

■民の力（女性の力）

生活文化の変容を見るにあたって農山漁村で暮らす人びとレベルで見る民俗学の視点は、有効であり、今回扱った生活改善の状況は、政治的経済的な動きをどのように人びとが自らの暮らしに反映させていったのかが把握できる方法である。戦後の混乱期、体制が大きく変化しても、人びとは暮らしをしつづけなくてはならない。とくに、生活改善から現在の地産地消に代表される人びとの暮らしが生みだした重要な農山漁村のあり方の変容は、生活改善、とくに生活改良普及員が生活改善実行グループとともに築き上げた大きな成果であるといってよい。農業政策上無視されてきた家庭菜園をベースとする農業生産のあり方は、自家の暮らしの営みを狩猟、採集、などを含めた地域資源の活用を社会化することに成功した。女性が、高齢者が経済活動に参加できる仕組みを自ら勝ち取ったのである。民の力であり、これこそ現代の民俗ということができよう。その中心は、農山漁村の女性たちであり、高齢者であり、こうした人びとが参加できる仕組みを創出したことによって、農山漁村の活力が生じたのである。

しかしながら、こうした経緯で生まれた現在の状況において生活改善の果たした役割の大きさを忘れがちになり、農産物直売所や農産加工活動が、利益中心になりがちな今日、原点に回帰して、生活向上・生活改善とは何か、その考え方の重要性を改めて問うのである。

生活改善諸活動は、戦後史として郷土史などで取り上げられるようになってきた。しかし、こうした民の活動は記録として残りにくく、まだまだ資料が不足している。本書が、この分野の今後の調査研究の礎になることを願っている。そういう意識で本書が編まれたことも付記しておく。

■追記

田中宣一先生は、早い時期から生活改善に関心をもたれ、筆者が奉職する農村生活総合研究センターに来られたのは、昭和五十五、六年ごろだったと思う。生活改良普及員の普及活動を支える研究機関が、農林水産省のなかにもなく、生活改善課、第二代の課長であった故矢口光子氏が奔走し、つくったのが、農村生活総合研究センターであった。昭和五十三年から同センターは、「農家、農村における慣習及び慣行の変化に関する研究」を昭和五十五年に上梓し、その成果を人類学会、民族学会、大塚民俗学会等で発表をしてきた。おりしも成城大学民俗学研究所では昭和五十九年度から六十一年度までの三か年間の「山村生活五〇年―その文化変化の研究(8)」が開始されるころだった。この研究は、柳田國男の主宰する郷土生活研究所が昭和九年五月から同十二年四月に至る三か年間で実施された山村の民俗調査の「郷土生活研究採集手帳」をもとにしてその後の変化を明らかにするものであった。筆者もその研究会に招かれ、研究の成果を発表する機会をつくっていただいた。

「生活改善諸活動研究会」は、平成十六年から二〇回開催された。この研究会はひとえに田中宣一先生の熱意で、事務局、テーマの設定など執り行なわれてきた。このたびこうしたかたちで成果を上梓できたことに研究会参加者一同、厚くお礼を申し上げる次第である。

平成二十三年三月　　富田祥之亮

［註］

(1) 富田祥之亮「むらの生活革命―暮らしの都市化」『都市の暮らしの民俗学』吉川弘文館、二〇〇六年、一〇八―一一四ページ参照。

(2) 終戦以前の生活改善の歴史については、序論、田中を参照のこと。また、「生活」という用語が何時ごろから使われはじめたのか、山森芳郎は、広く国語辞典を渉猟し、明治二十年代に『和漢雅俗いろは辞典』(明治二十二、一八八九年)に「せいくわつ」があらわれ、それ以前の辞書には見出せないとしており、その後の辞書でも見出せないものもあり、「明治二〇年代から三〇年代にかけて、かなり限定された場面で使われ、それも時代が後になるほど使用頻度が増していったと考えられる」としている。山森芳郎「生活の発見」『夢の住まい、夢に出てくる住まい―建築空間から言語空間へ』芙蓉書房出版、二〇〇九年、一四九―一八〇ページ

(3) 今西錦司『村と人間』新評論社、一九五二年

(4) 註(1)と同じ

(5) 米山俊直『日本のむら百年』NHKブックス六五、一九六七年、一五四―一五五ページ

(6) 千葉県のある地域で、生活改善グループが、一九九一年、直売所を創設しようとしたところ、地元の商店街や農協がそれを阻止しようとして、市議会でその指導者である生活改良普及員に対し、その趣旨を問いただすことがおきた。直売所は、予定通り開設され、その後、大きく発展をしている。

(7) 昭和五十四年の滋賀県湖北の集落調査結果では、家庭菜園でつくられる作物は、自家で食する農産物ばかりではなく、仏壇や神棚に供える花、自家製の茶などもほとんどのものが、自給されている。とくに、製茶のための協同加工所まで集落内に昭和四十年代まであったという。この項、農村生活総合研究センター『生活研究レポート9 農家、農村における慣習及び慣行の変化に関する研究』参照。

(8) 成城大学民俗学研究所編『昭和期山村の民俗変化』(名著出版会、平成二年)にまとめられている。同書で田中は、「生活改善諸活動と民俗の変化」を著し、そのなかで「この五〇年間に経験した未曾有の大戦と敗戦後の政治経済動向そしてまもなくはじまった高度経済成長が、ほとんどすべての変化に直接間接の差はあれ影響をおよぼしているということは言えよう。すなわち、戦時下の統制経済とその後も続いた食糧管理制度、隣保組織の改編、新憲法・新民法の制定、学制の改革、農地改革、さらには薪炭からガス・石油へと移ったいわゆるエネルギー革命、各種電化製品の普及、山村振興を目的とした諸法律の施行、交通通信手段の発達、マスコミの浸透等々は、いずれも山村の民俗変化の要因として無視できないものである。しかし、その影響の圧倒的であったことは認めねばならないが、これら一つ一つは民俗の改変そのものを意図してなされたわけではなかった」とし、そのなかで「政府および政府関係諸団体による生活改善関係の諸施策諸事業は、大戦や敗戦・高度経済成長という大事件もしくは社会のうねりのなかで、地域社会の伝承生活に直接踏み込もうとし伝承生活の諸側面への関与を意図してなされたものと言ってよいであろう。その意味で、先にあげた諸要因以上に民俗変化を考える場合には注目せざるをえない」として、その関心をまとめている。

執筆者と執筆分担（執筆順）

田中宣一（たなか せんいち）　はじめに、１章１、３、３章４

昭和14（1939）年生まれ。成城大学名誉教授〔民俗学〕

富田祥之亮（とみた しょうのすけ）　１章２、おわりに

昭和23（1948）年生まれ。社団法人大日本農会専門調査員〔文化人類学〕

岩本通弥（いわもと みちや）　１章４

昭和31（1956）年生まれ。東京大学大学院総合文化研究科教授〔民俗学・日常史〕

片倉和人（かたくら かずと）　１章５

昭和30（1955）年生まれ。特定非営利活動法人農と人とくらし研究センター代表理事〔農業経済学（農本主義思想）〕

有馬洋太郎（ありま ようたろう）　２章１

昭和23（1948）年生まれ。社団法人全国農業改良普及支援協会主任研究員〔農業史〕

吉野馨子（よしの けいこ）　２章２

昭和40（1965）年生まれ。法政大学サステイナビリティ研究教育機構プロジェクト・マネージャ〔農学（生活農業論）〕

諸藤享子（もろふじ きょうこ）　２章３

昭和37（1962）年生まれ。〔農学（農業経済）〕

坪郷英彦（つぼごう ひでひこ）　３章１

昭和26（1951）年生まれ。山口大学人文学部教授〔文化人類学・民俗学〕

吉井勇也（よしい ゆうや）　３章２

昭和52（1977）年生まれ。成城大学大学院文学研究科日本常民文化専攻博士課程後期在籍〔民俗学〕

北村澄江（きたむら すみえ）　3章3

昭和27（1952）年生まれ。日野市郷土資料館嘱託〔日本近世史・民俗学〕

山本多佳子（やまもと たかこ）　4章1

昭和26（1951）年生まれ。〔日本近現代史〕

山中健太（やまなか けんた）　4章2

昭和57（1982）年生まれ。佛教大学研究員〔民俗学〕

山口　睦（やまぐち むつみ）　4章3

昭和51（1976）年生まれ。東北大学東北アジア研究センター専門研究員〔文化人類学〕

佐野賢治（さの けんじ）　4章4

昭和25（1950）年生まれ。神奈川大学大学院歴史民俗資料学研究科教授〔民俗学〕

増田昭子（ますだ しょうこ）　4章5

昭和17（1942）年生まれ。川崎市文化財審議会委員〔民俗学〕

山崎祐子（やまざき ゆうこ）　4章6

昭和31（1956）年生まれ。学習院女子大学非常勤講師〔民俗学〕

【編著者】

田中　宣一（たなか　せんいち）
1939年　福井市生まれ
1967年　國學院大學大学院文学研究科博士課程単位取得退学
現　在　成城大学名誉教授　博士（民俗学）
著書・編書　『年中行事の研究』（おうふう）
『徳山村民俗誌―ダム 水没地域社会の解体と再生』（慶友社）
『祀りを乞う神々』（吉川弘文館）
『海と島のくらし』〈共編著〉（雄山閣）
『三省堂年中行事事典』〈共編著〉（三省堂）
『供養のこころと願掛けのかたち』（小学館）など。

暮らしの革命
――戦後農村の生活改善事業と新生活運動

2011年3月30日　第1刷発行

編著者　田中宣一
著　者　富田祥之亮　岩本通弥　片倉和人
有馬洋太郎　吉野馨子　諸藤享子
坪郷英彦　吉井勇也　北村澄江
山本多佳子　山中健太　山口　睦
佐野賢治　増田昭子　山崎祐子

発行所　社団法人　農 山 漁 村 文 化 協 会
郵便番号　107-8668　東京都港区赤坂7丁目6－1
電　話　03（3585）1141（営業）　03（3585）1145（編集）
FAX.　03（3585）3668　振替　00120-3-144478
URL　http://www.ruralnet.or.jp/

ISBN 978 - 4 - 540 - 10305 - 6　DTP制作／池田編集事務所
〈検印廃止〉　印刷・製本／凸版印刷㈱